U0291657

住房和城乡建设部“十四五”规划教材
“十二五”普通高等教育本科国家级规划教材

高等学校土木工程专业指导委员会规划推荐教材
（经典精品系列教材）

建筑结构抗震设计

（第五版）

李国强　李　杰　陈素文　陈建兵　编著

中国建筑工业出版社

审图号：GS 京（2023）1677 号

图书在版编目（CIP）数据

建筑结构抗震设计 / 李国强等编著. — 5 版. — 北京：中国建筑工业出版社，2023.2（2024.11 重印）

住房和城乡建设部“十四五”规划教材 “十二五”普通高等教育本科国家级规划教材 高等学校土木工程专业指导委员会规划推荐教材 经典精品系列教材

ISBN 978-7-112-27946-3

Ⅰ.①建… Ⅱ.①李… Ⅲ.①建筑结构-防震设计-高等学校-教材 Ⅳ.①TU352.104

中国版本图书馆 CIP 数据核字（2022）第 174344 号

责任编辑：赵 莉 吉万旺

责任校对：董 楠

住房和城乡建设部“十四五”规划教材

“十二五”普通高等教育本科国家级规划教材

高等学校土木工程专业指导委员会规划推荐教材（经典精品系列教材）

建筑结构抗震设计

（第五版）

李国强 李 杰 陈素文 陈建兵 编著

*

中国建筑工业出版社出版、发行（北京海淀三里河路 9 号）

各地新华书店、建筑书店经销

北京鸿文瀚海文化传媒有限公司制版

北京圣夫亚美印刷有限公司印刷

*

开本：787 毫米×1092 毫米 1/16 印张：20¾ 插页：1 字数：450 千字

2023 年 10 月第五版 2024 年 11 月第三次印刷

定价：**58.00** 元（赠教师课件）

ISBN 978-7-112-27946-3

（40077）

本教材自2014年第四版出版以来，被许多高校采用，先后被评为“十二五”普通高等教育本科国家级规划教材及住房和城乡建设部“十四五”规划教材。

本次修订主要根据《中国地震动参数区划图》GB 18306—2015、《建筑抗震设计规范》GB 50011—2010(2016年版)、《中国地震烈度表》GB/T 17742—2020、《建筑隔震设计规范》GB/T 51408—2021、《承载-消能减震技术规程》T/CECS 900—2021等对教材相关内容进行调整与完善。

本书主要内容包括：绪论、场地与地基、结构地震反应分析与抗震计算、多层砌体结构抗震设计、多高层建筑钢筋混凝土结构抗震设计、多高层建筑钢结构抗震设计、单层厂房抗震设计、隔震与减震等。

本书可作为高校土木工程专业教材，也可供从事各类工程结构设计和施工的工程技术人员参考使用。

* * *

为更好地支持相应课程的教学，我们向采用本书作为教材的教师免费提供教学课件。有需要者可与出版社联系，邮箱 jckj@cabp.com.cn，电话（010）58337285，建工书院 http://edu.cabplink.com。

* * *

出版说明

党和国家高度重视教材建设。2016年，中办国办印发了《关于加强和改进新形势下大中小学教材建设的意见》，提出要健全国家教材制度。2019年12月，教育部牵头制定了《普通高等学校教材管理办法》和《职业院校教材管理办法》，旨在全面加强党的领导，切实提高教材建设的科学化水平，打造精品教材。住房和城乡建设部历来重视土建类学科专业教材建设，从“九五”开始组织部级规划教材立项工作，经过近30年的不断建设，规划教材提升了住房和城乡建设行业教材质量和认可度，出版了一系列精品教材，有效促进了行业部门引导专业教育，推动了行业高质量发展。

为进一步加强高等教育、职业教育住房和城乡建设领域学科专业教材建设工作，提高住房和城乡建设行业人才培养质量，2020年12月，住房和城乡建设部办公厅印发《关于申报高等教育职业教育住房和城乡建设领域学科专业“十四五”规划教材的通知》（建办人函〔2020〕656号），开展了住房和城乡建设部“十四五”规划教材选题的申报工作。经过专家评审和部人事司审核，512项选题列入住房和城乡建设领域学科专业“十四五”规划教材（简称规划教材）。2021年9月，住房和城乡建设部印发了《高等教育职业教育住房和城乡建设领域学科专业“十四五”规划教材选题的通知》（建人函〔2021〕36号）。为做好“十四五”规划教材的编写、审核、出版等工作，《通知》要求：（1）规划教材的编著者应依据《住房和城乡建设领域学科专业“十四五”规划教材申请书》（简称《申请书》）中的立项目标、申报依据、工作安排及进度，按时编写出高质量的教材；（2）规划教材编著者所在单位应履行《申请书》中的学校保证计划实施的主要条件，支持编著者按计划完成书稿编写工作；（3）高等学校土建类专业课程教材与教学资源专家委员会、全国住房和城乡建设职业教育教学指导委员会、住房和城乡建设部中等职业教育专业指导委员会应做好规划教材的指导、协调和审稿等工作，保证编写质量；（4）规划教材出版单位应积极配合，做好编辑、出版、发行等工作；（5）规划教材封面和书脊应标注“住房和城乡建设部‘十四五’规划教材”字样和统一标识；（6）规划教材应在“十四五”期间完成出版，逾期不能完成的，不再作为《住房和城乡建设领域学科专业“十四五”规划教材》。

住房和城乡建设领域学科专业“十四五”规划教材的特点:一是重点以修订教育部、住房和城乡建设部“十二五”“十三五”规划教材为主；二是严格按照专业标准规范要求编写，体现新发展理念；三是系列教材具有明显特点，满足不同层次和类型的学校专业教学要求；四是配备了数字资源，适应现代化教学的要求。规划教材的出版凝聚了作者、主审及编辑的心血，得到了有关院校、出版单位的大力支持，教材建设管理过程有严格保障。希望广大院校及各专业师生在选用、使用过程中，对规划教材的编写、出版质量进行反馈，以促进规划教材建设质量不断提高。

住房和城乡建设部“十四五”规划教材办公室

2021年11月

修订说明

为规范我国土木工程专业教学，指导各学校土木工程专业人才培养，高等学校土木工程学科专业指导委员会组织我国土木工程专业教育领域的优秀专家编写了《高等学校土木工程专业指导委员会规划推荐教材》。本系列教材自2002年起陆续出版，共40余册，十余年来多次修订，在土木工程专业教学中起到了积极的指导作用。

本系列教材从宽口径、大土木的概念出发，根据教育部有关高等教育土木工程专业课程设置的教学要求编写，经过多年的建设和发展，逐步形成了自己的特色。本系列教材曾被教育部评为面向21世纪课程教材，其中大多数曾被评为普通高等教育“十一五”国家级规划教材和普通高等教育土建学科专业“十五”“十一五”“十二五”“十三五”规划教材，并有11种入选教育部普通高等教育精品教材。2012年，本系列教材全部入选第一批“十二五”普通高等教育本科国家级规划教材。

2011年，高等学校土木工程学科专业指导委员会根据国家教育行政主管部门的要求以及我国土木工程专业教学现状，编制了《高等学校土木工程本科指导性专业规范》。在此基础上，高等学校土木工程学科专业指导委员会及时规划出版了高等学校土木工程本科指导性专业规范配套教材。为区分两套教材，特在原系列教材丛书名《高等学校土木工程专业指导委员会规划推荐教材》后加上经典精品系列教材。2021年，本套教材整体被评为《住房和城乡建设部“十四五”规划教材》，请各位主编及有关单位根据《高等教育　职业教育住房和城乡建设领域学科专业“十四五”规划教材选题的通知》要求，高度重视土建类学科专业教材建设工作，做好规划教材的编写、出版和使用，为提高土建类高等教育教学质量和人才培养质量做出贡献。

高等学校土木工程学科专业指导委员会

中国建筑工业出版社

第五版前言

本教材自2002年出版至今已逾20年。2014年出版第四版以后，我国陆续修订或制订了一些建筑抗震相关的新标准，包括:《中国地震动参数区划图》GB 18306—2015、《建筑抗震设计规范》GB 50011—2010(2016年版)、《中国地震烈度表》GB/T 17742—2020、《建筑隔震设计规范》GB/T 51408—2021、《承载-消能减震技术规程》T/CECS 900—2021。2021年5月国务院颁布第744号令《建筑工程抗震管理条例》，就进一步加强建设工程抗震及其监督管理做出了明确规定，特别鼓励采用隔震减震技术，以提高建筑抗震性能。结合抗震科技的新发展，这次教材修订的主要内容为:

（1）第8章　隔震与减震: 更新和补充了结构消能减震和主动控制减震的内容;

（2）附录A: 中国地震烈度表;

（3）附录B: 我国主要城市和地区的抗震设防烈度与设计地震分组;

（4）修改、更新了教材中一些统计数据和设计规定;

（5）补充和更新了教材的参考文献。

同济大学相阳副教授帮助修改了教材8.4节内容，我们对他为本次修订作出的贡献表示衷心感谢，也将不断与时俱进，及时反映建筑抗震新科技和新要求的内容，以满足高校相关专业课程教学的需求。

2022年7月

第四版前言

2010 年 5 月 31 日住房和城乡建设部发布了新修订的《建筑抗震设计规范》GB 50011—2010。这一次规范调查总结了近年国内外大地震（包括 2008 年汶川地震）的经验教训，采纳了地震工程的最新研究成果，对较多内容进行了修订，其中重要修订内容包括：补充了关于 7 度（0.15g）和 8 度（0.3g）设防的抗震措施规定，调整了设计地震分组，改进了土壤液化判别公式，调整了地震影响系数曲线的阻尼调整参数，提高了混凝土框架结构房屋的设计要求，扩大了隔震和消能减震房屋的适用范围，新增建筑抗震性能化设计原则。本教材这次修订主要依据抗震规范的修订，进行了相应的修改。

为培养青年教师和保持本教材的持续，由两位年轻教师陈素文、陈建兵接替前三版作者之一苏小卒教授完成了本版教材的修订。

2014 年 4 月

第三版前言

2008 年 5 月 12 日汶川特大地震发生以后，建设部为落实国务院《汶川地震灾后恢复重建条例》的要求，依据地震局修编的灾区地震动参数的第 1 号修改单，相应变更了灾区的设防烈度，并对《建筑抗震设计规范》GB 50011 的部分条文进行了修订。本教材这次主要依据抗震规范的局部修订，进行了相应的修订。

2009 年 2 月

第二版前言

本教材自 2002 年 8 月出第一版第一次印刷，被许多高校采用，五年来已重印十余次。 2006 年教育部开始建设“十一五”国家规划教材，本教材被列为其中的建设项目，2007 年本教材被建设部确定为“十一五”部级规划教材。 结合国家和建设部规划教材的建设，作者决定对本教材进行一次较全面的修订。 本次修订的主要内容包括：

1）对各章内容进行了全面梳理，进一步协调了与我国现行建筑抗震设计规范相关的内容；

2）更正了前一版教材中的文字错误及用语不妥之处；

3）新增了“多高层钢结构的抗震概念设计”一节内容；

4）补充了多高层钢结构抗震构造要求的背景；

5）补充了一种新型耗能支撑—屈曲约束支撑的介绍。

教材要靠教师在教学实践过程中不断完善，我们衷心地希望并感谢使用本教材的教师向我们提出宝贵的意见，我们定当认真研究，为本教材的改进不懈努力。

2007 年 9 月

第一版前言

新版《建筑抗震设计规范》GBJ 50011—2001 从 2002 年 1 月 1 日起开始实施。此次抗震规范的修订，调查总结了近年来国内外大地震的经验教训，考虑了我国当前的经济条件和已有的工程实践，采纳了地震工程的新科研成果。重要的修订内容有：调整了建筑的抗震设防分类；提出了按设计基本地震加速度进行抗震设计的要求；将原规范的设计近震、远震改为设计特征周期分区；增补了不规则建筑结构的概念设计和楼层地震剪力控制的要求；增加了有关发震断裂、桩基、混凝土筒体结构、钢结构房屋和房屋隔震与减震的内容。为配合新规范的颁布执行和适应建筑抗震设计思想与方法的不断发展，我们结合多年在地震工程与工程抗震方面的教学与科研实践，按新规范编写了本教材。

本教材共分八章，分别介绍了地震有关知识、抗震设计原则与要求、场地分类与基础抗震、地震作用与结构地震反应分析、砌体结构、多高层钢筋混凝土结构、多高层钢结构和单层厂房结构抗震设计以及隔震与减震设计。为便于学生理解与学习，各章均配有例题及习题与思考题。本书第 1、2、4、8 章由李杰执笔，第 5、7 章由苏小卒执笔，第 3、6 章由李国强执笔，全书由李国强负责统稿，由北京工业大学曹万林教授主审。

本教材早在 1997 年就被上海市教育委员会列为上海市普通高校“九五”重点教材建设计划，我们对上海市教委给予的支持与资助表示衷心的感谢。另外，研究生赵欣、李明菲、丁军帮助整理了本书的部分手稿，我们对他们为本书所花费的精力表示谢意。由于我们水平有限，书中不当或错误之处，敬请读者批评指正。

2002 年 5 月

目录

第 1 章
绪　　论

1.1 地震与地震动

地震是一种自然现象。据统计，地球每年平均发生 500 万次左右的地震，其中，5 级以上的强烈地震约 1000 次。如果强烈地震发生在人类聚居区，就可能造成地震灾害。为了抵御与减轻地震灾害，有必要进行工程结构的抗震分析与抗震设计。

1.1.1 地震类型与成因

地震可以划分为诱发地震和天然地震两大类。

诱发地震主要是由于人工爆破、矿山开采及重大工程活动（如兴建水库）所引发的地震，诱发地震一般不太强烈，仅有个别情况（如水库地震）会造成严重的地震灾害。

天然地震包括构造地震与火山地震。前者由地壳构造运动所产生，后者则由火山爆发所引起。比较而言，构造地震发生数量大（约占地震发生总数 90%）、影响范围广，是地震工程的主要研究对象。

对于构造地震，可以从宏观背景和局部机制两个层次解释其成因。从宏观背景考察，地球内部由三个圈层构成：地壳、地幔与地核。通常认为：地球最外层是由一些巨大的板块所组成（图 1-1），板块向下延伸的深度大约为 70～100km。由于地幔物质的对流，这些板块一直在缓慢地相互运动。板块的构造运动，是构造地震产生的根本原因。从局部机制分析，地球板块在运动过程中，板块之间的相互作用力会使地壳中的岩层发生变形（图 1-2b）。当这种变形积聚到超过岩石所能承受的程度时，该处岩体就会发生突然断裂或错动（图 1-2c），从而引起地震。

地球内部断层错动并引起周围介质振动的部位称为震源。震源正上方的地面位置叫震中。地面某处至震中的水平距离叫作震中距。

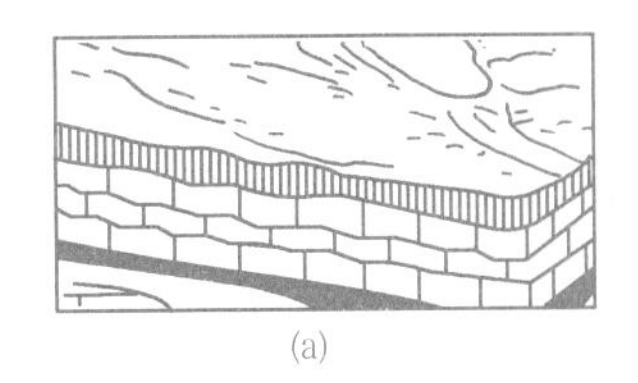

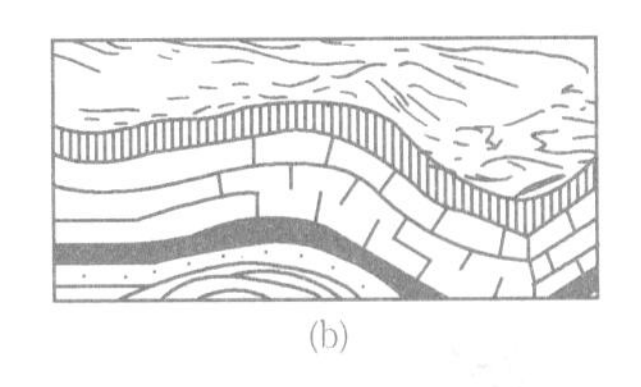

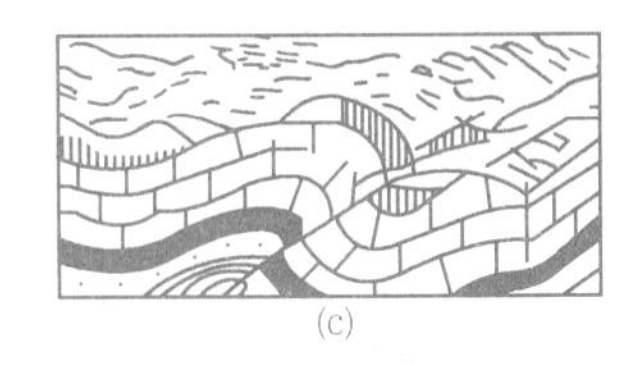

图 1-2　岩层的变形与破裂

(a) 岩层的原始状态；(b) 受力发生弯曲；(c) 岩层破裂发生振动

1.1.2 地震波

地震时，地下岩体断裂、错动并产生振动。振动以波的形式从震源向外传播，就形成了地震波，其中，在地球内部传播的波称为体波，而沿地球表面传播的波叫作面波。

体波有纵波和横波两种形式。纵波是由震源向外传递的压缩波，其介质质点的运动方向与波的前进方向一致（图 1-3a）。纵波一般周期较短、振幅较小，在地面引起上下颠簸运动。横波是由震源向外传递的剪切波，其质点的运动方向与波的前进方向相垂直（图 1-3b）。横波一般周期较长，振幅较大，引起地面水平方向的运动。

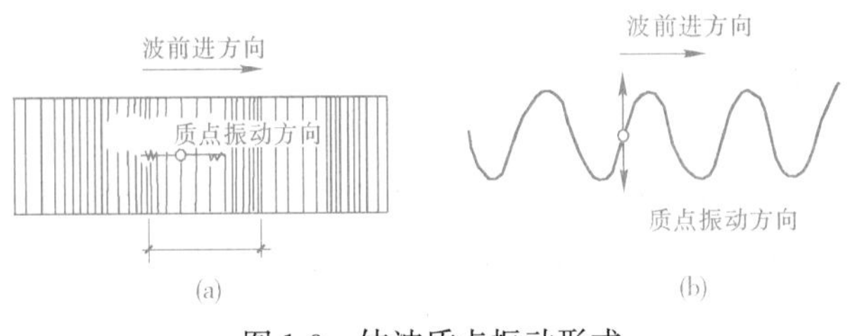

图 1-3　体波质点振动形式

(a) 压缩波；(b) 剪切波

面波主要有瑞雷波和乐夫波两种形式。瑞雷波传播时，质点在波的前进方向与地表法向组成的平面内做逆向的椭圆运动（图 1-4a）。这种运动形式被认为是形成地面晃动的主要原因。乐夫波传播时，质点在与波的前进方向相垂直的水平方向运动（图 1-4b），在地面表现为蛇形运动。面波周期长、振幅大。由于面波比体波衰减慢，故能传播到很远的地方。

地震波的传播速度，以纵波最快、横波次之、面波最慢。所以，在地震发生的中心地区，人们的感觉是先上下颠簸、后左右摇晃。当横波或面波到达时，地面振动最为猛烈，产生的破坏作用也较大。在离震中较远的地方，由于地震波在传播过程中能量逐渐衰减，地面振动减弱，破坏作用也逐渐减轻。

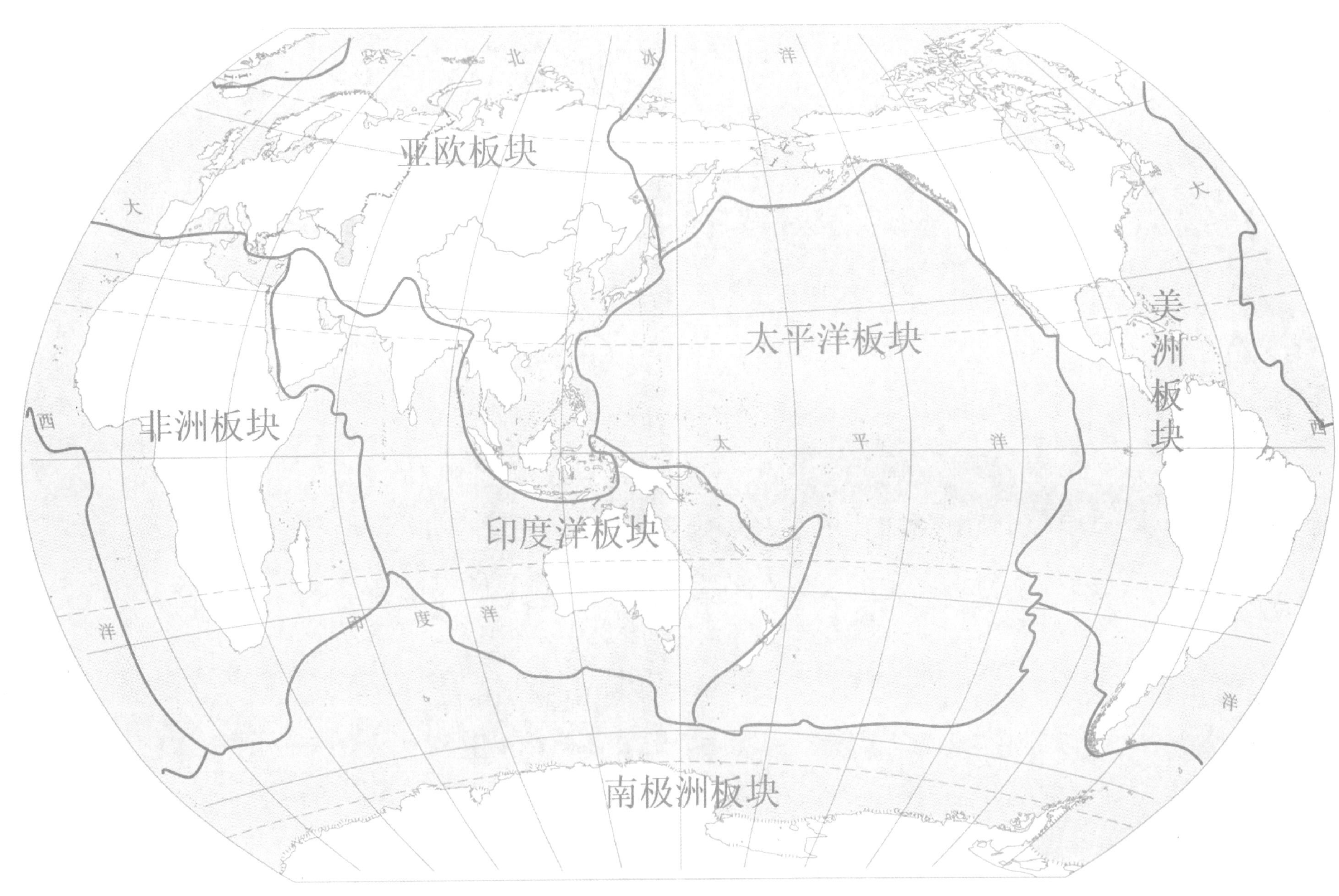

图 1-1　板块分布图

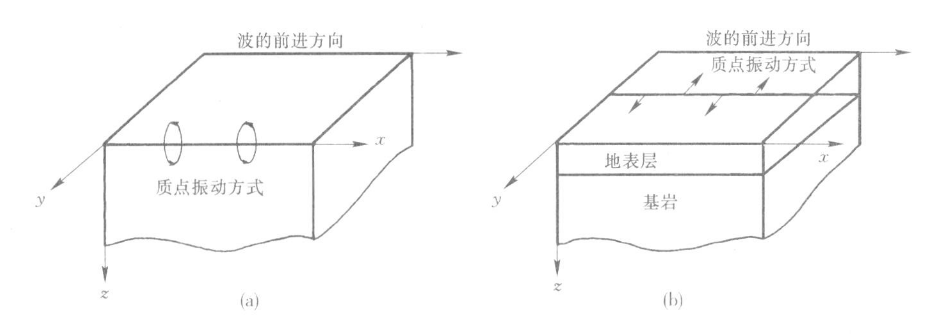

图 1-4 面波质点振动方式

（a）瑞雷波质点振动；（b）乐夫波质点振动

1.1.3 地震动

由地震波传播所引发的地面振动，通常称为地震动。其中，在震中区附近的地震动称为近场地震动。对于近场地震动，人们一般通过记录地面运动的加速度来了解地震动的特征。对加速度记录进行积分，可以得到地面运动的速度与位移（图 1-5）。一般说来，地震动在空间上具有 3 个平动方向的分量，3 个转动方向的分量。

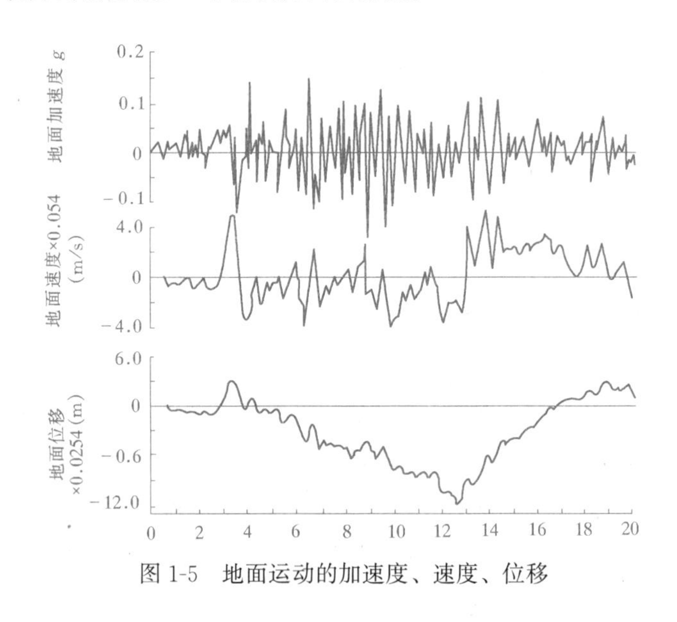

图 1-5 地面运动的加速度、速度、位移

从前面对于地震波的介绍可知，地面上任一点的振动过程实际上包括了各种类型地震波的综合作用。因此，地震动记录的最明显特征是其不规则性。从工程应用角度考察，可以采用有限的几个要素反映不规则的地震波。例如，通过最大振幅，可以定量反映地震动的强度特性；通过对地震动记录的频谱分析，可以揭示地震动的周期分布特征；通过对强震持续时间的定义和测量，可以考察地震动循环作用程度的强弱。地震动的峰值（最大振幅）、频谱

和持续时间，通常称为地震动的三要素。工程结构的地震破坏与地震动三要素密切相关。

1.2 地震震级与地震烈度

1.2.1 地震震级

地震震级是表示地震大小的一种度量。其数值是根据地震仪记录到的地震波图确定的。根据我国现用仪器，近震（震中距小于 1000km）震级 M 按下式计算：

$$M=\log A+R(\Delta) \tag{1-1}$$

式中 A——记录图上量得的以“μm”为单位的最大水平位移；

$R(\Delta)$——依震中距 Δ 而变化的起算函数。

震级 M 与震源释放能量 E（单位为尔格）之间的关系为

$$\log E=1.5M+11.8 \tag{1-2}$$

上式表示的震级通常又称为里氏震级。

式（1-2）表明，震级每增加一级，地震所释放出的能量约增加 30 倍。大于 2.5 级的浅震，在震中附近地区的人就有感觉，叫作有感地震；5 级以上的地震，会造成明显的破坏，叫作破坏性地震。世界上已记录到的最大地震的震级为 9.0 级。

1.2.2 地震烈度

地震烈度是指某一区域内的地表和各类建筑物遭受一次地震影响的平均强弱程度。一次地震，表示地震大小的震级只有一个。然而，由于同一次地震对不同地点的影响不一样，随着距离震中的远近变化，会出现多种不同的地震烈度。一般来说，距离震中近，地震烈度就高；距离震中越远，地震烈度也越低。为评定地震烈度而建立起来的标准叫作地震烈度。不同国家所规定的地震烈度表往往是不同的，我国规定的地震烈度表见本书附录 A。

对应于一次地震，在受到影响的区域内，可以按照地震烈度表中的标准对一些有代表性的地点评定出地震烈度。具有相同烈度的各个地点的外包络线，称为等烈度线（图 1-6）。等烈度线（或称等震线）的形状与发震断裂取向、地形、土质等条件有关，多数近似呈椭圆形。一般情况下，等烈度线的度数随震中距的增大而递减，但有时由于局部地形或地质的影响，也会在某一烈度区内出现小块高一度或低一度的异常区（称为烈度异常）。利用历史地震的等烈度线资料，可以针对不同地区建立宏观的地震烈度衰减规律关系式。

震中区的地震烈度称为震中烈度。依据震级粗略地估算震中烈度的方法是：震级减 1 后乘 1.5，即为震中烈度。即

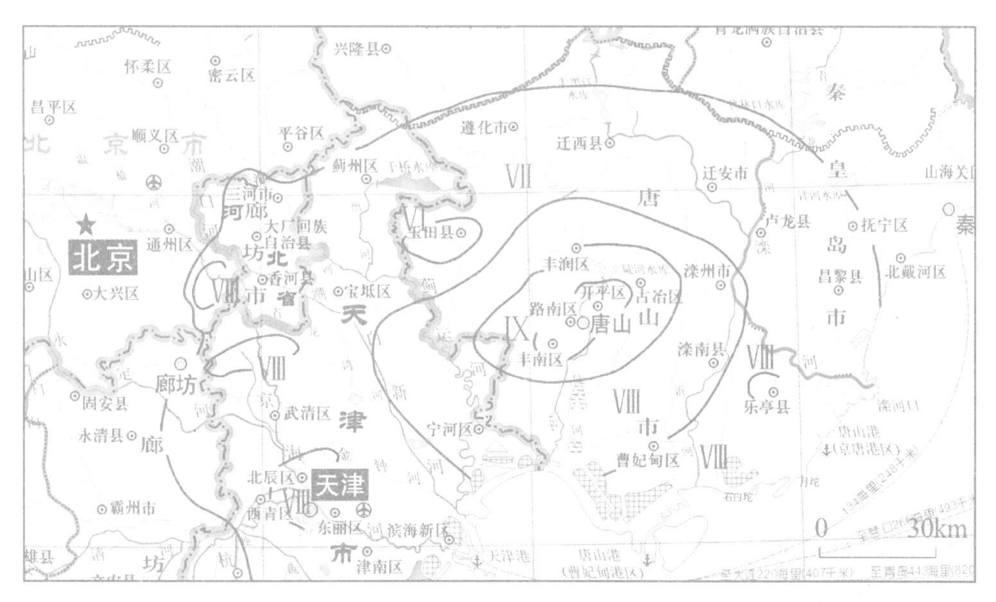

图 1-6　唐山地震等烈度线

$$M=1+\frac{2}{3}I \tag{1-3}$$

式中　I——震中烈度。

1.2.3　基本烈度与地震区划

基本烈度是指一个地区在一定时期（我国取 50 年）内在一般场地条件下按一定概率（我国取 10%）可能遭遇到的最大地震烈度。它是一个地区进行抗震设防的依据。

依据地质构造资料、历史地震规律、强震观测资料，采用地震危险性分析的方法，可以计算给出每一地区在未来一定时限内关于某一烈度（或地震动加速度值）的超越概率，从而，可以将国土划分为不同基本烈度所覆盖的区域。这一工作称为地震区划。随着研究工作的深入，地震区划已经给出地震动参数（如地震动的幅值）区划结果。

1.3　地震灾害概说

1.3.1　中国地震背景

对世界范围内的强烈地震的统计分析表明，全球地震主要集中在两个大的地震构造系范围内。其一是环太平洋地震构造系，集中了全世界地震总数的 75%；其二是位于北纬 20°～50°之间的大陆地震构造系，集中了全球大陆地震的 90%。图 1-7 是全球重大地震的一个统计结果。

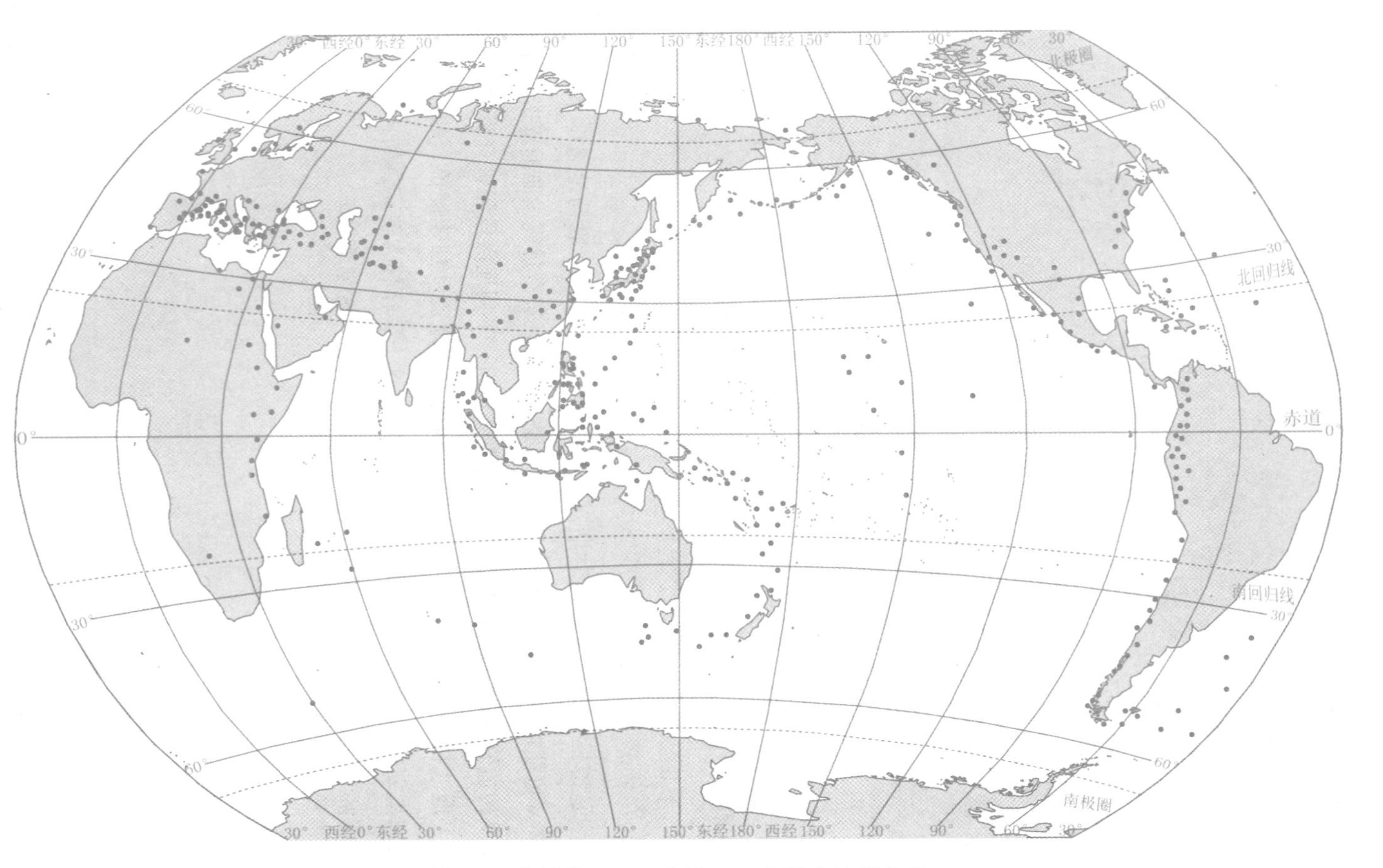

图 1-7　公元前 2000~公元 1979 年重大地震分布

我国位于世界两大地震构造系的交汇区域，历史上就是地震多发的国家之一。据统计，公元前1177～1976年，我国共发生4.7级以上强震3100余次。1900～2020年间，我国发生6级以上强震约920次，8级以上地震10次，地震中共死亡约155万人，约占全球地震死亡人数的一半。惨重的地震灾害，给人类带来了不幸，也为后人抵御地震、考察地震灾害提供了大量的资料。

1.3.2 地震的破坏作用

对历史地震的考察与分析表明，地震的破坏作用主要表现为三种形式：地表破坏、建筑物的破坏、次生灾害。

1. 地表破坏及其影响

地表破坏主要表现为地裂缝、地面下沉、喷水冒砂和滑坡等形式。

地裂缝分为构造性地裂缝和重力式地裂缝两类。前者是地震断层错动后在地表形成的痕迹。裂缝带长可延伸几千米到几万米，带宽达数十厘米到数米。后者是由于地表土质不匀及受地貌影响所形成，其规模较前者为小。当地裂缝穿过建筑物时，会造成结构开裂直至建筑物倒塌。

地面下沉多发生在软土分布地区和矿业采空区。地面的不均匀沉陷易引起建筑物的破坏甚至倒塌。

在地下水位较高的地区，地震波的作用会使地下水压急剧增高，从而导致地下水经地裂缝或其他通道喷出地面。当地表土层含有砂层或粉土层时，会造成砂土液化甚至出现喷水冒砂现象，液化可以造成建筑物倾斜与倒塌、埋地管网的大面积破坏。

在河岸、山崖、丘陵地区，地震时极易诱发滑坡。地震时的大滑坡可以切断交通通道、冲毁房屋和桥梁、堵塞河流。

2. 建筑物的破坏

建筑物的破坏可以因前述地表破坏引起，在性质上属于静力破坏。更常见的建筑物破坏是由于地震地面运动的动力作用所引起，在性质上属于动力破坏。我国历史地震资料表明，90%左右的建筑物的破坏是地表运动所导致的动力破坏作用所引起的。因此，结构物动力破坏机制的分析，是结构抗震研究的重点和结构抗震设计的基础。

建筑物的动力破坏主要表现为主体结构强度不足所形成的破坏和结构丧失整体性两类破坏形式。其中，强度破坏主要是因为结构承重构件的抗剪、抗弯、抗压等强度不足而形成。例如，墙体裂缝、钢筋混凝土构件开裂或酥裂等。结构构件发生强度破坏前后，结构物一般进入弹塑性变形阶段。在这一阶段，结构物在强烈振动作用下会因为延性不足、节点连接失效、主要承重构件失稳等原因而丧失整体性，从而造成局部或整体结构的倒塌。

表1-1与表1-2分别是我国历史强震中砌体结构和多层混凝土框架结构的部分震害资料

统计结果。对这些资料的研究与分析，有助于从宏观上认识建筑结构在不同烈度下的总体破坏特征。

砌体结构房屋震害程度统计（9642幢） 表1-1

震害程度 \ 地震烈度 调查情况	6度		7度		8度		9度		10度		11度	
	栋数	百分比	栋数	百分比	栋数	百分比	栋数	百分比	栋数	百分比	栋数	百分比
基本完好	2308	53.2	216	24.4	146	10.8	70	4.6	1	0.4	3	0.2
轻微损伤	1431	33.0	419	47.3	250	18.5	154	10.1	33	9.3	16	1.3
中等损伤	502	11.6	204	23.1	570	42.1	405	26.5	36	10.1	67	5.7
严重损伤	100	2.3	46	5.2	344	25.4	712	46.6	145	40.4	356	30.3
毁坏	0	0.0	0	0.0	43	3.2	186	12.2	143	39.8	736	62.5
总计	4341	100.0	885	100.0	1353	100.0	1527	100.0	358	100.0	1178	100.0

多层混凝土框架结构震害程度统计（640幢） 表1-2

震害程度 \ 地震烈度 调查情况	6度		7度		8度		9度		10度	
	栋数	百分比	栋数	百分比	栋数	百分比	栋数	百分比	栋数	百分比
基本完好	45	77.6	88	48.1	40	32.8	13	22.8	110	50.0
轻微损坏	13	22.4	83	45.4	32	26.2	17	29.8	77	35.0
中等损坏	0	0.0	11	6.0	47	38.5	24	42.1	17	7.7
严重损坏	0	0.0	1	0.5	2	1.6	3	5.3	11	5.0
倒塌	0	0.0	0	0.0	1	0.8	0	0.0	5	2.3
总计	58	100.0	183	100.0	122	100.0	57	100.0	220	100.0

3. 次生灾害

地震时，水坝、燃气管道、供电线路的破坏，以及易燃、易爆、有毒物质容器的破坏，均可造成水灾、火灾、空气污染等次生灾害。例如，1995年的日本阪神大地震，震后火灾多达500余处，震中区木结构房屋几乎全部烧毁。此外，地震引起的海啸，也会对海边建筑物造成巨大的破坏。如2011年3月11日的东日本大地震引发高达24m的海啸，造成了重大人员伤亡和财产损失；该地震还造成了日本第一核电站的核泄漏事故。

1.4 工程抗震设防

1.4.1 抗震设防的目的和要求

工程抗震设防的基本目的是在一定的经济条件下，最大限度地限制和减轻建筑物的地震破坏，保障人民生命财产的安全。为了实现这一目的，近年来，许多国家的抗震设计规范都趋向于以“小震不坏、中震可修、大震不倒”作为建筑抗震设计的基本准则。

我国对小震、中震、大震规定了具体的超越概率水准。根据对我国几个主要地震区的地震危险性分析结果，认为我国地震烈度 I 的概率分布基本上符合于极值Ⅲ型分布，其概率密度函数的基本形式为

$$f(I)=\frac{k(\omega-I)^{k-1}}{(\omega-\varepsilon)^{k}}\cdot e^{-\left(\frac{\omega-I}{\omega-\varepsilon}\right)^{k}} \tag{1-4}$$

式中 k——形状参数，取决于一个地区的地震背景的复杂性；

ω——地震烈度上限值，取 $\omega=12$；

ε——烈度概率密度曲线上峰值所对应的强度。

地震烈度概率密度函数曲线的基本形状如图1-8所示，其具体形状参数取决于设定的分析年限和具体地点。

从概率意义上说，小震就是发生机会较多的地震。根据分析，当分析年限取为50年时，上述概率密度曲线的峰值烈度所对应的被超越概率为63.2%，因此，可以将这一峰值烈度定义为小震烈度，又称多遇地震烈度。而全国地震区划图所规定的各地的基本烈度，可取为中震对应的烈度。它在50年内的超越概率一般为10%。大震是罕遇的地震，它所对应的地震烈度在50年内超越概率为2%左右，这个烈度又可称为罕遇地震烈度。通过对我国45个城镇的地震危险性分析结果的统计分析得到：基本烈度较多遇烈度约高1.55度，而较罕遇烈度约低1度（图1-8）。

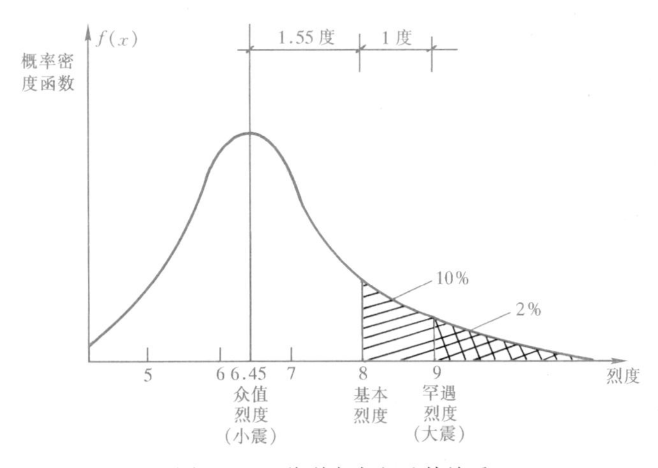

图1-8 三种烈度含义及其关系

对应于前述设计准则，《建筑抗震设计规范》GB 50011—2010（2016年版）对我国三个水准的抗震设防目标给出了具体规定：

第一水准：当遭受低于本地区抗震设防烈度的多遇地震影响时，建筑物主体结构一般不

受损坏或不需修理可继续使用；

第二水准：当遭受相当于本地区抗震设防烈度的地震影响时，建筑物可能发生损坏，但经一般修理仍可正常使用；

第三水准：当遭受高于本地区抗震设防烈度的罕遇地震影响时，建筑物不致倒塌或发生危及生命安全的严重破坏。

在一般情况下，上述抗震设防烈度采用根据中国地震动参数区划图确定的地震基本烈度，但对进行过抗震设防区划工作并经主管部门批准的城市，按批准的抗震设防区划确立抗震设防烈度或设计地震动参数。我国《建筑抗震设计规范》GB 50011—2010（2016 年版）对我国主要城镇中心地区的抗震设防烈度、设计地震加速度值给出了具体规定（附录 B）。在这些规定中，还同时指出了所在城镇的设计地震分组，这主要是为了反映潜在震源远近的影响。一般而言，潜在震源远，地震时传来的地震波长周期分量较显著。为反映这一影响，对各城镇在规定抗震设防烈度、抗震设计地震动加速度值的同时，还给出了设计地震分组。这一划分使对地震作用的计算更为细致。

我国采取 6 度起设防的方针。根据这一方针，我国地震设防区覆盖全国。

1.4.2 抗震设计方法

在进行建筑抗震设计时，原则上应满足上述三个水准的抗震设防要求。在具体做法上，我国建筑抗震设计规范采用了简化的两阶段设计方法。

第一阶段设计：按多遇地震烈度对应的地震作用效应和其他荷载效应的组合验算结构构件的承载能力和结构的弹性变形。

第二阶段设计：按罕遇地震烈度对应的地震作用效应验算结构的弹塑性变形。

第一阶段的设计，保证了第一水准的强度要求和变形要求。第二阶段的设计，则旨在保证结构满足第三水准的抗震设防要求，如何保证第二水准的抗震设防要求，尚在研究之中。目前一般认为，良好的抗震构造措施有助于第二水准要求的实现。

1.4.3 建筑物重要性分类与设防标准

对于不同使用性质的建筑物，地震破坏所造成后果的严重性是不一样的。因此，对于不同用途建筑物的抗震设防，不宜采用同一标准，而应根据其破坏后果加以区别对待。为此，我国《建筑工程抗震设防分类标准》GB 50223—2008 将建筑物按其用途的重要性分为四类：

特殊设防类：指使用上有特殊设施，涉及国家公共安全的重大建筑工程和地震时可能发生严重次生灾害等特别重大灾害后果，需要进行特殊设防的建筑。简称甲类。

重点设防类：指地震时使用功能不能中断或需尽快恢复的生命线相关建筑，以及地震时可能导致大量人员伤亡等重大灾害后果，需要提高设防标准的建筑。简称乙类。

标准设防类：指大量的除甲、乙、丁类以外按标准要求进行设防的建筑。简称丙类。

适度设防类：指使用上人员稀少且震损不致产生次生灾害，允许在一定条件下适度降低要求的建筑。简称丁类。

对各类建筑物的抗震设防标准的具体规定为：

标准设防类，应按本地区抗震设防烈度确定其抗震措施和地震作用，达到在遭遇高于当地抗震设防烈度的预估罕遇地震影响时不致倒塌或发生危及生命安全的严重破坏的抗震设防目标。

重点设防类，应按高于本地区抗震设防烈度一度的要求加强其抗震措施；但抗震设防烈度为 9 度时应按比 9 度更高的要求采取抗震措施；地基基础的抗震措施，应符合有关规定。同时，应按本地区抗震设防烈度确定其地震作用。

特殊设防类，应按高于本地区抗震设防烈度提高一度的要求加强其抗震措施；但抗震设防烈度为 9 度时应按比 9 度更高的要求采取抗震措施。同时，应按批准的地震安全性评价的结果且高于本地区抗震设防烈度的要求确定其地震作用。

适度设防类，允许比本地区抗震设防烈度的要求适当降低其抗震措施，但抗震设防烈度为 6 度时不应降低。一般情况下，仍应按本地区抗震设防烈度确定其地震作用。

1.5　抗震设计的总体要求

一般说来，建筑抗震设计包括三个层次的内容与要求：概念设计、抗震计算与构造措施。概念设计在总体上把握抗震设计的基本原则；抗震计算为建筑抗震设计提供定量手段；构造措施则可以在保证结构整体性、加强局部薄弱环节等意义上保证抗震计算结果的有效性。抗震设计上述三个层次的内容是一个不可割裂的整体，忽略任何一部分，均可能达不到抗震设计的目标。关于抗震计算与抗震构造措施本书将在后续各章中逐步深入论述。这里，先讨论抗震概念设计的问题。

建筑抗震设计在总体上要求把握的基本原则可以概括为：注意场地选择，把握建筑体型，利用结构延性，设置多道防线，重视非结构因素。

1.5.1　注意场地选择

建筑场地的地质条件与地形地貌对建筑物震害有显著影响。这已为大量的震害实例所证实。从建筑抗震概念设计的角度考察，首先应注意建筑场地的选择。简单地说，地震区的建筑宜选择有利地段、避开不利地段、不在危险地段建设。各类地段划分原则见表 1-3。

有利、不利和危险地段的划分　　表 1-3

地段类别	地质、地形、地貌
有利地段	稳定基岩、坚硬土，开阔、平坦、密实、均匀的中硬土等
不利地段	软弱土、液化土，条状突出的山嘴，高耸孤立的山丘，陡坡，陡坎，河岸和边坡边缘，平面分布上成因、岩性、状态明显不均匀的土层(如故河道、疏松的断层破碎带、暗埋的塘浜沟谷及半填半挖地基)，高含水率的可塑黄土、地表存在结构性裂缝等
危险地段	地震时可能发生滑坡、崩塌、地陷、地裂、泥石流等及发震断裂带上可能发生地表位错的部位

当确实需要在不利地段或危险地段建筑工程时，应遵循建筑抗震设计的有关要求进行详细的场地评价并采取必要的抗震措施。

1.5.2 把握建筑体型

建筑物平、立面布置的基本原则是：对称、规则、质量与刚度变化均匀。

结构对称有利于减轻结构的地震扭转效应。而形状规则的建筑物，在地震时结构各部分的振动易于协调一致，应力集中现象较少，因而有利于抗震。质量与刚度变化均匀有两方面的含义：其一是在结构平面方向应尽量使结构刚度中心与质量中心相一致，否则，扭转效应将使远离刚度中心的构件产生较严重的震害；其二是沿结构高度方向结构质量与刚度不宜有悬殊的变化，竖向抗侧力构件的截面尺寸和材料强度宜自下而上逐渐减小。地震震害实例和大量理论分析均表明：结构刚度有突然削弱的薄弱层，在地震中会造成变形集中，从而加速结构的倒塌破坏过程。而在结构上部刚度较小时，会形成地震反应的“鞭梢效应”，即变形在结构顶部集中的现象。

表 1-4 和表 1-5 分别列举了平面不规则和竖向不规则的建筑类型。对于因建筑或工艺要求形成的体型复杂的结构物，可以设置抗震缝，将结构物分成规则的结构单元。但对高层建筑，要注意使设缝后形成的结构单元的自振周期避开场地土的卓越周期。对于不宜设置抗震缝的体型复杂的建筑，则应进行较精细的结构抗震分析。

平面不规则的类型　　表 1-4

不规则类型	定义与指标
扭转不规则	在具有偶然偏心的规定水平力作用下，楼层两端抗侧力构件弹性水平位移(或层间位移)的最大值与平均值的比值大于 1.2
凹凸不规则	结构平面凹进的尺寸大于相应投影方向总尺寸的 30%
楼板局部不连续	楼板的尺寸和平面刚度急剧变化。例如：有效楼板宽度小于该层楼板典型宽度的 50%，或开洞面积大于该层楼面面积的 30%，或较大的楼层错层

竖向不规则的类型 表 1-5

不规则类型	定义与指标
侧向刚度不规则	该层的侧向刚度小于相邻上一层的70%，或小于其上相邻三个楼层侧向刚度平均值的80%；除顶层或出屋面小建筑外，局部收进的水平向尺寸大于相邻下一层的25%
竖向抗侧力构件不连续	竖向抗侧力构件(柱、抗震墙、抗震支撑)的内力由水平转换构件(梁、桁架等)向下传递
楼层承载力突变	抗侧力结构的层间受剪承载力小于相邻上一楼层的80%

1.5.3 利用结构延性

仅利用结构的弹性性能抗御强烈地震是不明智的。正确的做法是同时利用结构弹塑性阶段的性能，通过结构一定限度内的塑性变形来消耗地震时输入结构的能量。

设某一结构的外力、最大位移的关系如图 1-9 所示。图中 Δ_y 为结构屈服变形，Δ_e 为对应外力 p_e 的弹性变形，Δ_p 为对应 2 点的弹塑性变形，Δ_u 为结构变形极限，p_y 为结构屈服强度。若仅按弹性设计结构，则对相应于三角形 045 面积的地震输入能量，要求结构至少具有 p_e 的抗力才可保证结构不破坏。在多数情况下，这将是很不经济的。而若利用弹塑性变形，则只需要求结构具有抗力 p_y，同时，允许结构达到变形 Δ_p。此时，由于面积 A 与面积 B 相等，结构所吸收的能量可保持与前一方案一致，从而使结构可以承受同样的地震作用。显然，p_y 比 p_e 小得多。这样，便降低了结构截面尺寸，因之降低了造价。允许结构出现一定的弹塑变形所造成的损害，可以从限制设计变形处于可修的范围之内及地震发生是偶然事件两方面得到补偿。不仅如此，如果把图 1-9 中的 0-1-4 看作是脆性材料的变形过程结构，而将图中 0-1-2-3 看作是延性材料结构的变形过程，则脆性结构在点 4 将破坏，而延性结构可以工作到 3 点才破坏。由此可见，脆性结构尽管抗力很大，但吸收地震能量的能力并不强，而延性结构却因可以吸收更多地震输入能量而有利于抗御结构倒

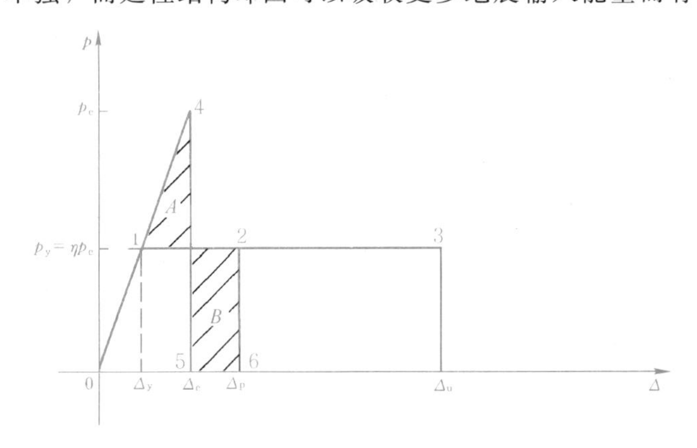

图 1-9 弹性与延性

塌的发生。

在设计中，可以通过采用合理的结构体系、各种各样的构造措施和耗能手段来增强结构与构件的延性。例如，采用延性较好的联肢剪力墙、偏心支撑框架结构体系；对于钢筋混凝土结构，可以采用强剪弱弯、强节点弱构件的设计策略促使梁以弯曲形式产生较大变形；对于砌体结构，可以采用墙体配筋、构造柱-圈梁体系等措施增加结构的延性。

1.5.4 设置多道防线

在建筑抗震设计中，有意识地使结构具有多道抗震防线，是抗震概念设计的一个重要组成部分。

多道抗震防线的概念可以从图 1-10 的解释中得到基本认识。在图 1-10（a）中，强梁弱柱型的框架结构在底层柱的上下端出现塑性铰，或单肢剪力墙结构在底部出现屈服变形，将迅速导致结构的倒塌。而在图 1-10（b）中，强柱弱梁型的框架结构或双肢剪力墙加连系梁的结构，则需要全部梁端出现塑性铰并迫使结构底部也出现屈服变形时，结构才会破坏。显然，后者至少存在两道抗震防线，一是从弹性到部分梁（或连系梁）出现塑性铰，二是从梁塑性铰发生较大转动到柱根（或剪力墙底部）破坏。在两道防线之间，大量地震输入能量被结构的弹塑性变形所消耗。

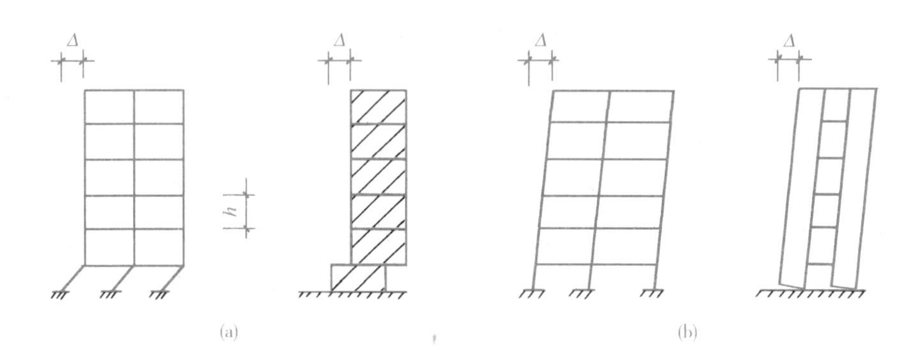

图 1-10　结构屈服机制

（a）局部机制（L 机制）；（b）总体机制（T 机制）

在建筑抗震设计中，可以利用多种手段实现设置多道防线的目的。例如：采用超静定结构、有目的地设置人工塑性铰、利用框架的填充墙、设置耗能元件或耗能装置等。但在各种灵活多样的设计手法中应该共同注意的原则是：（1）不同的设防阶段应使结构周期有明显差别，以利避免共振；（2）最后一道防线要具备一定的强度和足够的变形潜力。

1.5.5 注意非结构因素

非结构因素含义较为宽泛，其中最主要的是非结构构件的处理。

非结构构件的存在，会影响主体结构的动力特性（如结构阻尼、结构振动周期等）。同时，一些非结构构件（如玻璃幕墙、吊顶、室内设备等）在地震中往往会先期破坏。因此，在结构抗震概念设计中，应特别注意非结构构件与主体结构之间要有可靠的连接或锚固。同时，对可能对主体结构振动造成影响的非结构构件，如围护墙、隔墙等，应注意分析或估计其对主体结构可能带来的影响，并采取相应的抗震措施。

习题

1. 震级和烈度有什么区别和联系?
2. 如何考虑不同类型建筑的抗震设防?
3. 怎样理解小震、中震与大震?
4. 试论述概念设计、抗震计算、构造措施三者之间的关系。
5. 试讨论结构延性与结构抗震的内在联系。

第2章

场地与地基

2.1 场地划分与场地区划

2.1.1 场地及其地震效应

场地是指建筑物所在地，其范围大体相当于厂区、居民点和自然村的范围。历史震害资料表明，建筑物震害除与地震类型、结构类型等有关外，还与其下卧层的构成、覆盖层厚度密切相关。图2-1是1967年委内瑞拉加拉加斯地震的震害调查统计结果。从图中可以看出：在土层厚度为50m左右的场地上，3～5层的建筑物破坏相对较多；而在厚度为150～300m的冲积层上，14层以上的建筑物震害最为严重。对我国1975年海城地震、1976年唐山地震等大地震的宏观震害调查资料的分析也表明了类似的规律：房屋倒塌率随土层厚度的增加而加大；比较而言，软弱场地上的建筑物震害一般重于坚硬场地。

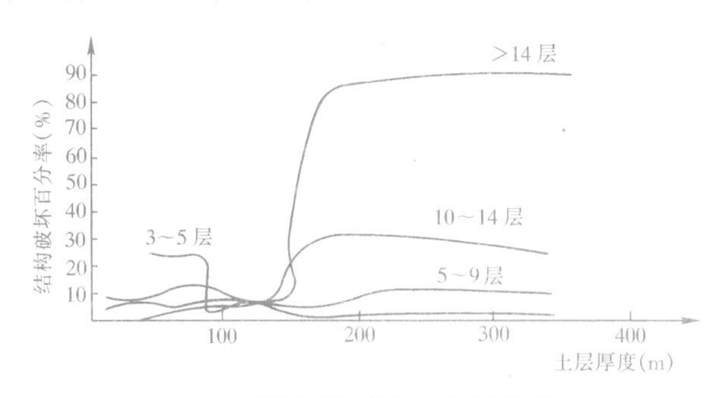

图2-1　房屋破坏率与土层厚度关系

从原理上分析，在岩层中传播的地震波，本来就具有多种频率成分，其中，在振幅谱中幅值最大的频率分量所对应的周期，称为地震动的卓越周期。在地震波通过覆盖土层传向地表的过程中，与土层固有周期相一致的一些频率波群将被放大，而另一些频率波群将被衰减甚至被完全过滤掉。这样，地震波通过土层后，由于土层的过滤特性与选择放大作用，地表地震动的卓越周期在很大程度上取决于场地的固有周期。当建筑物的固有周期与地震动的卓越周期相接近时，建筑物的振动会加大，相应地，震害也会加重。

进一步深入的理论分析证明，多层土的地震效应主要取决于三个基本因素：覆盖土层厚度、土层剪切波速、岩土阻抗比。在这三个因素中，岩土阻抗比主要影响共振放大效应，而其他两者则主要影响地震动的频谱特性。

2.1.2 覆盖层厚度

覆盖层厚度的原意是指从地表面至地下基岩面的距离。从地震波传播的观点看，基岩界面是地震波传播途径中的一个强烈的折射与反射面，此界面以下的岩层振动刚度要比上部土层的相应值大很多。根据这一背景，工程上常这样判定：当地面5m以下的下部土层的剪切波速达到上部土层剪切波速的2.5倍，且下部土层中没有剪切波速小于400m/s的岩土层时，该下部土层就可以近似看作基岩。由于工程地质勘察手段往往难以取得深部土层的剪切波速数据，为了实用上的方便，我国建筑抗震设计规范进一步采用土层的绝对刚度定义覆盖层厚度，即：地下基岩或剪切波速大于500m/s（且其下卧土层剪切波速不少于500m/s）的坚硬土层至地表面的距离，称为“覆盖层厚度”。

2.1.3 场地的类别

前已述及，不同场地上的地震动，其频谱特征有明显的差别。为了反映这一特点，我国建筑抗震设计规范将建筑场地划分为5个不同的类别，见表2-1。

各类建筑场地的覆盖层厚度（m）　　表2-1

岩石的剪切波速或土的等效剪切波速(m/s)	场地类别				
	I_0类	I_1类	Ⅱ类	Ⅲ类	Ⅳ类
$v_s>800$	0				
$800\geqslant v_s>500$		0			
$500\geqslant v_{se}>250$		<5	$\geqslant5$		
$250\geqslant v_{se}>150$		<3	3～50	>50	
$v_{se}\leqslant150$		<3	3～15	15～80	>80

注：表中 v_s 系岩石的剪切波速。

从表2-1可见，场地类别是根据土层等效剪切波速和场地覆盖层厚度两个指标综合确定的。场地覆盖层厚度已于上文作了解释。土层等效剪切波速 v_{se} 则应按下式计算：

$$v_{se}=d_0\Big/\sum_{i=1}^{n}(d_i/v_{si}) \tag{2-1}$$

式中　d_0——计算深度，取覆盖层厚度和20m两者的较小值；

n——计算深度范围内土层的分层数；

v_{si}——计算深度范围内第 i 层土的剪切波速；

d_i——计算深度范围内第 i 层土的厚度。

对于 10 层和高度 24m 以下的丙类建筑及丁类建筑，当无实测剪切波速时，也可以根据岩土性状按表 2-2 划分土的类型，并利用当地经验在该表所示的波速范围内估计各土层的剪切波速。

土的类型划分　　表 2-2

土的类型	岩土名称和性状	土层剪切波速范围(m/s)
岩石	坚硬、较硬且完整的岩石	$v_s>800$
坚硬土或软质岩石	破碎或较软的岩石、密实的碎石土	$800\geqslant v_s>500$
中硬土	中密、稍密的碎石土，密实、中密的砾、粗、中砂，$f_{ak}>150$kPa 的黏性土和粉土，坚硬黄土	$500\geqslant v_s>250$
中软土	稍密的砾、粗、中砂，除松散外的细粉砂，$f_{ak}\leqslant150$kPa 的黏性土和粉土，$f_{ak}>130$kPa 的填土、可塑新黄土	$250\geqslant v_s>150$
软弱土	淤泥和淤泥质土，松散的砂，新近沉积的黏性土和粉土，$f_{ak}\leqslant$ 130kPa 的填土，流塑黄土	$v_s\leqslant150$

注：f_{ak} 为由荷载试验等方法得到的地基土静承载力特征值（kPa）。

表 2-1 的分类标准主要适用于剪切波速随深度递增的一般情况。在实际工程中，层状土夹层的影响比较复杂，很难用单一指标反映。地震反应分析的研究结果表明，硬土夹层的影响相对比较小，而埋藏深、厚度较大的软弱土夹层，虽能抑制基岩输入地震波的高频成分，但却能显著放大输入地震波中的低频成分。因此，当计算深度以下有明显的软弱土夹层时，可以适当提高场地类别。

【例题 2-1】已知某建筑场地的钻孔地质资料如表 2-3 所示，试确定该场地的类别。

钻孔资料（例 2-1）　　表 2-3

土层底部深度(m)	土层厚度(m)	岩土名称	土层剪切波速(m/s)
1.5	1.5	杂填土	180
3.5	2.0	粉土	240
7.5	4.0	细砂	310
12.5	5.0	中砂	520
15	2.5	砾砂	560

【解】(1) 确定覆盖层厚度

因为地表下 7.5m 以下土层的 $v_s=520\text{m/s}>500\text{m/s}$ 且下卧层 $v_s>500\text{m/s}$，故 $d_0=7.5\text{m}$。

(2) 计算等效剪切波速，按式（2-1）有

$$v_{se}=7.5/\left(\frac{1.5}{180}+\frac{2.0}{240}+\frac{4.0}{310}\right)=253.6\text{m/s}$$

查表2-1，v_{se} 位于250～500m/s之间，且 $d_0>5$m，故属于Ⅱ类场地。

2.1.4 场地区划

对于中等规模以上的城市，我国建筑抗震设计规范允许采用经过批准的抗震设防区划进行抗震设防。这就牵涉到了场地设计地震动的区域划分问题。这种区域划分一般给出城区范围内的场地类别区域划分（又称场地小区划）、设防地震动参数区划和场地地面破坏潜势区划等结果。这里，仅简单介绍场地小区划的基本内容。

场地小区划的基本方法与过程是：

1. 收集城区范围内的工程地质、水文地质、地震地质资料；
2. 依据上述资料作出所考虑区域的控制地质剖面图，确立场地小区划的平面控制点；
3. 视具体情况适当进行补充的工程地质勘探和剪切波速测试工作；
4. 按照工程地质资料统计给出不同类别土的剪切波速随深度变化的经验关系；
5. 依据控制地质剖面图、剪切波速经验关系，计算各平面控制点的浅层岩土（地表下20m）等效剪切波速，并决定各控制点覆盖层厚度；
6. 根据等效剪切波速和覆盖层厚度按照表2-1规定对城区范围内的场地作出小区划。

工作深入的场地区划还可以作出场地等效剪切波速等值线和场地固有周期等值线。场地固有周期 T 可按照剪切波重复反射理论按下式计算：

$$T=\sum_{i=1}^{n}\frac{4d_i}{v_{si}} \tag{2-2}$$

式中符号说明同式（2-1）。

细致的场地区划工作可以起到节约投入、一劳永逸的效果。建筑抗震设计人员应注意向当地抗震主管部门咨询有关资料，视具体情况应用于设计之中。

2.2 地基抗震验算

2.2.1 地基抗震设计原则

地基是指建筑物基础下面受力层范围内的土层。对历史震害资料的统计分析表明，一般土地基在地震时很少发生问题。造成上部建筑物破坏的主要是松软土地基和不均匀地基。因

此，设计地震区的建筑物，应根据土质的不同情况采用不同的处理方案。

1. 松软土地基

在地震区，对饱和的淤泥和淤泥质土、冲填土和杂填土、不均匀地基土，不能不加处理地直接用作建筑物的天然地基。工程实践已经证明，尽管这些地基土在静力条件下具有一定的承载能力，但在地震时，由于地面运动的影响，会全部或部分地丧失承载能力，或者产生不均匀沉陷和过量沉陷，造成建筑物的破坏或影响其正常使用。松软土地基的失效不能用加宽基础、加强上部结构等措施克服，而应采用地基处理措施（如置换、加密、强夯等）消除土的动力不稳定性，或者采用桩基等深基础避开可能失效的地基对上部建筑的不利影响。

2. 一般土地基

房屋震害调查统计资料表明，建造于一般土质天然地基上的房屋，遭遇地震时，极少有因地基强度不足或较大沉陷导致的上部结构破坏。因此，我国建筑抗震设计规范规定，下述建筑可不进行天然地基及基础的抗震承载力验算：

（1）规范规定可不进行上部结构抗震验算的建筑；

（2）地基主要受力层范围内不存在软弱黏性土层的一般厂房和单层空旷房屋、砌体房屋、不超过 8 层且高度在 24m 以下的一般民用框架和框架-抗震墙房屋以及与其基础荷载相当的多层框架厂房和多层混凝土抗震房屋。这里，软弱黏性土层是指设防烈度为 7 度、8 度和 9 度时，地基承载力特征值分别小于 80kPa、100kPa 和 120kPa 的土层。

3. 地裂危害的防治

当地震烈度为 7 度以上时，在软弱场地土及中软场地土地区，地面裂隙较易发展，建筑物特别是砖结构建筑物常因地裂通过面被撕裂。因此，对位于软弱场地土上的建筑物，当基本烈度为 7 度以上时，应采取防地裂措施。例如，对于砖结构房屋，可在承重砖墙的基础内设置现浇钢筋混凝土圈梁；对于单层钢筋混凝土柱厂房，可沿外墙一圈设置现浇整体基础墙梁或有现浇接头的装配整体式基础墙梁。位于中软场地土上的建筑物，当基本烈度为 9 度时，也应采取上述的防地裂措施。

2.2.2 地基土抗震承载力

地基土抗震承载力的计算采取在地基土静承载力的基础上乘以提高系数的方法。我国建筑抗震设计规范规定，在进行天然地基抗震验算时，地基土的抗震承载力按下式计算：

$$f_{aE}=\xi_a \cdot f_a \tag{2-3}$$

式中 f_{aE}——调整后的地基土抗震承载力；

ξ_a——地基土抗震承载力调整系数，按表 2-4 采用；

f_a——深宽修正后的地基土静承载力特征值，按现行《建筑地基基础设计规范》GB 50007 采用。

地基土抗震承载力调整系数 表 2-4

岩土名称和性状	ξ_a
岩石，密实的碎石土，密实的砾、粗、中砂，$f_{ak}\geqslant 300\text{kPa}$ 的黏性土和粉土	1.5
中密、稍密的碎石土，中密和稍密的砾、粗、中砂，密实和中密的细、粉砂，$150\text{kPa}\leqslant f_{ak}<300\text{kPa}$ 的黏性土和粉土，坚硬黄土	1.3
稍密的细、粉砂，$100\text{kPa}\leqslant f_{ak}<150\text{kPa}$ 的黏性土和粉土，新近沉积的黏性土和粉土，可塑黄土	1.1
淤泥、淤泥质土，松散的砂、杂填土，新近堆积黄土及流塑黄土	1.0

地基土抗震承载力一般高于地基土静承载力，其原因可以从地震作用下只考虑地基土的弹性变形而不考虑永久变形这一角度得到解释。

2.2.3 地基抗震验算

地震区的建筑物，首先必须根据静力设计的要求确定基础尺寸，并对地基进行强度和沉降量的核算，然后，根据需要进行进一步的地基抗震强度验算。

当需要验算地基抗震承载力时，应将建筑物上各类荷载效应和地震作用效应加以组合，并取基础底面的压力为直线分布（图 2-2)。具体验算要求是

$$\rho\leqslant f_{aE} \tag{2-4}$$

$$\rho_{max}\leqslant 1.2f_{aE} \tag{2-5}$$

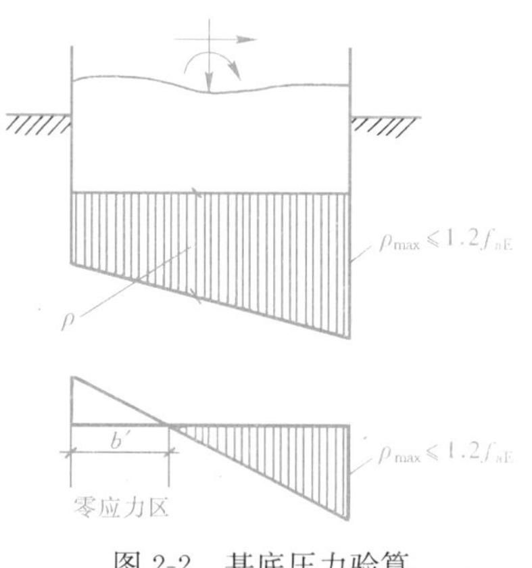

图 2-2 基底压力验算

式中 ρ——地震作用效应标准组合的基础底面平均压力值；

ρ_{max}——地震作用效应标准组合的基础边缘最大压力值。

同时，对于高宽比大于 4 的高层建筑，在地震作用下基础底面不宜出现拉应力；对于其他建筑，则要求基础底面零应力面积不超过基础底面的 15%。

2.3 地基土液化及其防治

2.3.1 地基土液化及其危害

饱和松散的砂土或粉土（不含黄土)，地震时易发生液化现象，使地基承载力丧失或减弱，甚至喷水冒砂，这种现象一般称为砂土液化或地基土液化。其产生的机理是：地震时，饱和砂土和粉土颗粒在强烈振动下发生相对位移，颗粒结构趋于压密，颗粒间孔隙水来不及排泄而受到挤压，因而使孔隙水压力急剧增加。当孔隙水压力上升到与土颗粒所受到的总的

正压应力接近或相等时，土粒之间因摩擦产生的抗剪能力消失，土颗粒形同“液体”一样处于悬浮状态，形成所谓液化现象。

液化使土体的抗震强度丧失，引起地基不均匀沉陷并引发建筑物的破坏甚至倒塌。发生于1964年的美国阿拉斯加地震和日本新潟地震，都出现了因大面积砂土液化而造成的建筑物的严重破坏，从而，引起了人们对地基土液化及其防治问题的关切。在我国，1975年海城地震和1976年唐山地震也都发生了大面积的地基液化震害。我国学者在总结了国内外大量震害资料的基础上，经过长期研究，并经大量实践工作的校正，提出了较为系统而实用的液化判别及液化防治措施。

2.3.2 液化的判别

地基土液化判别过程可以分为初步判别和标准贯入试验判别两大步骤。

1. 初步判别

饱和的砂土或粉土（不含黄土）当符合下列条件之一时，可初步判别为不液化或不考虑液化影响：

（1）地质年代为第四纪晚更新世（Q_3）及其以前时，且处于7度或8度区；

（2）粉土的黏粒（粒径小于0.005mm的颗粒）含量百分率ρ_c（%）当烈度为7度、8度、9度时分别不小于10、13、16时；

（3）浅埋天然地基，地下水位深度和上覆盖非液化土层厚度满足式（2-6）、式（2-7）或式（2-8）之一时；

$$d_w > d_0 + d_b - 3 \tag{2-6}$$

$$d_u > d_0 + d_b - 2 \tag{2-7}$$

$$d_u + d_w > 1.5d_0 + 2d_b - 4.5 \tag{2-8}$$

式中 d_w——地下水位深度（m），按建筑设计基准期内年平均最高水位采用，也可按近期内年最高水位采用；

d_b——基础埋置深度（m），小于2m时应采用2m；

d_0——液化土特征深度，按表2-5采用；

d_u——上覆盖非液化土层厚度（m），计算时应注意将淤泥和淤泥质土层扣除。

液化土特征深度（m） 表2-5

饱和土类别	烈度		
	7	8	9
粉土	6	7	8
砂土	7	8	9

2. 标准贯入试验判别

当上述所有条件均不能满足时，地基土存在液化可能。此时，应采用标准贯入试验进一步判别其是否液化。

标准贯入试验设备由穿心锤（标准重量 63.5kg）、触探杆、贯入器等组成（图 2-3）。试验时，先用钻具钻至试验土层标高以上 15cm，再将标准贯入器打至试验土层标高位置，然后，在锤的落距为 76cm 的条件下，连续打入土层 30cm，记录所得锤击数为 $N_{63.5}$。

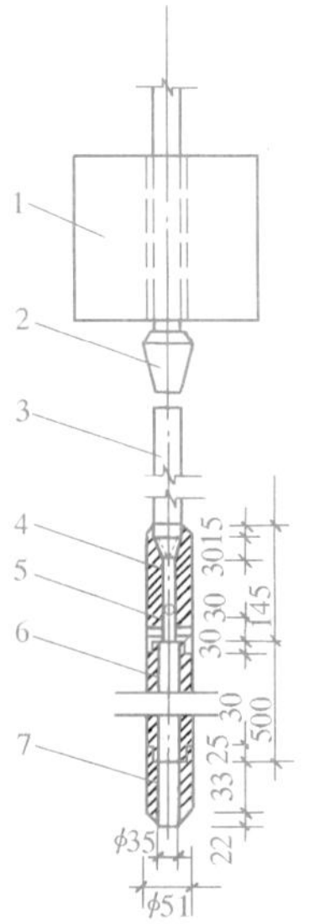

图 2-3　标准贯入试验设备示意图

1—穿心锤；2—锤垫；3—触探杆；4—贯入器头；5—出水孔；6—贯入器身；7—贯入器靴

当地面下 20m 深度范围土的实测标准贯入锤击数 $N_{63.5}$ 小于按式（2-9）确定的临界值 N_{cr} 时，则应判为液化土，否则为不液化土。

$$N_{cr}=N_0\beta\left[\ln(0.6d_s+1.5)-0.1d_w\right]\sqrt{3/\rho_c}\quad(d_s\leqslant15) \tag{2-9}$$

式中　N_{cr}——液化判别标准贯入锤击数临界值；

N_0——液化判别标准贯入锤击数基准值，按表 2-6 采用；

β——调整系数，设计地震第一组取 0.80，第二组取 0.95，第三组取 1.05；

d_s——饱和土标准贯入点深度（m）；

d_w——地下水位（m）；

ρ_c——土体黏粒含量百分率，当 ρ_c（%）小于 3 或为砂土时，取 $\rho_c=3$。

标准贯入锤击数基准值　　表 2-6

设计基本地震加速度（g）	0.10	0.15	0.20	0.30	0.40
N_0	7	10	12	16	19

注：括号内数值用于设计基本地震加速度为 0.15g 和 0.3g 的地区。

从式（2-9）可以看出，地基土液化的临界指标 N_{cr} 的确定主要考虑了土层所处的深度、地下水位深度、饱和土的黏粒含量以及设防地震等影响土层液化的要素。

2.3.3　液化地基的评价

当经过上述两步判别证实地基土确实存在液化趋势后，应进一步定量分析、评价液化土可能造成的危害程度。这一工作，通常是通过计算地基液化指数来实现的。

地基土的液化指数可按下式确定：

$$I_{lE}=\sum_{i=1}^{n}\left(1-\frac{N_i}{N_{cri}}\right)d_iW_i \tag{2-10}$$

式中 I_{lE}——液化指数；

n——在判别深度范围内每一个钻孔标准贯入试验点的总数；

N_i、N_{cri}——分别为第 i 点标准贯入锤击数的实测值和临界值，当实测值大于临界值时应取临界值的数值；

d_i——第 i 点所代表的土层厚度（m），可采用与该标准贯入试验点相邻的上、下两标准贯入试验点深度差的一半，但上界不高于地下水位深度，下界不深于液化深度；

W_i——第 i 土层单位土层厚度的层位影响权函数值（单位为"m^{-1}"）。当该层中点深度不大于 5m 时应采用 10，等于 20m 时应采用零值，5～20m 时应按线性内插法取值。

根据液化指数 I_{lE} 的大小，可将液化地基划分为三个等级，见表 2-7。

液化等级与液化指数的对应关系　　表 2-7

液化等级	轻微	中等	严重
液化指数 I_{lE}	$0<I_{lE}\leqslant 6$	$6<I_{lE}\leqslant 18$	$I_{lE}>18$

不同等级的液化地基，地面的喷砂冒水情况和对建筑物造成的危害有着显著的不同，见表 2-8。

不同液化等级的可能震害　　表 2-8

液化等级	地面喷水冒砂情况	对建筑的危害情况
轻微	地面无喷水冒砂，或仅在洼地、河边有零星的喷水冒砂点	危害性小，一般不至引起明显的震害
中等	喷水冒砂可能性大，从轻微到严重均有，多数属中等	危害性较大，可造成不均匀沉陷和开裂，有时不均匀沉陷可能达到 200mm
严重	一般喷水冒砂都很严重，地面变形很明显	危害性大，不均匀沉陷可能大于 200mm，高重心结构可能产生不容许的倾斜

【例题 2-2】某工程按 8 度设防，其工程地质年代属 Q_4，钻孔资料自上向下为：砂土层至 2.1m，砂砾层至 4.4m，细砂层至 8.0m，粉质黏土层至 15m；砂土层及细砂层黏粒含量均低于 3%；地下水位深度 1.0m；基础埋深 1.5m；设计地震场地分组属于第一组，设计基本加速度 0.2g。试验结果见表 2-9。试对该工程场地液化可能作出评价。

【解】

（1）初判：

Q_4：

$d_0+d_b-3=7>1=d_w$

$d_u=0$

$1.5d_0+2d_b-4.5=11.5>1=d_w+d_u$

$\rho_c<13$

故均不满足不液化条件，需进一步判别。

（2）标准贯入试验判别：

1）按式（2-9）计算 N_{cri}，式中 $N_0=12$，$d_w=1.0$，题中已给出各标准贯点所代表土层厚度，计算结果见表2-9，可见4点为不液化土层。

2）计算层位影响函数：

第一点，地下水位为1.0m，故上界为1.0m，土层厚1.1m，故

$$Z_1=1.0+\frac{1.1}{2}=1.55,\quad w_1=10$$

第二点，上界为砂砾层，层底深4.4m，代表土层厚1.1m，故

$$Z_2=4.4+\frac{1.1}{2}=4.95,\quad w_2=10$$

余类推。

3）按式（2-10）计算各层液化指数，结果见表2-9。

最终给出 $I_{lE}=10.95$，据表2-7，液化等级为中等。

液化分析表（例题2-2）　表2-9

测点	测点深度 d_{si}(m)	标贯值 N_i	测点土层厚 d_i(m)	标贯临界值 N_{cri}	d_i 的中点深度 Z_i(m)	W_i	I_{lE}
1	1.4	5	1.1	7.2	1.55	10	3.36
2	5.0	7	1.1	13.4	4.95	10	5.25
3	6.0	11	1.0	14.7	6.0	9.3	2.34
4	7.0	16	1.0	15.7			

2.3.4 液化地基的抗震措施

对于液化地基，要根据建筑物的重要性、地基液化等级的大小，针对不同情况采取不同层次的措施。当液化土层比较平坦、均匀时，可依据表2-10选取适当的抗液化措施。

表2-10中全部消除地基液化沉陷、部分消除地基液化沉陷、已进行基础和上部结构处理等措施的具体要求如下：

抗液化措施　　表 2-10

建筑类别	地基的液化等级		
	轻微	中等	严重
乙类	部分消除液化沉陷，或对基础和上部结构进行处理	全部消除液化沉陷，或部分消除液化沉陷且对基础和上部结构进行处理	全部消除液化沉陷
丙类	对基础和上部结构进行处理，亦可不采取措施	对基础和上部结构进行处理，或采用更高要求的措施	全部消除液化沉陷，或部分消除液化沉陷且对基础和上部结构进行处理
丁类	可不采取措施	可不采取措施	对基础和上部结构进行处理，或采用其他经济的措施

1. 全部消除地基液化沉陷

此时，可采用桩基、深基础、土层加密法或挖除全部液化土层等措施。

（1）采用桩基时，桩基伸入液化深度以下稳定土层中的长度（不包括桩尖部分）应按计算确定，对碎石土、砾，粗、中砂，坚硬黏性土和密实粉土尚不应小于 0.8m，其他非岩石土尚不宜小于 1.5m；

（2）采用深基础时，基础底面埋入液化深度以下稳定土层中的深度不应小于 0.5m；

（3）采用加密方法（如振冲、振动加密、挤密碎石桩、强夯等）对可液化地基进行加固时，应处理至液化深度下界，且处理后土层的标准贯入锤击数实测值不宜小于相应临界值；

（4）当直接位于基底下的可液化土层较薄时，可采用全部挖除液化土层，然后分层回填非液化土。在采用加密法或换土法处理时，在基础边缘以外的处理宽度，应超过基础底面下处理深度的 1/2，且不小于基础宽度的 1/5。

2. 部分消除液化地基沉陷

此时，应符合下列要求：

（1）处理深度应使处理后的地基液化指数减少，其值不宜大于 5；对于独立基础和条形基础，尚不应小于基础底面下液化土特征深度和基础宽度的较大值；

（2）在处理深度范围内，应使处理后液化土层的标准贯入锤击数大于相应的临界值。

3. 基础和上部结构处理

对基础和上部结构，可综合考虑采取如下措施：

（1）选择合适的地基埋深；调整基础底面积，减少基础偏心；

（2）加强基础的整体性和刚度；

（3）增强上部结构整体刚度和均匀对称性，合理设置沉降缝；

（4）管道穿过建筑处采用柔性接头。

一般情况下，除丁类建筑外，不应将未经处理的液化土层作为地基的持力层。

习题

1. 场地土的固有周期和地震动的卓越周期有何区别与联系?
2. 为什么地基的抗震承载力大于静承载力?
3. 影响土层液化的主要因素是什么?
4. 试判断下述论断的正误:
   (1) 中软土的场地类别比中硬土的场地类别差。
   (2) 粉土的黏粒含量百分率越大，越不容易液化。
   (3) 液化指数越小，地震时地面喷砂冒水现象就越严重。
   (4) 地基的抗震承载力是指其承受水平力的能力。
5. 试按表 2-11 计算场地的等效剪切波速，并判定场地类别。

土层的剪切波速　　表 2-11

土层厚度(m)	2.2	5.8	8.2	4.5	4.3
v_s(m/s)	180	200	260	420	530

6. 某工程按 7 度设防。其工程地质年代属 Q_4，钻孔地质资料自上向下为：杂填土层 1.0m，砂土层至 4.0m，砂砾石层至 6.0m，粉土层至 9.4m，粉质黏土层至 16.0m；其他试验结果见表 2-12。该工程场地地下水位深 1.5m，结构基础埋深 2.0m，设计地震分组属于第二组，设计地震加速度 0.2g。试对该工程场地进行液化评价。

工程场地标贯试验表　　表 2-12

测值	测点深度(m)	标贯值 N_i	黏粒含量百分率(%)
1	2.0	5	4
2	3.0	7	5
3	7.0	11	8
4	8.0	14	9

第3章

结构地震反应分析与抗震计算

3.1 概述

3.1.1 结构地震反应

由地震动引起的结构内力、变形、位移及结构运动速度与加速度等统称为结构地震反应。若专指由地震动引起的结构位移，则称结构地震位移反应。

地震时，地面上原来静止的结构物因地面运动而产生强迫振动。因此，结构地震反应是一种动力反应，其大小（或振动幅值）不仅与地面运动有关，还与结构动力特性（自振周期、振型和阻尼）有关，一般需采用结构动力学方法分析才能得到。

3.1.2 地震作用

结构工程中“作用”一词，指能引起结构内力、变形等反应的各种因素。按引起结构反应的方式不同，“作用”可分为直接作用与间接作用。各种荷载（如重力、风载、土压力等）为直接作用，而各种非荷载作用（如温度、基础沉降等）为间接作用。结构地震反应是地震动通过结构惯性引起的，因此地震作用（即结构地震惯性力）是间接作用，而不称为荷载。但工程上为应用方便，有时将地震作用等效为某种形式的荷载作用，这时可称为等效地震荷载。

3.1.3 结构动力计算简图及体系自由度

进行结构地震反应分析的第一步，就是确定结构动力计算简图。

结构动力计算的关键是结构惯性的模拟，由于结构的惯性是结构质量引起的，因此结构动力计算简图的核心内容是结构质量的描述。

描述结构质量的方法有两种，一种是连续化描述（分布质量），另一种是集中化描述(集中质量)。如采用连续化方法描述结构的质量，结构的运动方程将为偏微分方程的形式，而一般情况下偏微分方程的求解和实际应用不方便。因此，工程上常采用集中化方法描述结构的质量，以此确定结构动力计算简图。

采用集中质量方法确定结构动力计算简图时，需先定出结构质量集中位置。可取结构各区域主要质量的质心为质量集中位置，将该区域主要质量集中在该点上，忽略其他次要质量或将次要质量合并到相邻主要质量的质点上去。例如，水塔建筑的水箱部分是结构的主要质量，而塔柱部分是结构的次要质量，可将水箱的全部质量及部分塔柱质量集中到水箱质心处，使结构成为一单质点体系（图 3-1a)。再如，采用大型钢筋混凝土屋面板的厂房的屋盖部分是结构的主要质量（图 3-1b)，确定结构动力计算简图时，可将厂房各跨质量集中到各跨屋盖标高处。又如，多、高层建筑的楼盖部分是结构的主要质量（图 3-1c)，可将结构的质量集中到各层楼盖标高处，成为一多质点结构体系。当结构无明显主要质量部分时（如图 3-1d 所示烟囱)，可将结构分成若干区域，而将各区域的质量集中到该区域的质心处，同样形成一多质点结构体系。

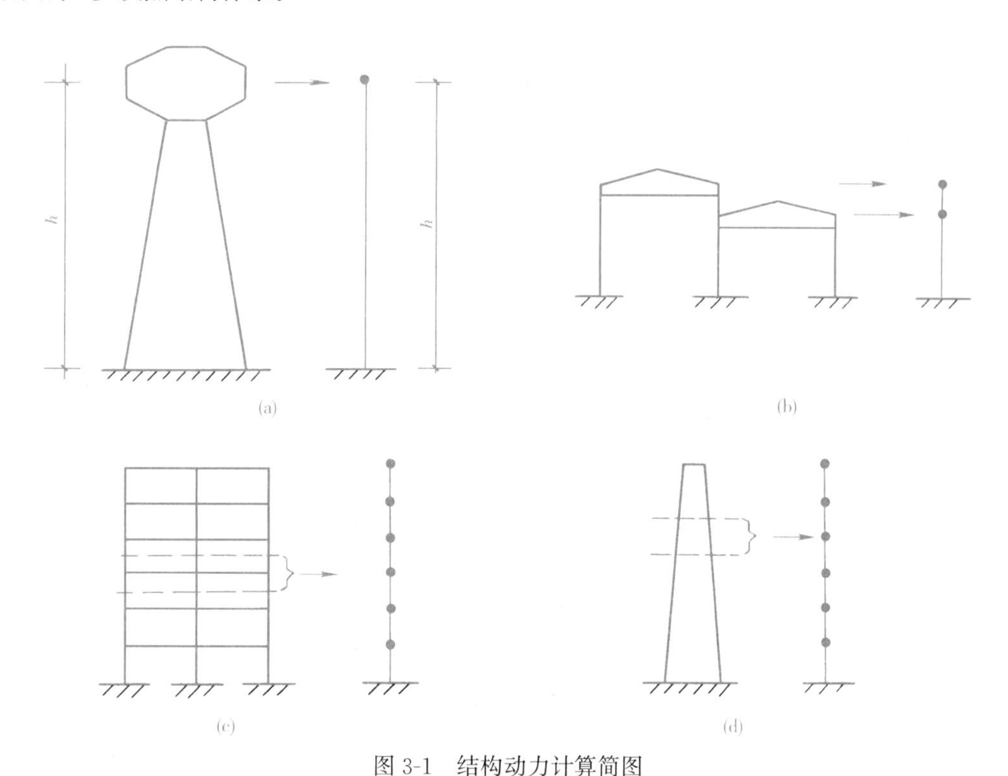

图 3-1　结构动力计算简图

(a) 水塔；(b) 厂房；(c) 多、高层建筑；(d) 烟囱

确定结构各质点运动的独立参量数为结构运动的体系自由度。空间中的一个自由质点可以有三个独立位移，因此一个自由质点在空间有三个自由度。若限制质点在一个平面内运

动，则一个自由质点有两个自由度。

结构体系上的质点，由于受到结构构件的约束，其自由度数可能小于自由质点的自由度数。如图 3-1 所示的结构体系，当考虑结构的竖向约束作用而忽略质点竖向位移时，则各质点在竖直平面内只有一个自由度，在空间有两个自由度。

3.2 单自由度体系的弹性地震反应分析

3.2.1 运动方程

图 3-2 是单自由度体系在地震作用下的计算简图。在地面运动 x_g 作用下，结构发生振动，产生相对地面的位移 x、速度 $\dot{x}$ 和加速度 $\ddot{x}$。若取质点 m 为隔离体，则该质点上作用有三种力，即惯性力 f_I、阻尼力 f_c 和弹性恢复力 f_r。

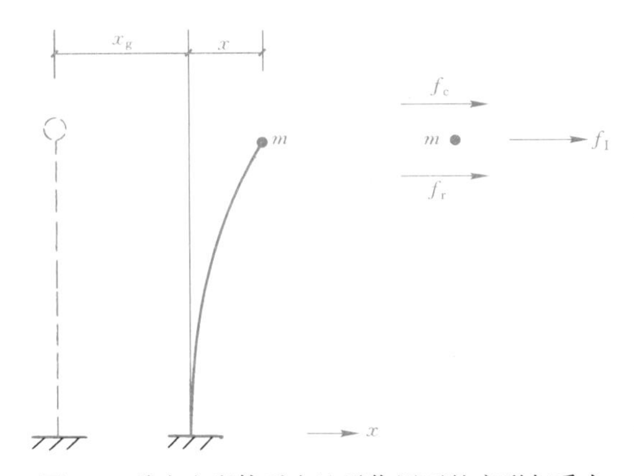

图 3-2　单自由度体系在地震作用下的变形与受力

惯性力是质点的质量 m 与绝对加速度 $[\ddot{x}_g+\ddot{x}]$ 的乘积，但方向与质点运动加速度方向相反，即

$$f_I=-m(\ddot{x}_g+\ddot{x}) \tag{3-1}$$

阻尼力是由结构内摩擦及结构周围介质（如空气、水等）对结构运动的阻碍造成的，阻尼力的大小一般与结构运动速度有关。按照黏滞阻尼理论，阻尼力与质点速度成正比，但方向与质点运动速度相反，即

$$f_c=-c\dot{x} \tag{3-2}$$

式中　c——阻尼系数。

弹性恢复力是使质点从振动位置恢复到平衡位置的力，由结构弹性变形产生。根据虎克（Hooke）定律，该力的大小与质点偏离平衡位置的位移成正比，但方向相反，即

$$f_r=-kx \tag{3-3}$$

式中 k——体系刚度，即使质点产生单位位移，需在质点上施加的力。

根据达朗贝尔（D'Alembert）原理，质点在上述三个力作用下处于平衡，即

$$f_1+f_c+f_r=0 \tag{3-4}$$

将式（3-1）～式（3-3）代入式（3-4），得

$$m\ddot{x}+c\dot{x}+kx=-m\ddot{x}_g \tag{3-5}$$

上式即为单自由度体系的运动方程，为一个常系数二阶非齐次线性微分方程。为便于方程的求解，将式（3-5）两边同除以 m，得

$$\ddot{x}+\frac{c}{m}\dot{x}+\frac{k}{m}x=-\ddot{x}_g \tag{3-6}$$

令

$$\omega=\sqrt{\frac{k}{m}} \tag{3-7}$$

$$\xi=\frac{c}{2\omega m} \tag{3-8}$$

则式（3-6）可写成

$$\ddot{x}+2\omega\xi\dot{x}+\omega^2x=-\ddot{x}_g \tag{3-9}$$

3.2.2 运动方程的解

1. 方程的齐次解—自由振动

式（3-9）相应的齐次方程为

$$\ddot{x}+2\omega\xi\dot{x}+\omega^2x=0 \tag{3-10}$$

方程（3-10）描述的是，在没有外界激励的情况下结构体系的运动，即自由振动。为解方程（3-10），按齐次常微分方程的求解方法，先求解相应的特征方程

$$r^2+2\omega\xi r+\omega^2=0 \tag{3-11}$$

其特征根为

$$r_1=-\xi\omega+\omega\sqrt{\xi^2-1} \tag{3-12a}$$

$$r_2=-\xi\omega-\omega\sqrt{\xi^2-1} \tag{3-12b}$$

则方程（3-10）的解为

（1）若 $\xi>1$，r_1、r_2 为负实数

$$x(t)=c_1e^{r_1t}+c_2e^{r_2t} \tag{3-13a}$$

（2）若 $\xi=1$，$r_1=r_2=-\xi\omega$

$$x(t)=(c_1+c_2t)e^{-\xi\omega t} \tag{3-13b}$$

(3) 若 $\xi<1$，r_1、r_2 为共轭复数

$$x(t)=e^{-\xi\omega t}(c_1\cos\omega_D t+c_2\sin\omega_D t) \tag{3-13c}$$

上式中，c_1、c_2 为待定系数，由初始条件确定；

$$\omega_D=\omega\sqrt{1-\xi^2} \tag{3-14}$$

显然，$\xi>1$ 时，体系不产生振动，称为过阻尼状态；$\xi<1$ 时，体系产生振动，称为欠阻尼状态；而 $\xi=1$ 时，介于上述两种状态之间，称为临界阻尼状态，此时体系也不产生振动（参见图 3-3）。

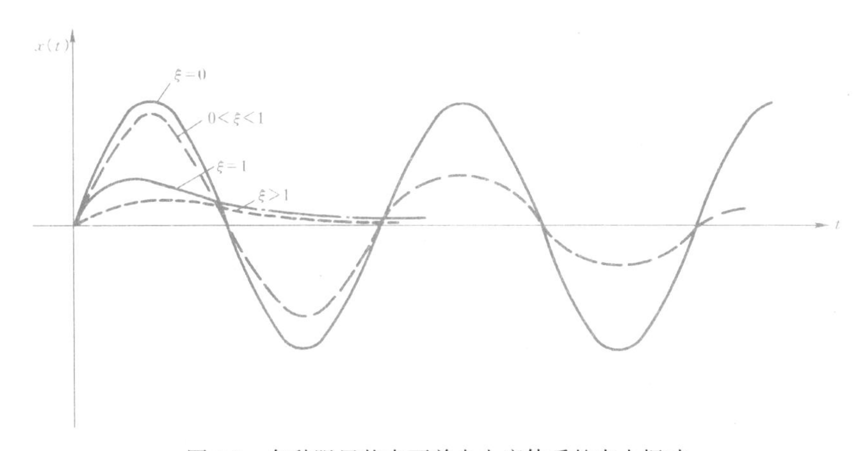

图 3-3　各种阻尼状态下单自由度体系的自由振动

由式（3-8）知，与 $\xi=1$ 相应的阻尼系数为 $c_r=2\omega m$，称之为临界阻尼系数，因此 ξ 也可表达为

$$\xi=\frac{c}{c_r}$$

故称 ξ 为临界阻尼比，简称阻尼比。

一般工程结构均为欠阻尼情形，为确定式（3-13c）中的待定系数，考虑如下初始条件

$$x_0=x(0),\quad \dot{x}_0=\dot{x}(0)$$

其中 x_0、$\dot{x}_0$ 分别为体系质点的初始位移和初始速度。由此可得

$$c_1=x_0 \tag{3-15a}$$

$$c_2=\frac{\dot{x}_0+\xi\omega x_0}{\omega_D} \tag{3-15b}$$

将式（3-15）代入式（3-13c），则得体系自由振动位移时程为

$$x(t)=e^{-\xi\omega t}\left[x_0\cos\omega_D t+\frac{\dot{x}_0+\xi\omega x_0}{\omega_D}\sin\omega_D t\right] \tag{3-16}$$

无阻尼时（$\xi=0$）

$$x(t)=x_0\cos\omega t+\frac{\dot{x}_0}{\omega_D}\sin\omega t \tag{3-17}$$

由于 $\cos\omega t$、$\sin\omega t$ 均为简谐函数，因此无阻尼单自由度体系的自由振动为简谐周期振动，振动圆频率为 ω，而振动周期为

$$T=\frac{2\pi}{\omega}=2\pi\sqrt{\frac{m}{k}} \tag{3-18}$$

因质量 m 与刚度 k 是结构固有的，因此无阻尼体系自振频率或周期也是体系固有的，称为固有频率与固有周期。同样可知，ω_D 为有阻尼单自由度体系的自振频率。一般结构的阻尼比很小，范围为 $\xi=0.01\sim0.1$，由式（3-14）知，$\omega_D\approx\omega$。

有阻尼和无阻尼单自由度体系自由振动的重要区别在于，有阻尼体系自振的振幅将不断衰减（参见图 3-3），直至消失。

【例题 3-1】已知一水塔结构，可简化为单自由度体系（见图 3-1a）。$m=10000$kg，$k=1$kN/cm，求该结构的自振周期。

【解】直接由式（3-18），并采用国际单位可得

$$T=2\pi\sqrt{\frac{m}{k}}=2\pi\sqrt{\frac{10000}{1\times10^3/10^{-2}}}=1.99\text{s}$$

2. 方程的特解 Ⅰ——简谐强迫振动

当地面运动为简谐运动时，将使体系产生简谐强迫振动。

设

$$x_g(t)=A\sin\omega_g t \tag{3-19}$$

式中　A——地面运动振幅；

ω_g——地面运动圆频率。

将式（3-19）代入体系运动方程式（3-9）得

$$\ddot{x}+2\omega\xi\dot{x}+\omega^2x=-A\omega_g^2\sin\omega_g t \tag{3-20}$$

上述方程零初始条件 x（0）$=0$，$\dot{x}$（0）$=0$ 的特解为

$$x(t)=\frac{A\left(\frac{\omega_g}{\omega}\right)^2\left\{\left[1-\left(\frac{\omega_g}{\omega}\right)^2\right]\sin\omega_g t-2\xi\frac{\omega_g}{\omega}\cos\omega_g t\right\}}{\left[1-\left(\frac{\omega_g}{\omega}\right)^2\right]^2+\left[2\xi\left(\frac{\omega_g}{\omega}\right)\right]^2} \tag{3-21}$$

显然，单自由度体系的简谐地面运动强迫振动是圆频率为 ω_g 的周期运动，可将其简化表达为

$$x(t)=B\sin(\omega_g t+\varphi) \tag{3-22}$$

式中　B——体系质点的振幅；

φ——体系振动与地面运动的相位差。

考察如下振幅放大系数，可反映体系简谐地面运动反应特性

$$\beta=\frac{B}{A}=\frac{(\omega_g/\omega)^2}{\sqrt{\left[1-\left(\frac{\omega_g}{\omega}\right)^2\right]^2+\left[2\xi\left(\frac{\omega_g}{\omega}\right)\right]^2}} \tag{3-23}$$

放大系数 β 与频率比（ω_g/ω）的关系曲线如图 3-4 所示，放大系数 β 最大值在 $\omega_g/\omega=1$ 附近，即

$$\beta_{max}\approx\beta|_{\omega_g=\omega}=\frac{1}{2\xi} \tag{3-24}$$

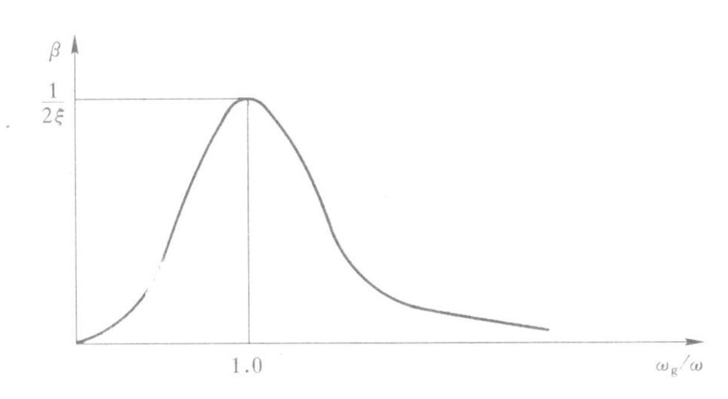

图 3-4　单自由度体系简谐地面强迫振动振幅放大系数

由于结构阻尼一般较小（$\xi=0.01\sim0.1$），因此 β_{max} 可达 5～50，即体系质点振幅可为地面振幅的几倍至几十倍。这种当结构体系自振频率与简谐地面运动频率相近时结构发生强烈振动反应的现象称为共振。

3. 方程的特解Ⅱ——冲击强迫振动

当地面运动为如下冲击运动时（图 3-5）

$$\ddot{x}_g(\tau)=\begin{cases}\ddot{x}_g & 0\leqslant\tau\leqslant dt\\ 0 & \tau>dt\end{cases} \tag{3-25}$$

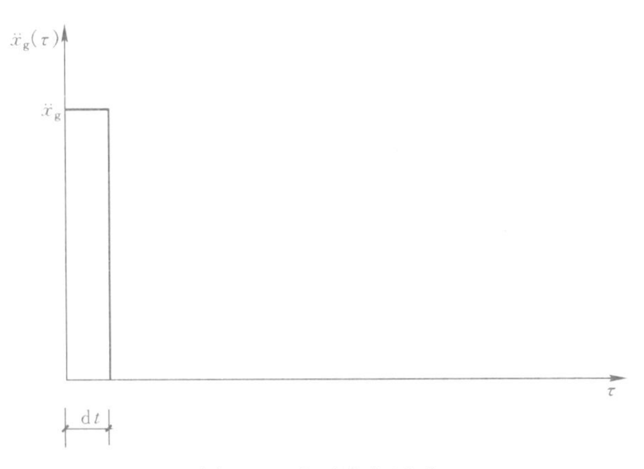

图 3-5　地面冲击运动

体系质点将受如下冲击力作用

$$P=\begin{cases}-m\ddot{x}_g & 0\leqslant\tau\leqslant dt\\ 0 & \tau>dt\end{cases} \tag{3-26}$$

则体系质点在 $0\sim dt$ 时间内的加速度为

$$a=\frac{P}{m}=-\ddot{x}_g \tag{3-27}$$

在 dt 时刻的速度和位移分别为

$$V=\frac{P}{m}dt=-\ddot{x}_g dt \tag{3-28}$$

$$d=\frac{1}{2}\frac{P}{m}(dt)^2\approx 0 \tag{3-29}$$

可见，地面冲击运动的结果是使体系质点产生速度。因地面冲击作用后，体系不再受外界任何作用，因此体系地面冲击强迫振动即是初速度为 $V=-\ddot{x}_g dt$ 的体系自由振动。由式（3-16）得

$$x(t)=-\frac{\ddot{x}_g dt e^{-\xi\omega t}}{\omega_D}\sin\omega_D t \tag{3-30}$$

4. 方程的特解Ⅲ——一般强迫振动

地震地面运动一般为不规则往复运动，如图 3-6(a)所示。为求一般地震地面运动作用下单自由度弹性体系运动方程的解，可将地面运动分解为很多个脉冲运动，如图 3-6(b) 所示，由任意 $t=\tau$ 时刻的地面运动脉冲 $\ddot{x}_g(\tau)\ d\tau$ 引起的体系反应为

$$dx(t)=\begin{cases}0 & t<\tau\\ -e^{-\xi\omega(t-\tau)}\dfrac{\ddot{x}_g(\tau)\ d\tau}{\omega_D}\sin\omega_D(t-\tau) & t\geqslant\tau\end{cases} \tag{3-31}$$

体系在任意 t 时刻地震反应可由 $\tau=0\sim t$ 时段所有地面运动脉冲反应的叠加求得，即

$$x(t)=\int_0^t dx(t)=-\frac{1}{\omega_D}\int_0^t \ddot{x}_g(\tau)e^{-\xi\omega(t-\tau)}\sin\omega_D(t-\tau)d\tau \tag{3-32}$$

上式即为单自由度体系运动方程一般地面运动强迫振动的特解，称为杜哈密（Duhamel）积分。

5. 方程的通解

根据线性常微分方程理论：

$$\text{方程的通解}=\text{齐次解}+\text{特解} \tag{3-33a}$$

对于受地震作用的单自由度运动体系，上式的意义为

$$\text{体系地震反应}=\text{自由振动}+\text{强迫振动} \tag{3-33b}$$

由前面的论述已知，体系的自由振动由体系初位移和初速度引起，而体系的强迫振动由

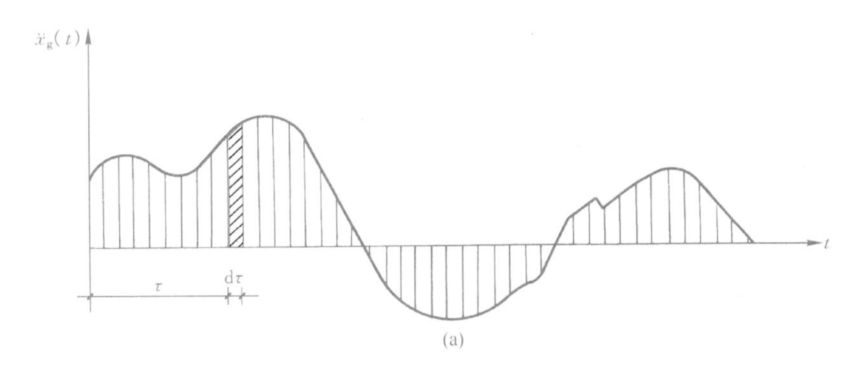

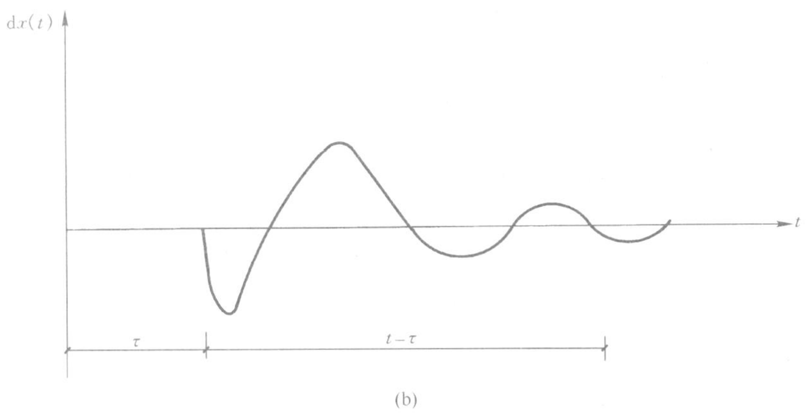

图 3-6　地面运动与单自由度体系反应

(a) 地面运动加速度时程曲线；(b) 地面运动脉冲引起的单自由度体系反应

地面运动引起。若体系无初位移和初速度，则体系地震反应中的自由振动项为零。另，即使体系有初位移或初速度，由于体系有阻尼，则由式（3-16）知，体系的自由振动项也会很快衰减，一般可不考虑。因此，可仅取体系强迫振动项，即式（3-32）表达的杜哈密积分，计算单自由度体系的地震位移反应。

3.3　单自由度体系的水平地震作用与反应谱

3.3.1　水平地震作用的定义

对于结构设计来说，感兴趣的是结构最大反应，为此，将质点所受最大惯性力定义为单自由度体系的地震作用，即

$$F=|m(\ddot{x}_g+\ddot{x})|_{max}=m|\ddot{x}_g+\ddot{x}|_{max} \tag{3-34}$$

将单自由度体系运动方程（3-5）改写为

$$m(\ddot{x}_g+\ddot{x})=-(c\dot{x}+kx) \tag{3-35}$$

并注意到物体振动的一般规律为：加速度最大时，速度最小（$\dot{x}\rightarrow 0$）。则由式（3-35）近似可得

$$|m(\ddot{x}_g+\ddot{x})|_{max}=k|x|_{max} \tag{3-36}$$

即

$$F=k|x|_{max} \tag{3-37}$$

上式的意义是：求得地震作用后，即可按静力分析方法计算结构的最大地震位移反应。

3.3.2 地震反应谱

1. 定义与计算

为便于求地震作用，将单自由度体系的地震最大绝对加速度反应与其自振周期 T 的关系定义为地震加速度反应谱，或简称地震反应谱，记为 $S_a(T)$。

将地震位移反应表达式（3-32）微分两次得

$$\begin{aligned}\ddot{x}(t)=&\omega_D\int_0^t\ddot{x}_g(\tau)e^{-\xi\omega(t-\tau)}\left\{\left[1-\left(\frac{\xi\omega}{\omega_D}\right)^2\right]\sin\omega_D(t-\tau)\right.\\&\left.+2\frac{\xi\omega}{\omega_D}\cos\omega_D(t-\tau)\right\}d\tau-\ddot{x}_g(t)\end{aligned} \tag{3-38}$$

注意到结构阻尼比一般较小，$\omega_D\approx\omega$，另体系自振周期 $T=\frac{2\pi}{\omega}$，可得

$$\begin{aligned}S_a(T)&=|\ddot{x}_g(t)+\ddot{x}(t)|_{max}\\&\approx\left|\omega\int_0^t\ddot{x}_g(\tau)e^{-\xi\omega(t-\tau)}\sin\omega(t-\tau)d\tau\right|_{max}\\&=\left|\frac{2\pi}{T}\int_0^t\ddot{x}_g(\tau)e^{-\xi\frac{2\pi}{T}(t-\tau)}\sin\frac{2\pi}{T}(t-\tau)d\tau\right|_{max}\end{aligned} \tag{3-39}$$

2. $S_a(T)$ 的意义与影响因素

地震（加速度）反应谱可理解为一个确定的地面运动，通过一组阻尼比相同但自振周期各不相同的单自由度体系，所引起的各体系最大加速度反应与相应体系自振周期间的关系曲线，如图 3-7 所示。

由式（3-39）知，影响地震反应谱的因素有两个：一是体系阻尼比，二是地震动。

一般体系阻尼比越小，体系地震加速度反应越大，因此地震反应谱值越大，如图 3-8 所示。

地震动记录不同，显然地震反应谱也将不同，即不同的地震动将有不同的地震反应谱，或地震反应谱总是与一定的地震动相对应。因此，影响地震动的各种因素也将影响地震反应谱。

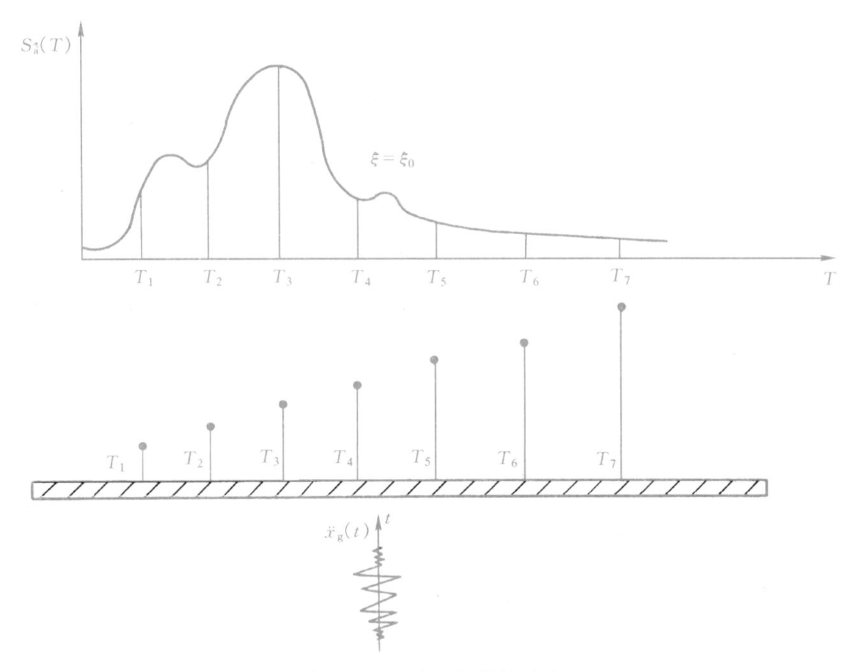

图 3-7　地震反应谱的确定

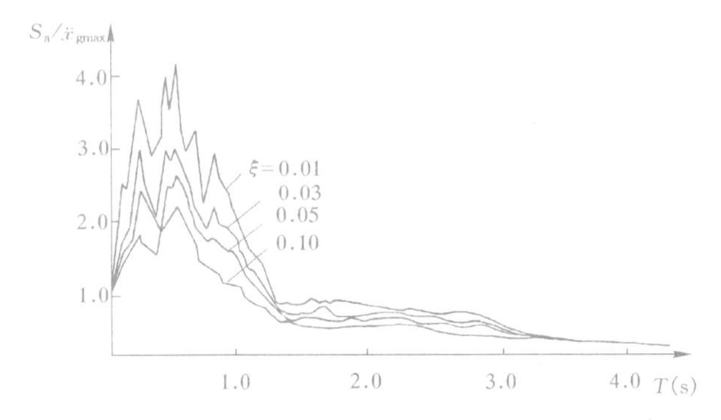

图 3-8　阻尼比对地震反应谱的影响

第 1 章已介绍表征地震动特性有三要素，即振幅、频谱和持时。由于单自由度体系振动系统为线性系统，地震动振幅对地震反应谱的影响将是线性的，即地震动振幅越大，地震反应谱值也越大，且它们之间呈线性比例关系。因此，地震动振幅仅对地震反应谱值大小有影响。

地震动频谱反映地震动不同频率简谐运动的构成，由共振原理知，地震反应谱的“峰”将分布在震动的主要频率成分段上。因此地震动的频谱不同，地震反应谱的“峰”的位置也将不同。图 3-9 和图 3-10 分别是不同场地地震动和不同震中距地震动的反应谱，反映了场地越软和震中距越大，地震动主要频率成分越小（或主要周期成分越长），因而地震反应谱的

“峰”对应的周期也越长的特性。可见，地震动频谱对地震反应谱的形状有影响。因而影响地震动频谱的各种因素，如场地条件、震中距等，均对地震反应谱有影响。

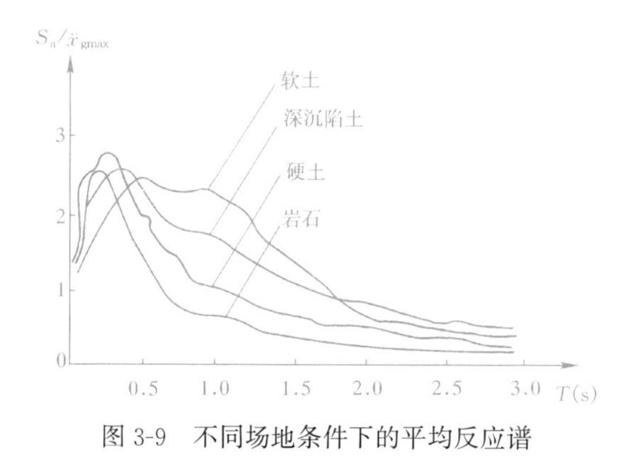

图 3-9 不同场地条件下的平均反应谱

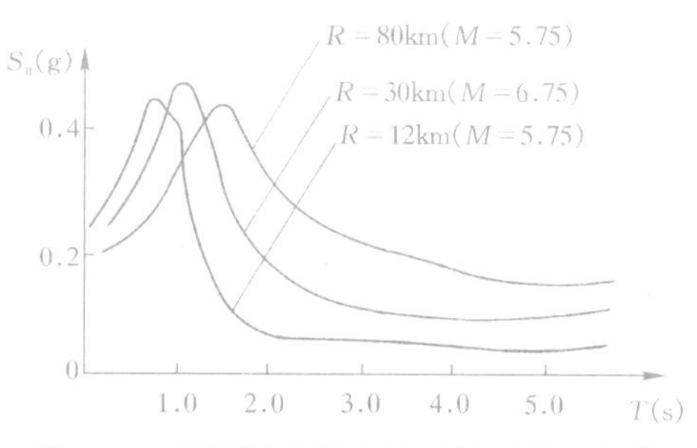

图 3-10 不同震中距条件下的平均反应谱

（R—震中距，M—震级）

地震动持续时间影响单自由度体系地震反应的循环往复次数，一般对其最大反应或地震反应谱影响不大。

3.3.3 设计反应谱

由地震反应谱可方便地计算单自由度体系水平地震作用为

$$F=mS_a(T) \tag{3-40}$$

然而，地震反应谱除受体系阻尼比的影响外，还受地震动的振幅、频谱等的影响，不同的地震动记录，地震反应谱也不同。当进行结构抗震设计时，由于无法确知今后发生地震的地震动时程，因而无法确定相应的地震反应谱。可见，地震反应谱直接用于结构的抗震设计有一定的困难，而需专门研究可供结构抗震设计用的反应谱，称之为设计反应谱。

为此，将式（3-40）改写为

$$F=mg\frac{|\ddot{x}_g|_{max}}{g}\frac{S_a(T)}{|\ddot{x}_g|_{max}}=Gk\beta(T) \tag{3-41}$$

式中 G——体系的重量；

k——地震系数；

$\beta(T)$——动力系数。

下面讨论地震系数与动力系数的确定。

1. 地震系数

地震系数的定义为

$$k=\frac{|\ddot{x}_g|_{max}}{g} \tag{3-42}$$

通过地震系数可将地震动振幅对地震反应谱的影响分离出来。一般，地面运动加速度峰值越大，地震烈度越大，即地震系数与地震烈度之间有一定的对应关系。根据统计分析，烈度每增加一度，地震系数大致增加一倍。表 3-1 是我国《建筑抗震设计规范》GB 50011—2010（2016 年版）采用的地震系数与基本烈度的对应关系。

地震系数 k 与基本烈度关系　　表 3-1

基本烈度	6	7	8	9
地震系数 k	0.05	0.10(0.15)	0.20(0.30)	0.40

注：括号中数值分别用于设计基本地震加速度为 0.15g 和 0.30g 的地区。

2. 动力系数

动力系数的定义为

$$\beta(T)=\frac{S_{\mathrm{a}}(T)}{|\ddot{x}_{\mathrm{g}}|_{\max}} \tag{3-43}$$

即体系最大加速度反应与地面最大加速度之比，意义为体系加速度放大系数。

$\beta(T)$ 实质为规则化的地震反应谱。不同的地震动记录 $|\ddot{x}_{\mathrm{g}}|_{\max}$ 不同时，$S_{\mathrm{a}}(T)$ 不具有可比性，但 $\beta(T)$ 却具有可比性。

为使动力系数能用于结构抗震设计，采取以下措施：

（1）取确定的阻尼比 $\xi=0.05$。因大多数实际建筑结构的阻尼比在 0.05 左右。

（2）按场地、震中距将地震动记录分类。

（3）计算每一类地震动记录动力系数的平均值

$$\bar{\beta}(T)=\frac{\sum_{i=1}^{n}\beta_i(T)\Big|_{\xi=0.05}}{n} \tag{3-44}$$

式中　$\beta_i(T)$——第 i 条地震记录计算所得动力系数。

上述措施（1）考虑了阻尼比对地震反应谱的影响，措施（2）考虑了地震动频谱的主要影响因素，措施（3）考虑了类别相同的不同地震动记录地震反应谱的变异性。由此得到的 $\bar{\beta}(T)$ 经平滑后如图 3-11 所示，可供结构抗震设计采用。

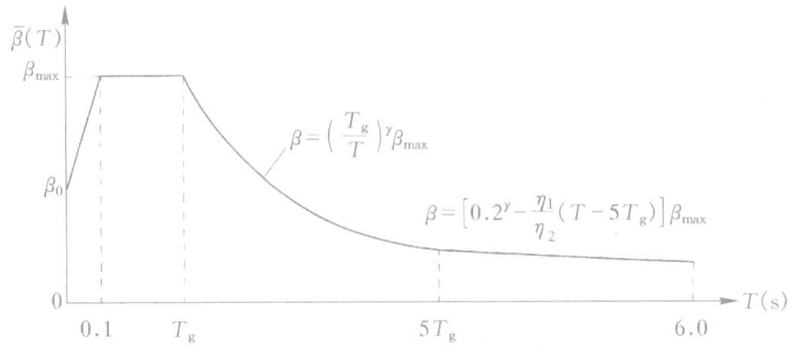

图 3-11　动力系数曲线

图 3-11 中 $\beta_{max}=2.25$；

$\beta_0=1=0.45\beta_{max}/\eta_2$；

T_g——特征周期，与场地条件和设计地震分组有关，按表 3-2 确定；

T——结构自振周期；

γ——衰减指数，$\gamma=0.9$；

η_1——直线下降段斜率调整系数，$\eta_1=0.02$；

η_2——阻尼调整系数，$\eta_2=1.0$。

特征周期值 T_g (s) 表 3-2

设计地震分组	场地类别				
	Ⅰ$_0$	Ⅰ$_1$	Ⅱ	Ⅲ	Ⅳ
第一组	0.20	0.25	0.35	0.45	0.65
第二组	0.25	0.30	0.40	0.55	0.75
第三组	0.30	0.35	0.45	0.65	0.90

3. 地震影响系数

为应用方便，令

$$\alpha(T)=k\bar{\beta}(T) \tag{3-45}$$

称 $\alpha(T)$ 为地震影响系数。由于 $\alpha(T)$ 与 $\bar{\beta}(T)$ 仅相差一常系数地震系数，因而 $\alpha(T)$ 的物理意义与 $\bar{\beta}(T)$ 相同，是一设计反应谱。同时，$\alpha(T)$ 的形状与 $\bar{\beta}(T)$ 相同，如图 3-12 所示。

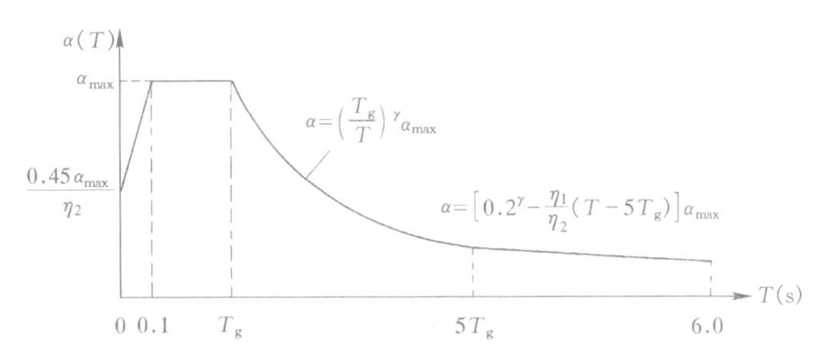

图 3-12 地震影响系数曲线

$$(\alpha_{max}=k\beta_{max}) \tag{3-46}$$

目前，我国建筑抗震采用两阶段设计，第一阶段进行结构强度与弹性变形验算时采用多遇地震烈度，其 k 值相当于基本烈度的 1/3。第二阶段进行结构弹塑性变形验算时采用罕遇地震烈度，其 k 值相当于基本烈度的 1.5～2 倍（烈度越高，k 值越小）。由此，由表 3-1 及式（3-46）可得各设计阶段的 α_{max} 值，如表 3-3 所示。

水平地震影响系数最大值 α_{max} 表 3-3

地震影响	设防烈度			
	6	7	8	9
多遇地震	0.04	0.08(0.12)	0.16(0.24)	0.32
罕遇地震	0.28	0.50(0.72)	0.90(1.20)	1.40

注：括号中数值分别用于设计基本地震加速度取 0.15g 和 0.30g 的地区。

4. 阻尼对地震影响系数的影响

当建筑结构阻尼比按有关规定不等于 0.05 时，其水平地震影响系数曲线仍按图 3-12 确定，但形状参数应作调整。

(1) 曲线下降段衰减指数的调整

$$\gamma=0.9+\frac{0.05-\xi}{0.3+6\xi} \tag{3-47}$$

(2) 直线下降段斜率的调整

$$\eta_1=0.02+(0.05-\xi)/(4+32\xi) \tag{3-48}$$

(3) α_{max} 的调整

当结构阻尼比不等于 0.05 时，表 3-3 中的 α_{max} 值应乘以下列阻尼调整系数

$$\eta_2=1+\frac{0.05-\xi}{0.08+1.6\xi} \tag{3-49}$$

当 $\eta_2<0.55$ 时，取 $\eta_2=0.55$。

5. 地震作用计算

由式 (3-41)、式 (3-45) 可得抗震设计时单自由度体系水平地震作用计算公式为

$$F=\alpha G \tag{3-50}$$

对比式 (3-40)、式 (3-50) 知，地震影响系数与地震反应谱的关系为

$$\alpha(T)=\frac{mS_a(T)}{G}=\frac{S_a(T)}{g} \tag{3-51}$$

【例题 3-2】结构同 [例题 3-1]，位于Ⅱ类场地第二组，基本烈度为 7 度（地震加速度为 0.10g），阻尼比 $\xi=0.03$，求该结构多遇地震下的水平地震作用。

【解】查表 3-3，$\alpha_{max}=0.08$；查表 3-2，$T_g=0.4$s。此时应考虑阻尼比对地震影响系数形状的调整。

$$\eta_2=1+\frac{0.05-\xi}{0.08+1.6\xi}=1+\frac{0.05-0.03}{0.08+1.6\times0.03}=1.16$$

$$\gamma=0.9+\frac{0.05-\xi}{0.3+6\xi}=0.9+\frac{0.05-0.03}{0.3+6\times0.03}=0.942$$

由图 3-12 知

$$\alpha=\left(\frac{T_{\mathrm{g}}}{T}\right)^{\gamma}\eta_{2}\alpha_{\max}=\left(\frac{0.4}{1.99}\right)^{0.942}\times(0.08\times1.16)=0.0205$$

则

$$F=\alpha G=0.0205\times10000\times9.81=2011\mathrm{N}$$

3.4　多自由度弹性体系的地震反应分析

3.4.1　多自由度弹性体系的运动方程

在单向水平地面运动作用下，多自由度体系的变形如图 3-13 所示。设该体系各质点的相对水平位移为 x_i（$i=1，2，\cdots，n$），其中 n 为体系自由度数，则各质点所受的水平惯性力为

$$f_{\mathrm{I1}}=-m_1(\ddot{x}_{\mathrm{g}}+\ddot{x}_1)$$

$$f_{\mathrm{I2}}=-m_2(\ddot{x}_{\mathrm{g}}+\ddot{x}_2)$$

$$\cdots\cdots$$

$$f_{\mathrm{I}n}=-m_n(\ddot{x}_{\mathrm{g}}+\ddot{x}_n)$$

将上列公式表达成向量和矩阵的形式为

$$\{F\}=-[M]\left(\{\ddot{x}\}+\{1\}\ddot{x}_{\mathrm{g}}\right) \tag{3-52}$$

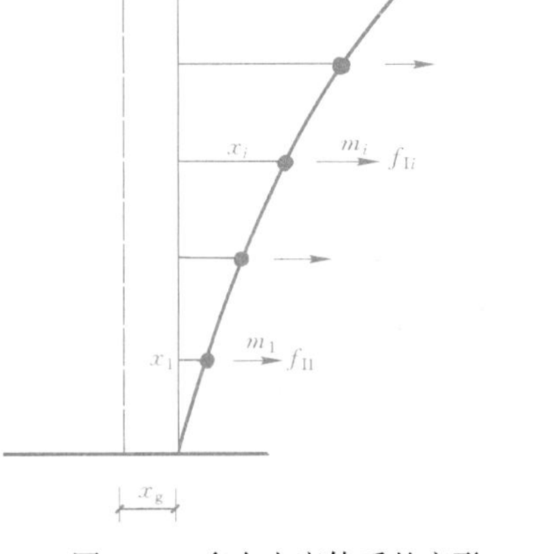

图 3-13　多自由度体系的变形

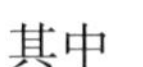

其中

$$\{F\}=[f_{\mathrm{I1}}，f_{\mathrm{I2}}，\cdots，f_{\mathrm{I}n}]^{\mathrm{T}} \tag{3-53a}$$

$$\{\ddot{x}\}=[\ddot{x}_1，\ddot{x}_2，\cdots，\ddot{x}_n]^{\mathrm{T}} \tag{3-53b}$$

$$\{1\}=[1，1，\cdots，1]^{\mathrm{T}} \tag{3-53c}$$

$$[M]=\begin{bmatrix} m_1 & & & \\ & m_2 & & \\ & & \ddots & \\ & & & m_n \end{bmatrix} \tag{3-53d}$$

式中　$[M]$——体系质量矩阵；

$\ddot{x}_i$——质点 i 相对水平加速度。

由结构力学的矩阵位移法，可列出该体系的刚度方程为

$$[K]\{x\}=\{F\} \tag{3-54}$$

其中

$$\{x\}=[x_1,\ x_2,\ \cdots,\ x_n]^{\mathrm{T}} \tag{3-55}$$

为体系的相对水平位移向量；$[K]$ 为体系与$\{x\}$相应的刚度矩阵。

将式（3-52）代入式（3-54）得多自由度体系无阻尼运动方程为

$$[M]\{\ddot{x}\}+[K]\{x\}=-[M]\{1\}\ddot{x}_{\mathrm{g}} \tag{3-56}$$

当考虑阻尼影响时，式（3-54）需改写为

$$[K]\{x\}=\{F\}+\{F_{\mathrm{c}}\} \tag{3-57}$$

其中

$\{F_{\mathrm{c}}\}$为体系阻尼力向量，设

$$\{F_{\mathrm{c}}\}=-[C]\{\dot{x}\} \tag{3-58}$$

其中，$[C]$为体系阻尼矩阵，$\{\dot{x}\}$为体系相对水平速度向量：

$$\{\dot{x}\}=[\dot{x}_1,\ \dot{x}_2,\ \cdots,\ \dot{x}_n]^{\mathrm{T}} \tag{3-59}$$

则将式（3-57）、式（3-58）代入式（3-56），可得多自由度有阻尼体系运动方程为

$$[M]\{\ddot{x}\}+[C]\{\dot{x}\}+[K]\{x\}=-[M]\{1\}\ddot{x}_{\mathrm{g}} \tag{3-60}$$

3.4.2 多自由度体系的自由振动

1. 自由振动方程

研究自由振动时，不考虑阻尼的影响。此时体系不受外界作用，可令 $\ddot{x}_{\mathrm{g}}=0$，则由式（3-56）得多自由度自由振动方程为

$$[M]\{\ddot{x}\}+[K]\{x\}=\{0\} \tag{3-61}$$

根据方程（3-61）的特点，可设方程的解为

$$\{x\}=\{\phi\}\sin(\omega t+\varphi) \tag{3-62}$$

其中

$$\{\phi\}=[\phi_1,\ \phi_2,\ \cdots,\ \phi_n]^{\mathrm{T}} \tag{3-63}$$

式中，ϕ_i（$i=1,\ 2,\ \cdots,\ n$）为常数，是每个质点自由振动的振幅。

由式（3-62）对$\{x\}$关于时间t微分两次，得

$$\{\ddot{x}\}=-\omega^2\{\phi\}\sin(\omega t+\varphi) \tag{3-64}$$

将式（3-62）、式（3-64）代入式（3-61），得

$$([K]-\omega^2[M])\{\phi\}\sin(\omega t+\varphi)=\{0\} \tag{3-65}$$

因 $\sin(\omega t+\varphi)\neq 0$，则要求

$$([K]-\omega^2[M])\{\phi\}=\{0\} \tag{3-66}$$

式（3-66）实际是原来微分方程形式表达的多自由度体系自由振动方程的代数方程形式，称之为动力特征方程。

2. 自振频率

由线性代数理论知，对于线性代数方程

$$[A]\{y\}=\{B\} \tag{3-67}$$

如果系数矩阵 $[A]$ 的行列式 $|A|\neq 0$，则方程有唯一解

$$\{y\}=[A]^{-1}\{B\} \tag{3-68}$$

如果 $|A|=0$，则方程有多解。

多自由度体系的特征方程（3-66）是一线性代数方程，由上面的讨论知，如果 $|[K]-\omega^2[M]|\neq 0$，则因方程右端向量 $\{B\}=\{0\}$，$\{\phi\}$ 的解将为 $\{0\}$，此时体系不振动（即静止），这与体系发生自由振动的前提不符。而要得到 $\{\phi\}$ 的非零解，即体系发生振动的解，则必有

$$|[K]-\omega^2[M]|=0 \tag{3-69}$$

上式也称为多自由度体系的动力特征值方程。由于 $[K]$、$[M]$ 均为常数矩阵，式（3-69）实际上是 ω^2 的 n 次代数方程，将有 n 个解。将解由小到大排列，设为 ω_1^2，ω_2^2，…，ω_n^2。

由式（3-62）知，ω_i（$i=1$，2，…，n）为体系的一个自由振动圆频率。一个 n 自由度体系，有 n 个自振圆频率，即有 n 种自由振动方式或状态。称 ω_i 为体系第 i 阶自振圆频率。

【例题 3-3】计算仅有两个自由度体系的自由振动频率。设

$$[K]=\begin{bmatrix}k_{11} & k_{12}\\ k_{21} & k_{22}\end{bmatrix},\quad [M]=\begin{bmatrix}m_1 & 0\\ 0 & m_2\end{bmatrix}$$

【解】由式（3-69）

$$\begin{aligned}|[K]-\omega^2[M]|&=\left|\begin{bmatrix}k_{11} & k_{12}\\ k_{21} & k_{22}\end{bmatrix}-\omega^2\begin{bmatrix}m_1 & 0\\ 0 & m_2\end{bmatrix}\right|\\ &=m_1m_2(\omega^2)^2-(k_{11}m_2+k_{22}m_1)\omega^2+(k_{11}k_{22}-k_{12}k_{21})\\ &=0\end{aligned}$$

解上方程得

$$\begin{matrix}\omega_1^2\\ \omega_2^2\end{matrix}=\frac{1}{2}\left(\frac{k_{11}}{m_1}+\frac{k_{22}}{m_2}\right)\mp\sqrt{\left[\frac{1}{2}\left(\frac{k_{11}}{m_1}+\frac{k_{22}}{m_2}\right)\right]^2-\frac{k_{11}k_{22}-k_{12}k_{21}}{m_1m_2}}$$

3. 振型

多自由度体系以某一阶圆频率 ω_i 自由振动时，将有一特定的振幅 $\{\phi_i\}$ 与之相应，它们之间应满足动力特征方程

$$([K]-\omega_i^2[M])\{\phi_i\}=\{0\} \tag{3-70}$$

设

$$\{\phi_i\}=[\phi_{i1},\ \phi_{i2},\ \cdots,\ \phi_{in-1},\ \phi_{in}]^{\mathrm{T}}$$
$$=\phi_{in}\ [\phi_{i1}/\phi_{in},\ \phi_{i2}/\phi_{in},\ \cdots,\ \phi_{in-1}/\phi_{in},\ 1]^{\mathrm{T}}$$
$$=\phi_{in}\begin{Bmatrix}\{\bar{\phi}_i\}_{n-1}\\1\end{Bmatrix} \tag{3-71}$$

与 $\{\phi_i\}$ 相应，用分块矩阵表达

$$([K]-\omega_i^2[M])=\begin{bmatrix}[A_i]_{n-1} & \{B_i\}_{n-1}\\ \{B_i\}_{n-1}^{\mathrm{T}} & C_i\end{bmatrix} \tag{3-72}$$

则式（3-70）成为

$$\phi_{in}\begin{bmatrix}[A_i]_{n-1} & \{B_i\}_{n-1}\\ \{B_i\}_{n-1}^{\mathrm{T}} & C_i\end{bmatrix}\begin{Bmatrix}\{\bar{\phi}_i\}_{n-1}\\1\end{Bmatrix}=\{0\} \tag{3-73}$$

将式(3-73)展开得

$$[A_i]_{n-1}\{\bar{\phi}_i\}_{n-1}+\{B_i\}_{n-1}=\{0\} \tag{3-74}$$

$$\{B_i\}_{n-1}^{\mathrm{T}}\{\bar{\phi}_i\}_{n-1}+C_i=0 \tag{3-75}$$

由式(3-74)可解得

$$\{\bar{\phi}_i\}_{n-1}=-[A_i]_{n-1}^{-1}\{B_i\}_{n-1} \tag{3-76}$$

将式(3-76)代入式(3-75)，可用以复验$\{\bar{\phi}_i\}_{n-1}$求解结果的正确性。

令

$$\phi_{in}=a_i$$

$$\{\bar{\phi}_i\}=\begin{Bmatrix}\{\bar{\phi}_i\}_{n-1}\\1\end{Bmatrix}$$

则

$$\{\phi_i\}=a_i\{\bar{\phi}_i\} \tag{3-77}$$

由此得体系以 ω_i 频率自由振动的解为

$$\{x\}=a_i\{\bar{\phi}_i\}\sin(\omega_i t+\varphi) \tag{3-78}$$

由于向量$\{\bar{\phi}_i\}$各元素的值是确定的，则由上式知，多自由度体系自由振动时，各质点在任意时刻位移幅值的比值是一定的，不随时间而变化，即体系在自由振动过程中的形状保持不变。因此把反映体系自由振动形状的向量$\{\phi_i\}=a_i\{\bar{\phi}_i\}$称为振型，而把$\{\bar{\phi}_i\}$称为规则化的振型或也简称为振型。因$\{\phi_i\}$与体系第 i 阶自振圆频率相应，故$\{\phi_i\}$也称为第 i 阶振型。

【例题 3-4】三层剪切型结构如图 3-14 所示，求该结构的自振圆频率和振型。

【解】该结构为 3 自由度体系，质量矩阵和刚度矩阵分别为

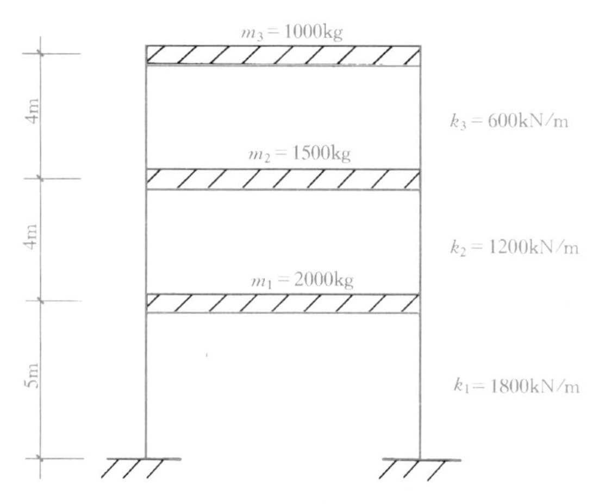

图 3-14　三层剪切型结构

$$[M]=\begin{bmatrix}2 & 0 & 0\\ 0 & 1.5 & 0\\ 0 & 0 & 1\end{bmatrix}\times 10^3\text{kg}$$

$$[K]=\begin{bmatrix}3 & -1.2 & 0\\ -1.2 & 1.8 & -0.6\\ 0 & -0.6 & 0.6\end{bmatrix}\times 10^6\text{N/m}$$

先由特征值方程求自振圆频率，令

$$B=\frac{\omega^2}{600}$$

得

$$|[K]-\omega^2[M]|=\begin{vmatrix}5-2B & -2 & 0\\ -2 & 3-1.5B & -1\\ 0 & -1 & 1-B\end{vmatrix}=0$$

或

$$B^3-5.5B^2+7.5B-2=0$$

由上式可解得

$$B_1=0.351,\ B_2=1.61,\ B_3=3.54$$

从而由 $\omega=\sqrt{600B}$ 得

$$\omega_1=14.5\text{rad/s},\ \omega_2=31.3\text{rad/s},\ \omega_3=46.1\text{rad/s}$$

由自振周期与自振频率的关系 $T=2\pi/\omega$，可得结构的各阶自振周期分别为

$$T_1=0.433\text{s},\ T_2=0.202\text{s},\ T_3=0.136\text{s}$$

为求第一阶振型，将 $\omega_1=14.5\text{rad/s}$ 代入

$$([K]-\omega_1^2[M])=\begin{bmatrix}2579.5 & -1200 & 0\\ -1200 & 1484.6 & -600\\ 0 & -600 & 389.8\end{bmatrix}$$

由式（3-76）得

$$\begin{Bmatrix}\bar{\phi}_{11}\\ \bar{\phi}_{12}\end{Bmatrix}=-\begin{bmatrix}2579.5 & -1200\\ -1200 & 1484.6\end{bmatrix}^{-1}\begin{Bmatrix}0\\ -600\end{Bmatrix}=\begin{Bmatrix}0.301\\ 0.648\end{Bmatrix}$$

代入式（3-75）校核

$$[0,\ -600]\begin{Bmatrix}0.301\\ 0.648\end{Bmatrix}+389.8\approx 0$$

则第一阶振型为

$$\{\bar{\phi}_1\}=\begin{Bmatrix}0.301\\ 0.648\\ 1\end{Bmatrix}$$

同样可求得第二阶振型和第三阶振型为

$$\{\bar{\phi}_2\}=\begin{Bmatrix}-0.676\\ -0.601\\ 1\end{Bmatrix},\quad \{\bar{\phi}_3\}=\begin{Bmatrix}2.47\\ -2.57\\ 1\end{Bmatrix}$$

将各阶振型用图形表示，如图 3-15 所示。图中反映振型具有如下特征：对于串联多质点多自由度体系，其第几阶振型，在振型图上就有几个节点（振型曲线与体系平衡位置的交点）。利用振型图的这一特征，可以定性判别所得振型正确与否。

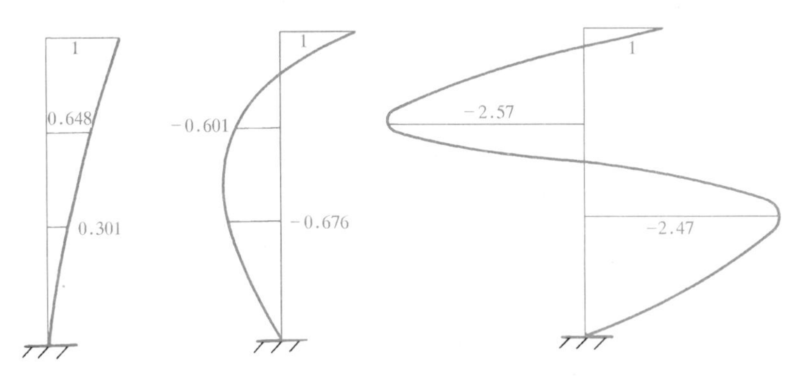

图 3-15 ［例题 3-4］结构各阶振型图

4. 振型的正交性

将体系动力特征方程改写为

$$[K]\{\phi\}=\omega^2[M]\{\phi\} \tag{3-79}$$

上式对体系任意第 i 阶和第 j 阶频率和振型均应成立，即

$$[K]\{\phi_i\}=\omega_i^2[M]\{\phi_i\} \tag{3-80}$$

$$[K]\{\phi_j\}=\omega_j^2[M]\{\phi_j\} \tag{3-81}$$

对式（3-80）两边左乘 $\{\phi_j\}^{\mathrm{T}}$，并对式（3-81）两边左乘 $\{\phi_i\}^{\mathrm{T}}$，得

$$\{\phi_j\}^{\mathrm{T}}[K]\{\phi_i\}=\omega_i^2\{\phi_j\}^{\mathrm{T}}[M]\{\phi_i\} \tag{3-82}$$

$$\{\phi_i\}^{\mathrm{T}}[K]\{\phi_j\}=\omega_j^2\{\phi_i\}^{\mathrm{T}}[M]\{\phi_j\} \tag{3-83}$$

将式（3-83）两边转置，并注意到刚度矩阵和质量矩阵的对称性得

$$\{\phi_j\}^{\mathrm{T}}[K]\{\phi_i\}=\omega_j^2\{\phi_j\}^{\mathrm{T}}[M]\{\phi_i\} \tag{3-84}$$

将式（3-82）与式（3-84）相减得

$$(\omega_i^2-\omega_j^2)\ \{\phi_j\}^{\mathrm{T}}[M]\{\phi_i\}=0 \tag{3-85}$$

如 $i\neq j$，则 $\omega_i\neq\omega_j$，由上式可得

$$\{\phi_j\}^{\mathrm{T}}[M]\{\phi_i\}=0 \quad i\neq j \tag{3-86}$$

将式（3-86）代入式（3-82）得

$$\{\phi_j\}^{\mathrm{T}}[K]\{\phi_i\}=0 \quad i\neq j \tag{3-87}$$

式（3-86）和式（3-87）分别表示振型关于质量矩阵 $[M]$ 和刚度矩阵 $[K]$ 正交。

3.4.3 地震反应分析的振型分解法

1. 运动方程的求解

由振型的正交性知，$\{\phi_1\}$，$\{\phi_2\}$，…，$\{\phi_n\}$ 相互独立，根据线性代数理论，n 维向量 $\{x\}$ 总可以表示为 n 个独立向量的线性组合，则体系地震位移反应向量 $\{x\}$ 可表示成

$$\{x\}=\sum_{j=1}^{n}q_j\{\phi_j\} \tag{3-88}$$

其中 $q_j(j=1,2,\cdots,n)$ 称为振型正则坐标，当 $\{x\}$ 一定时，q_j 具有唯一解。注意到 $\{x\}$ 为时间的函数，则 q_j 也将为时间的函数。

将式（3-88）代入多自由度体系一般有阻尼运动方程（3-60）得

$$\sum_{j=1}^{n}([M]\{\phi_j\}\ddot{q}_j+[C]\{\phi_j\}\dot{q}_j+[K]\{\phi_j\}q_j)=-[M]\{1\}\ddot{x}_{\mathrm{g}} \tag{3-89}$$

将上式两边左乘 $\{\phi_i\}^{\mathrm{T}}$ 得

$$\sum_{j=1}^{n}(\{\phi_i\}^{\mathrm{T}}[M]\{\phi_j\}\ddot{q}_j+\{\phi_i\}^{\mathrm{T}}[C]\{\phi_j\}\dot{q}_j+\{\phi_i\}^{\mathrm{T}}[K]\{\phi_j\}q_j)=-\{\phi_i\}^{\mathrm{T}}[M]\{1\}\ddot{x}_{\mathrm{g}} \tag{3-90}$$

注意到振型关于质量矩阵和刚度矩阵的正交性式（3-86）、式（3-87），并设振型关于阻尼矩阵也正交，即

$$\{\phi_i\}^{\mathrm{T}}[C]\{\phi_j\}=0 \quad i\neq j \tag{3-91}$$

则式（3-90）成为

$$\{\phi_i\}^{\mathrm{T}}[M]\{\phi_i\}\ddot{q}_i+\{\phi_i\}^{\mathrm{T}}[C]\{\phi_i\}\dot{q}_i+\{\phi_i\}^{\mathrm{T}}[K]\{\phi_i\}q_i=-\{\phi_i\}^{\mathrm{T}}[M]\{1\}\ddot{x}_{\mathrm{g}} \tag{3-92}$$

将式（3-80）两边左乘$\{\phi_i\}^{\mathrm{T}}$

$$\{\phi_i\}^{\mathrm{T}}[K]\{\phi_i\}=\omega_i^2\{\phi_i\}^{\mathrm{T}}[M]\{\phi_i\} \tag{3-93}$$

则可得

$$\omega_i^2=\frac{\{\phi_i\}^{\mathrm{T}}[K]\{\phi_i\}}{\{\phi_i\}^{\mathrm{T}}[M]\{\phi_i\}} \tag{3-94}$$

令

$$2\omega_i\xi_i=\frac{\{\phi_i\}^{\mathrm{T}}[C]\{\phi_i\}}{\{\phi_i\}^{\mathrm{T}}[M]\{\phi_i\}} \tag{3-95}$$

$$\gamma_i=\frac{\{\phi_i\}^{\mathrm{T}}[M]\{1\}}{\{\phi_i\}^{\mathrm{T}}[M]\{\phi_i\}} \tag{3-96}$$

则将式（3-92）两边同除以$\{\phi_i\}^{\mathrm{T}}[M]\{\phi_i\}$可得

$$\ddot{q}_i+2\omega_i\xi_i\dot{q}_i+\omega_i^2q_i=-\gamma_i\ddot{x}_{\mathrm{g}} \tag{3-97}$$

上式与一单自由度体系的运动方程相同。可见，原来n自由度体系的n维联立运动微分方程，被分解为n个独立的关于正则坐标的单自由度体系运动微分方程，各单自由度体系的自振频率为原多自由度体系的各阶频率，相应$\xi_i(i=1,2,\cdots,n)$为原体系各阶阻尼比，而γ_i为原体系i阶振型参与系数。

由杜哈密积分，可得式（3-97）的解为

$$\begin{aligned}q_i(t)&=-\frac{1}{\omega_{i\mathrm{D}}}\int_0^t\gamma_i\ddot{x}_{\mathrm{g}}(\tau)e^{-\xi_i\omega_i(t-\tau)}\sin\omega_{i\mathrm{D}}(t-\tau)\mathrm{d}\tau\\&=\gamma_i\Delta_i(t)\end{aligned} \tag{3-98}$$

其中

$$\omega_{i\mathrm{D}}=\omega_i\sqrt{1-\xi_i^2} \tag{3-99}$$

显然，$\Delta_i(t)$是阻尼比为ξ_i、自振频率为ω_i的单自由度体系的地震位移反应。

将式（3-98）代入式（3-88），即得到多自由度体系地震位移反应的解

$$\{x(t)\}=\sum_{j=1}^{n}\gamma_j\Delta_j(t)\{\phi_j\}=\sum_{j=1}^{n}\{x_j(t)\} \tag{3-100}$$

其中

$$\{x_j(t)\}=\gamma_j\Delta_j(t)\{\phi_j\} \tag{3-101}$$

因$\{x_j(t)\}$仅与体系的第j阶自振特性有关，故称$\{x_j(t)\}$为体系的第j阶振型地震反应。由式（3-100）知，多自由度体系的地震反应可通过分解为各阶振型地震反应求解，故称为振型分解法。

2. 阻尼矩阵的处理

由前述讨论知，振型分解法的前提条件是振型关于质量矩阵［M］、刚度矩阵［K］和阻尼矩阵［C］均正交。振型关于［M］、［K］的正交性是无条件的，但是振型关于［C］的正交性却是有条件的，不是任何形式的阻尼矩阵均满足正交条件。为使阻尼矩阵具有正交性，可采用如下瑞雷（Rayleigh）阻尼矩阵形式：

$$[C]=a[M]+b[K] \tag{3-102}$$

因$[M]$、$[K]$均具有正交性，故瑞雷阻尼矩阵也一定具有正交性。为确定其中待定系数a、b，任取体系两阶振型$\{\phi_i\}$、$\{\phi_j\}$，关于式(3-102)作如下运算：

$$\{\phi_i\}^{\mathrm{T}}[C]\{\phi_i\}=a\{\phi_i\}^{\mathrm{T}}[M]\{\phi_i\}+b\{\phi_i\}^{\mathrm{T}}[K]\{\phi_i\} \tag{3-103}$$

$$\{\phi_j\}^{\mathrm{T}}[C]\{\phi_j\}=a\{\phi_j\}^{\mathrm{T}}[M]\{\phi_j\}+b\{\phi_j\}^{\mathrm{T}}[K]\{\phi_j\} \tag{3-104}$$

由式（3-94）、式（3-95），将式（3-103）、式（3-104）两边分别同除以$\{\phi_i\}^{\mathrm{T}}[M]\{\phi_i\}$和$\{\phi_j\}^{\mathrm{T}}[M]\{\phi_j\}$得

$$2\omega_i\xi_i=a+b\omega_i^2 \tag{3-105}$$

$$2\omega_j\xi_j=a+b\omega_j^2 \tag{3-106}$$

由上两式可解得

$$a=\frac{2\omega_i\omega_j\ (\xi_i\omega_j-\xi_j\omega_i)}{\omega_j^2-\omega_i^2} \tag{3-107}$$

$$b=\frac{2\ (\omega_j\xi_j-\omega_i\xi_i)}{\omega_j^2-\omega_i^2} \tag{3-108}$$

实际计算时，可取对结构地震反应影响最大的两个振型的频率，并取$\xi_i=\xi_j$。一般情况下，可取$i=1$，$j=2$。

3.5　多自由度弹性体系的最大地震反应与水平地震作用

对结构抗震设计最有意义的是结构最大地震反应。下面介绍两种计算多自由度弹性体系最大地震反应的方法，一种是振型分解反应谱法，另一种是底部剪力法。其中前者的理论基础是地震反应分析的振型分解法及地震反应谱概念，而后者则是振型分解反应谱法的一种简化。

3.5.1　振型分解反应谱法

1. 一个有用的表达式

由于各阶振型$\{\phi_i\}$（$i=1$，2，…，n）是相互独立的向量，则可将单位向量$\{1\}$表示

成 $\{\phi_1\}$，$\{\phi_2\}$，…，$\{\phi_n\}$ 的线性组合，即

$$\{1\}=\sum_{i=1}^{n} a_i \{\phi_i\} \tag{3-109}$$

其中 a_i 为待定系数，为确定 a_i，将式（3-109）两边左乘$\{\phi_j\}^{\mathrm{T}}[M]$，得

$$\{\phi_j\}^{\mathrm{T}}[M]\{1\}=\sum_{i=1}^{n} a_i \{\phi_i\}^{\mathrm{T}}[M]\{\phi_i\}=a_j \{\phi_j\}^{\mathrm{T}}[M]\{\phi_j\} \tag{3-110}$$

由上式解得

$$a_j=\frac{\{\phi_j\}^{\mathrm{T}}[M]\{1\}}{\{\phi_j\}^{\mathrm{T}}[M]\{\phi_j\}}=\gamma_j \tag{3-111}$$

将式（3-111）代入式（3-109）得如下以后有用的表达式

$$\sum_{i=1}^{n} \gamma_i \{\phi_i\}=\{1\} \tag{3-112}$$

2. 质点 i 任意时刻的地震惯性力

对于图 3-16 所示的多质点体系，由式（3-100）可得质点 i 任意时刻的水平相对位移反应为

$$x_i(t)=\sum_{j=1}^{n} \gamma_j \Delta_j(t) \phi_{ji} \tag{3-113}$$

式中　ϕ_{ji}——振型 j 在质点 i 处的振型位移。

则质点 i 在任意时刻的水平相对加速度反应为

$$\ddot{x}_i(t)=\sum_{j=1}^{n} \gamma_j \ddot{\Delta}_j(t) \phi_{ji} \tag{3-114}$$

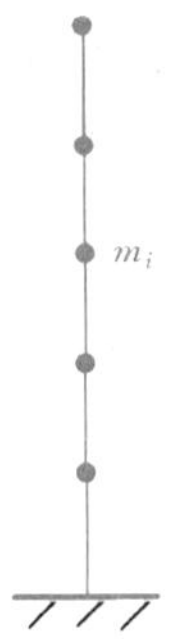

图 3-16　多质点体系

由式（3-112），将水平地面运动加速度表达成

$$\ddot{x}_{\mathrm{g}}(t)=\left(\sum_{j=1}^{n} \gamma_j \phi_{ji}\right) \ddot{x}_{\mathrm{g}}(t) \tag{3-115}$$

则可得质点 i 任意时刻的水平地震惯性力为

$$\begin{aligned} f_i &= -m_i[\ddot{x}_i(t)+\ddot{x}_{\mathrm{g}}(t)] \\ &= -m_i\left[\sum_{j=1}^{n} \gamma_j \ddot{\Delta}_j(t) \phi_{ji}+\sum_{j=1}^{n} \gamma_j \phi_{ji} \ddot{x}_{\mathrm{g}}(t)\right] \\ &= -m_i \sum_{j=1}^{n} \gamma_j \phi_{ji}[\ddot{\Delta}_j(t)+\ddot{x}_{\mathrm{g}}(t)]=\sum_{j=1}^{n} f_{ji} \end{aligned} \tag{3-116}$$

式中　f_{ji}——质点 i 的第 j 振型水平地震惯性力：

$$f_{ji}=-m_i \gamma_j \phi_{ji}[\ddot{\Delta}_j(t)+\ddot{x}_{\mathrm{g}}(t)] \tag{3-117}$$

3. 质点 i 的第 j 振型水平地震作用

将质点 i 的第 j 振型水平地震作用定义为该阶振型最大惯性力，即

$$F_{ji}=|f_{ji}|_{\max} \tag{3-118}$$

将式（3-117）代入式（3-118）得

$$F_{ji}=m_i\gamma_j\phi_{ji}\left|\ddot{\Delta}_j(t)+\ddot{x}_g(t)\right|_{\max} \tag{3-119}$$

注意到$\ddot{\Delta}_j(t)+\ddot{x}_g(t)$是自振频率为$\omega_j$（或自振周期为$T_j$）、阻尼比为$\xi_j$的单自由度体系的地震绝对加速度反应，则由地震反应谱的定义（参见式3-39），可将质点i的第j振型水平地震作用表达为

$$F_{ji}=m_i\gamma_j\phi_{ji}S_a(T_j) \tag{3-120}$$

进行结构抗震设计需采用设计谱，由地震影响系数设计谱与地震反应谱的关系式（3-51）可得

$$F_{ji}=(m_ig)\gamma_j\phi_{ji}\alpha_j=G_i\alpha_j\gamma_j\phi_{ji} \tag{3-121}$$

式中 G_i——质点i的重量；

α_j——按体系第j阶周期计算的第j振型地震影响系数。

4. 振型组合

由振型j各质点水平地震作用，按静力分析方法计算，可得体系振型j最大地震反应。记体系振型j某特定最大地震反应（即振型地震作用效应，如构件内力、楼层位移等）为S_j，而该特定体系最大地震反应为S，则可通过各振型反应S_j估计S，此称为振型组合。

由于各振型最大反应不在同一时刻发生，因此直接由各振型最大反应叠加估计体系最大反应，结果会偏大。通过随机振动理论分析，得出采用平方和开方的方法（SRSS法）估计体系最大反应可获得较好的结果，即

$$S=\sqrt{\sum S_j^2} \tag{3-122}$$

【例题3-5】结构同［例题3-4］。已知

$$T_1=0.433\text{s},\ T_2=0.202\text{s},\ T_3=0.136\text{s};$$

$$\{\phi_1\}=\begin{Bmatrix}0.301\\0.648\\1\end{Bmatrix},\ \{\phi_2\}=\begin{Bmatrix}-0.676\\-0.601\\1\end{Bmatrix},\ \{\phi_3\}=\begin{Bmatrix}2.47\\-2.57\\1\end{Bmatrix};$$

结构处于8度区（地震加速度为$0.20g$），Ⅰ类场地第一组，结构阻尼比为0.05。试采用振型分解反应谱法，求结构在多遇地震下的最大底部剪力和最大顶点位移。

【解】由

$$\gamma_j=\frac{\{\phi_j\}^{\mathrm T}[M]\{1\}}{\{\phi_j\}^{\mathrm T}[M]\{\phi_j\}}=\frac{\sum_{i=1}^{n}m_i\phi_{ji}}{\sum_{i=1}^{n}m_i\phi_{ji}^2}$$

得

$$\gamma_1=\frac{1+1.5\times0.648+2\times0.301}{1+1.5\times0.648^2+2\times0.301^2}=1.421$$

$$\gamma_2=\frac{1+1.5\times(-0.601)+2\times(-0.676)}{1+1.5\times(-0.601)^2+2\times(-0.676)^2}=-0.510$$

$$\gamma_3=\frac{1+1.5\times(-2.57)+2\times2.47}{1+1.5\times(-2.57)^2+2\times2.47^2}=0.090$$

查表 3-2、表 3-3 得 $T_g=0.25\text{s}$，$\alpha_{max}=0.16$，则（参见图 3-12）

$$\alpha_1=\left(\frac{T_g}{T_1}\right)^{0.9}\alpha_{max}=\left(\frac{0.25}{0.433}\right)^{0.9}\times0.16=0.0976$$

$$\alpha_2=\alpha_{max}=0.16$$

$$\alpha_3=\alpha_{max}=0.16$$

由 $F_{ji}=G_i\alpha_j\gamma_j\phi_{ji}$

得第一振型各质点（或各楼面）水平地震作用为

$$F_{11}=2\times9.8\times0.0976\times1.421\times0.301=0.818\text{kN}$$

$$F_{12}=1.5\times9.8\times0.0976\times1.421\times0.648=1.321\text{kN}$$

$$F_{13}=1.0\times9.8\times0.0976\times1.421\times1=1.359\text{kN}$$

第二振型各质点水平地震作用为

$$F_{21}=2\times9.8\times0.16\times(-0.510)\times(-0.676)=1.081\text{kN}$$

$$F_{22}=1.5\times9.8\times0.16\times(-0.510)\times(-0.601)=0.721\text{kN}$$

$$F_{23}=1.0\times9.8\times0.16\times(-0.510)\times1=-0.800\text{kN}$$

第三振型各质点水平地震作用为

$$F_{31}=2\times9.8\times0.16\times0.09\times2.47=0.697\text{kN}$$

$$F_{32}=1.5\times9.8\times0.16\times0.09\times(-2.57)=-0.529\text{kN}$$

$$F_{33}=1.0\times9.8\times0.16\times0.09\times1=0.141\text{kN}$$

则由各振型水平地震作用产生的底部剪力为

$$V_{11}=F_{11}+F_{12}+F_{13}=3.498\text{kN}$$

$$V_{21}=F_{21}+F_{22}+F_{23}=1.002\text{kN}$$

$$V_{31}=F_{31}+F_{32}+F_{33}=0.309\text{kN}$$

通过振型组合求结构的最大底部剪力为

$$V_1=\sqrt{\sum V_{j1}^2}=\sqrt{3.498^2+1.002^2+0.309^2}=3.652\text{kN}$$

若仅取前两阶振型反应进行组合，则

$$V_1=\sqrt{3.498^2+1.002^2}=3.639\text{kN}$$

由各振型水平地震作用产生的结构顶点位移为

$$U_{13}=\frac{F_{11}+F_{12}+F_{13}}{k_1}+\frac{F_{12}+F_{13}}{k_2}+\frac{F_{13}}{k_3}$$

$$=\frac{3.498}{1800}+\frac{1.321+1.359}{1200}+\frac{1.359}{600}=6.442\times10^{-3}\text{m}$$

$$U_{23}=\frac{F_{21}+F_{22}+F_{23}}{k_1}+\frac{F_{22}+F_{23}}{k_2}+\frac{F_{23}}{k_3}$$

$$=\frac{1.081}{1800}+\frac{0.721+(-0.800)}{1200}+\frac{-0.800}{600}=-0.799\times10^{-3}\text{m}$$

$$U_{33}=\frac{F_{31}+F_{32}+F_{33}}{k_1}+\frac{F_{32}+F_{33}}{k_2}+\frac{F_{33}}{k_3}$$

$$=\frac{0.309}{1800}+\frac{(-0.529)+0.141}{1200}+\frac{0.141}{600}=0.083\times10^{-3}\text{m}$$

通过振型组合求结构的最大顶点位移

$$U_3=\sqrt{\sum U_{j3}^2}=10^{-3}\sqrt{6.442^2+(-0.799)^2+0.083^2}=6.492\text{mm}$$

若仅取前两阶振型反应进行组合，则

$$U_3=10^{-3}\sqrt{6.442^2+(-0.799)^2}=6.491\text{mm}$$

采用振型分解反应谱法计算结构最大地震反应容易犯的一个错误是：先将各振型地震作用组合成总地震作用，然后用总地震作用计算结构总地震反应。这样的计算次序与正确的计算次序（即先由振型地震作用计算振型地震反应，再由振型地震反应组合成总地震反应）所得结果是不一致的。下面以本例底部剪力结果加以说明。

若先计算总地震作用，则各楼层处的总地震作用分别为

$$F_1=\sqrt{F_{11}^2+F_{21}^2+F_{31}^2}=\sqrt{0.818^2+1.081^2+0.697^2}=1.524\text{kN}$$

$$F_2=\sqrt{F_{12}^2+F_{22}^2+F_{32}^2}=\sqrt{1.321^2+0.721^2+(-0.529)^2}=2.318\text{kN}$$

$$F_3=\sqrt{F_{13}^2+F_{23}^2+F_{33}^2}=\sqrt{1.359^2+(-0.800)^2+0.141^2}=1.609\text{kN}$$

按上面各楼层总地震作用所计算的结构底部剪力为

$$V_1=F_1+F_2+F_3=1.524+2.318+1.609=5.451\text{kN}$$

与前面正确计算次序的结果相比，值偏大。原因是：振型各质点地震作用有方向性，负值作用与正值作用方向相反，而按平方和开方的方法计算各质点总地震作用，没有反映振型各质点地震作用方向性的影响。

5. 振型组合时振型反应数的确定

从［例题 3-5］可以发现：结构的低阶振型反应大于高阶振型反应，振型阶数越高，振型反应越小。因此，结构的总地震反应以低阶振型反应为主，而高阶振型反应对结构总地震

反应的贡献较小。故求结构总地震反应时，不需要取结构全部振型反应进行组合。通过统计分析，振型反应的组合数可按如下规定确定：

（1）一般情况下，可取结构前 2～3 阶振型反应进行组合，但不多于结构自由度数。

（2）当结构基本周期 $T_1>1.5$s 时或建筑高宽比大于 5 时，可适当增加振型反应组合数。

3.5.2 底部剪力法

1. 计算假定

采用振型分解反应谱法计算结构最大地震反应精度较高，一般情况下无法采用手算，必须通过计算机计算，且计算量较大。理论分析表明，当建筑物高度不超过 40m，结构以剪切变形为主且质量和刚度沿高度分布较均匀时，结构的地震反应将以第一振型反应为主，而结构的第一振型接近直线。为简化满足上述条件的结构地震反应计算，假定：

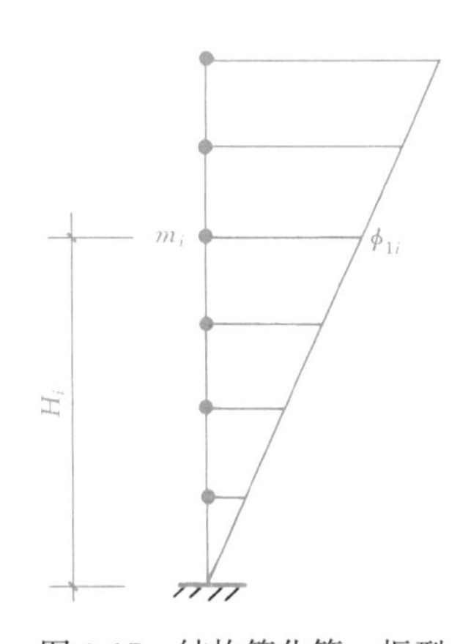

图 3-17　结构简化第一振型

（1）结构的地震反应可用第一振型反应表征；

（2）结构的第一振型为线性倒三角形，如图 3-17 所示，即任意质点的第一振型位移与其高度成正比

$$\phi_{1i}=CH_i \tag{3-123}$$

式中　C——比例常数；

H_i——质点 i 离地面的高度。

2. 底部剪力的计算

由上述假定，任意质点 i 的水平地震作用为

$$F_i=G_i\alpha_1\gamma_1\phi_{1i}=G_i\alpha_1\frac{\{\phi_1\}^{\mathrm{T}}[M]\{1\}}{\{\phi_1\}^{\mathrm{T}}[M]\{\phi_1\}}\phi_{1i}=G_i\alpha_1\frac{\sum_{j=1}^{n}G_j\phi_{1j}}{\sum_{j=1}^{n}G_j\phi_{1j}^2}\phi_{1i} \tag{3-124}$$

将式（3-123）代入上式得

$$F_i=\frac{\sum_{j=1}^{n}G_jH_j}{\sum_{j=1}^{n}G_jH_j^2}G_iH_i\alpha_1 \tag{3-125}$$

则结构底部剪力为

$$F_{\mathrm{EK}}=\sum_{i=1}^{n}F_i=\frac{\sum_{j=1}^{n}G_jH_j}{\sum_{j=1}^{n}G_jH_j^2}\sum_{i=1}^{n}G_iH_i\alpha_1=\frac{\left(\sum_{j=1}^{n}G_jH_j\right)^2}{\left(\sum_{j=1}^{n}G_jH_j^2\right)\left(\sum_{j=1}^{n}G_j\right)}\left(\sum_{j=1}^{n}G_j\right)\alpha_1 \tag{3-126}$$

令

$$\chi=\frac{\left(\sum_{j=1}^{n}G_jH_j\right)^2}{\left(\sum_{j=1}^{n}G_jH_j^2\right)\left(\sum_{j=1}^{n}G_j\right)} \tag{3-127}$$

$$G_{eq}=\chi G_E=\chi\sum_{j=1}^{n}G_j \tag{3-128}$$

式中　G_{eq}——结构等效总重力荷载；

χ——结构总重力荷载等效系数。

则结构底部剪力的计算可简化为

$$F_{EK}=G_{eq}\alpha_1 \tag{3-129}$$

一般建筑各层重量和层高均大致相同，即

$$G_i=G_j=G \tag{3-130}$$

$$H_j=jh \tag{3-131}$$

式中　h——层高。

将式（3-130）、式（3-131）代入式（3-127）得

$$\chi=\frac{3(n+1)}{2(2n+1)} \tag{3-132}$$

对于单质点体系，$n=1$，则 $\chi=1$。而对于多质点体系，$n\geqslant2$，则 $\chi=0.75\sim0.9$，建筑抗震设计规范规定统一取 $\chi=0.85$。

3. 地震作用分布

按式（3-129）求得结构的底部剪力即结构所受的总水平地震作用后，再将其分配至各质点上（图 3-18）。为此，将式（3-125）改写为

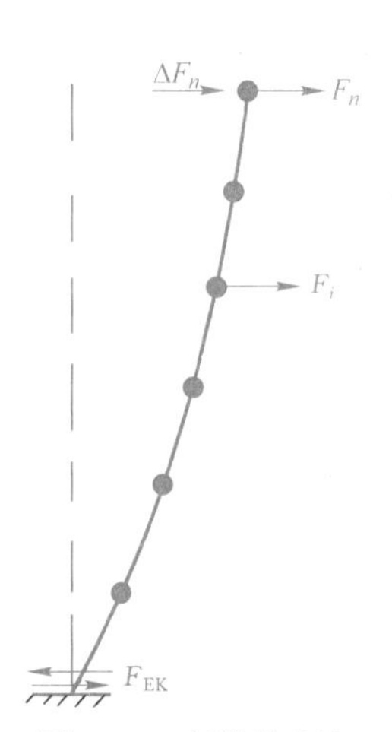

图 3-18　底部剪力法地震作用分布

$$F_i=\frac{\left(\sum_{j=1}^{n}G_jH_j\right)^2}{\left(\sum_{j=1}^{n}G_jH_j^2\right)\left(\sum_{j=1}^{n}G_j\right)}\left(\sum_{j=1}^{n}G_j\right)\alpha_1\frac{G_iH_i}{\sum_{j=1}^{n}G_jH_j} \tag{3-133}$$

将式（3-127）～式（3-129）代入上式得

$$F_i=\frac{G_iH_i}{\sum_{j=1}^{n}G_jH_j}F_{EK}\quad i=1,\ 2,\ \cdots,\ n \tag{3-134}$$

式（3-134）表达的地震作用分布实际仅考虑了第一振型地震作用。当结构基本周期较长时，结构的高阶振型地震作用影响将不能忽略。图 3-19 显示了高阶振型反应对地震作用分

布的影响，可见高阶振型反应对结构上部地震作用的影响较大，为此我国建筑抗震设计规范采用在结构顶部附加集中水平地震作用的方法考虑高阶振型的影响。规范规定，当结构基本周期 $T_1>1.4T_g$ 时，需在结构顶部附加如下集中水平地震作用

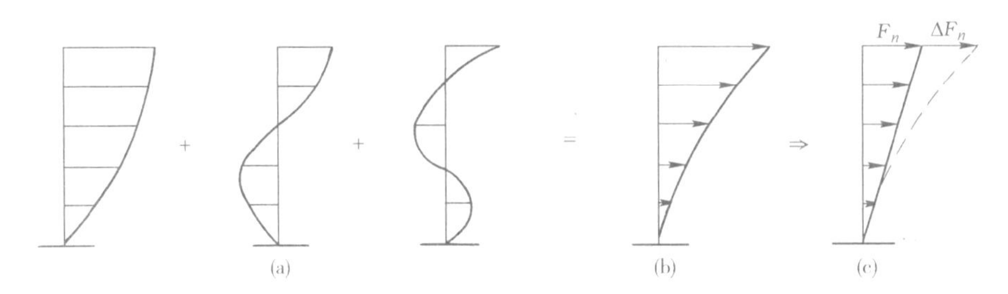

图 3-19　高阶振型反应对地震作用分布的影响

(a) 各阶振型地震反应；(b) 总地震作用分布；(c) 等效地震作用分布

$$\Delta F_n=\delta_n F_{EK} \tag{3-135}$$

式中　δ_n——结构顶部附加地震作用系数，对于多层钢筋混凝土房屋和钢结构房屋按表 3-4 采用，对于多层内框架砖房取 $\delta_n=0.2$，其他房屋可不考虑。

顶部附加地震作用系数　　表 3-4

T_g(s)	$T_1>1.4T_g$	$T_1\leqslant1.4T_g$
$\leqslant0.35$	$0.08T_1+0.07$	不考虑
0.35～0.55	$0.08T_1+0.01$	
>0.55	$0.08T_1-0.02$	

当考虑高阶振型的影响时，结构的底部剪力仍按式（3-129）计算而保持不变，但各质点的地震作用需按 $F_{EK}-\Delta F_n=(1-\delta_n)F_{EK}$ 进行分布，即

$$F_i=\frac{G_iH_i}{\sum_{j=1}^{n}G_jH_j}(1-\delta_n)F_{EK}\quad i=1,\ 2,\ \cdots,\ n \tag{3-136}$$

4. 鞭梢效应

底部剪力法适用于重量和刚度沿高度分布均比较均匀的结构。当建筑物有局部突出屋面的小建筑（如屋顶间、女儿墙、烟囱）等时，由于该部分结构的重量和刚度突然变小，将产生鞭梢效应，即局部突出小建筑的地震反应有加剧的现象。因此，当采用底部剪力法计算这类小建筑的地震作用效应时，按式（3-134）或式（3-136）计算作用在小建筑上的地震作用需乘以增大系数，抗震规范规定该增大系数取为 3。但是，应注意鞭梢效应只对局部突出小建筑有影响，因此作用在小建筑上的地震作用向建筑主体传递时（或计算建筑主体的地震作用效应时），则不乘增大系数。

【例题 3-6】结构同［例题 3-4］，设计基本地震加速度及场地条件同［例题 3-5］。试采

用底部剪力法求结构在多遇地震下的最大底部剪力和最大顶点位移。

【解】由［例题3-5］已求得$\alpha_1=0.0976$。而结构总重力荷载为

$$G_E=(1.0+1.5+2.0)\times9.8=44.1\text{kN}$$

则结构的底部剪力为

$$\begin{aligned}F_{EK}&=G_{eq}\alpha_1=0.85G_E\alpha_1\\&=0.85\times44.1\times0.0976=3.659\text{kN}\end{aligned}$$

已知$T_g=0.25\text{s}$，$T_1=0.433\text{s}>1.4T_g=0.35\text{s}$。设该结构为钢筋混凝土房屋结构，则需考虑结构顶部附加集中作用。查表3-4得

$$\delta_n=0.08T_1+0.07=0.08\times0.433+0.07=0.105$$

则

$$\Delta F_n=\delta_nF_{EK}=0.105\times3.659=0.384\text{kN}$$

又已知$H_1=5\text{m}$，$H_2=9\text{m}$，$H_3=13\text{m}$，则

$$\sum_{j=1}^{n}G_jH_j=(2\times5+1.5\times9+1\times13)\times9.8=357.7\text{kN}\cdot\text{m}$$

则作用在结构各楼层上的水平地震作用为

$$\begin{aligned}F_1&=\frac{G_1H_1}{\sum_{j=1}^{n}G_jH_j}(1-\delta_n)F_{EK}\\&=\frac{2\times5\times9.8}{357.7}\times(1-0.105)\times3.659=0.897\text{kN}\end{aligned}$$

$$F_2=\frac{1.5\times9\times9.8}{357.7}\times(1-0.105)\times3.659=1.211\text{kN}$$

$$F_3=\frac{1.0\times13\times9.8}{357.7}\times(1-0.105)\times3.659=1.166\text{kN}$$

由此得结构的顶点位移为

$$\begin{aligned}U_3&=\frac{F_{EK}}{k_1}+\frac{F_2+F_3+\Delta F_n}{k_2}+\frac{F_3+\Delta F_n}{k_3}\\&=\frac{3.659}{1800}+\frac{1.211+1.166+0.384}{1200}+\frac{1.166+0.384}{600}=6.917\times10^{-3}\text{m}\end{aligned}$$

与［例题3-5］的结果对比，可见底部剪力法的计算结果与振型分解反应谱法的计算结果是很接近的。

3.5.3 结构基本周期的近似计算

采用底部剪力法进行结构抗震计算，只需知道结构基本周期，如采用特征方程式（3-

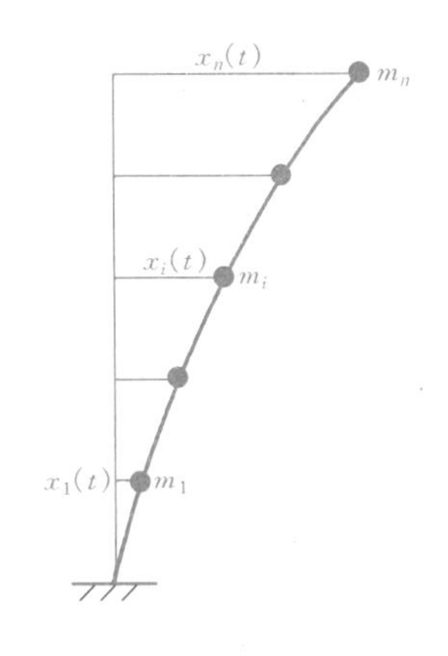

图 3-20　多质点弹性体系自由振动

69）计算结构基本周期，不仅需通过计算机计算，而且计算量较大。下面介绍几种计算结构基本周期的近似方法，计算量小，精度高，可以手算。

1. 能量法

能量法的理论基础是能量守恒原理，即一个无阻尼的弹性体系作自由振动时，其总能量（变形能与动量之和）在任何时刻均保持不变。

图 3-20 为一多质点弹性体系，设其质量矩阵和刚度矩阵分别为［M］和［K］。令 $\{x(t)\}$ 为体系自由振动 t 时刻质点水平位移向量，因弹性体系自由振动是简谐运动，$\{x(t)\}$ 可表示为

$$\{x(t)\}=\{\phi\}\sin(\omega t+\varphi) \tag{3-137}$$

式中　$\{\phi\}$——体系的振型位移幅向量；

ω、φ——体系的自振圆频率和初相位角。

则体系质点水平速度向量为

$$\{\dot{x}(t)\}=\omega\{\phi\}\cos(\omega t+\varphi) \tag{3-138}$$

当体系振动到达振幅最大值时，体系变形能达到最大值 $U_{\max}$，而体系的动能等于零。此时体系的振动能为

$$E_{\mathrm{d}}=U_{\max}=\frac{1}{2}\{X(t)\}_{\max}^{\mathrm{T}}[K]\{X(t)\}_{\max}=\frac{1}{2}\{\Phi\}^{\mathrm{T}}[K]\{\Phi\} \tag{3-139a}$$

当体系达到平衡位置时，体系质点振幅为零，但质点速度达到最大值，因而动能达到最大值 $T_{\max}$，而体系变形能等于零。此时，体系的振动能为

$$E_{\mathrm{d}}=T_{\max}=\frac{1}{2}\{\dot{x}(t)\}_{\max}^{\mathrm{T}}[M]\{\dot{x}(t)\}_{\max}=\frac{1}{2}\omega^2\{\Phi\}^{\mathrm{T}}[M]\{\Phi\} \tag{3-139b}$$

由能量守恒原理，$T_{\max}=U_{\max}$，得

$$\omega^2=\frac{\{\Phi\}^{\mathrm{T}}[K]\{\Phi\}}{\{\Phi\}^{\mathrm{T}}[M]\{\Phi\}} \tag{3-140}$$

当体系质量矩阵［M］和刚度矩阵已知时，频率 ω 是振型 $\{\Phi\}$ 的函数，当所取的振型为第 i 阶振型 $\{\Phi_i\}$ 时，按式(3-140)求得的是第 i 阶的自振频率 ω_i。为求得体系基本频率 ω_1，需确定体系第一振型，注意到 $[K]\{\Phi_1\}=\{F_1\}$ 为产生第一阶振型 $\{\Phi_1\}$ 的力向量，如果近似将作用于各个质点的重力荷载 G_i 当作水平力所产生的质点水平位移 u_i 作为第一振型位移，则

$$\omega_1^2=\frac{\{\Phi_1\}^{\mathrm{T}}\{F_1\}}{\{\Phi_1\}^{\mathrm{T}}[M]\{\Phi_1\}}=\frac{\sum_{i=1}^{n}G_i u_i}{\sum_{i=1}^{n}m_i u_i^2}=\frac{g\sum_{i=1}^{n}G_i u_i}{\sum_{i=1}^{n}G_i u_i^2} \tag{3-141}$$

注意到 $T_1=2\pi/\omega_1$，$g=9.8\text{m/s}^2$，则由式(3-141)可得

$$T_1=2\sqrt{\frac{\sum_{i=1}^{n}G_iu_i^2}{\sum_{i=1}^{n}G_iu_i}} \tag{3-142}$$

式中 u_i——将各质点的重力荷载 G_i 视为水平力所产生的质点 i 处的水平位移，单位为米(m)。

【例题 3-7】采用能量法求［例题 3-4］结构的基本周期。

【解】各楼层的重力荷载为

$$G_3=1\times9.8=9.8\text{kN}$$

$$G_2=1.5\times9.8=14.7\text{kN}$$

$$G_1=2\times9.8=19.6\text{kN}$$

将各楼层的重力荷载当作水平力产生的楼层剪力为

$$V_3=G_3=9.8\text{kN}$$

$$V_2=G_3+G_2=24.5\text{kN}$$

$$V_1=G_3+G_2+G_1=44.1\text{kN}$$

则将楼层重力荷载当作水平力所产生的楼层水平位移为

$$u_1=\frac{V_1}{k_1}=\frac{44.1}{1800}=0.0245\text{m}$$

$$u_2=\frac{V_2}{k_2}+u_1=\frac{24.5}{1200}+0.0245=0.0449\text{m}$$

$$u_3=\frac{V_3}{k_3}+u_2=\frac{9.8}{600}+0.0449=0.0613\text{m}$$

由式（3-142）求基本周期

$$T_1=2\sqrt{\frac{\sum_{i=1}^{n}G_iu_i^2}{\sum_{i=1}^{n}G_iu_i}}=2\sqrt{\frac{19.6\times0.0245^2+14.7\times0.0449^2+9.8\times0.0613^2}{19.6\times0.0245+14.7\times0.0449+9.8\times0.0613}}=0.424\text{s}$$

与精确解的相对误差为−2%。

2. 等效质量法

等效质量法的思想是用一个等效单质点体系来代替原来的多质点体系，如图 3-21 所示。等效原则为

（1）等效单质点体系的自振频率与原多质点体系的基本自振频率相等；

（2）等效单质点体系自由振动的最大动能与原多质点体系的基本自由振动的最大动能相等。

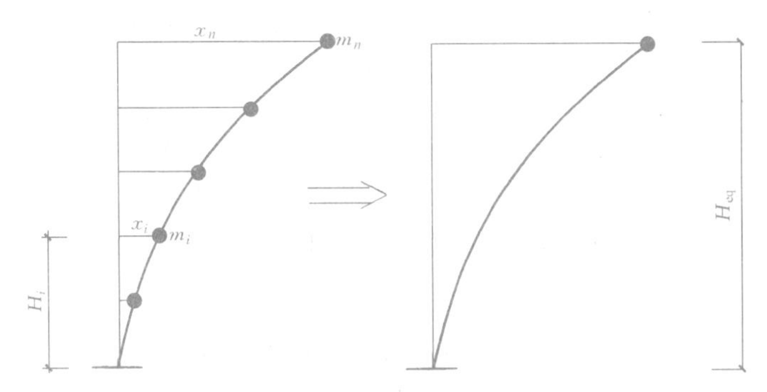

图 3-21　用单质点体系等效多质点体系

多质点体系按第一振型振动的最大动能为

$$U_{1\max}=\frac{1}{2}\sum_{i=1}^{n}m_i(\omega_1 x_i)^2 \tag{3-143}$$

等效单质点的最大动能为

$$U_{2\max}=\frac{1}{2}m_{eq}(\omega_1 x_{eq})^2 \tag{3-144}$$

由 $U_{1\max}=U_{2\max}$，可得等效单质点体系的质量为

$$m_{eq}=\frac{\sum_{i=1}^{n}m_i x_i^2}{x_{eq}^2} \tag{3-145}$$

式中　x_i——体系按第一振型振动时，质点 m_i 处的最大位移；

x_{eq}——体系按第一振型振动时，相应于等效质点 m_{eq} 处的最大位移。

上式中，x_i、x_{eq} 可通过将体系各质点重力荷载当作水平力所产生的体系水平位移确定。

若体系为图 3-22 所示的连续质量悬臂梁结构体系，将其等效为位于结构顶部的单质点体系时，可将式（3-145）改写为

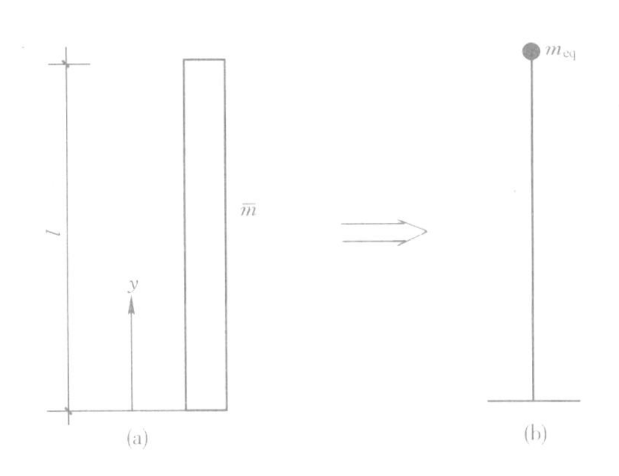

图 3-22　连续质量悬臂体系及其等效质量体系

（a）连续质量悬臂体系；（b）等效质量体系

$$m_{eq}=\frac{\int_0^l \overline{m}x^2\mathrm{d}y}{x_{eq}^2} \tag{3-146}$$

式中　$\overline{m}$——沿高度方向悬臂结构单位长度质量。

当悬臂结构为等截面的均质体系时，可近似采用水平均布荷载 $q=\overline{m}g$ 产生的水平侧移曲线作为第一振型曲线，即：

若为弯曲型结构

$$x(y)=\frac{q}{24EI}(y^4-4ly^3+6l^2y^2) \tag{3-147a}$$

$$x_{eq}=x(l)=\frac{ql^4}{8EI} \tag{3-148a}$$

若为剪切型结构

$$x(y)=\frac{q}{GA}\left(ly-\frac{y^2}{2}\right) \tag{3-147b}$$

$$x_{eq}=x(l)=\frac{ql^2}{2GA} \tag{3-148b}$$

式中　I——悬臂结构截面惯性矩；

A——悬臂结构截面面积；

E、G——分别为弹性模量和剪变模量。

将式（3-147）、式（3-148）代入式（3-146）可得

$$m_{eq}=0.25\overline{m}l\quad 弯曲型悬臂结构 \tag{3-149}$$

$$m_{eq}=0.40\overline{m}l\quad 剪切型悬臂结构 \tag{3-150}$$

显然，对于弯剪型悬臂结构，等效单质点质量介于 $m_{eq}=(0.25\sim0.40)\overline{m}l$ 之间。

确定等效单质点体系的质量 m_{eq} 后，即可按单质点体系计算原多质点体系的基本频率和基本周期

$$\omega_1=\sqrt{\frac{1}{m_{eq}\delta}} \tag{3-151}$$

$$T_1=2\pi\sqrt{m_{eq}\delta} \tag{3-152}$$

式中　δ——体系在等效质点处受单位水平力作用所产生的水平位移。

【例题 3-8】采用等效质量法求［例题 3-4］结构的基本周期。

【解】将等效单质点体系的质点置于结构第二层（图 3-23），按式（3-145）计算等效质量。由

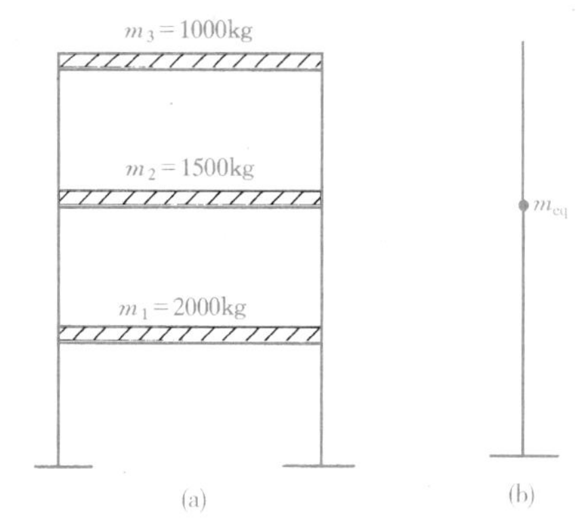

图 3-23　例题 3-8 图

（a）离散质量结构；（b）等效单质点结构

［例题 3-7］已知：

$$x_1=0.0245\text{m},\quad x_2=0.0449\text{m},\quad x_3=0.0613\text{m},\quad x_{eq}=x_2$$

则

$$m_{eq}=\frac{\sum_{i=1}^{n}m_i x_i^2}{x_{eq}^2}=\frac{2000\times0.0245^2+1500\times0.0449^2+1000\times0.0613^2}{0.0449^2}=3959\text{kg}$$

在单位质点下施加单位水平力产生的水平位移为

$$\delta=\frac{1}{k_1}+\frac{1}{k_2}=\frac{1}{1800\times10^3}+\frac{1}{1200\times10^3}=1.389\times10^{-6}\text{m/N}$$

由式（3-152），体系基本周期为

$$T_1=2\pi\sqrt{3595\times1.389\times10^{-6}}=0.466\text{s}$$

与精确解的相对误差为 7.6%。

3. 顶点位移法

顶点位移法的基本思想是，将悬臂结构的基本周期用将结构重力荷载作为水平荷载所产生的顶点位移 u_T 来表示。例如，对于质量沿高度均匀分布的等截面弯曲型悬臂杆，基本周期为

$$T_1=1.78\sqrt{\frac{\overline{m}l^4}{EI}} \tag{3-153}$$

由式（3-148）知，将重力分布荷载 $\overline{m}g$ 作为水平分布荷载产生的悬臂杆顶点位移为

$$u_T=\frac{\overline{m}gl^4}{8EI}$$

将上式代入式（3-153）得

$$T_1=1.6\sqrt{u_T} \tag{3-154}$$

同样，对于质量沿高度均匀分布的等截面剪切型悬臂杆，可得

$$T_1=1.8\sqrt{u_T} \tag{3-155}$$

式（3-154）、式（3-155）可推用于质量和刚度沿高度非均匀分布的弯曲型和剪切型结构基本周期的近似计算。当结构为弯剪型时，可取

$$T_1=1.7\sqrt{u_T} \tag{3-156}$$

注意式（3-154）～式（3-156）中结构顶点位移 u_T 的单位为米(m)。

【例题 3-9】采用顶点位移法计算［例题 3-4］结构的基本周期。

【解】［例题 3-7］中，已求得结构在重力荷载当作水平荷载作用下的顶点位移为

$$u_T=0.0613\text{m}$$

因本例结构为剪切型结构，由式（3-155）计算结构基本周期为

$$T_1=1.8\sqrt{u_T}=1.8\sqrt{0.0613}=0.0446\text{s}$$

与精确解的误差为3%。

3.6 竖向地震作用

震害调查表明，在烈度较高的震中区，竖向地震对结构的破坏也会有较大影响。烟囱等高耸结构和高层建筑的上部在竖向地震的作用下，因上下振动，而会出现受拉破坏，对于大跨度结构，竖向地震引起的结构上下振动惯性力，相当于增加了结构的上下荷载作用。因此我国《建筑抗震设计规范》GB 50011—2010（2016年版）规定：设防烈度为8度和9度区的大跨度屋盖结构、长悬臂结构、烟囱及类似高耸结构和设防烈度为9度区的高层建筑，应考虑竖向地震作用。

3.6.1 高耸结构及高层建筑

可采用类似于水平地震作用的底部剪力法，计算高耸结构及高层建筑的竖向地震作用。即先确定结构底部总竖向地震作用，再计算作用在结构各质点上的竖向地震作用（参见图3-24），公式为

$$F_{EVk}=\alpha_{V1}G_{eq} \tag{3-157}$$

$$F_{Vi}=\frac{G_iH_i}{\sum_{j=1}^{n}G_jH_j^2}F_{EVk} \tag{3-158}$$

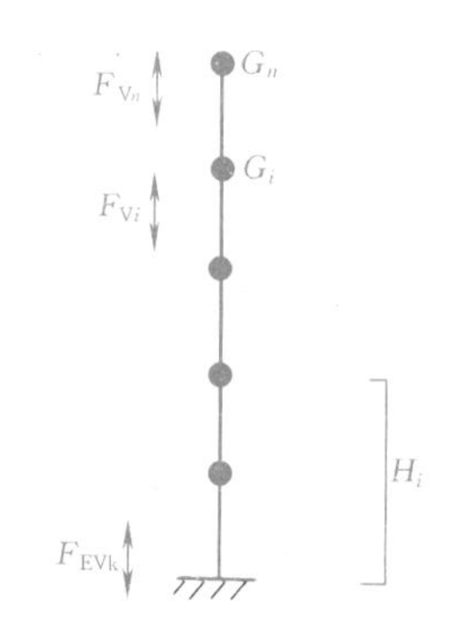

图3-24 高耸结构与高层建筑竖向地震作用

式中 F_{EVk}——结构总竖向地震作用标准值；

F_{Vi}——质点i的竖向地震作用标准值；

α_{V1}——按结构竖向基本周期计算的竖向地震影响系数；

G_{eq}——结构等效总重力荷载。

上式中结构等效总重力荷载同样按式（3-128）计算，其中等效系数χ可按式（3-132）确定。由于高耸结构或高层建筑质点数n较大，规范规定统一取$\chi=0.75$，即计算高耸结构或高层建筑竖向地震作用时，结构等效总重力荷载取为实际总重力荷载的75%。

分析表明，竖向地震反应谱与水平地震反应谱大致相同，因此竖向地震影响系数谱与图3-12所示水平地震影响系数谱形状类似。因高耸结构或高层建筑竖向基本周期很短，一般处在地震影响系数最大值的周期范围内，同时注意到竖向地震动加速度峰值为水平地震动加速度峰值的1/2～2/3，因而可近似取竖向地震影响系数最大值为水平地震影响系数最大值的65%，则有

$$\alpha_{V1}=0.65\alpha_{max} \tag{3-159}$$

其中，α_{max} 按表 3-3 确定。

计算竖向地震作用效应时，可按各构件承受的重力荷载代表值的比例分配，并乘以 1.5 的竖向地震动力效应增大系数。

3.6.2 大跨度结构

大量分析表明，对平板型网架、大跨度屋盖、长悬臂结构的大跨度结构的各主要构件，竖向地震作用内力与重力荷载的内力比值彼此相差一般不大，因而可以认为竖向地震作用的分布与重力荷载的分布相同，其大小可按下式计算：

$$F_V=\zeta_V G \tag{3-160}$$

式中 F_V——竖向地震作用标准值；

G——重力荷载标准值；

ζ_V——竖向地震作用系数，对于平板型网架和跨度大于 24m 屋架按表 3-5 采用；对于长悬臂和其他大跨度结构，8 度时取 $\zeta_V=0.1$，9 度时取 $\zeta_V=0.2$，设计基本加速度为 $0.30g$ 时，可取 $\zeta_V=0.15$。

竖向地震作用系数　　表 3-5

结构类别	烈度	场地类别		
		Ⅰ	Ⅱ	Ⅲ、Ⅳ
平板型网架、钢屋架	8	可不考虑(0.10)	0.08(0.12)	0.10(0.15)
	9	0.15	0.15	0.20
钢筋混凝土屋架	8	0.10(0.15)	0.13(0.19)	0.13(0.19)
	9	0.20	0.25	0.25

注：括号中数值用于设计基本地震加速度为 $0.30g$ 的地区。

3.7 结构平扭耦合地震反应与双向水平地震影响

本章 3.2～3.5 节所讨论的单向水平地震作用下结构沿地震方向反应及地震作用计算，只适用于结构平面布置规则、无显著刚度与质量偏心的情况。然而，为满足建筑上外观多样化和功能现代化的要求，结构平面往往满足不了均匀、规则、对称的要求，而存在较大的偏心。结构平面质量中心与刚度中心的不重合（即存在偏心），将导致水平地震下结构的扭转振动，对结构抗震不利。因此，我国建筑抗震设计规范规定：对于质量和刚度明显不均匀、不对称的结构，应考虑水平地震作用的扭转影响。

由于地震动是多维运动，当结构在平面两个主轴方向均存在偏心时，则沿两个方向的水平地震动都将引起结构扭转振动。此外，地震动绕地面竖轴扭转分量，也对结构扭转动力反应有影响，但由于目前缺乏地震动扭转分量的强震记录，因而由该原因引起的扭转效应还难于确定。下面主要讨论由水平地震引起的多高层建筑结构平扭耦合地震反应。

3.7.1 平扭耦合体系的运动方程

根据多高层建筑的特点，为简化计算，可采用以下假定：

（1）建筑各层楼板在其自身平面内为绝对刚性，楼板在其水平面内的移动为刚体位移。

（2）建筑整体结构由多榀平面内受力的抗侧力结构（框架或剪力墙）构成，如图 3-25 所示。各榀抗侧力结构在其自身平面内刚度很大，在平面外刚度较小，可以忽略。

（3）结构的抗扭刚度主要由各榀抗侧力结构的侧移恢复力提供，结构所有构件自身的抗扭作用可以忽略。

（4）将所有质量（包括梁、柱、墙等质量）都集中到各层楼板处。

在上述假定下，结构的运动可用每一楼层某一参考点沿两个正交方向的水平移动和绕通过该点竖轴的转动来描述。为便于结构运动方程的建立，可将各楼层的质心定为楼层运动参考点。这样，描述结构各楼层运动的楼层坐标系原点不一定在同一竖轴上（如图 3-26 所示），但各楼层坐标轴方向一致。

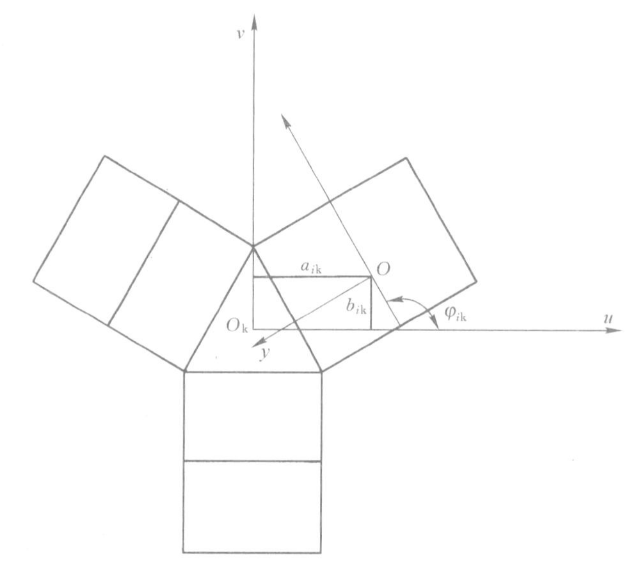

图 3-25　平面抗侧力结构与楼板坐标系

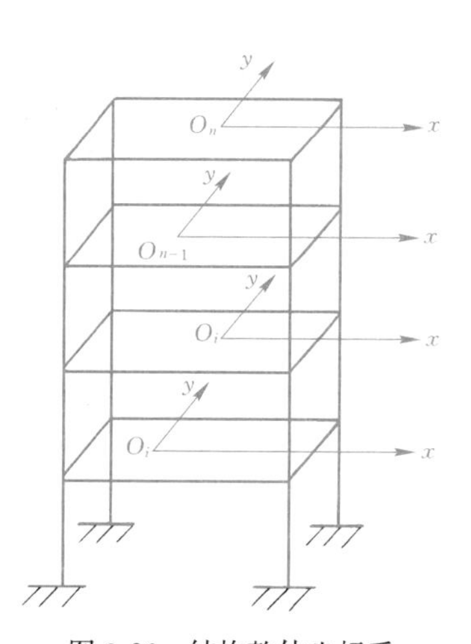

图 3-26　结构整体坐标系

利用达朗贝尔原理，按结构静力分析的矩阵位移方法，可建立多高层建筑在双向水平地

震作用下的运动方程为

$$[K]\{D\}=\{F_1\}+\{F_c\} \tag{3-161}$$

式中

$$\{D\}=\begin{Bmatrix}\{D_x\}\\\{D_y\}\\\{D_\varphi\}\end{Bmatrix} \tag{3-162}$$

$\{D_x\}$、$\{D_y\}$——结构各楼层质心沿 x 轴平移和沿 y 轴平移向量；

$\{D_\varphi\}$——结构各楼层扭转角向量；

$[K]$——结构总体刚度矩阵；

$$[K]=\sum[K]_i \tag{3-163}$$

$[K]_i$——第 i 榀抗侧力结构在整体坐标系下的刚度矩阵；

$$[K]_i=\begin{bmatrix}[K_{xx}]_i & [K_{xy}]_i & [K_{x\varphi}]_i\\ [K_{yx}]_i & [K_{yy}]_i & [K_{y\varphi}]_i\\ [K_{\varphi x}]_i & [K_{\varphi y}]_i & [K_{\varphi\varphi}]_i\end{bmatrix} \tag{3-164}$$

$$\left.\begin{aligned}&[K_{xx}]_i=\cos^2\theta_i[K_u]_i\\&[K_{xy}]_i=[K_{yx}]_i^T=\cos\theta_i\sin\theta_i[K_u]_i\\&[K_{yy}]_i=\sin^2\theta_i[K_u]_i\\&[K_{x\varphi}]_i=[K_{\varphi x}]_i^T=\cos\theta_i(-\cos\theta_i[b]_i+\sin\theta_i[a]_i)[K_u]_i\\&[K_{y\varphi}]_i=[K_{\varphi y}]_i^T=\sin\theta_i(-\cos\theta_i[b]_i+\sin\theta_i[a]_i)[K_u]_i\\&[K_{\varphi\varphi}]_i=(-\cos\theta_i[b]_i+\sin\theta_i[a]_i)^2[K_u]_i\end{aligned}\right\} \tag{3-165}$$

$$[a]_i=\begin{bmatrix}a_{i1} & & & & & \\ & a_{i2} & & & & \\ & & \cdot & & & \\ & & & \cdot & & \\ & & & & \cdot & \\ & & & & & a_{in}\end{bmatrix} \tag{3-166a}$$

$$[b]_i=\begin{bmatrix}b_{i1} & & & & & \\ & b_{i2} & & & & \\ & & \cdot & & & \\ & & & \cdot & & \\ & & & & \cdot & \\ & & & & & b_{in}\end{bmatrix} \tag{3-166b}$$

$[K_{u}]_{i}$——第 i 榀抗侧力结构在其自身平面内的楼层侧移刚度矩阵；

a_{ij}、b_{ij}——第 i 榀抗侧力结构上任一固定点在结构第 j 层整体坐标下的坐标值（参见图 3-25）；

θ_{i}——第 i 榀抗侧力与整体坐标 x 轴间夹角；

$$\{F_{\mathrm{I}}\}=\begin{Bmatrix}\{F_{\mathrm{IX}}\}\\ \{F_{\mathrm{IY}}\}\\ \{F_{\mathrm{I\varphi}}\}\end{Bmatrix} \tag{3-167}$$

$\{F_{\mathrm{IX}}\}$、$\{F_{\mathrm{IY}}\}$——作用在结构各楼层质心处沿 x 轴和沿 y 轴水平惯性力向量；

$\{F_{\mathrm{I\varphi}}\}$——作用在结构各楼层惯性扭矩向量；

$$\begin{aligned}\{F_{\mathrm{IX}}\}&=-([M]\{\ddot{D}_{x}\}+[M]\{1\}\ddot{x}_{g})\\ \{F_{\mathrm{IY}}\}&=-([M]\{\ddot{D}_{y}\}+[M]\{1\}\ddot{y}_{g})\\ \{F_{\mathrm{I\varphi}}\}&=-[J]\{\ddot{D}_{\varphi}\}\end{aligned} \tag{3-168}$$

$\ddot{x}_{g}$、$\ddot{y}_{g}$——沿 x 轴和 y 轴方向水平地面运动加速度；

$$[m]=\begin{bmatrix}m_{1}&&&&&\\&m_{2}&&&&\\&&\cdot&&&\\&&&\cdot&&\\&&&&\cdot&\\&&&&&m_{n}\end{bmatrix} \tag{3-169}$$

$$[J]=\begin{bmatrix}J_{1}&&&&&\\&J_{2}&&&&\\&&\cdot&&&\\&&&\cdot&&\\&&&&\cdot&\\&&&&&J_{n}\end{bmatrix} \tag{3-170}$$

m_{i}——结构第 i 楼层的质量；

J_{i}——结构第 i 楼层绕本层质心的转动惯量；

n——结构的楼层数；

$\{F_{c}\}$——阻尼力向量。

由式（3-167）、式（3-168），$\{F_{\mathrm{I}}\}$ 可表示为

$$\{F_{\mathrm{I}}\}=-([M]\{\ddot{D}\}+[M]\{\ddot{D}_{g}\}) \tag{3-171}$$

式中　$[M]$——结构总质量矩阵；

$$[M]=\begin{bmatrix}[m] & & \\ & [m] & \\ & & [J]\end{bmatrix} \tag{3-172}$$

$$\{\ddot{D}_g\}=\begin{Bmatrix}\{1\}\ddot{x}_g \\ \{1\}\ddot{y}_g \\ \{0\}\end{Bmatrix} \tag{3-173}$$

$\{1\}$、$\{0\}$ ——分别为由 n 个 1 元素和 n 个 0 元素组成的向量。

由黏滞阻尼理论，结构阻尼力向量可表达为

$$\{F_c\}=-[C]\{\dot{D}\} \tag{3-174}$$

式中　$[C]$ ——结构总体阻尼矩阵，可采用瑞雷阻尼模型通过结构总体刚度矩阵和总体质量矩阵线性组合获得。

将式（3-171)、式（3-174）代入式（3-161)，得结构平扭耦合运动微分方程为

$$[M]\{\ddot{D}\}+[C]\{\dot{D}\}+[K]\{D\}=-[M]\{\ddot{D}_g\} \tag{3-175}$$

3.7.2 平扭耦合体系的地震作用

由体系的自由振动方程

$$[M]\{\ddot{D}\}+[K]\{D\}=-\{0\} \tag{3-176}$$

可求得体系的各阶周期为 T_j，振型为

$$\{\phi_j\}=\begin{Bmatrix}\{x_j\} \\ \{y_j\} \\ \{\varphi_j\}\end{Bmatrix}\quad j=1,2,\cdots,3,n \tag{3-177}$$

其中

$$\begin{aligned}\{x_j\}&=[x_{j1},x_{j2},\cdots,x_{jn}]^{\mathrm{T}}\\ \{y_j\}&=[y_{j1},y_{j2},\cdots,y_{jn}]^{\mathrm{T}}\\ \{\varphi_j\}&=[\varphi_{j1},\varphi_{j2},\cdots,\varphi_{jn}]^{\mathrm{T}}\end{aligned} \tag{3-178}$$

式中　x_{ji}、y_{ji}——振型 j 楼层 i 质心沿 x 轴和 y 轴方向的水平位移；

φ_{ji}——振型 j 楼层 i 的扭转角。

令

$$\{D\}=\sum q_j\ \{\phi_j\} \tag{3-179}$$

将式（3-179）代入运动方程式（3-175)，利用振型的正交性，按与式（3-97）相同的推导方法，可得正则坐标 q_j 的控制方程为

$$\ddot{q}_j+2\omega_j\zeta_j\dot{g}_j+\omega_j^2=-\gamma_{xj}\ddot{x}_g-\gamma_{yj}\ddot{y}_g \tag{3-180}$$

式中　γ_{xj}、γ_{yj}——分别为 x 方向地震动和 y 方向地震动振型参与系数：

$$\gamma_{xj}=\frac{\sum_{i=1}^{n}x_{ji}G_i}{\sum_{i=1}^{n}(x_{ji}^2+y_{ji}^2+r_i^2\varphi_{ji}^2)G_i} \tag{3-181a}$$

$$\gamma_{yj}=\frac{\sum_{i=1}^{n}y_{ji}G_i}{\sum_{i=1}^{n}(x_{ji}^2+y_{ji}^2+r_i^2\varphi_{ji}^2)G_i} \tag{3-181b}$$

$$G_i=m_ig$$

$$r_i=\sqrt{\frac{J_i}{m_i}}$$

由于地震反应谱是关于一个地震记录定义的，因此，如果采用振型分解反应谱法求平扭耦合体系最大反应，则只能考虑单向水平地震动的影响，此时体系水平地震作用的计算公式为

$$\begin{aligned}F_{xji}&=G_i\alpha_j\gamma_{tj}x_{ji}\\F_{yji}&=G_i\alpha_j\gamma_{tj}y_{ji}\\F_{\varphi ji}&=G_i\alpha_j\gamma_{tj}r_i^2\varphi_{ji}\end{aligned} \tag{3-182}$$

式中　F_{xji}、F_{yji}——分别为振型 j 楼层 i 质心处 x 方向和 y 方向水平地震作用标准值；

$F_{\varphi ji}$——振型 j 楼层 i 扭转地震作用标准值；

γ_{tj}——振型参与系数，当仅考虑 x 方向地震动时，$\gamma_{tj}=\gamma_{xj}$；当仅考虑 y 方向地震动时，$\gamma_{tj}=\gamma_{yj}$；当考虑与 x 方向斜交 θ 角的地震时，$\gamma_{tj}=\gamma_{xj}\cos\theta+\gamma_{yj}\sin\theta$；

α_j——与体系自振周期 T_j 相应的地震影响系数。

3.7.3 振型组合

由每一振型地震作用按静力分析方法求得某一特定最大振型地震反应后，同样需进行振型组合求该特定最大总地震反应。与结构单向平移水平地震反应计算相比，考虑平扭耦合效应进行振型组合时，需注意由于平扭耦合体系有 x 向、y 向和扭转三个主振方向，取 $3r$ 个振型组合可能只相当于不考虑平扭耦合影响时只取 r 个振型组合的情况，故平扭耦合体系的组合数比非平扭耦合体系的振型组合数多，一般应为 3 倍以上。此外，由于平扭耦合影响，一些振型的频率间隔可能很小，振型组合时，需考虑不同振型地震反应间的相关性。为此，可采用完全二次振型组合法（CQC 法），即按下式计算地震作用效应 S：

$$S=\sqrt{\sum_{j=1}^{r}\sum_{k=1}^{r}\rho_{jk}S_jS_k} \tag{3-183}$$

其中

$$\rho_{jk}=\frac{8(1+\lambda_T)\lambda_T^{1.5}\zeta^2}{(1-\lambda_T^2)^2+2(1+\lambda_T)^2(1+\lambda_T^2)\zeta^2} \tag{3-184}$$

式中 S_j、S_k——分别为振型 j 和振型 k 地震作用效应；

ρ_{jk}——振型 j 和振型 k 相关系数，式（3-184）是按各阶振型阻尼比均相等时得出的；

λ_T——振型 k 与振型 j 的自振周期比；

ζ——结构阻尼比；

r——振型组合数，可取 $r=9\sim15$。

表 3-6 列出了 ρ_{jk} 与 λ_T 的关系（取 $\zeta=0.05$），从中可以看出，ρ_{jk} 随两个振型周期比 λ_T 的减小迅速衰减，当 $\lambda_T<0.7$ 时，两个振型的相关性已经很小，可以不再计。

ρ_{jk} 与 λ_T 的数值关系（$\zeta=0.05$） 表 3-6

λ_T	0.4	0.5	0.6	0.7	0.8	0.9	0.95	1.0
ρ_{jk}	0.010	0.018	0.035	0.071	0.165	0.472	0.791	1.000

3.7.4 双向水平地震影响

按式（3-182）可分别计算 x 向水平地震动和 y 向水平地震动产生的各阶水平地震作用，按式（3-183）进行振型组合，可分别得出由 x 向水平地震动产生的某一特定地震作用效应（如楼层位移、构件内力等）和由 y 向水平地震动产生的同一地震效应，分别计为 S_x、S_y。同样，由于 S_x、S_y 不一定在同一时刻发生，可采用平方和开方的方式估计由双向水平地震产生的地震作用效应。根据强震观测记录的统计分析，两个方向水平地震加速度的最大值不相等，二者之比约为 1∶0.85，则可按下面两式的较大值确定双向水平地震作用效应：

$$S=\sqrt{S_x^2+(0.85S_y)^2} \tag{3-185a}$$

$$S=\sqrt{(0.85S_x)^2+S_y^2} \tag{3-185b}$$

假设 $S_x\geqslant S_y$，表 3-7 列出了 S/S_x 与 S_y/S_x 的关系，从中可知，当两个方向水平地震单独作用时的效应相等时，双向水平地震的影响最大，此时双向水平地震作用效应是单向水平地震作用效应的 1.31 倍。而随着两个方向水平地震单独作用时的效应之比减小，双向水平地震的影响也减小。

S/S_x 与 S_y/S_x 的数值关系 表 3-7

S_y/S_x	1.0	0.9	0.8	0.7	0.6	0.5	0.4	0.3	0.2	0.1	0
S/S_x	1.31	1.26	1.21	1.16	1.12	1.09	1.06	1.03	1.01	1.00	1.00

考虑到一般建筑结构角部构件受双向水平地震作用的影响较大，为便于工程设计，抗震计算时可只考虑单向水平地震作用，但将角部构件的水平地震作用效应提高 30%，然后与其他荷载组合。

3.8　结构非弹性地震反应分析

在罕遇地震（大震）下，允许结构开裂，产生塑性变形，但不允许结构倒塌。为保证结构“大震不倒”，则需进行结构非弹性地震反应分析。

结构超过弹性变形极限，进入非弹性变形状态后，结构的刚度发生变化，这时结构弹性状态下的动力特征（自振频率和振型）不再存在。因而基于结构弹性动力特征的振型分解反应谱法或底部剪力法不适用于结构非弹性地震反应分析。本节将讨论如何进行结构非弹性地震反应计算。在此之前，需了解结构的非弹性性质。

3.8.1　结构的非弹性性质

1. 滞回曲线

将结构或构件在反复荷载作用下的力与非弹性变形间的关系曲线定义为滞回曲线。滞回曲线可反映在地震反复作用下的结构非弹性性质，可通过反复加载试验得到。图 3-27 为几种典型的钢筋混凝土构件的滞回曲线，图 3-28 为几种典型钢构件的滞回曲线。

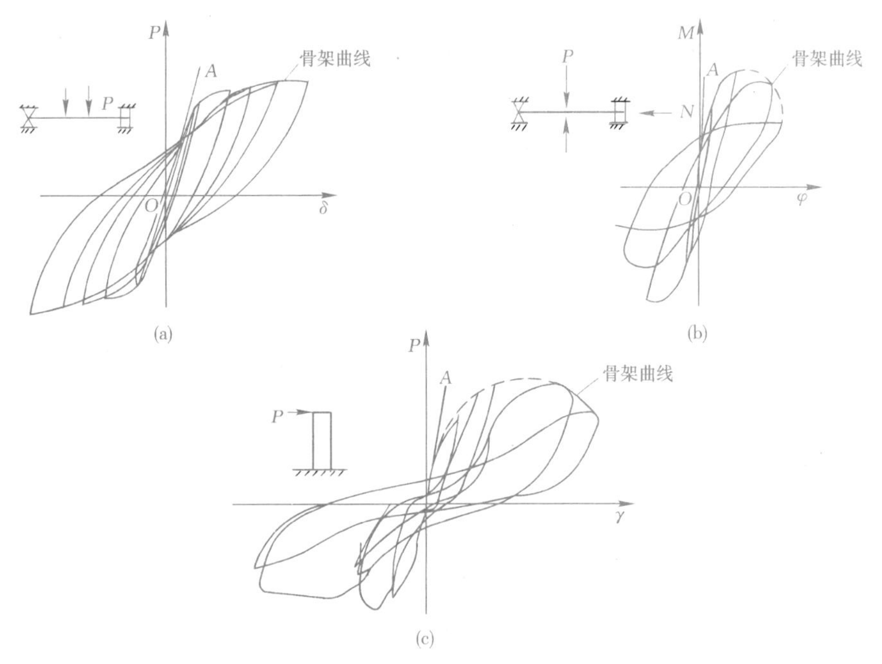

图 3-27　几种钢筋混凝土构件滞回曲线

（a）受弯构件；（b）压弯构件；（c）剪力墙

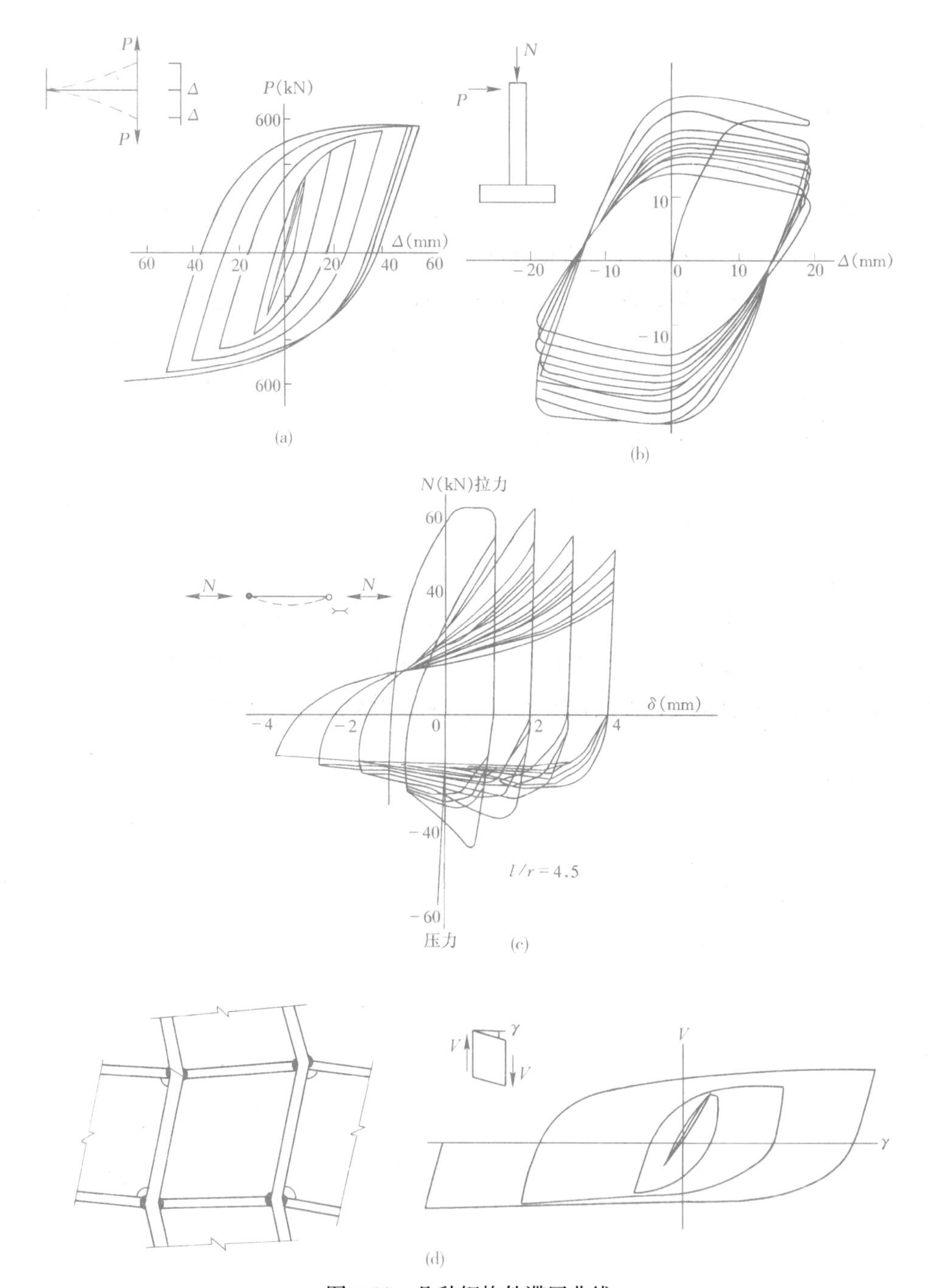

图 3-28　几种钢构件滞回曲线

(a) 梁；(b) 柱；(c) 支撑；(d) 节点域

2. 滞回模型

描述结构或构件滞回关系的数学模型称为滞回模型。图 3-29 是几种常用的滞回模型。其中，图3-29（a）是双线性模型，一般适用于钢结构梁、柱、节点域构件；图3-29（b）是退化三线性模型，一般适用于钢筋混凝土梁、柱、墙等构件；图3-29（c）是剪切滑移模型，一般适用于砌体墙和长细比比较大的交叉钢支撑构件。滞回模型的参数，如屈曲强度 P_y、开裂强度 P_c、滑移强度 P_s、弹性刚度 k_0、弹塑性刚度 k_p、开裂刚度 k_c 等可通过试验或理论分析得到。

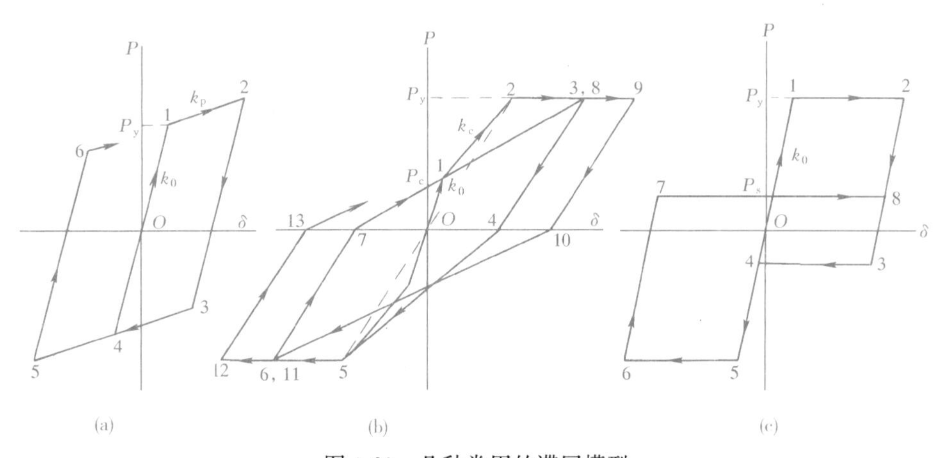

图3-29　几种常用的滞回模型

（a）双线性模型；（b）退化三线性模型；（c）剪切滑移模型

3.8.2　结构非弹性地震反应分析的逐步积分法

1. 运动方程

式（3-60）中，$[K]\{x\}$ 实际上是结构变形状态为 $\{x\}$ 时的弹性恢复力向量 $\{F_e\}$。但是，当结构进入非弹性变形状态后，结构的恢复力不再与 $[K]\{x\}$ 对应，而与结构运动的时间历程 $\{x(t)\}$ 及结构的非弹性性质有关。因此，结构的弹塑性运动方程应表达为

$$[M]\{\ddot{x}(t)\}+[C]\{\dot{x}(t)\}+\{F(t)\}=-[M]\{1\}\ddot{x}_g(t) \tag{3-186}$$

方程式（3-186）适用于结构任意时刻，对结构 $t+\Delta t$ 时刻同样适用，则

$$[M]\{\ddot{x}(t+\Delta t)\}+[C]\{\dot{x}(t+\Delta t)\}+\{F(t+\Delta t)\}=-[M]\{1\}\ddot{x}_g(t+\Delta t) \tag{3-187}$$

令

$$\{\Delta\ddot{x}\}=\{\ddot{x}(t+\Delta t)\}-\{\ddot{x}(t)\} \tag{3-188a}$$

$$\{\Delta\dot{x}\}=\{\dot{x}(t+\Delta t)\}-\{\dot{x}(t)\} \tag{3-188b}$$

$$\{\Delta x\}=\{x(t+\Delta t)\}-\{x(t)\} \tag{3-188c}$$

$$\ddot{x}_g=\ddot{x}_g(t+\Delta t)-\ddot{x}_g(t) \tag{3-189}$$

$$\{\Delta F\}=\{F(t+\Delta t)\}-\{F(t)\} \tag{3-190}$$

则将式（3-187）与式（3-186）相减得

$$[M]\{\Delta\ddot{x}\}+[C]\{\Delta\dot{x}\}+\{\Delta F\}=-[M]\{1\}\Delta\ddot{x}_{g} \tag{3-191}$$

式（3-191）为结构运动的增量方程。如在增量时间内，结构的增量变形 $\{\Delta x\}$ 不大，则近似有（参见图 3-30）

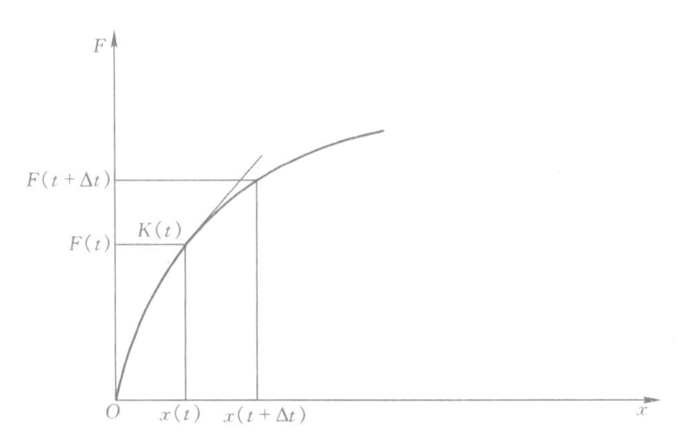

图 3-30　增量力与增量变形的关系

$$\{\Delta F\}=[K(t)]\{\Delta x\} \tag{3-192}$$

式中　$[K(t)]$——结构在 t 时刻的刚度矩阵，由 t 时刻结构各构件的刚度确定。

将式（3-192）代入式（3-191）得

$$[M]\{\Delta\ddot{x}\}+[c]\{\Delta\dot{x}\}+[K(t)]\{\Delta x\}=-[M]\{1\}\Delta\ddot{x}_{g} \tag{3-193}$$

2. 方程的求解

方程式（3-193）与方程式（3-60）很相似，但由于 $[K(t)]$ 随时间发生变化（即为时间的函数），使方程式（3-193）成为非常系数微分方程组，一般情况下无解析解，但可通过逐步积分，获得方程的数值解。为此，采用泰勒（Taylor）级数展开式，由结构 t 时刻的位移、速度、加速度等向量 $\{x(t)\}$、$\{\dot{x}(t)\}$、$\{\ddot{x}(t)\}$，…，分别表示 $t+\Delta t$ 时刻的位移和速度向量，即

$$\{x(t+\Delta t)\}=\{x(t)\}+\{\dot{x}(t)\}\Delta t+\{\ddot{x}(t)\}\frac{\Delta t^{2}}{2}+\{\dddot{x}(t)\}\frac{\Delta t^{3}}{6}+\cdots \tag{3-194a}$$

$$\{\dot{x}(t+\Delta t)\}=\{\dot{x}(t)\}+\{\ddot{x}(t)\}\Delta t+\{\dddot{x}(t)\}\frac{\Delta t^{2}}{2}+\cdots \tag{3-194b}$$

假定在 Δt 的时间间隔内，结构运动加速度的变化是线性的，则

$$\{\dddot{x}(t)\}=\frac{1}{\Delta t}\Big(\{\ddot{x}(t+\Delta t)\}-\{\dot{x}(t)\}\Big)=\frac{1}{\Delta t}\{\ddot{x}\}=\text{常量} \tag{3-195}$$

$$\frac{\mathrm{d}^{r}\{x(t)\}}{\mathrm{d}t^{r}}=\{0\}\quad r=4,5,\cdots \tag{3-196}$$

将式（3-195）、式（3-196）代入式（3-194）得

$$\{\Delta x\}=\{\dot{x}(t)\}\Delta t+\{\ddot{x}(t)\}\frac{\Delta t^2}{2}+\{\Delta\ddot{x}\}\frac{\Delta t^2}{6} \tag{3-197a}$$

$$\{\Delta\dot{x}\}=\{\ddot{x}(t)\}\Delta t+\{\Delta\ddot{x}\}\frac{\Delta t}{2} \tag{3-197b}$$

由上两式可解得

$$\{\ddot{x}\}=\frac{6}{\Delta t^2}\{\Delta x\}-\frac{6}{\Delta t}\{\dot{x}(t)\}-3\{\ddot{x}(t)\} \tag{3-198a}$$

$$\{\Delta\dot{x}\}=\frac{3}{\Delta t}\{\Delta x\}-3\{\dot{x}(t)\}-\frac{\Delta t}{2}\{\ddot{x}(t)\} \tag{3-198b}$$

将式（3-198）代入式（3-193）得

$$[K^*(t)]\{\Delta x\}=\{F^*(t)\} \tag{3-199}$$

其中

$$[K^*(t)]=[K(t)]+\frac{6}{\Delta t^2}[M]+\frac{3}{\Delta t}[C] \tag{3-200}$$

$$\{F^*(t)\}=-[M]\{1\}\Delta\ddot{x}_g+[M]\left(\frac{6}{\Delta t}\{\dot{x}(t)\}+3\{\ddot{x}(t)\}\right)+[C]\left(3\{\dot{x}(t)\}+\frac{\Delta t}{2}\{\ddot{x}(t)\}\right) \tag{3-201}$$

由以上公式按图3-31所示流程，可逐步求得结构的非弹性地震反应。

应该指出，以上计算公式是采用 Δt 时间间隔内加速度线性变化假定得到的，因此，称为线性加速度法。实用上还可采用其他加速度假定，而导得另外一套计算公式和方法，如平均加速度法、Newmark—β 法、Wilson—θ 法等。

3. $[K(t)]$ 的确定

采用逐步积分法计算结构非弹性地震反应的关键是，确定任意 t 时刻的总体楼层侧移刚度矩阵 $[K(t)]$，为此，可根据 t 时刻的结构受力和变形状态，采用结构构件滞回模型，先确定 t 时刻各构件的刚度，再按照一定的结构分析模型确定 $[K(t)]$。

可采用两种分析模型确定 $[K(t)]$，一种是层模型，如图3-32（a）所示；另一种是杆模型，如图3-32（b）所示。层模型适用于砌体结构和强梁弱柱型结构，杆模型则适用于任意框架结构。一般层模型自由度少，而杆模型自由度多，但计算精度高。图3-33为确定结构任意总刚度矩阵 $[K(t)]$ 的流程图。

应该指出，上述结构非弹性地震反应分析的逐步积分法，也适用于结构弹性地震反应时程分析，此时结构的刚度矩阵 $[K(t)]$ 保持为弹性不变。

3.8.3 结构非弹性地震反应分析的简化方法

采用逐步积分法进行结构非弹性地震反应分析，计算量大，需专门计算程序，且对计算

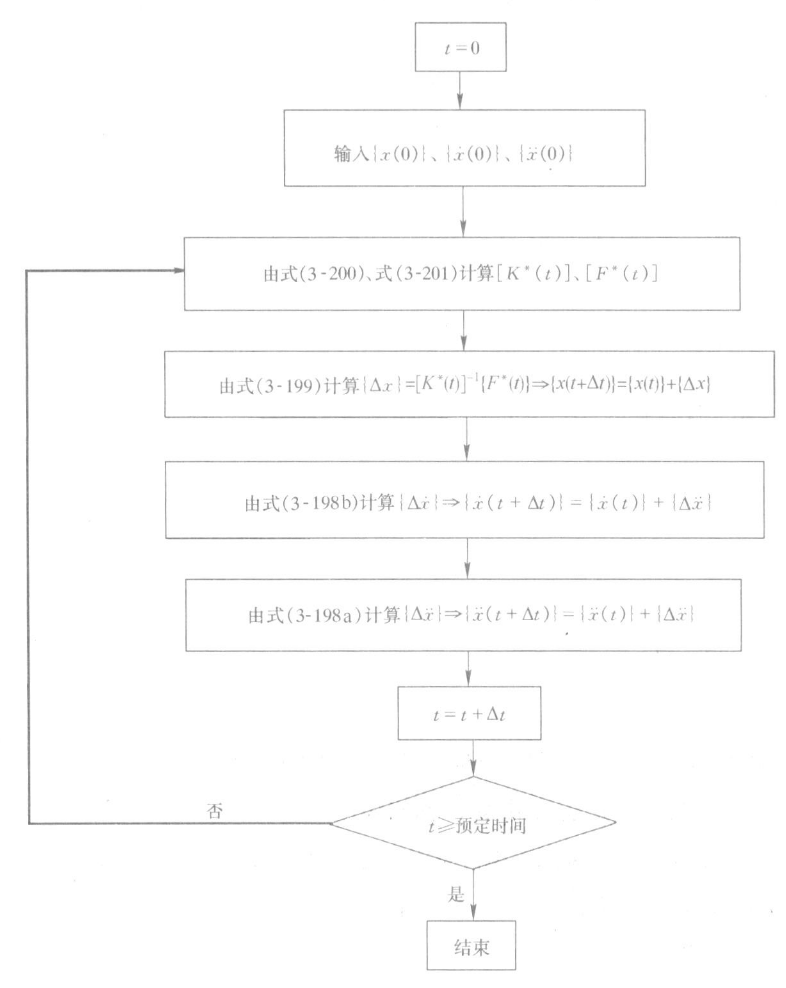

图 3-31　计算结构非弹性地震反应流程图

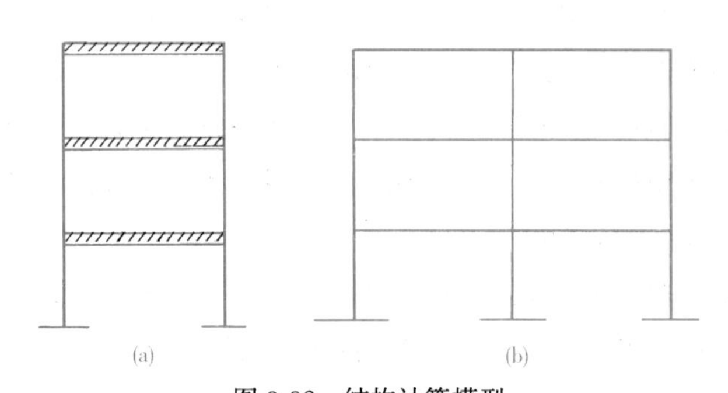

图 3-32　结构计算模型

(a) 层模型；(b) 杆模型

图3-33 结构总刚［$K(t)$］计算流程图

人员的水平要求较高。为便于工程应用，我国在编制《建筑抗震设计规范》GB 50011时，通过数千个算例的计算统计，提出了结构非弹性最大地震反应的简化计算方法，适用于不超过12层且层刚度无突变的钢筋混凝土框架结构和填充墙钢筋混凝土框架结构、不超过20层且层刚度无突变的钢框架结构和支撑钢框架结构及单层钢筋混凝土柱厂房。下面介绍计算步骤。

1. 确定楼层屈服强度系数ζ_y

楼层屈服强度系数ζ_y定义为

$$\zeta_y(i)=\frac{V_y(i)}{V_e(i)} \tag{3-202}$$

式中 $V_y(i)$ ——按框架或排架梁、柱实际截面实际配筋和材料强度标准值计算的楼层 i 抗剪承载力；

$V_e(i)$ ——罕遇地震下楼层 i 弹性地震剪力。计算地震作用时，无论是钢筋混凝土结构还是钢结构，阻尼比均取 $\zeta=0.05$。

任一楼层的抗剪承载力可由下式计算（参见图 3-34）

$$V_y=\sum_j V_{cyj}=\sum_j \frac{M_{cj}^{上}+M_{cj}^{下}}{h_j} \tag{3-203}$$

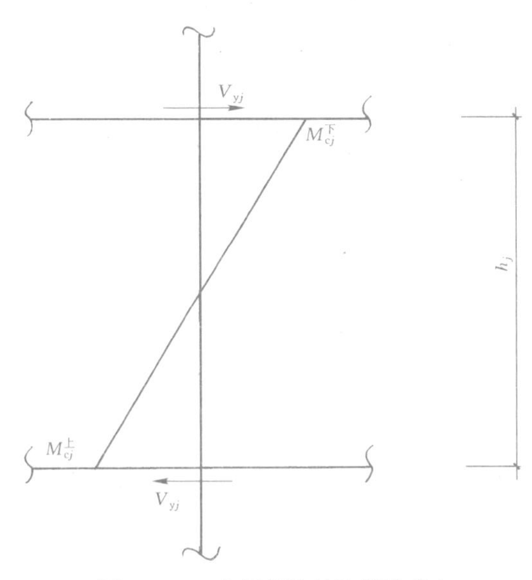

图 3-34　一个框架柱的抗剪承载力

式中 $M_{cj}^{上}$、$M_{cj}^{下}$——分别为楼层屈服时柱 j 上、下端弯矩；

h_j——楼层柱 j 净高。

楼层屈服时，$M_{cj}^{上}$、$M_{cj}^{下}$ 可按下列情形分别计算：

(1) 强梁弱柱点（图 3-35a）

此时，柱端屈服，则柱端弯矩为

钢筋混凝土结构 $$M_c=M_{cy}=f_{yk}A_s^a(h_0-a_s')+0.5N_Gh_c\left(1-\frac{N_G}{f_{cmk}b_ch_c}\right) \tag{3-204a}$$

钢结构 $$M_c=M_{cy}=W_p\left(f_{yk}-\frac{N}{A_c}\right) \tag{3-204b}$$

式中 b_c、h_c——构件截面的宽和高；

h_0——构件截面的有效高度；

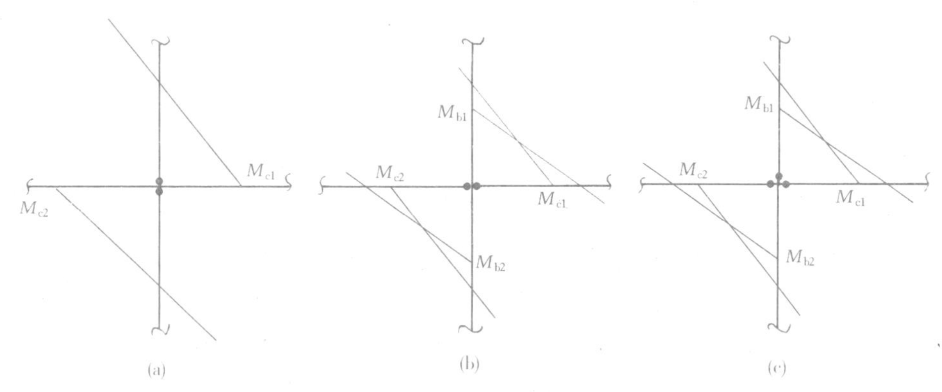

图 3-35　楼层屈服时梁柱节点的弯矩

(a) 强梁弱柱型节点；(b) 强柱弱梁型节点；(c) 混合型节点

a'_s——受压钢筋合力点至截面近边的距离；

f_{yk}——受拉钢筋或钢材强度标准值；

f_{cmk}——混凝土弯曲拉压强度标准值；

A_s^a——实际受拉钢筋面积；

N_G——重力荷载代表值所产生的柱轴压力（分项系数取为1）；

W_p——构件截面塑性抵抗矩；

N——柱轴向压力设计值；

A_c——柱截面面积。

(2) 强柱弱梁点（图 3-35b）

此时梁端屈服，而柱端不屈服。因梁端所受轴力可以忽略，则梁端屈服弯矩为

钢筋混凝土结构
$$M_{by}=f_{yk}A_s^a(h_0-a'_s) \tag{3-205a}$$

钢结构
$$M_{by}=f_{yk}W_p \tag{3-205b}$$

考虑节点平衡，可将柱两侧梁端弯矩之和按节点处上、下柱的线刚度之比分配给上、下柱，即

$$M_{c1}=\frac{i_{c1}}{i_{c1}+i_{c2}}\sum M_{by} \tag{3-206a}$$

$$M_{c2}=\frac{i_{c2}}{i_{c1}+i_{c2}}\sum M_{by} \tag{3-206b}$$

式中　$\sum M_{by}$——节点两侧梁端屈服弯矩之和；

i_{c1}、i_{c2}——相交于同一节点上、下柱的线刚度（弯曲刚度与柱净高之比）。

(3) 混合型节点（图 3-35c）

此时，相交于同一节点的梁端屈服，而相交于同一节点的其中一个柱端屈服，而另一柱端未屈服。则由节点弯矩平衡，容易得出节点上下柱的柱端弯矩为

$$M_{c1}=M_{cy} \tag{3-207a}$$

$$M_{c2}=\sum M_{by}-M_{c1} \tag{3-207b}$$

2. 结构薄弱层位置判别

分析表明，对于 ζ_y 沿高度分布不均匀的框架结构，在地震作用下一般发生塑性变形集中现象，即塑性变形集中发生在某一或某几个楼层（图 3-36），发生的部位为 ζ_y 最小或相对较小的楼层，称之为结构薄弱层。在薄弱层发生塑性变形集中的原因是，ζ_y 较小的楼层在地震作用下会率先屈服，这些楼层屈后将引起卸载作用，限制地震作用进一步增加，从而保护其他楼层不屈服。由于 ζ_y 沿高度分布不均匀，结构塑性变形集中在少数楼层，其他楼层的耗能作用不能充分发挥，因而对结构抗震不利。

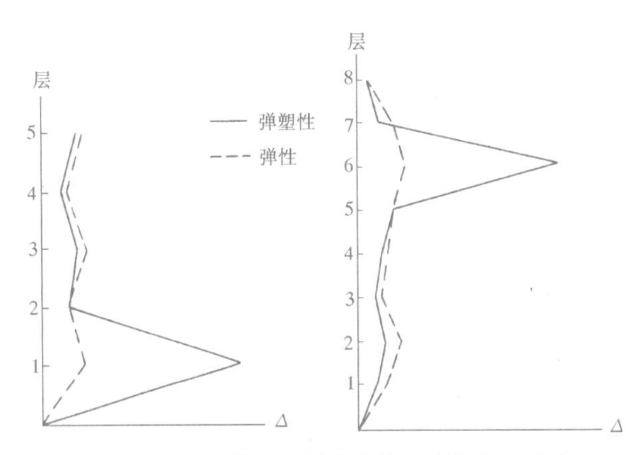

图 3-36　地震作用下结构塑性变形的集中现象

对于 ζ_y 沿高度分布均匀的框架结构，分析表明，此时一般结构底层的层间变形最大，因而可将底层当作结构薄弱层。

对于单层钢筋混凝土柱厂房，薄弱层一般出现在上柱。多层框架结构楼层屈服强度系数 ζ_y 沿高度分布均匀与否，可通过参数 a 判别。

$$a(i)=\frac{2\zeta_y(i)}{[\zeta_y(i-1)+\zeta_y(i+1)]} \tag{3-208}$$

其中

$$\zeta_y(0)=\zeta_y(2)$$

$$\zeta_y(n+1)=\zeta_y(n-1)$$

则

如果各层（$i=1,2,3,\cdots,n$）$a(i)\geqslant 0.8$　判别 ζ_y 沿高度分布均匀；

如果任意某层 $a(i)<0.8$　判别 ζ_y 沿高度分布不均匀。

3. 结构薄弱层层间弹塑性位移的计算

分析表明，地震作用下结构薄弱层的层间弹塑性位移与相应弹性位移之间有相对稳定的关系，因此薄弱层层间弹塑性位移可由相应层间弹性位移乘以修正系数得到，即

$$\Delta u_{p}=\eta_{p}\Delta u_{e} \tag{3-209}$$

其中

$$\Delta u_{e}(i)=\frac{V_{e}(i)}{k_{i}} \tag{3-210}$$

式中　Δu_{p}——层间弹塑性位移；

Δu_{e}——层间弹性位移；

$V_{e}(i)$——楼层 i 的弹性地震剪力；

k_{i}——楼层 i 的弹性层间刚度；

η_{p}——弹塑性位移增大系数，η_{p} 的取值如下：

① 当 $a(i)\geqslant 0.8$ 时，对于钢筋混凝土结构，η_{p} 按表3-8确定；对于钢结构，η_{p} 按表3-9确定；

② 当 $a(i)\leqslant 0.5$ 时，η_{p} 分别按表3-8和表3-9中的值的1.5倍确定；

③ 当 $0.5<a(i)<0.8$ 时，η_{p} 由内插法确定，即

$$\eta_{p}=\left[1+\frac{5\left(0.8-a(i)\right)}{3}\right]\eta_{p}(0.8) \tag{3-211}$$

式中 $\eta_{p}(0.8)$ 表示 $a(i)\geqslant 0.8$ 时 η_{p} 的取值。

钢筋混凝土结构弹塑性位移增大系数 η_{p}　　表3-8

结构类别	总层数 n 或部位	ζ_{y}			
		0.5	0.4	0.3	0.2
多层均匀结构	2～4	1.30	1.40	1.60	2.10
	5～7	1.50	1.65	1.80	2.40
	8～12	1.80	2.00	2.20	2.80
单层厂房	上柱	1.30	1.60	2.00	2.60

钢框架及框架-支撑结构弹塑性位移增大系数　　表3-9

R_{s}	层数	屈服强度系数 ζ_{y}			
		0.6	0.5	0.4	0.3
0(无支撑)	5	1.05	1.05	1.10	1.20
	10	1.10	1.15	1.20	1.20
	15	1.15	1.15	1.20	1.30
	20	1.15	1.15	1.20	1.30
1	5	1.50	1.65	1.70	2.10
	10	1.30	1.40	1.50	1.80
	15	1.25	1.35	1.40	1.80
	20	1.10	1.15	1.20	1.80

续表

R_s	层数	屈服强度系数 ζ_y			
		0.6	0.5	0.4	0.3
2	5	1.60	1.80	1.95	2.65
	10	1.30	1.40	1.55	1.80
	15	1.25	1.30	1.40	1.80
	20	1.10	1.15	1.25	1.80
3	5	1.70	1.85	2.15	3.20
	10	1.30	1.40	1.70	2.10
	15	1.25	1.30	1.40	1.80
	20	1.10	1.15	1.25	1.80
4	5	1.70	1.85	2.35	3.45
	10	1.30	1.40	1.70	2.50
	15	1.25	1.30	1.40	1.80
	20	1.10	1.15	1.25	1.80

注：R_s 为框架-支撑结构支撑部分抗侧移承载力与该层框架部分抗侧移承载力的比值。

应用表 3-9 计算 R_s 时，受拉支撑取截面屈服时的抗侧移承载力，受压支撑取压屈时（可按轴心受压杆计算）的抗侧移承载力。

【例题 3-10】 一个 4 层钢筋混凝土框架，如图 3-37 所示。图中 G_1～G_4 为各楼层重力荷载代表值。该框架梁截面尺寸为 250mm×600mm，柱截面尺寸为 450mm×450mm，为强梁弱柱型框架。柱混凝土强度等级为 C30，$f_{ck}=22\text{N/mm}^2$，钢筋为 HRB335 级，$f_{yk}=335\text{N/mm}^2$。第一层柱配筋 $A_s^a=628\text{N/mm}^2$。第二层柱配筋 $A_s^a=402\text{N/mm}^2$。混凝土保护层厚 $a'_s=35\text{mm}$。已知结构基本周期 $T_1=0.4\text{s}$，位于Ⅰ类场地一区，设计基本地震加速度为 $0.2g$。要求采用简化方法计算罕遇地震下该框架的最大层间弹塑性位移。

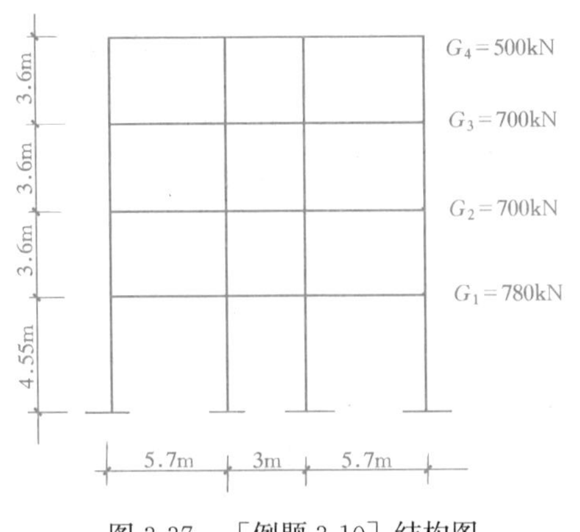

图 3-37 ［例题 3-10］结构图

【解】(1) 确定楼层屈服强度系数

按底部剪力法容易确定罕遇地震下作用于各楼层处的水平地震作用为

$$F_1=224\text{kN},\ F_2=361\text{kN},\ F_3=520\text{kN},\ F_4=484\text{kN}$$

则各楼层弹性地震剪力为

$$V_e(4)=F_4=484\text{kN}$$

$$V_e(3)=V_e(4)+F_3=1004\text{kN}$$

$$V_e(2)=V_e(3)+F_2=1365\text{kN}$$

$$V_e(1)=V_e(2)+F_1=1589\text{kN}$$

为简化计算，近似假设框架每一楼层四根柱承受的重力荷载相同，则各楼层柱的轴压力分别为

$$N_{G4}=G_4/4=500/4=125\text{kN}$$

$$N_{G3}=N_{G4}+G_3/4=125+700/4=300\text{kN}$$

$$N_{G2}=N_{G3}+G_2/4=300+700/4=475\text{kN}$$

$$N_{G1}=N_{G2}+G_1/4=475+780/4=670\text{kN}$$

因是强梁弱柱型框架，楼层屈服时所有柱端屈服，则各楼层柱端弯矩均按式(3-204)计算

$$M_{c4}=335\times402\times(415-35)+0.5\times125\times10^3\times450\times\left(1-\frac{125\times10^3}{22\times450\times450}\right)$$

$$=7.853\times10^7\text{N}\cdot\text{mm}$$

$$M_{c3}=335\times402\times(415-35)+0.5\times300\times10^3\times450\times\left(1-\frac{300\times10^3}{22\times450\times450}\right)$$

$$=11.412\times10^7\text{N}\cdot\text{mm}$$

$$M_2=335\times402\times(415-35)+0.5\times475\times10^3\times450\times\left(1-\frac{475\times10^3}{22\times450\times450}\right)$$

$$=14.665\times10^7\text{N}\cdot\text{mm}$$

$$M_1=335\times628\times(415-35)+0.5\times670\times10^3\times450\times\left(1-\frac{670\times10^3}{22\times450\times450}\right)$$

$$=20.802\times10^7\text{N}\cdot\text{mm}$$

由式(3-203)，各楼层的抗剪承载力为

$$V_y(4)=\frac{2\times7.853\times10^7}{3600-600}\times4=209\times10^3\text{N}$$

$$V_y(3)=\frac{2\times11.412\times10^7}{3600-600}\times4=304\times10^3\text{N}$$

$$V_y(2) = \frac{2\times14.665\times10^7}{3600-600}\times4 = 391\times10^3\text{N}$$

$$V_y(1) = \frac{2\times20.802\times10^7}{4550-300}\times4 = 392\times10^3\text{N}$$

则各楼层屈服强度系数为

$$\zeta_y(4) = \frac{209}{484} = 0.43$$

$$\zeta_y(3) = \frac{304}{1004} = 0.30$$

$$\zeta_y(2) = \frac{391}{1365} = 0.29$$

$$\zeta_y(1) = \frac{392}{1581} = 0.25$$

(2) 结构薄弱层的判别

按式 (3-208) 计算各楼层 a 值

$$a(4) = \frac{\zeta_y(4)}{\zeta_y(3)} = \frac{0.43}{0.30} = 1.43$$

$$a(3) = \frac{2\zeta_y(3)}{\zeta_y(4) + \zeta_y(2)} = \frac{2\times0.30}{0.43+0.29} = 0.83$$

$$a(2) = \frac{2\zeta_y(2)}{\zeta_y(3) + \zeta_y(1)} = \frac{2\times0.29}{0.30+0.25} = 1.05$$

$$a(1) = \frac{\zeta_y(1)}{\zeta_y(2)} = \frac{0.25}{0.29} = 0.86$$

因各楼层 $a(i) \geqslant 0.8$，则结构 ζ_y 沿高度分布均匀，由此判别结构底层为薄弱层。

(3) 结构薄弱层的层间弹塑性位移

分析得结构底部层间弹性刚度为

$$k_1 = 28630\text{kN/m}$$

则

$$\Delta u_e(1) = \frac{V_e(1)}{k_1} = \frac{1589}{29630} = 0.0555\text{m}$$

由于 $a(1) = 0.86 > 0.8$，可直接查表 3-8 确定 η_p 值。

由 $\zeta_1(1) = 0.25$ 查表得

$$\eta_p = 1.85$$

则

$$\Delta u_p = \eta_p \Delta u_e = 1.85\times0.0555 = 0.103\text{m}$$

3.9 结构抗震验算

3.9.1 结构抗震计算原则

各类建筑结构的抗震计算，应遵循下列原则：

(1) 一般情况下，可在建筑结构的两个主轴方向分别考虑水平地震作用并进行抗震验算，各方向的水平地震作用全部由该方向抗侧力构件承担。

(2) 有斜交抗侧力构件的结构，当相交角度大于15°时，宜分别考虑各抗侧力构件方向的水平地震作用。

(3) 质量和刚度分布明显不对称的结构，应计入双向水平地震作用下的扭转影响；其他情况，应允许采用调整单向地震作用效应的方法计入扭转和双向水平地震影响，调整系数值为：一般情况下，结构平面短边构件取1.15，长边构件取1.05，角部构件取1.3，当结构扭转刚度较小时，结构周边各构件取不小于1.3。

(4) 8度和9度时的大跨度结构、长悬臂结构、烟囱和类似高耸结构及9度时的高层建筑，应考虑竖向地震作用。

3.9.2 结构抗震计算方法的确定

可将前面介绍的结构抗震计算方法总结如下：

(1) 底部剪力法。把地震作用当作等效静力荷载，计算结构最大地震反应。

(2) 振型分解反应谱法。利用振型分解原理和反应谱理论进行结构最大地震反应分析。

(3) 时程分析法。选用一定的地震波，直接输入所设计的结构，然后对结构的运动平衡微分方程进行数值积分，求得结构在整个地震时程范围内的地震反应。时程分析法有两种，一种是振型分解法，另一种是逐步积分法。

底部剪力法是一种拟静力法，结构计算量最小，但因忽略了高振型的影响，且对第一振型也作了简化，因此计算精度稍差。振型分解反应谱法是一种拟动力方法，计算量稍大，但计算精度较高，计算误差主要来自振型组合时关于地震动随机特性的假定。时程分析法是一完全动力方法，计算量大，而计算精度高。但时程分析法计算的是某一确定地震动的时程反应，不像底部剪力法和振型分解反应谱法考虑了不同地震动时程记录的随机性。

底部剪力法、振型分解反应谱法和时程分析法，因建立在结构的动力特性基础上，只适用于结构弹性地震反应分析。而逐步积分时程分析法，则不仅适用于结构非弹性地震反应分析，也适用于作为非弹性特例的结构弹性地震反应分析。

采用什么方法进行抗震设计，可根据不同的结构和不同的设计要求分别对待。在多遇地震作用下，结构的地震反应是弹性的，可按弹性分析方法进行计算；在罕遇地震作用下，结构的地震反应是非弹性的，则要按非弹性方法进行抗震计算。对于规则、简单的结构，可以采用简化方法进行抗震计算；对于不规则、复杂的结构，则应采用较精确的方法进行计算。对于次要结构，可按简化方法进行抗震计算；对于重要结构，则应采用精确方法进行抗震计算。为此，我国现行《建筑抗震设计规范》GB 50011 规定，各类建筑结构的抗震计算，采用下列方法：

（1）高度不超过 40m，以剪切变形为主且质量和刚度沿高度分布比较均匀的结构，以及近似于单质点体系的结构，可采用底部剪力法；

（2）除（1）外的建筑结构，宜采用振型分解反应谱法；

（3）特别不规则建筑、甲类建筑和表 3-10 所列高度范围内的高层建筑，应采用时程分析法进行多遇地震下的补充计算；当取三组加速度时程曲线输入时，计算结果宜取时程法的包络值和振型分解反应谱法的较大值；当取 7 组及 7 组以上的时程曲线时，计算结果可取时程法分析最大值的平均值和振型分解反应谱法计算结果的较大值。

采用时程分析法的房屋高度范围　　表 3-10

7 度和 8 度时Ⅰ、Ⅱ类场地	＞100m
8 度Ⅲ、Ⅳ类场地	＞80m
9 度	＞60m

（4）建筑形体及其构件布置不规则时，包括平面不规则而竖向规则的建筑、平面规则而竖向不规则的建筑，应采用空间结构计算模型。平面不规则且竖向不规则的建筑，应采用更加精细的计算模型。特别不规则的建筑，则应进行专门研究。

采用时程分析法进行结构抗震计算时，应注意下列问题：

（1）地震波的选用。最好选用本地历史上的强震记录，如果没有这样的记录，也可选用震中距和场地条件相近的其他地区的强震记录，或选用主要周期接近的场地卓越周期或其反应谱接近当地设计反应谱的人工地震波，其中实际强震记录的数量不应少于总数的 2/3。地震波的加速度峰值可按表 3-11 取用。

地震波加速度峰值（m/s^2）　　表 3-11

设防烈度	6	7	8	9
多遇地震	0.18	0.35(0.55)	0.70(1.10)	1.40
罕遇地震	1.25	2.2(3.10)	4.0(5.10)	6.2

注：括号内数值分别用于设计基本地震加速度取 0.15g 和 0.30g 的地区。

（2）最小底部剪力要求。弹性时程分析时，每条时程曲线计算所得结构底部剪力不应小于振型分解反应谱法计算结果的 65%，多条时程曲线计算所得结构底部剪力的平均值不应小于振型分解反应谱法的80%。如不满足这一最小底部剪力要求，可将地震波加速度峰值提高，以使时程分析的最小底部剪力要求得以满足。

（3）最少地震波数。为考虑地震波的随机性，采用时程分析法进行抗震设计需至少选用两条实际强震记录和一条人工模拟的加速度时程曲线，取3条或3条以上地震波反应计算结果的平均值或最大值进行抗震验算。

3.9.3 重力荷载代表值

进行结构抗震设计时，所考虑的重力荷载，称为重力荷载代表值。

结构的重力荷载分恒载（自重）和活载（可变荷载）两种。活载的变异性较大，我国荷载规范规定的活载标准值是按50年最大活载的平均值加0.5～1.5倍的均方差确定的，地震发生时，活载不一定达到标准值的水平，一般小于标准值，因此计算重力荷载代表值时可对活载折减。抗震规范规定：

$$G_E = D_k + \sum \psi_i L_{ki} \tag{3-212}$$

式中 G_E——重力荷载代表值；

D_k——结构恒载标准值；

L_{ki}——有关活载（可变荷载）标准值；

ψ_i——有关活载组合值系数，按表3-12采用。

组合值系数　　表3-12

可变荷载种类		组合值系数
雪荷载		0.5
屋顶积灰荷载		0.5
屋面活荷载		不计入
按实际情况考虑的楼面活荷载		1.0
按等效均布荷载考虑的楼面活荷载	藏书库、档案库	0.8
	其他民用建筑	0.5
吊车悬吊物重力	硬钩吊车	0.3
	软钩吊车	不计入

3.9.4 不规则结构的内力调整及最低水平地震剪力要求

对于符合表1-5情况的竖向不规则结构，其刚度小的楼层的地震剪力应乘以1.15的增大系数，并应符合下列要求：

（1）竖向抗侧力构件不连续时，该构件传递给水平转换构件的地震内力应乘以1.25～1.5的增大系数；

(2) 楼层承载力突变时，薄弱层抗侧力结构的受剪承载力不应小于相邻上一楼层的65%。

为保证结构的基本安全性，抗震验算时，结构任一楼层的水平地震剪力应符合下式的最低要求：

$$V_{Eki} > \lambda \sum_{j=i}^{n} G_j \tag{3-213}$$

式中 V_{Eki}——第 i 层对应于水平地震作用标准值的楼层剪力；

λ——剪力系数，不应小于表3-13规定的楼层最小地震剪力系数值，对竖向不规则结构的薄弱层，尚应乘以1.15的增大系数；

G_j——第 j 层的重力荷载代表值。

楼层最小地震剪力系数值 表3-13

类别	6度	7度	8度	9度
扭转效应明显或基本周期小于3.5s的结构	0.008	0.016(0.024)	0.032(0.048)	0.064
基本周期大于5.0s的结构	0.006	0.012(0.018)	0.024(0.032)	0.048

注：1. 基本周期介于3.5s和5.0s之间的结构，可插入取值；
2. 括号内数值分别用于设计基本地震加速度为0.15g 和0.30g 的地区。

3.9.5 地基—结构相互作用

8度和9度时建造于Ⅲ、Ⅳ类场地，采用箱基、刚性较好的筏基和桩箱联合基础的钢筋混凝土高层建筑，当结构基本周期处于特征周期的1.2～5倍范围时，若计入地基与结构动力相互作用的影响，对刚性地基假定计算的水平地震剪力可按下列规定折减，其层间变形可按折减后的楼层剪力计算。

1. 高宽比小于3的结构，各楼层水平地震剪力的折减系数，可按下式计算：

$$\psi = \left(\frac{T_1}{T_1 + \Delta T}\right)^{0.9} \tag{3-214}$$

式中 ψ——计入地基与结构动力相互作用后的地震剪力系数；

T_1——按刚性地基假定确定的结构基本自振周期（s）；

ΔT——计入地基与结构动力相互作用的附加周期（s），可按表3-14采用。

附加周期（s） 表3-14

烈度	场地类别	
	Ⅲ类	Ⅳ类
8	0.08	0.20
9	0.10	0.25

2. 高宽比不小于3的结构，底部的地震剪力按1款规定折减，顶部不折减，中间各层按线性插入值折减。

3. 折减后各楼层的水平地震剪力，尚应满足结构最低地震剪力要求。

3.9.6 结构抗震验算内容

为满足“小震不坏、中震可修、大震不倒”的抗震要求，我国抗震规范规定进行下列内容的抗震验算：

（1）多遇地震下结构允许弹性变形验算，以防止非结构构件（隔墙、幕墙、建筑装饰等）破坏。

（2）多遇地震下强度验算，以防止结构构件破坏。

（3）罕遇地震下结构的弹塑性变形验算，以防止结构倒塌。

“中震可修”抗震要求，通过构造措施加以保证。

1. 多遇地震下结构允许弹性变形验算

因砌体结构刚度大、变形小，以及厂房对非结构构件要求低，故可不验算砌体结构和厂房结构的允许弹性变形，而只验算框架结构、填充墙框架结构、框架-剪力墙结构、框架-支撑结构和框支结构的框支层部分的允许弹性变形。其验算公式为

$$\Delta u_e \leqslant [\theta_e] h \tag{3-215}$$

式中 Δu_e——多遇地震作用标准值产生的结构层间弹性位移；对于以弯曲变形为主的高层建筑，可扣除结构整体弯曲变形引起的层间位移；

h——结构层高；

$[\theta_e]$——结构层间弹性位移角限值，按表3-15采用。

结构弹性层间位移角限值 表3-15

结构类型		$[\theta_e]$
钢筋混凝土结构	框架	1/550
	框架-抗震墙、板柱-抗震墙、框架-核心筒	1/800
	抗震墙、筒中筒	1/1000
	框支层	1/1000
多、高层钢结构		1/250

2. 多遇地震下结构强度验算

经分析，下列情况可不进行结构强度抗震验算，但仍应符合有关构造措施：

（1）6度时的建筑（建造于Ⅳ类场地上较高的高层建筑与高耸结构除外）；

（2）7度时Ⅰ、Ⅱ类场地、柱高不超过10m且两端有山墙的单跨及多跨等高的钢筋混凝土厂房（锯齿形厂房除外），或柱顶标高不超过4.5m、两端均有山墙的单跨及多跨等高的砖

柱厂房。

除上述情况的所有结构，都要进行结构构件的强度（或承载力）的抗震验算，验算公式如下：

$$S \leqslant R/\gamma_{RE} \tag{3-216}$$

式中 S——包含地震作用效应的结构构件内力组合设计值；

R——构件承载力设计值，按各有关结构设计规范计算；

γ_{RE}——承载力抗震调整系数，按表 3-16 采用。但当仅考虑竖向地震作用时，各类结构构件承载力抗震调整系数均宜采用 1.0。

进行结构抗震设计时，结构构件的地震作用内力效应和其他荷载内力效应组合的设计值，应按下式计算：

承载力抗震调整系数 表 3-16

材料	结构构件	受力状态	γ_{RE}
钢	梁、柱、支撑、节点板件、螺栓、焊缝 柱、支撑	强度 稳定	0.75 0.80
砌体	两端均有构造柱、芯柱的抗震墙 其他抗震墙	受剪 受剪	0.9 1.0
钢筋混凝土	梁 轴压比小于 0.15 的柱 轴压比不小于 0.15 的柱 抗震墙 各类构件	受弯 偏压 偏压 偏压 受剪、偏拉	0.75 0.75 0.80 0.85 0.85

$$S=\gamma_G C_G G_E+\gamma_{Eh} C_{Eh} E_{hk}+\gamma_{EV} C_{EV} E_{Vk}+\psi_w \gamma_w C_w W_k \tag{3-217}$$

式中 γ_G——重力荷载分项系数，一般情况下采用 1.2，当重力荷载效应对构件承载力有利时，可采用 1.0；

γ_{Eh}、γ_{EV}——分别为水平、竖向地震作用分项系数，不同时考虑时，分别取 1.3，同时考虑时，γ_{Eh} 取 1.3，γ_{EV} 取 0.5；或 γ_{Eh} 取 0.5，γ_{EV} 取 1.3；

γ_w——风荷载分项系数，采用 1.4；

G_E——重力荷载代表值；

E_{hk}——水平地震作用标准值；

E_{Vk}——竖向地震作用标准值；

W_k——风荷载标准值；

ψ_w——风荷载组合系数，一般结构可取 0，风荷载起控制作用的建筑应采用 0.2；

C_G、C_{Eh}、C_{EV}、C_w——分别为重力荷载、水平地震作用、竖向地震作用和风荷载的作用效应系数。

进行结构抗震设计时，对结构构件承载力加以调整（提高），主要考虑下列因素：

（1）动力荷载下材料强度比静力荷载下高；

（2）地震是偶然作用，结构的抗震可靠度要求可比承受其他荷载的可靠度要求低。

3. 罕遇地震下结构弹塑性变形验算

在罕遇地震下，结构薄弱层（部位）的层间弹塑性位移应满足下式要求：

$$\Delta u_{\mathrm{p}} \leqslant [\theta_{\mathrm{p}}] h \tag{3-218}$$

式中 Δu_{p}——层间弹塑性位移；

h——结构薄弱层的层高或钢筋混凝土结构单层厂房上柱高度；

$[\theta_{\mathrm{p}}]$——层间弹塑性位移角限值，按表3-17采用。对钢筋混凝土框架结构，当轴压比小于0.4时，可提高10%；当柱子全高的箍筋构造采用比规定的最小配箍特征值大30%时，可提高20%，但累计不超过25%。

结构层间弹塑性位移角限值 表3-17

结构类别	$[\theta_{\mathrm{p}}]$
单层钢筋混凝土柱排架	1/30
钢筋混凝土框架	1/50
底层框架砖房中的框架-抗震墙	1/100
钢筋混凝土框架-抗震墙、板柱-抗震墙、框架-核心筒	1/100
钢筋混凝土抗震墙和筒中筒	1/120
多高层钢结构	1/50

抗震规范规定：

1. 下列结构应进行弹塑性变形验算：

（1）8度Ⅲ、Ⅳ类场地和9度时，高大的单层钢筋混凝土厂房的横向排架；

（2）7～9度时楼层屈服强度系数小于0.5的钢筋混凝土框架结构和框排结构；

（3）采用隔震和消能减震设计的结构；

（4）甲类建筑和9度时乙类建筑中的钢筋混凝土结构和钢结构；

（5）高度大于150m的结构。

2. 下列结构宜进行弹塑性变形验算：

（1）表3-10所列高度范围且符合表1-5所列竖向不规则类型的高层建筑结构；

（2）7度Ⅲ、Ⅳ类场地和8度时乙类建筑中的钢筋混凝土结构和钢结构；

（3）板柱-抗震墙结构和底部框架砖房；

（4）高度不大于150m的其他高层钢结构；

（5）不规则的地下建筑结构及地下空间综合体。

习题

一、问答题

1. 结构抗震计算有几种方法？各种方法在什么情况下采用？
2. 什么是地震作用？什么是地震反应？
3. 什么是地震反应谱？什么是设计反应谱？它们有何关系？
4. 计算地震作用时结构的质量或重力荷载应怎样取？
5. 什么是地震系数和地震影响系数？它们有何关系？
6. 为什么软场地 T_g＞硬场地 T_g？为什么远震 T_g＞近震 T_g？
7. 一般结构应进行哪些抗震验算？以达到什么目的？
8. 结构弹塑性地震位移反应一般应采用什么方法计算？什么结构可采用简化方法计算？
9. 什么是楼层屈服强度系数？怎样计算？
10. 怎样判断结构薄弱层和部位？
11. 哪些结构需考虑竖向地震作用？
12. 为什么抗震设计截面承载力可以提高？
13. 进行时程分析时，怎样选用地震波？

二、计算题

1. 已知某两个质点的弹性体系（图 3-38），其层间刚度为 $k_1=k_2=20800\text{kN/m}$，质点质量为 $m_1=m_2=50\times10^3\text{kg}$。试求该体系的自振周期和振型。
2. 有一钢筋混凝土三层框架（图 3-39），位于Ⅱ类场地，设计基本加速度为 $0.2g$，设计地震组别为第一组，已知结构各阶周期和振型为

$$T_1=0.467\text{s},\ T_2=0.208\text{s},\ T_3=0.134\text{s}$$

$$\{\phi_1\}=\begin{Bmatrix}0.334\\0.667\\1.000\end{Bmatrix},\ \{\phi_2\}=\begin{Bmatrix}-0.667\\-0.666\\1.000\end{Bmatrix},\ \{\phi_3\}=\begin{Bmatrix}4.019\\-3.035\\1.000\end{Bmatrix}$$

试用振型分解反应谱法求多遇地震下框架底层地震剪力和框架顶点位移。

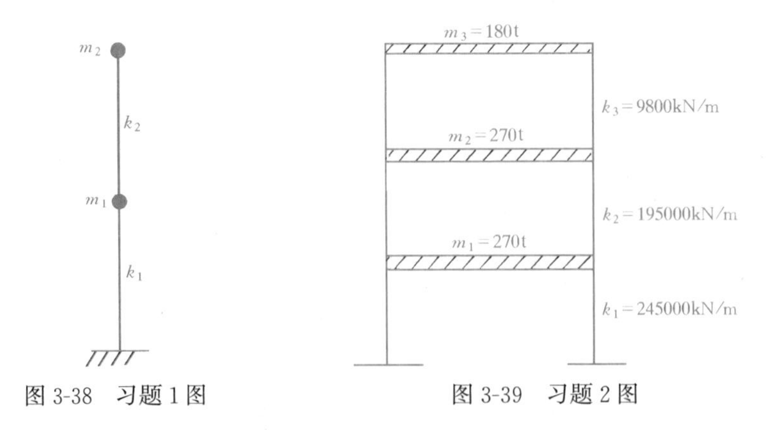

图 3-38　习题 1 图　　　图 3-39　习题 2 图

3. 试用底部剪力法计算图 3-40 所示三质点体系在多遇地震下的各层地震剪力。已知设计基本加速度为 $0.2g$，Ⅲ类场地一区，$m_1=116.62\text{t}$，$m_2=110.85\text{t}$，$m_3=59.45\text{t}$，$T_1=0.716\text{s}$，$\delta_n=0.0673$。
4. 试计算图 3-41 所示六层框架的基本周期。已知各楼层的重力荷载为：$G_1=10360\text{kN}$，$G_2=9330\text{kN}$，$G_3=9330\text{kN}$，$G_4=9330\text{kN}$，$G_5=9330\text{kN}$，$G_6=6950\text{kN}$；各层层间侧移刚度为：$k_1=583982\text{kN/m}$，

$k_2 = 583572\text{kN/m}$，$k_3 = 583572\text{kN/m}$，$k_4 = 474124\text{kN/m}$，$k_5 = 474124\text{kN/m}$，$k_6 = 454496\text{kN/m}$。

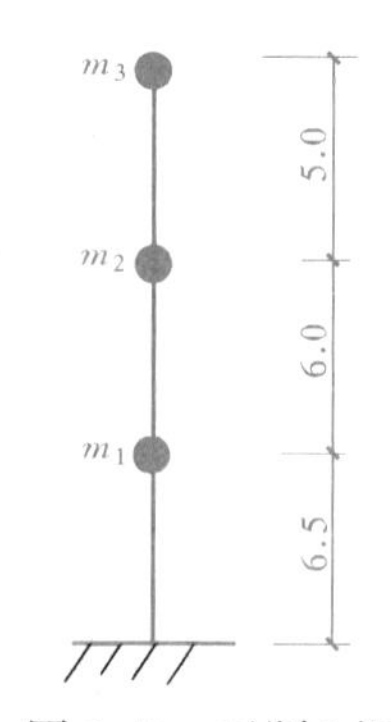

图 3-40　习题 3 图

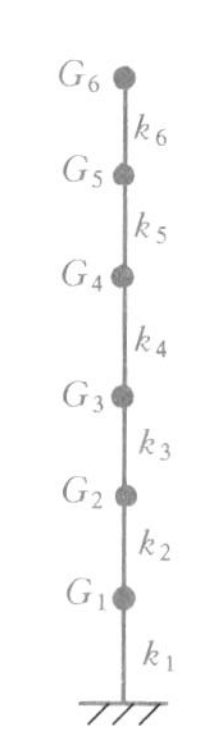

图 3-41　习题 4 图

第4章 多层砌体结构抗震设计

在我国，砌体结构是使用广泛的一种建筑结构形式。地震区砌体结构房屋的抗震设计，具有十分重要的意义。

4.1 多层砌体结构的震害特点

4.1.1 宏观震害统计

对我国近、现代历史上的多次大地震震害调查结果的统计分析表明：未经抗震设防的多层砖房，在6度区内，主体结构一般处于基本完好状态，宏观震害主要出现在女儿墙、出屋面小烟囱等部位；7度区内，主体结构将出现轻微破坏，小部分达到中等破坏；8度区内，多数房屋达到中等破坏的程度；9度区内，多数结构出现严重破坏；10度及以上地震区内，大多数房屋倒毁（参见表1-1）。上述事实说明，未经抗震设防的多层砖房的抗地震破坏能力较低。对近年来发生的地震的震害调查表明：经过抗震设计并且施工质量得到保证的多层砌体结构，其平均震害程度可比前述未经抗震设计的砌体结构的震害减轻1～2个等级。这说明，通过抗震设计，使砌体结构在8度区内不出现中等以上的破坏、在10度区内不出现倒塌的目标是可以实现的。

4.1.2 震害现象

震害的发生是由外部条件（地震动）和内在因素（结构特征）两方面原因促成的。

从地震动的角度考察，地震波包括有水平、垂直、扭转等方向的分量。因此，与水平地震作用方向大体一致的墙体，会因为墙体的主拉应力强度达到限值而产生斜裂缝。由于地震力的反复作用，将形成交叉裂缝（图4-1）。而与

图4-1　交叉裂缝

水平地震作用方向基本垂直的墙体，尤其是房屋的纵墙，则会因出平面的弯曲破坏造成大面积的墙体甩落（图 4-2）。受垂直方向地震作用，墙体会因受拉出现水平裂缝。而在扭转地震作用下，房屋的端部尤其是墙角处易于产生严重的震害（图 4-3）。

图 4-2　整片墙体被甩落

从结构特征方面考察可以发现：在受力复杂、约束减弱、附属结构等部位，往往是震害易于发生的地方。例如：纵横墙连接处受力比较复杂，地震时易于出现竖向裂缝、拉脱甚至造成纵墙整片倒塌（图 4-2）。砌体结构的楼梯间，由于在高度方向缺乏有力的支撑，约束作用减弱，空间整体刚度较小，因而易于遭到破坏。预制钢筋混凝土楼屋盖，若楼板端部缺乏足够的拉结，则会在地震中受拉裂开，甚至出现塌落。至于女儿墙、突出顶面的屋顶间，在地震中的破坏更是屡见不鲜的。

图 4-3　墙体转角的破坏

4.1.3　震害规律

砌体结构房屋的震害，在宏观上存在以下规律：

1. 刚性楼盖房屋，上层破坏轻、下层破坏重；柔性楼盖房屋，上层破坏重、下层破坏轻；

2. 横墙承重房屋的震害轻于纵墙承重房屋；

3. 坚实地基上的房屋震害轻于软弱地基和非均匀地基上的房屋震害；

4. 预制楼板结构比现浇楼板结构破坏重；

5. 外廊式房屋往往地震破坏较重；

6. 房屋两端、转角、楼梯间、附属结构震害较重。

4.2 多层砌体结构选型与布置

结构的选型与布置，属于概念设计的范畴。对多层砌体结构房屋，宜遵守以下几方面的原则。

4.2.1 结构布置

地震震害调查表明：采用纵墙承重的多层砖房，因横向支承少，纵墙极易受平面外弯曲破坏而导致结构倒塌。因此，对于多层砌体结构房屋，应优先采用横墙承重或纵横墙共同承重的结构体系，不应采用砌体墙和混凝土墙混合承重的结构体系。

由于墙体是砌体结构主要的抗侧力构件，因此要求纵横墙应对称、均匀布置，沿平面内宜对齐，沿竖向应上下连续，且纵横向墙体的数量不宜相差过大；平面轮廓凸凹尺寸不应超过典型尺寸的50%，当超过典型尺寸的25%时，房屋转角处应采取加强措施；楼板局部大洞口的尺寸不宜超过楼板宽度的30%，且不应在墙体两侧同时开洞；房屋错层的楼板高差超过500mm时，应按两层计算；错层部位的墙体应采取加强措施；同一轴线上的窗间墙宽度宜均匀，墙面洞口的立面面积，6、7度时不宜大于墙面总面积的55%，8、9度时不宜大于50%；在房屋宽度方向的中部应设置内纵墙，其累计长度不宜小于房屋总长度的60%（高宽比大于4的墙段不计入）。这样地震作用传递直接、路线最短，地震力不易在某些薄弱区域集中，从而减轻震害。在烟道、风道、垃圾道等部位，应避免墙体的局部削弱。

楼梯间不宜设置在房屋的尽端或转角处。不应在房屋转角处设置转角窗。

教学楼、医院等横墙较小、跨度较大的房屋，宜采用现浇钢筋混凝土楼、屋盖。

利用防震缝，可以将复杂体型的房屋划分为若干体型简单、刚度均匀的单元。当有下列情况之一时，应设置防震缝：

1. 房屋立面高度差在6m以上；

2. 房屋有错层，且楼板高差大于层高的1/4；

3. 部分结构刚度、质量截然不同。

防震缝两侧均应布设墙体，缝宽可取70～100mm。

4.2.2　房屋的总高度与层数

由于砌体结构墙体的脆性性质，地震时易产生裂缝。开裂墙体在地震动作用下极易产生出平面的错动，从而大幅度地降低墙体的竖向承载力。如果房屋层数多、重量大，地震时破裂和错位的墙体就可能被压垮。震害调查资料表明：随层数增多，房屋的破坏程度也随之加重，倒塌率随房屋的层数近似成正比增加。因此，我国建筑抗震设计规范对砌体房屋的总高度与层数作出了限制。典型场合下的限值标准见表 4-1。对医院、教学楼等横墙较少的房屋，总高度应比表 4-1 的规定相应降低 3m，层数相应减少一层。对各层横墙很少的多层砌体房屋，还应再减少一层。砖房和砌块房屋的层高，不宜超过 3.6m；当使用功能确有需要时，采用约束砌体等加强措施的普通砖砌体的层高不应超过 3.9m。

砌体房屋的层数和总高度（m）限值　　表 4-1

房屋类别	最小抗震墙厚度（mm）	烈度和设计基本地震动加速度											
		6		7				8				9	
		0.05g		0.10g		0.15g		0.20g		0.30g		0.40g	
		高度	层数	高度	层数	高度	层数	高度	层数	高度	层数	高度	层数
普通砖	240	21	7	21	7	21	7	18	6	15	5	12	4
多孔砖	240	21	7	21	7	18	6	18	6	15	5	9	3
多孔砖	190	21	7	18	6	15	5	15	5	12	4	不宜采用	
小砌块	190	21	7	21	7	18	6	18	6	15	5	9	3

注：1. 房屋的总高度指室外地面到檐口或主要屋面板板顶的高度，半地下室可从地下室室内地面算起，全地下室和嵌固条件好的半地下室可从室外地面算起；带阁楼的坡屋面应算到山尖墙的 1/2 高度处；
2. 室内外高差达到 0.6m 时，房屋总高度应允许比表中数据适当增加，但不应多于 1m；
3. 乙类的多层砌体房屋应允许按本地区设防烈度查表，但层数应减少一层且总高度应降低 3m；
4. 本表小砌块砌体房屋不包括配筋混凝土空心小型砌块砌体房屋。

4.2.3　房屋的高宽比

当房屋的高宽比大时，地震时易于发生整体弯曲破坏。多层砌体房屋不作整体弯曲验算，但为了保证房屋的稳定性，房屋总高度和总宽度的最大比值应满足表 4-2 的要求。

房屋最大高度比　　表 4-2

烈度	6	7	8	9
最大高度比	2.5	2.5	2.0	1.5

注：1. 单面走廊房屋的总宽度不包括走廊宽度；
2. 建筑平面接近正方形时，其高宽比宜适当减少。

4.2.4　抗震横墙的间距

抗震横墙的多少直接影响到房屋的空间刚度。横墙数量多、间距小，结构的空间刚度就大，抗震性能就好；反之，结构抗震性能就差。同时，横墙间距的大小还与楼盖传递水平地震力的需求相联系。横墙间距过大时，楼盖刚度可能不足以传递水平地震力到相邻墙体。因此，为了保证结构的空间刚度、保证楼盖具有足够能力传递水平地震力给墙体的水平刚度，多层砌体房屋的抗震横墙间距不应超过表 4-3 中的规定值。

多层砌体房屋抗震横墙最大间距（m）　　表 4-3

房屋类别		烈度			
		6	7	8	9
楼、屋盖形式	现浇和装配整体式钢筋混凝土	15	15	11	7
	装配式钢筋混凝土	11	11	9	4
	木	9	9	4	—

注：1. 多层砌体房屋的顶层，除木屋盖外的最大横墙间距应允许适当放宽，但应采取相应加强措施；
2. 多孔砖抗震横墙厚度为 190mm 时，最大横墙间距应比表中数值减少 3m。

表 4-3 中所规定的抗震横墙最大间距，是指一栋房屋中只有部分横墙间距较大时应满足的要求。若整栋房屋中的横墙间距都比较大，那么最好按空旷房屋进行抗震验算，此时，在构造措施和结构布置上也应采取更高的要求。

4.2.5 房屋的局部尺寸

为了避免出现薄弱部位，防止因局部的破坏发展成为整栋房屋的破坏，多层砌体房屋的墙体局部尺寸应符合表 4-4 的要求。

房屋的局部尺寸限值（m）　　表 4-4

部位	烈度			
	6	7	8	9
承重窗间墙最小宽度	1.0	1.0	1.2	1.5
承重外墙尽端至门窗洞边的最小距离	1.0	1.0	1.2	1.5
非承重外墙尽端至门窗洞边的最小距离	1.0	1.0	1.0	1.0
内墙阳角至门窗洞边的最小距离	1.0	1.0	1.5	2.0
无锚固女儿墙（非出入口处）的最大高度	0.5	0.5	0.5	0.0

注：1. 局部尺寸不足时，应采取局部加强措施弥补，且最小宽度不宜小于 1/4 层高和表列数据的 80%；
2. 出入口处的女儿墙应有锚固。

4.3 多层砌体结构的抗震计算

多层砌体结构所受地震作用主要包括水平作用、垂直作用和扭转作用。一般说来，垂直地震作用对多层砌体结构所造成的破坏比例相对较小，而扭转作用可以通过在平面布置中注意结构对称性得到缓解。因此，对多层砌体结构的抗震计算，一般只要求进行水平地震作用条件下的计算。计算的归结点，是对薄弱区段的墙体进行抗剪强度的复核。

多层砌体结构的抗震验算，一般包括三个基本步骤：确立计算简图；分配地震剪力；对不利墙段进行抗震验算。

4.3.1 计算简图

满足上节结构布置要求的多层砌体结构房屋，其在地震作用下的变形形式以层间剪切变形为主。因此，对于图 4-4 所示的一般多层砌体结构，可以采用图 4-5 所示的计算简图。

在确立上述计算简图时，应以防震缝所划分的结构单元作为计算单元。在计算单元中，各楼层的重量集中到楼、屋盖标高处。各楼层重力荷载应包括：楼、屋盖自重，活荷载组合值及上、下各半层的墙体、构造柱重量之和。计算简图中底部固定端按下述规定确定：当基础埋置较浅时，取为基础顶面；当基础埋置较深时，取为室外地坪下 0.5m 处；当设有整体刚度很大的全地下室时，取为地下室顶板顶部；当地下室整体刚度较小或为半地下室时，则取为地下室室内地坪处，此时，地下室顶板也算一层楼面。

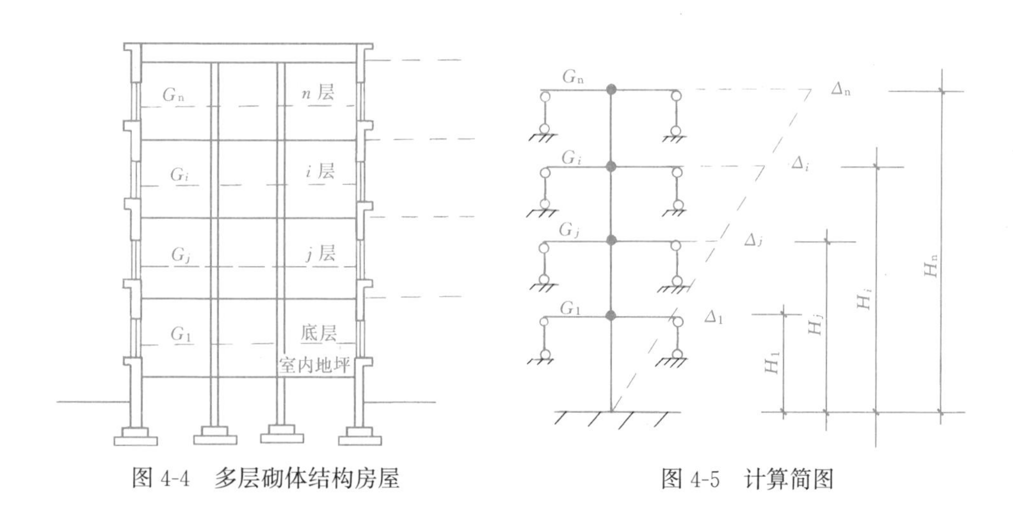

图 4-4　多层砌体结构房屋　　　　图 4-5　计算简图

4.3.2 地震剪力的计算与分配

1. 楼层地震剪力

多层砌体结构房屋的质量与刚度沿高度分布一般比较均匀，且以剪切变形为主，故可以按本书第 3 章所述底部剪力法计算地震作用。对大量实际砌体结构的现场动力测试表明，多层砌体结构房屋的基本周期一般处于我国建筑抗震设计规范所规定的设计反应谱的最短平台

阶所覆盖的周期范围内。因此，可取结构底部地震剪力为

$$F_{EK}=\alpha_{max}G_{eq} \tag{4-1}$$

其次，考虑到多层砌体结构在线弹性变形阶段的地震作用基本上按倒三角形分布，顶部附加地震影响系数 $\delta_n=0$。这样，任一质点 i 的水平地震作用标准值 F_i 为

$$F_i=\frac{G_iH_i}{\sum_{j=1}^{n}G_iH_i}F_{EK} \quad (i=1,\ 2,\ \cdots,\ n) \tag{4-2}$$

作用于第 i 层的楼层地震剪力标准值 V_i 为 i 层以上的地震作用标准值之和，即

$$V_i=\sum_{j=i}^{n}F_i \tag{4-3}$$

对于突出屋面的屋顶间、女儿墙、烟囱等，其地震作用应乘以地震增大系数 3，以考虑鞭梢效应。但增大的两倍不应往下传递，即计算房屋下层层间地震剪力时不考虑上述地震作用增大部分的影响。

【例题 4-1】 某 4 层砖砌体房屋，尺寸如图 4-6 所示。结构设防烈度为 7 度，设计基本加速度为 0.1g。楼盖及屋盖均采用预应力混凝土空心板，横墙承重。楼梯间突出屋顶。除图中注明外，窗口尺寸为 1.5m×2.1m，门洞尺寸为 1.0m×2.5m。试计算该楼房楼层地震剪力。

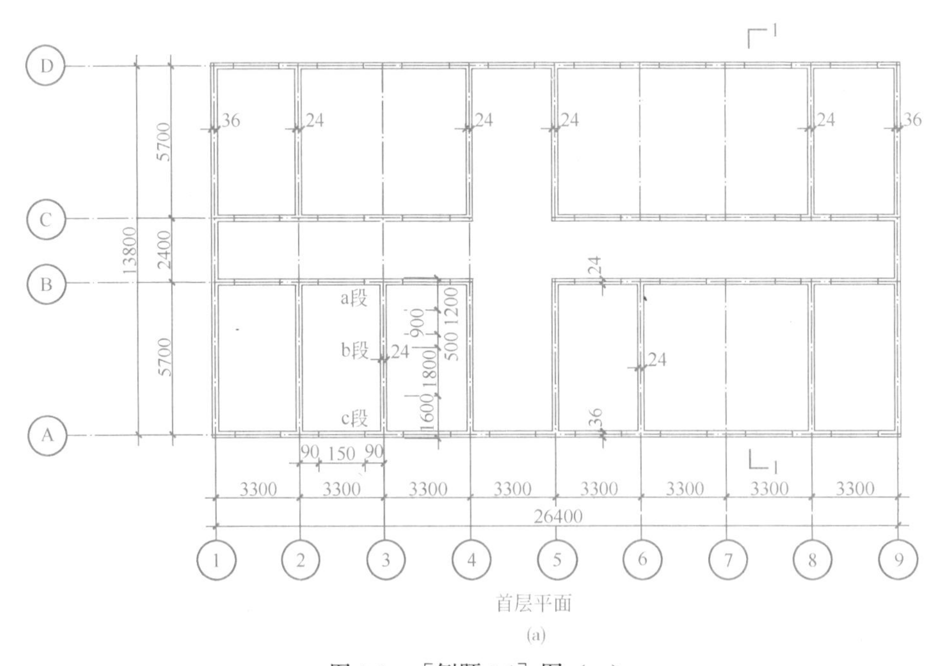

图 4-6 [例题 4-1] 图（一）

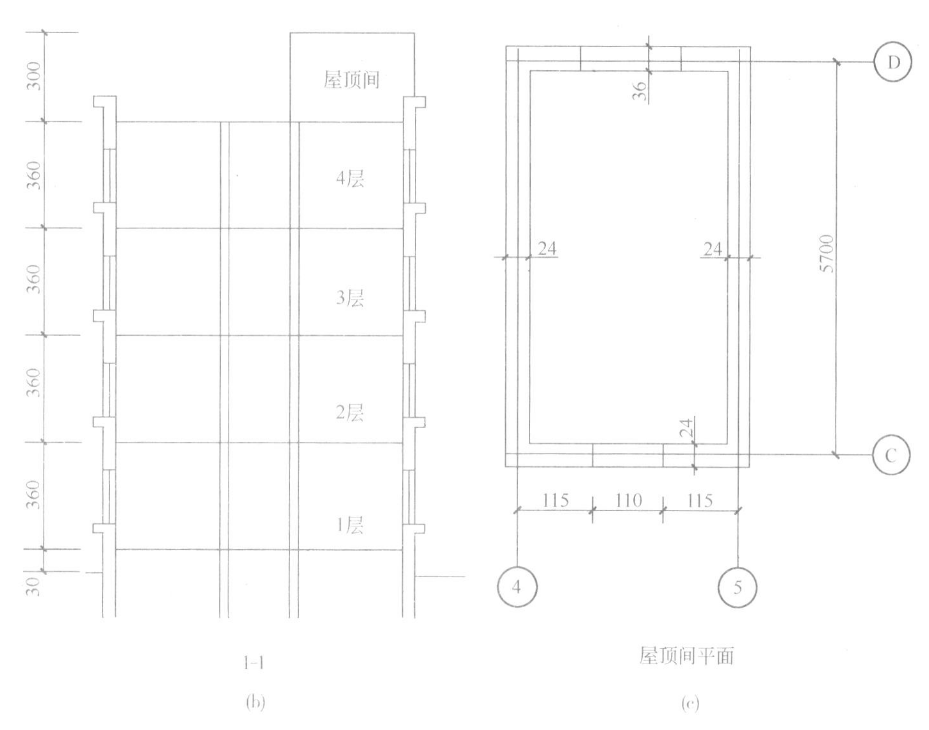

图4-6　［例题4-1］图（二）

（a）首层平面图；（b）1-1剖面图；（c）屋顶间平面图

【解】（1）计算楼层重力荷载代表值

恒载（楼层及墙重）取100%，楼屋面活荷载取50%，经计算得：

屋顶层　$G_5=210\text{kN}$

四层　$G_4=3760\text{kN}$

三层　$G_3=4410\text{kN}$

二层　$G_2=4410\text{kN}$

一层　$G_1=4840\text{kN}$

（2）计算结构总的地震作用标准值

设防烈度7度，设计基本加速度$0.1g$，故$\alpha_{\max}=0.08$，则

$$F_{\text{eq}}=0.85\times0.08\times\sum_{i=1}^{n}G_i=1199\text{kN}$$

（3）计算楼层地震剪力

按式（4-2）、式（4-3）及关于屋顶间的附加规定计算。计算过程列于表4-5。

楼层地震剪力计算　　表 4-5

分项 楼层	G_i(kN)	H_i(m)	G_iH_i (KN·m)	$G_iH_i\Big/\sum_{j=1}^{5}G_iH_i$	F_i(kN)	V_i(kN)
屋顶间	210	18.2	3822	0.023	27.6	27.6×3=82.8
4	3760	15.2	57152	0.339	406.5	434.1
3	4410	11.6	51156	0.303	363.3	797.4
2	4410	8.0	35280	0.209	250.6	1048
1	4840	4.4	21296	0.126	151.0	1199
Σ	17630		168706		1199	

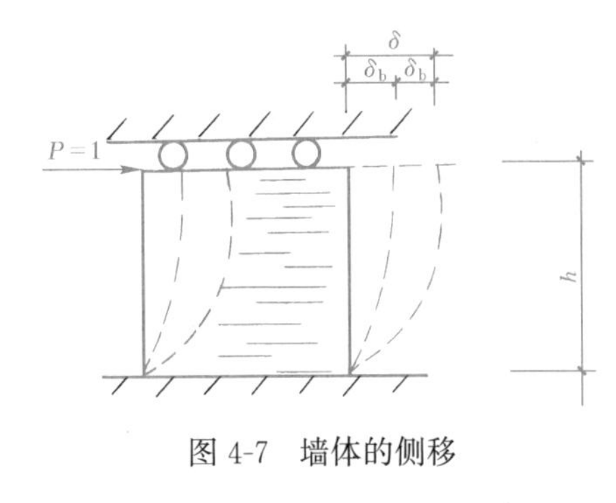

图 4-7　墙体的侧移

2. 墙体侧移刚度

假定墙体下端固定、上端嵌固，则在墙体顶端加一单位力所产生的侧移即为墙体的侧移柔度（图 4-7）。侧移柔度的倒数即为墙体的侧移刚度。墙体在侧向力作用下一般包括弯曲变形与剪切变形两部分。

弯曲变形
$$\delta_b=\frac{h^3}{12EI}=\frac{1}{Et}\left(\frac{h}{b}\right)^3 \tag{4-4}$$

剪切变形
$$\delta_s=\frac{\xi h}{AG}=\frac{\xi h}{btG} \tag{4-5}$$

式中　h——墙体高度；

b、t——墙体的宽度、厚度；

I——墙体水平截面惯性矩；

E——砌体弹性模量；

A——墙体水平截面面积；

ξ——截面剪应力不均匀系数，对矩形截面取 $\xi=1.2$；

G——砌体剪切弹性模量，一般取 $G=0.4E$。

因此，对于同时考虑弯曲、剪切变形的构件，其侧移刚度为

$$K=\frac{1}{\delta}=\frac{1}{\delta_b+\delta_s}=\frac{Et}{\frac{h}{b}\left[\left(\frac{h}{b}\right)^2+3\right]} \tag{4-6}$$

而对于仅考虑剪切变形的墙体，其侧移刚度为

$$K=\frac{1}{\delta_s}=\frac{Et}{3\frac{h}{b}} \tag{4-7}$$

3. 楼层地震剪力在各墙体间的分配

一般假定：楼层地震剪力 V_i 由各层与 V_i 方向一致的各抗震墙体共同承担。即：横向地震作用全部由横墙承担，纵向地震作用全部由纵墙承担。V_i 在各墙体间的分配主要取决于楼盖的水平刚度和各墙体的抗侧移刚度。

（1）横向楼层地震剪力的分配

横向楼层地震剪力分配时要考虑楼盖的刚度。

1）刚性楼盖。对于抗震横墙最大间距满足表4-3的现浇及装配整体式钢筋混凝土楼盖房屋，当受横向水平地震作用时，可以认为楼盖在其平面内没有变形。因此，可把楼盖在其平面内视为绝对刚性的连续梁，而将各横墙看作是该梁的弹性支座，各支座反力即为各抗震墙所承受的地震剪力。当结构和荷载都对称时，各横墙的水平位移相等（图4-8）。

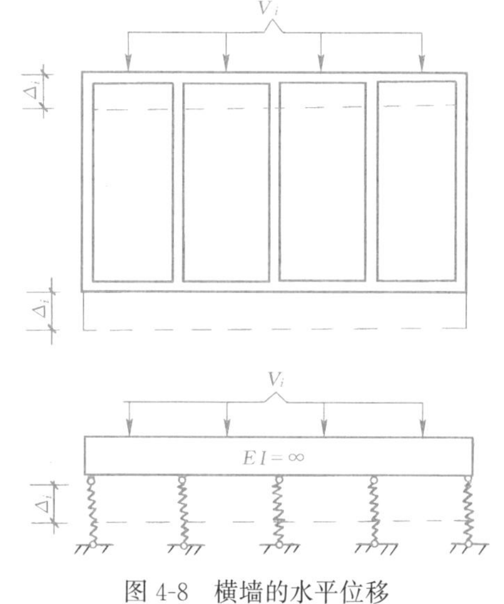

图4-8　横墙的水平位移

设第 i 层共有 m 道横墙，其中第 j 道横墙承受的地震剪力为 V_{ij}，则

$$\sum_{j=1}^{m} V_{ij}=V_i \tag{4-8}$$

V_{ij} 为第 j 道横墙的侧移刚度 K_{ij} 与楼层层间侧移 Δ_i 的乘积

$$V_{ij}=K_{ij}\Delta_i \tag{4-9}$$

上式代入式（4-8）给出

$$\Delta_i=\frac{V_i}{\sum_{j=1}^{m} K_{ij}} \tag{4-10}$$

再将式（4-10）代入式（4-9）即得到

$$V_{ij}=\frac{K_{ij}}{\sum_{j=1}^{m} K_{ij}} \tag{4-11}$$

上式说明，刚性楼盖房屋的楼层地震剪力可按照各抗震横墙的侧移刚度比例分配给各墙体。当计算墙体侧移刚度时，可以只考虑剪切变形，按式（4-7）计算。

若同一层墙体材料及高度均相同，则将式（4-7）代入式（4-11），经简化后可得

$$V_{ij}=\frac{A_{ij}}{\sum_{j=1}^{m} A_{ij}} V_i \tag{4-12}$$

式中　A_{ij}——第 i 层第 j 片墙体的净横截面面积。

式（4-12）说明，对刚性楼盖，当各抗震墙的高度、材料均相同时，其楼层地震剪力可按各抗震墙的横截面面积比例进行分配。

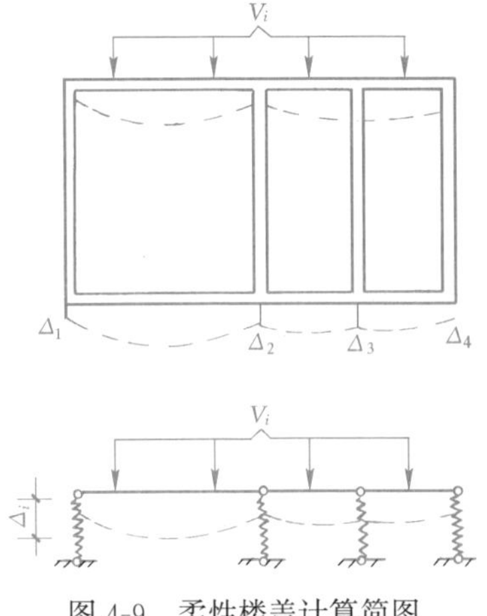

图 4-9　柔性楼盖计算简图

2）柔性楼盖。对于木楼盖等柔性楼盖房屋，由于其本身刚度小，在地震剪力作用下，楼盖平面变形除平移外尚有弯曲变形。楼盖在各处的位移不等，在横墙两侧的楼盖变形曲线具有转折。此时，可认为楼盖如同一多跨简支梁，横墙为各跨简支梁的弹性支座（图 4-9）。因此，各横墙所承担的地震作用为该墙两侧各横墙之间各一半面积的楼盖上的重力荷载所产生的地震作用。各横墙所承担的地震剪力，可按各墙所承担的上部重力荷载比例进行分配，即

$$V_{ij}=\frac{G_{ij}}{G_i}V_i \tag{4-13}$$

式中　G_{ij}——第 i 层楼盖上、第 j 道墙与左右两侧相邻横墙之间各一半楼盖面积（从属面积）上所承担的重力荷载之和；

G_i——第 i 层楼盖上所承担的总重力荷载。

当楼层上重力荷载均匀分布时，上述计算可进一步简化为按各墙体从属面积的比例进行分配，即

$$V_{ij}=\frac{A_{ij}^{\mathrm{f}}}{A_i^{\mathrm{f}}}V_i \tag{4-14}$$

式中　A_{ij}^{f}——第 i 层楼盖、第 j 道墙体的从属面积；

A_i^{f}——第 i 层楼盖总面积。

3）中等刚度楼盖。采用小型预制板的装配式钢筋混凝土楼盖房屋，其楼盖刚度介于刚性楼盖和柔性楼盖之间。我国建筑抗震设计规范建议采用前述两种分配算法的平均值计算地震剪力，即

$$V_{ij}=\frac{1}{2}\left(\frac{K_{ij}}{\sum\limits_{j=1}^{m}K_{ij}}+\frac{G_{ij}}{G_i}\right)V_i \tag{4-15}$$

当墙高相同、所用材料相同且楼盖上重力荷载分布均匀时，可采用

$$V_{ij}=\frac{1}{2}\left(\frac{A_{ij}}{A_i}+\frac{A_{ij}^{\mathrm{f}}}{A_i^{\mathrm{f}}}\right)V_i \tag{4-16}$$

同一种建筑物中各层采用不同的楼盖时，应根据各层楼盖类型分别按上述三种方法分配

楼层地震剪力。

（2）纵向楼层地震剪力的分配

房屋纵向尺寸一般比横向大得多。纵墙的间距在一般砌体房屋中也比较小。因此，不论哪种楼盖，在房屋纵向的刚度都比较大，可按刚性楼盖考虑。即，纵向楼层地震剪力可按各纵墙侧移刚度比例进行分配。

（3）在同一道墙上各墙肢间地震剪力的分配

对于同一道墙体，门窗洞口之间各墙肢所承担的地震剪力可按各墙肢的侧移刚度比例再进行分配。设第 j 道墙上共划分出 s 个墙肢，则第 r 墙肢分配的地震剪力为

$$V_{jr}=\frac{K_{jr}}{\sum_{r=1}^{s}K_{jr}}V_{ij} \tag{4-17}$$

式中 K_{jr}——第 j 墙体第 r 墙肢的侧移刚度。

墙肢侧移刚度的计算要根据墙肢的高宽比 h/b 的不同而区别对待。这是因为对于不同的高宽比，其墙体变形中弯曲、剪切所占比例是不同的。如图 4-10 所示，当 $h/b \leqslant 1$ 时，墙体变形以剪切变形为主，墙肢刚度可按式（4-7）计算；当 $1<h/b \leqslant 4$ 时，弯曲变形和剪切变形在总变形中均占相当比例，墙肢刚度应按式（4-6）计算；当 $h/b>4$ 时，墙体变形以弯曲变形为主。此时，由于侧向变形大，故可以不计其抗侧力贡献。即，对于 $h/b>4$ 的墙肢，可取 $K_{jr}=0$。

通常，可以用墙肢的相对侧移刚度比例分配地震剪力。在计算相对侧移刚度时，若各墙肢材料相同，可取 $E=1$，若各墙肢材料相同且厚度相同，可取 $E_t=1$。在计算高宽比 h/b 时，墙肢高度 h 的取法是：窗间墙取窗洞高；门间墙取门洞高；门窗之间的墙取窗洞高；尽端墙取紧靠尽端的门洞或窗洞高（图 4-11）。

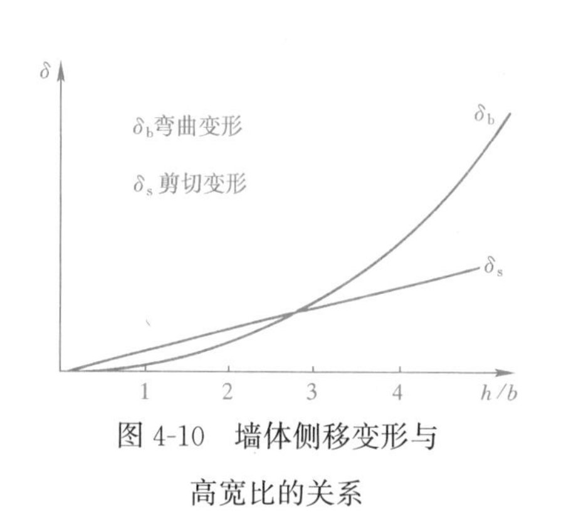

图 4-10 墙体侧移变形与高宽比的关系

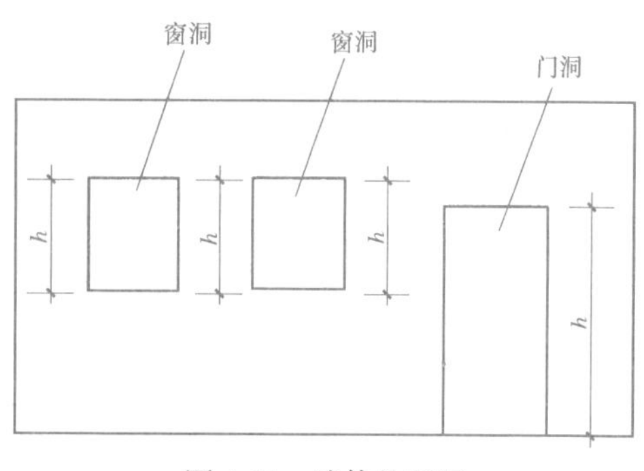

图 4-11 墙体的开洞

在实际砌体结构中，往往存在小开口墙段。此时，为了避免计算的复杂性，可以按不考

虑开洞计算墙体刚度，然后将所得值根据墙体开洞率乘以表4-6中的洞口影响系数，即得开洞墙体的刚度。

墙段洞口影响系数　　表4-6

开洞率	0.10	0.20	0.30
影响系数	0.98	0.94	0.88

注：开洞率为洞口面积与墙段毛面积之比；窗洞高度大于层高50%时，按门洞对待。

【例题4-2】结构同［例题4-1］。试计算第一层③轴线上a、b、c墙肢的地震剪力。该墙上门洞尺寸为0.9m×2.1m，窗洞尺寸为1.8m×1.2m。

【解】(1) 楼层地震剪力的分配

［例题4-1］中已解得$V_1=1199\text{kN}$。预制装配式楼盖按半刚性楼盖考虑。因墙高相同、所用材料相同且楼盖上重力荷载均匀，故可按式(4-16)计算③轴首层墙体所分配地震剪力。

$$A_{1,3}=(6.0-1.8-0.9)\times 0.24=0.79\text{m}^2$$

$$A_1=23.95\text{m}^2$$

$$A_{1,3}^{f}=3.3\times\left(5.7+\frac{0.36}{2}+\frac{2.4}{2}\right)=23.4\text{m}^2$$

$$A_1^{f}=380\text{m}^2$$

故
$$V_{1,3}=\frac{1}{2}\left(\frac{0.79}{23.95}+\frac{23.4}{380}\right)\times 1199=56.7\text{kN}$$

(2) 墙肢地震剪力的分配

墙肢a
$$\frac{h}{b}=\frac{2.1}{1.2}=1.75$$

墙肢b
$$\frac{h}{b}=\frac{1.2}{0.5}=2.4$$

墙肢c
$$\frac{h}{b}=\frac{1.2}{1.6}=0.75$$

因此，墙肢c仅考虑剪切变形计算侧移刚度，而墙肢a和墙肢b则要同时考虑剪切与弯曲变形计算侧移刚度。

$$K_a=\frac{1}{1.75^3+3\times 1.75}=0.094$$

$$K_b=\frac{1}{2.4^3+3\times 2.4}=0.048$$

$$K_c=\frac{1}{3\times 0.75}=0.444$$

$$\Sigma K = K_a + K_b + K_c = 0.586$$

采用相对侧移刚度方式分配地震剪力，各墙肢分配的地震剪力为

$$V_a = \frac{0.094}{0.586} \times 56.7 = 9.1\text{kN}$$

$$V_b = \frac{0.048}{0.586} \times 56.7 = 4.6\text{kN}$$

$$V_c = \frac{0.444}{0.586} \times 56.7 = 43.0\text{kN}$$

4.3.3 墙体抗震强度验算

1. 砌体抗剪强度理论

砌体抗剪强度理论主要有两种：主拉应力强度理论与剪切摩擦强度理论。主拉应力强度理论将砌体假定为均质各向同性的弹性材料，认为当墙体内某处的主拉应力（式4-18）达到砌体抗拉强度时，砌体将出现开裂并破坏。

$$\sigma_1 = -\frac{\sigma_0}{2} + \sqrt{\left(-\frac{\sigma_0}{2}\right)^2 + \tau^2} \tag{4-18}$$

式中 σ_0——正压应力；

τ——剪应力。

与主拉应力强度理论不同，剪切摩擦强度理论认为砌体的抗震强度主要由水平缝的抗剪强度所决定。当墙体的名义剪应力分布均匀时，砌体沿水平通缝破坏，当墙体的剪应力分布不均匀时，砌体沿最大剪应力分布线破坏，形成平缓的梯形裂缝。砌体的剪切摩擦强度为

$$f_V = f_{V_0} + \mu\sigma_0 \tag{4-19}$$

式中 f_{V_0}——$\sigma_0 = 0$ 时砌体的抗剪强度；

μ——摩擦系数。

实际上，上述理论都是对客观对象经过某种抽象后形成的。在实践中应用的强度公式则是半经验半理论公式。我国建筑抗震设计规范经过试验和统计归纳，规定各类砌体沿阶梯形截面破坏的抗震强度设计值为

$$f_{VE} = \xi_N f_V \tag{4-20}$$

式中 f_V——非抗震设计的砌体抗剪强度设计值，可按我国砌体结构设计规范采用；

ξ_N——砌体强度的正应力影响系数，可按表4-7采用。值得指出，表中砖砌体的 ξ_N 是以主拉应力强度理论为基础统计归纳的，而砌块砌体的 ξ_N 则是以剪切摩擦强度理论为基础给出的。

砌体强度的正应力影响系数　　表 4-7

砌体类别	σ_0/f_V						
	0.0	1.0	3.0	5.0	7.0	10.0	12.0	≥16.0
普通砖、多孔砖	0.80	0.99	1.25	1.47	1.65	1.90	2.05	—
小砌块		1.23	1.69	2.15	2.57	3.02	3.32	3.92

注：σ_0 为对应于重力荷载代表值的砌体截面平均压应力。

2. 砌体截面抗震强度验算

当墙体或墙段所分配的地震剪力确定后，即可验算墙体的抗震强度。验算的对象是承受地震剪力较大的或竖向压应力较小的或局部截面较小的墙段。截面的抗震承载力应满足

$$V \leqslant \frac{f_{VE}A}{\gamma_{RE}} \tag{4-21}$$

式中 V——墙体地震剪力设计值；

A——墙体横截面面积，多孔砖取毛截面面积；

γ_{RE}——承载力抗震调整系数，一般承重墙体 $\gamma_{RE}=1.0$；两端均有构造柱约束的承重墙体 $\gamma_{RE}=0.9$；自承重墙体 $\gamma_{RE}=0.75$。

上式主要适用于非配筋砌体，对于横向配筋砌体，应按下式验算：

$$V \leqslant \frac{1}{\gamma_{RE}}(f_{VE}A+\xi_s f_y A_{sh}) \tag{4-22}$$

式中 f_y——钢筋抗拉强度设计值；

A——墙体横截面面积；

A_{sh}——层间墙体竖向截面的总水平钢筋面积；

ξ_s——钢筋参与工作系数，可按表 4-8 采用。

钢筋参与工作系数　　表 4-8

墙体高宽比	0.4	0.6	0.8	1.0	1.2
ζ_s	0.10	0.12	0.14	0.15	0.12

实验表明，砌体中配置的钢筋过少，对强度的提高将不起作用，对砌体变形能力也无明显改善作用；如配筋过多，钢筋又不能充分发挥作用。较合理的配筋量在 0.07%～0.17%。

混凝土小型砌块墙体，多采用芯柱配筋方式。此类砌体墙体的抗震承载力验算公式是

$$V \leqslant \frac{1}{\gamma_{RE}}[f_{VE}A+(0.3f_tA_c+0.05f_yA_s)\xi_c] \tag{4-23}$$

式中 f_t——芯柱混凝土轴心抗拉强度设计值；

A_c——芯柱截面总面积；

A_s——芯柱钢筋截面总面积；

ξ_c——芯柱参与工作系数，按表 4-9 查取，表中填孔率系指芯柱根数（含构造柱）与孔洞总数之比。

芯柱影响系数　表 4-9

填孔率 ρ	$\rho<0.15$	$0.15\leqslant\rho<0.25$	$0.25\leqslant\rho<0.5$	$\rho\geqslant0.5$
ξ_c	0.0	1.0	1.10	1.15

【例题 4-3】试验算［例题 4-1］中底层③轴线墙体的抗震强度。墙体用砖的强度等级为 MU10，砂浆强度等级为 M5.0。

【解】(1) 计算各墙肢在层高半高处的平均压应力

墙肢 a　$\sigma_0=0.57\ (\text{N/mm}^2)$

墙肢 b　$\sigma_0=1.4\ (\text{N/mm}^2)$

墙肢 c　$\sigma_0=0.66\ (\text{N/mm}^2)$

(2) 验算抗震强度。

各墙肢验算结果列于表 4-10。

底层③轴墙体强度验算　表 4-10

墙段	面积(m^2)	σ_0/f_V	ζ_N	$f_{VE}=\zeta_N f_V$	V(kN)	$f_{VE}A/\gamma_{RE}$(kN)
a	0.288	4.75	1.47	0.176	11.8	50.7>11.8
b	0.12	11.7	2.07	0.248	6.03	29.8>6.03
c	0.384	5.5	1.55	0.186	55.8	71.4>55.8

可见，各墙肢抗震强度均满足要求。但对于墙肢 b，墙长 0.5m 小于承重窗间墙的最小尺寸 1m 的限值。因此，应对墙肢 b 采用构造配筋的加强措施。

4.4　多层砌体结构抗震构造措施

结构抗震构造措施的主要目的在于加强结构的整体性、保证抗震设计目标的实现、弥补抗震计算的不足。对于多层砌体结构，由于抗震验算仅对承受水平地震剪力的墙体进行，因而对其抗震构造更要加以注意。

4.4.1　加强结构的连接

1. 纵横墙连接

对 7 度时层高超过 3.6m 或长度大于 7.2m 的大房间以及 8 度和 9 度时外墙转角及内外墙

交接处，当未设构造柱时，应沿墙高每隔 0.5m 配置 2ϕ6 拉结钢筋，且每边伸入墙内不少于 1m（图 4-12）。

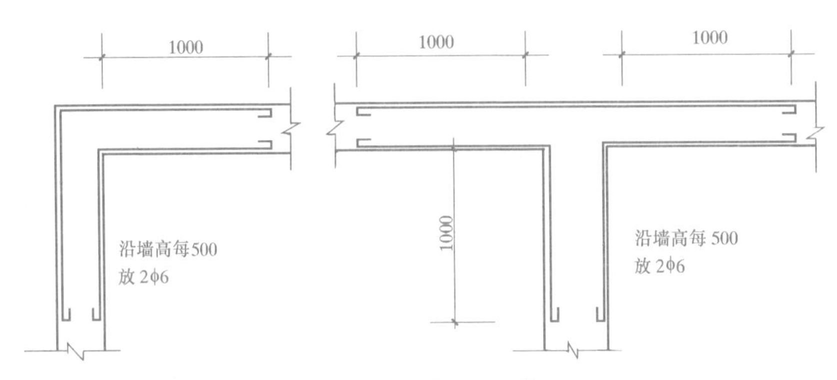

图 4-12　纵横墙的连接

后砌的非承重砌体隔墙应沿墙高每隔 0.5～0.6m 配置 2ϕ6 钢筋与承重墙或柱拉结，并每边伸入墙内不少于 0.5m。8 度和 9 度时长度大于 5.0m 的后砌非承重砌体隔墙的墙顶，尚应与楼板或梁拉结。

混凝土小砌块房屋墙体交接处或芯柱与墙体连接处应沿墙高每隔 0.6m 设置 ϕ4 点焊钢筋网片，网片每边伸入墙内不宜小于 1m。

2. 楼板间及楼板与墙体的连接

对房屋端部大房间的楼板以及 8 度时房屋的屋盖和 9 度时房屋的楼屋盖，应加强钢筋混凝土预制板之间的拉结（图 4-13）以及板与梁、墙和圈梁的连接。

现浇钢筋混凝土楼板或屋面板伸进纵、横墙内的长度不应小于 120mm。对装配式钢筋混凝土楼板或屋面板，当圈梁未设在板的同一标高时，板端伸进外墙的长度不应小于 120mm，板端伸进内墙的长度不应小于 100mm，在梁上不应小于 80mm。当板的跨度大于 4.8m 并与外墙平行时，靠外墙的预制板边应与墙或圈梁拉结（图 4-14）。

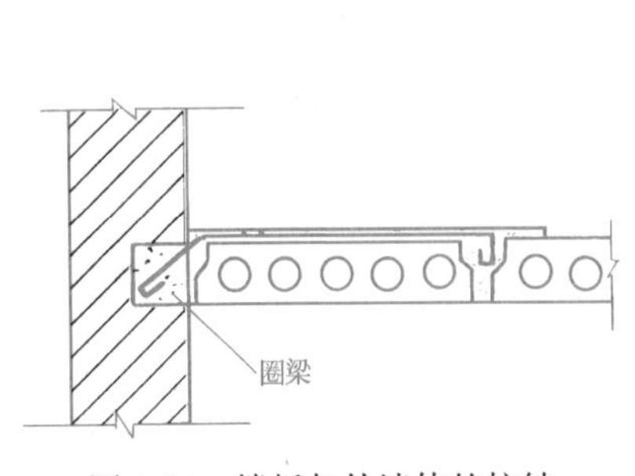

图 4-13　楼板与外墙体的拉结

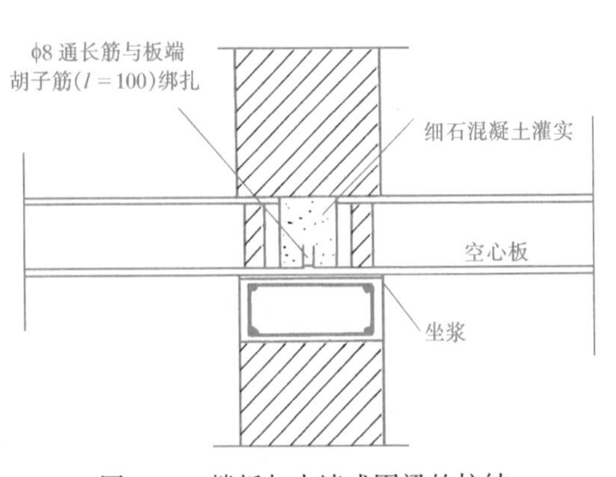

图 4-14　楼板与内墙或圈梁的拉结

对装配式楼板应要求坐浆，以增强与墙体的粘结。

4.4.2 设置钢筋混凝土构造柱

在多层砌体结构中设置钢筋混凝土构造柱或芯柱，可以提高墙体的抗剪强度，大大增强房屋的变形能力。在墙体开裂之后，构造柱与圈梁所形成的约束体系可以有效地限制墙体的散落，使开裂墙体以滑移、摩擦等方式消耗地震能量，保证房屋不致倒塌。

1. 钢筋混凝土构造柱

对多层砖房，应按表4-11要求设置钢筋混凝土构造柱。对外廊式或单面走廊式的多层砖房、教学楼或医院等横墙较少的房屋，应根据房屋增加一层后的层数按表4-11设置构造柱。外廊、单面走廊式的教学楼与医院，应按增加两层后的层数按表4-11设置构造柱。

砖房构造柱设置要求　　表4-11

<table>
<tr><th colspan="4">房屋层数</th><th colspan="2" rowspan="2">设置部位</th></tr>
<tr><th>6度</th><th>7度</th><th>8度</th><th>9度</th></tr>
<tr><td>四、五</td><td>三、四</td><td>二、三</td><td></td><td rowspan="3">楼、电梯间四角，楼梯段上下端对应的墙体处；外墙四角和对应转角
错层部位横墙与外纵墙交接处
大房间内外墙交接处，较大洞口两侧</td><td>隔12m或单元横墙与外纵墙交接处，楼梯间对应的另一侧内横墙与外纵墙交接处</td></tr>
<tr><td>六</td><td>五</td><td>四</td><td>二</td><td>隔开间横墙(轴线)与外墙交接处，山墙与内纵墙交接处</td></tr>
<tr><td>七</td><td>≥六</td><td>≥五</td><td>≥三</td><td>内墙(轴线)与外墙交接处，内墙的局部较小墙垛处；9度时内纵墙与横墙(轴线)交接处</td></tr>
</table>

构造柱最小截面尺寸可采用240mm×180mm，纵向钢筋宜采用4ϕ12，箍筋间距不宜大于250mm，且宜在柱上下端适当加密。在6、7度区超过六层，8度区超过五层和9度区，构造柱纵筋宜采用4ϕ14，箍筋间距不宜大于200mm。

对钢筋混凝土构造柱的施工，应要求先砌墙、后浇柱，墙、柱连接处宜砌成马牙槎，并应沿墙高每隔0.5m设2ϕ6拉结钢筋和由ϕ4分布短筋点焊组成的钢筋网片，每边伸入墙内不少于1m。

构造柱应与圈梁连接，构造柱的纵筋应上下贯通。隔层设置圈梁的房屋，应在无圈梁的楼层增设配筋砖带。配筋砖带砂浆强度不应低于M5。

构造柱可不单独设置基础，但应伸入室外地面下0.5m或锚入浅于0.5m的基础圈梁内。

2. 钢筋混凝土芯柱

对多层砌块房屋，应要求设置钢筋混凝土芯柱。其中，对混凝土小砌块房屋，可按表4-12要求设置芯柱。

多层混凝土小砌块房屋芯柱设置要求　　表 4-12

<table>
<tr><th colspan="4">房屋层数</th><th rowspan="2">设置部位</th><th rowspan="2">设置数量</th></tr>
<tr><th>6度</th><th>7度</th><th>8度</th><th>9度</th></tr>
<tr><td>四、五</td><td>三、四</td><td>二、三</td><td></td><td>外墙四角，楼梯间四角；大房间内外墙交接处；每隔12m左右的横墙或单元横墙与外墙交接处；错层部位横墙与外纵墙交接处</td><td rowspan="2">外墙转角，灌实3个孔；内外墙交接处，灌实4个孔；楼梯斜段上下端对应的墙体处，灌实2个孔</td></tr>
<tr><td>六</td><td>五</td><td>四</td><td></td><td>外墙四角，楼梯间四角，大房间内外墙交接处，山墙与内纵墙交接处，隔开间横墙（轴线）与外纵墙交接处</td></tr>
<tr><td>七</td><td>六</td><td>五</td><td>二</td><td>外墙四角，楼梯间四角；各内墙（轴线）与外墙交接处；内纵墙与横墙（轴线）交接处和门洞两侧</td><td>外墙转角，灌实5个孔；内外墙交接处，灌实4个孔；内墙交接处，灌实4～5个孔；洞口两侧，各灌实1个孔</td></tr>
<tr><td></td><td>七</td><td>≥六</td><td>≥三</td><td>同上；
横墙内芯柱间距不宜大于2m</td><td>外墙转角，灌实7个孔；内外墙交接处，灌实5个孔；内墙交接处，灌实4～5个孔；洞口两侧各灌实1个孔</td></tr>
</table>

注：外墙转角，内外墙交接处、楼电梯间四角等部位，应允许采用钢筋混凝土构造柱替代部分芯柱。

混凝土小砌块房屋芯柱截面不宜少于120mm×120mm，芯柱混凝土强度等级，不应低于C20。芯柱与墙连接处应设置拉结钢筋网片。竖向钢筋应贯通墙身且应与每层圈梁连接。插筋不应小于1ϕ12；对6、7度时超过五层、8度时超过四层和9度时，插筋不应少于1ϕ14。芯柱也应伸入室外地面下0.5m或锚入浅于0.5m的基础圈梁内。

4.4.3 合理布置圈梁

圈梁在砌体结构抗震中可以发挥多方面的作用。它可以加强纵横墙的连接、增强楼盖的整体性、增加墙体的稳定性；它可以有效地约束墙体裂缝的开展，从而提高墙体的抗震能力；它还可以有效地抵抗由于地震或其他原因所引起的地基不均匀沉降对房屋的破坏作用。

装配式钢筋混凝土楼、屋盖或木楼、屋盖的砖房，横墙承重时应按表4-13的要求设置圈梁。纵墙承重时，应每层设置圈梁且抗震横墙上的圈梁间距应比表4-13内要求适当加密。现浇或装配整体式钢筋混凝土楼、屋盖的多层砖房，当楼、屋盖与墙体有可靠连接时可不设圈梁。

砌块房屋采用装配式钢筋混凝土楼盖时，每层均要设置圈梁。现浇钢筋混凝土圈梁应在设防烈度基础上提高一度后按表4-13的相应要求设置。

6～8度区的砖拱楼、木屋盖房屋，各层所有墙体均应设置圈梁。

圈梁应闭合，遇有洞口应上下搭接，不宜采用现浇圈梁与门窗过梁合二为一的构造措施。圈梁的截面高度不应小于120mm，配筋应符合表4-14的要求。为加强基础整体性和刚性而设置的基础圈梁，其截面高度不应小于180mm，配筋不应少于4ϕ12。

砖房现浇钢筋混凝土圈梁设置要求 表 4-13

墙类	烈度		
	6、7	8	9
外墙及内纵墙	屋盖处及每层楼盖处	屋盖处及每层楼盖处	屋盖处及每层楼盖处
内横墙	同上；屋盖处间距不应大于4.5m；楼盖处间距不应大于7.2m；构造柱对应部位	同上；各层所有横墙，且间距不应大于4.5m；构造柱对应部位	同上；各层所有横墙

圈梁配筋要求 表 4-14

配筋	烈度		
	6、7	8	9
最小纵筋	4ϕ10	4ϕ12	4ϕ14
最大箍筋间距(mm)	250	200	150

4.4.4 重视楼梯间的设计

楼梯间的震害往往较重，而地震时，楼梯间是疏散人员和进行救灾的要道。因此，对其抗震构造措施要给予足够的重视。

顶层楼梯间横墙和外墙应沿墙高每隔500mm设2ϕ6通长钢筋和ϕ4点焊钢筋网片；7～9度时其他各层楼梯间墙体应在休息平台或楼层半高处设置60mm厚的钢筋混凝土带或配筋砖带，其砂浆强度等级不应低于M7.5，纵向钢筋不应少于2ϕ10。

楼梯间及门厅内墙阳角处的大梁支承长度不应小于500mm，并应与圈梁连接。

装配式楼梯段应与平台板的梁可靠连接；8、9度时不应采用装配式楼梯段；不应采用墙中悬挑式踏步或踏步竖肋插入墙体的楼梯，不应采用无筋砖砌栏板。

突出屋顶的楼、电梯间，构造柱应伸到顶部，并与顶部圈梁连接，内外墙交接处应沿墙高每隔500mm设2ϕ6通长拉结钢筋和ϕ4点焊钢筋网片。

4.5 底部框架-抗震墙砌体房屋抗震设计

4.5.1 概述

底部框架砌体房屋主要指结构底层或底部两层采用钢筋混凝土框架-抗震墙的多层砌体房屋。这类结构类型主要用于底部需要大空间，而上面各层采用较多纵横墙的房屋，如底层设置商店、餐厅的多层住宅、旅馆、办公楼等建筑。

这类房屋因底部刚度小、上部刚度大，竖向刚度急剧变化，抗震性能较差。地震时往往在底部出现变形集中、产生过大侧移而严重破坏，甚至倒塌。为了防止底部因变形集中而发生严重的震害，在抗震设计中必须在结构底部加设抗震墙，不得采用纯框架布置。

底部框架-抗震墙房屋抗震墙的数量，应依据第二层与底层的纵横向侧移刚度比值要求来确定。在6、7度时这一比值不应大于2.5，8度和9度时不应大于2，且均不应小于1.0。对于底部两层框架-抗震墙砌体房屋，底层与底部第二层侧移刚度应接近，第三层与底部第二层侧移刚度的比值，6、7度时不应大于2，8、9度时不应大于1.5，且均不宜小于1。底部抗震横墙的间距应符合表4-15的要求。抗震墙应采用钢筋混凝土墙，6度和7度时也可采用嵌砌于框架之间的黏土砖墙或混凝土小砌块墙。

底部抗震墙最大间距（m）　　表4-15

6度	7度	8度	9度
18	15	11	—

底部框架-抗震墙砌体房屋的总高度和层数应遵循现行《建筑抗震设计规范》GB 50011的规定。

4.5.2 抗震计算

底部框架-抗震墙砌体房屋的抗震计算可采用底部剪力法。计算中取地震影响系数$\alpha_1=\alpha_{max}$，顶部附加地震影响系数$\delta_n=0$。为了减轻底部的薄弱程度，我国建筑抗震设计规范规定，底层框架-抗震墙砌体房屋的底层地震剪力设计值应将底部剪力法所得底层地震剪力再乘以增大系数，即

$$V_1=\xi\alpha_{max}G_{eq} \tag{4-24}$$

式中　ξ——地震剪力增大系数，与第二层与底层侧移刚度之比γ有关。可取

$$\xi=\sqrt{\gamma} \tag{4-25}$$

按式（4-25）算得$\xi<1.2$时，取$\xi=1.2$；$\xi>1.5$时，取$\xi=1.5$。

同理，对于底部两层框架房屋的底层与第二层，其纵、横向地震剪力设计值亦均应乘以增大系数ξ。

底部框架中的框架柱与抗震墙的设计，可按两道防线的思想进行设计，即在结构弹性阶段，不考虑框架柱的抗剪贡献，而由抗震墙承担全部纵横向的地震剪力。在结构进入弹塑性阶段后，考虑到抗震墙的损伤，由抗震墙和框架柱共同承担地震剪力。根据试验研究结果，钢筋混凝土抗震墙开裂后的刚度约为初始弹性刚度的30%，砖抗震墙约为20%。据此可确定框架柱所承担的地震剪力为

$$V_c=\frac{K_c}{0.3\sum K_{wc}+0.2\sum K_{wm}+\sum K_c}V_1 \tag{4-26}$$

式中 K_{wc}、K_{wm}、K_c——分别为一片混凝土抗震墙、一片砖抗震墙、一根钢筋混凝土框架柱的弹性侧移刚度。

此外，框架柱的设计尚需考虑地震倾覆力矩引起的附加轴力。作用于整个房屋底层的地震倾覆力矩为（参考图4-15）。

$$M_1=\sum_{i=2}^{n}F_i(H_i-H_1) \tag{4-27}$$

每榀框架所承担的地震倾覆力矩，可按底层抗震墙和框架的转动刚度比例分配。一片抗震墙承担的倾覆力矩为

$$M_w=\frac{K'_w}{\sum K'_w+\sum K'_f}M_1 \tag{4-28}$$

一榀框架承担的倾覆力矩为

$$M_f=\frac{K'_f}{\sum K'_w+\sum K'_f}M_1 \tag{4-29}$$

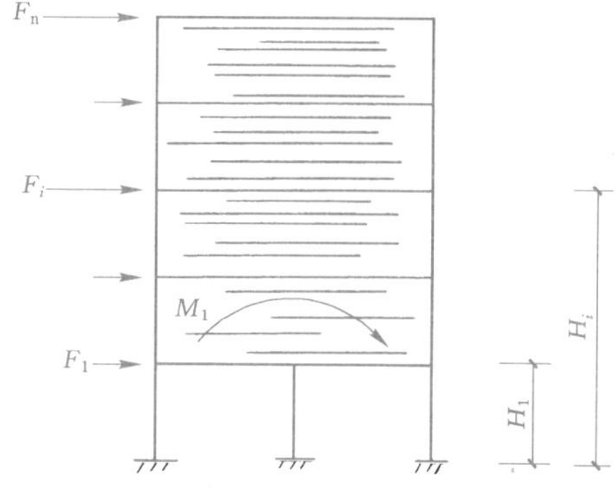

图4-15 底部框架的抗震墙

上述式中 K'_w——底层一片抗震墙的平面转动刚度：

$$K'_w=\frac{1}{\dfrac{h}{EI}+\dfrac{1}{C_\varphi I_\varphi}} \tag{4-30}$$

K'_f——一榀框架沿自身平面的转动刚度：

$$K'_c=\frac{1}{\dfrac{h}{E\sum A_i x_i^2}+\dfrac{1}{C_Z\sum F_i x_i^2}} \tag{4-31}$$

I、I_φ——抗震墙水平截面和基础底面的转动惯量；

C_Z、C_φ——地基抗压和抗弯刚度系数；

A_i、F_i——一榀框架中第 i 根柱子的水平截面面积和基础底面积；

x_i——第 i 根柱子到所在框架中和轴的距离。

倾覆力矩 M_f 在框架中产生的附加轴力为

$$N_{ci}=\pm\frac{A_i x_i}{\sum A_i x_i^2}M_f \tag{4-32}$$

底部框架-抗震墙砌体房屋框架层以上结构的抗震计算与多层砌体结构房屋相同。

【例题4-4】［例题4-1］中多层砖房改为底层框架房屋，上部各层均不变，底层平面改动如下：撤除底层②、③、⑥、⑧轴线上的横墙，在Ⓑ、Ⓒ轴线的山墙上加开门洞，尺寸为1.8m×2.5m。在各轴线交叉点设置框架柱，柱截面尺寸为400mm×400mm，混

凝土强度等级为C20。试求底层横向设计地震剪力和框架柱所承担的地震剪力。

【解】(1) 计算二层与底层的侧移刚度比

底层框架柱单元的侧移刚度（近似按两端完全嵌固计算）

$$K_c=\frac{12EI}{H^3}=\frac{12\times2.55\times10^7\times0.4^4}{3.6^3\times12}=13992\text{kN/m}$$

单片砖抗震墙的侧移刚度（不考虑带洞墙体）：

①、⑨轴线上：

$$K_{wm,1}=\frac{GA}{\xi H}=\frac{0.4\times1500\times1.58\times10^3\times1.97}{1.2\times3.6}=4.32\times10^5\text{kN/m}$$

④、⑤轴线上：

$$K_{wm,2}=\frac{0.4\times1500\times1.58\times10^3\times1.31}{1.2\times3.6}=2.87\times10^5\text{kN/m}$$

故底层横向侧移刚度为

$$K_1=36\times K_c+4\times(K_{wm,1}+K_{wm,2})=3.38\times10^6\text{kN/m}$$

二层横向侧移刚度为

$$K_2=\frac{G\sum A_i}{\xi H}=\frac{0.4\times1500\times1.58\times10^3\times21.99}{1.2\times3.6}=4.83\times10^6\text{kN/m}$$

$$\gamma_2=\frac{K_2}{K_1}=1.43$$

(2) 求横向设计地震剪力

结构底层做出题设变动后

$$G_1=4531\text{kN}$$

$$G=17321\text{kN}$$

故 $$V_1=\sqrt{\gamma}\alpha_{max}G_{eq}=1.2\times0.08\times0.85\times17321=1413.4\text{kN}$$

(3) 计算框架柱所承担的地震剪力

$$V_c=\frac{K_c}{0.2\sum K_{wm}+\sum K_c}V_1$$

$$=\frac{13992\times1413.4}{0.2\times2.88\times10^6+5.04\times10^5}=18.3\text{kN}$$

4.5.3 抗震构造措施

底层框架-抗震墙砌体房屋的上部结构的构造措施同一般多层砌体房屋。

底部框架应采用现浇或现浇柱、预制梁结构，并宜双向刚性连接。底层楼盖应采用现浇钢筋混凝土板，板厚不应小于120mm。当楼板洞口尺寸大于800mm时，洞口周边应设置圈梁。底层框架柱因受水平剪力和竖向压力共同作用，常沿斜截面发生破坏。因此，宜加大构造箍筋的直径、减少间距，必要时可采用螺旋箍筋或焊接封闭箍筋。

底部框架-抗震墙房屋的上部各层应按表4-11要求设置钢筋混凝土构造柱，过渡层尚应在底部框架柱对应位置处设置构造柱。构造柱的截面，不宜小于240mm×240mm。构造柱的纵向钢筋不宜少于4ϕ14，箍筋间距不宜大于200mm。过渡层构造柱的纵向钢筋，6、7度时不宜小于4ϕ16，8度时不宜小于4ϕ18。一般情况下，构造柱的纵向钢筋应锚入下部的框架柱内；当纵向钢筋锚固在框架梁内时，框架梁的相应位置应加强。构造柱应与每层圈梁连接或与现浇楼板可靠拉结。

钢筋混凝土托墙梁的截面宽度不应小于300mm，梁的截面高度不应小于跨度的1/10。箍筋的直径不应小于8mm，间距不应大于200mm；梁端在1.5倍梁高且不小于1/5梁净跨范围内，以及上部墙体的洞口处和洞口两侧各500mm且不小于梁高的范围内，箍筋间距不应大于100mm。沿梁高应设腰筋，数量不应少于2ϕ14，间距不应大于200mm。梁的主筋和腰筋应按受拉钢筋的要求锚固在柱内，且支座上部的纵向钢筋在柱内的锚固长度应符合钢筋混凝土框支梁的有关要求。

钢筋混凝土抗震墙周边应设置梁（或暗梁）和边框柱（或框架柱）组成的边框；边框梁的截面宽度不宜小于墙板厚度的1.5倍，截面高度不宜小于墙板厚度的2.5倍；边框柱的截面高度不宜小于墙板厚度的2倍。抗震墙墙板的厚度不宜小于160mm，且不应小于墙板净高的1/20；抗震墙宜开设洞口形成若干墙段，各墙段的高度比不宜小于2。抗震墙的竖向和横向分布钢筋配筋率均不应小于0.3%，并应采用双排布置；双排分布钢筋间拉筋的间距不应大于600mm，直径不应小于6mm。

底部抗震墙若采用嵌、砌于框架之间的砖砌抗震墙时，应先砌墙后浇柱。砖墙至少厚240mm，砂浆强度等级应不小于M10，且应沿框架柱每隔0.3m配置2ϕ8拉结钢筋和ϕ4点焊钢筋网片，并沿砖墙全长设置。在墙体半高处尚应设置与框架柱相连的钢筋混凝土水平系梁。

底部框架的抗震等级可分别采用四级（6度）、三级（7度）、二级（8度）和一级（9度）。钢筋混凝土抗震墙按三级采用。抗震构造应满足相应等级要求。关于框架和抗震墙的抗震等级及相应构造措施可参见本书第5章。

习题

1. 怎样理解多层砖房震害的一般规律?
2. 怎样考虑多层砌体结构抗震的垂直地震作用?

3. 在多层砌体结构中设置圈梁的作用是什么?
4. 怎样理解底部框架房屋底部框架的设计原则?
5. 试判断下述论断的正误:
   (1) 多层砌体房屋横墙越少，破坏越重;
   (2) 构造柱只有和圈梁连成一个整体后才能发挥作用;
   (3) 砌体结构中抗震墙刚度越大，分配地震剪力越多;
   (4) 底层框架房屋的底部剪力在房屋纵、横向相等。
6. 填空题
   (1) 构造柱与墙连接处，应沿墙高每隔__________设__________的拉结钢筋，每边伸入墙内不少于__________m;
   (2) 楼梯间不宜设在房屋的__________与__________处;
   (3) 砌体抗震抗剪强度主要有__________理论和__________理论;
   (4) 砌块砌体的总高度限值__________于砖房，横墙最大间距__________于或__________于砖房;
   (5) 混凝土空心砌块房屋可用__________代替钢筋混凝土构造柱。
7. 试验算[例题 4-1]中屋顶间墙体的抗震强度。屋顶间墙体用砖的强度等级为 MU7.5，砂浆的强度等级为 M2.5。
8. 五层底层框架砖房，底层平面布置如图 4-16 所示。框架柱截面尺寸为 400mm×400mm，底层砖抗震墙厚为 240mm，混凝土抗震墙为 200mm。混凝土强度等级为 C25，砖强度等级为 MU10，砂浆强度等级为 M7.5，二层以上的横墙除与一层处抗震墙对齐外，还在首层设有纵向抗震墙的开间两侧设有抗震横墙。结构总的重力荷载为 28422kN，底层层高 4.8m，二层及以上均为 2.8m。试计算底层横向设计地震剪力及框架柱所承受的剪力。

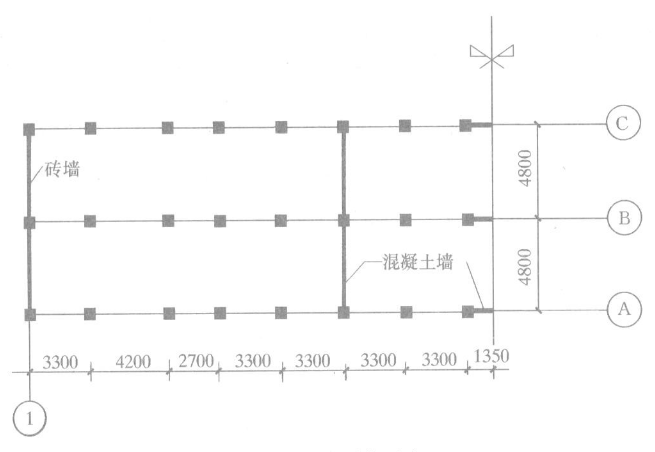

图 4-16　习题 8 图

第 5 章
多高层建筑钢筋混凝土结构抗震设计

多高层钢筋混凝土结构以其优越的综合性能在城市建设中得到了广泛的应用。在我国，大部分的多高层房屋建筑都是用钢筋混凝土结构建造的。我国是多地震国家，因此，掌握多高层钢筋混凝土结构的抗震设计方法，显然是十分重要的。

5.1 多高层钢筋混凝土结构的震害及其分析

5.1.1 结构布置不合理而产生的震害

1. 扭转破坏

如果建筑物的平面布置不当而造成刚度中心和质量中心有较大的不重合，或者结构沿竖向刚度有过大的突然变化，则极易使结构在地震时产生严重破坏。这是由于过大的扭转反应或变形集中而引起的。

唐山地震时，位于天津市的一幢平面为 L 形的建筑（图 5-1）由于不对称而产生了强烈的扭转反应，导致离转动中心较远的东南角和东北角处严重破坏：东南角柱产生纵向裂缝，导致钢筋外露；东北角柱处梁柱节点的混凝土酥裂。

同在唐山地震中，一个平面如图 5-2 所示的框架厂房产生了强烈的扭转反应，导致第二层的 11 根柱产生严重的破坏（图 5-2)。该厂房的电梯间设置在房屋的一端，引起严重的刚度不对称。

2. 薄弱层破坏

某结构的立面如图 5-3 所示，底部两层为框架，以上各层为钢筋混凝土抗震墙和框架，上部刚度比下部刚度大 10 倍左右。这种竖向的刚度突变导致地震时结构的变形集中在底部两层，使底层柱严重酥裂，钢筋压曲，第二层偏移达 600mm。

震害调查表明，结构刚度沿高度方向的突然变化，会使破坏集中在刚度薄弱的楼层，对抗震是不利的。1995 年阪神地震时，大量的 20 层左右的高层建筑在第 5 层处倒塌（图 5-4），这是因为日本的老抗震规范允许在第 5 层以上较弱。

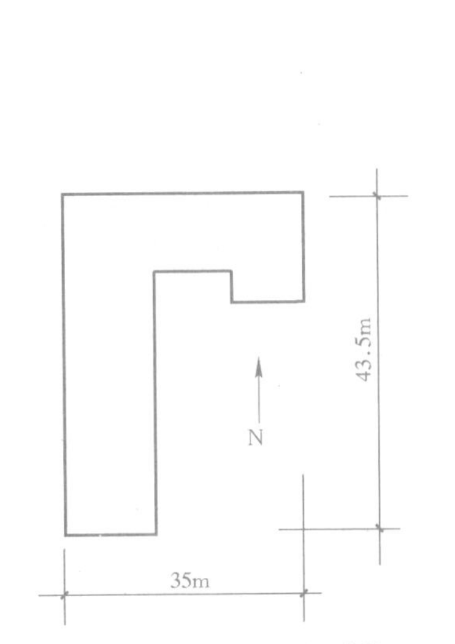

图 5-1　平面为 L 形的建筑

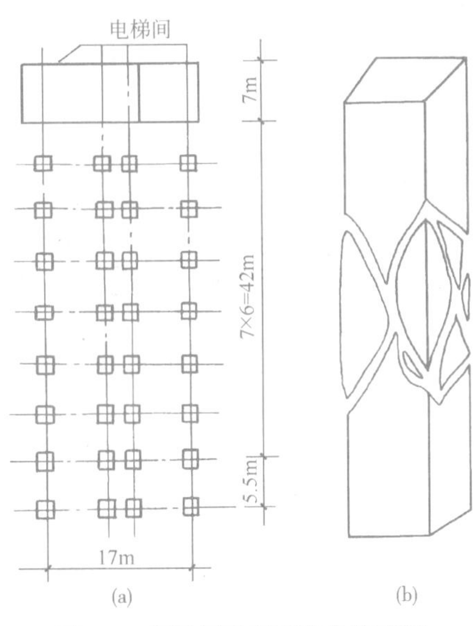

图 5-2　框架厂房平面和柱的破坏

（a）厂房平面；（b）柱的破坏

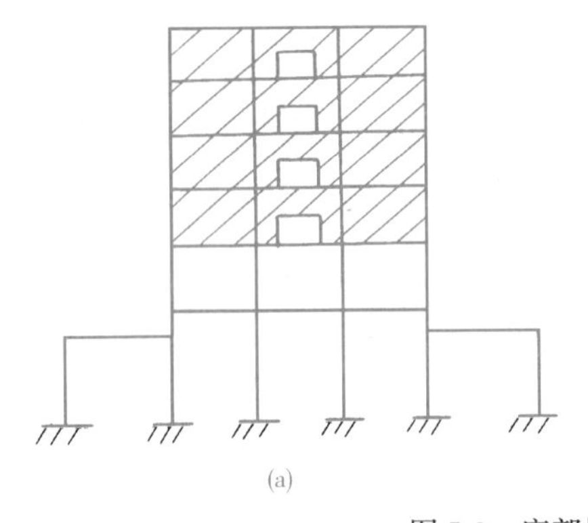

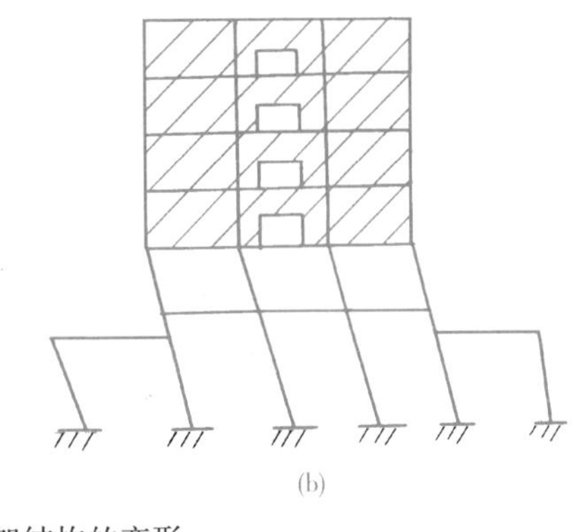

图 5-3　底部框架结构的变形

（a）变形前；（b）变形后

图 5-4　高层建筑的第 5 层倒塌

具有薄弱底层的房屋，易在地震时倒塌。图5-5和图5-6示出了两种倒塌的形式。

图5-5　软弱底层房屋倒塌形式之一（倾倒）

图5-6　软弱底层房屋倒塌形式之二（底层完全倒塌）

3. 应力集中

结构竖向布置产生很大的突变时，在突变处由于应力集中会产生严重震害。图5-7为在阪神地震时由应力集中而产生的震害。

4. 防震缝处碰撞

防震缝如果宽度不够，其两侧的结构单元在地震时就会相互碰撞而产生震害（图5-8）。例如唐山地震时，北京民航大楼防震缝处的女儿墙被碰坏；北京饭店西楼伸缩缝处的贴假砖柱脱落，内填充墙侧移达50mm。在相同条件下，缝宽达600mm的北京饭店东楼则未出现碰撞引起的震害。

5.1.2 框架结构的震害

1. 整体破坏形式

框架的整体破坏形式按破坏性质可分为延性破坏和脆性破坏，按破坏机制可分为梁铰机制（强柱弱梁型）和柱铰机制（强梁弱柱型）（图5-9）。梁铰机制即塑性铰出现在梁端，此

图 5-7 应力集中产生的震害

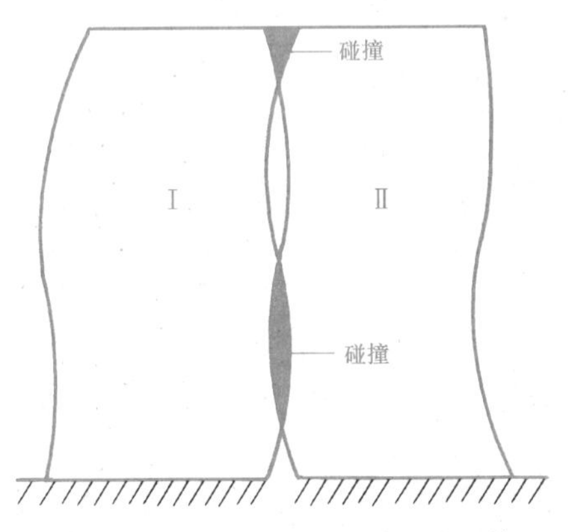

图 5-8 防震缝两侧结构单元的碰撞

时结构能经受较大的变形，吸收较多的地震能量。柱铰机制即塑性铰出现在柱端，此时结构的变形往往集中在某一薄弱层，整个结构变形较小。此外，还有混合破坏机制，即部分结构出现梁铰破坏，部分结构出现柱铰破坏。

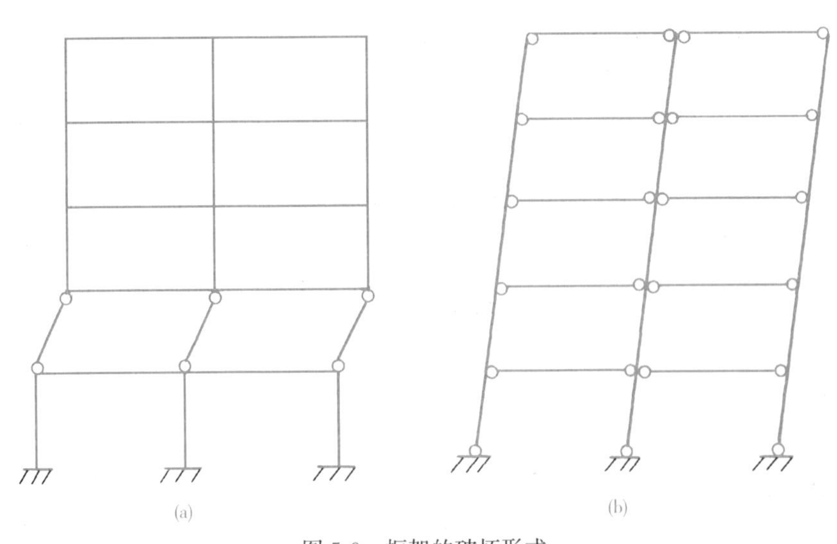

图 5-9 框架的破坏形式

(a) 强梁弱柱型；(b) 强柱弱梁型

2. 局部破坏形式

（1）构件塑性铰处的破坏。构件在受弯和受压破坏时会出现这种情况。在塑性铰处，混凝土会发生严重剥落，并且钢筋会向外鼓出。框架柱的破坏一般发生在柱的上下端，以上端的破坏更为常见。其表现形式为混凝土压碎，纵筋受压屈曲（图5-10和图5-11）。

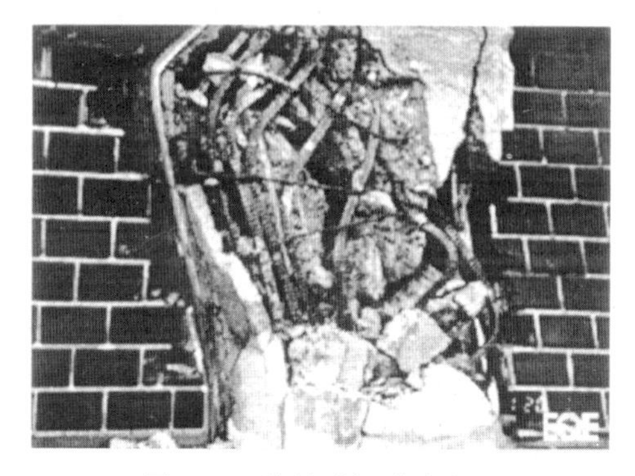

图5-10　柱的破坏形式之一

图5-11　柱的破坏形式之二

（2）构件的剪切破坏。当构件的抗剪强度较低时，会发生脆性的剪切破坏（图5-12）。

（3）节点的破坏。节点的配筋或构造不当时，会出现十字交叉裂缝形式的剪切破坏（图5-13），后果往往较严重。节点区箍筋过少或节点区钢筋过密都会引起节点区的破坏。

图5-12　柱的剪切破坏

图5-13　节点的破坏

（4）短柱破坏。柱子较短时，剪跨比过小，刚度较大，柱中的地震力也较大，容易导致柱子的脆性剪切破坏（图5-14）。

（5）填充墙的破坏。

（6）柱的轴压比过大时使柱处于小偏心受压状态，引起柱的脆性破坏。

（7）钢筋的搭接不合理，造成搭接处破坏。

5.1.3 具有抗震墙结构的震害

震害调查表明，抗震墙结构的抗震性能是较好的，震害一般较轻。高层结构抗震墙的破坏有以下一些类型：(1) 墙的底部发生破坏，表现为受压区混凝土的大片压碎剥落，钢筋压屈（图 5-15）；(2) 墙体发生剪切破坏（图 5-16）；(3) 抗震墙墙肢之间的连梁产生剪切破坏（图 5-17）。墙肢之间是抗震墙结构的变形集中处，故连梁很容易产生破坏。

图 5-14　短柱破坏

图 5-15　抗震墙的破坏

图 5-16　抗震墙的剪切破坏

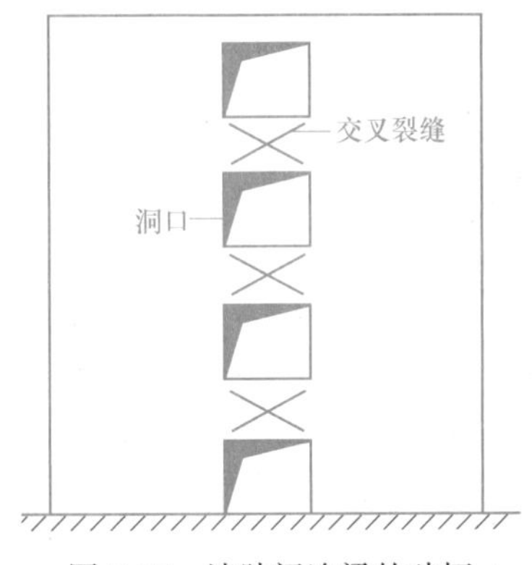

图 5-17　墙肢间连梁的破坏

5.2 选型、结构布置和设计原则

5.2.1 选型

框架结构的特点是结构自身重量轻，适合于要求房屋内部空间较大、布置灵活的场合。

整体重量的减轻能有效减小地震作用。如果设计合理，框架结构的抗震性能一般较好，能达到很好的延性。但同时由于侧向刚度较小，地震时水平变形较大，易造成非结构构件的破坏。结构较高时，过大的水平位移引起的 P-Δ 效应也较大，从而使结构的损伤更为严重。故框架结构的高度不宜过高。

抗震墙结构的特点是侧向刚度大，强度高，空间整体性能好。然而，由于墙体多，重量大，地震作用也大，并且内部空间的布置和使用不够灵活。抗震墙结构比较适合于住宅、旅馆等建筑，因这类建筑墙体较多，分隔较均匀，使承重结构和维护结构达到较高程度的统一。

在抗震墙结构中，为满足在底层设商店等大空间的需要，常把底部一至几层改为框架结构或框架抗震墙结构，称之为底部大空间抗震墙结构。这种结构的抗震性能较差，故须对其高度进行限制。

框架-抗震墙结构的特点是在一定程度上克服了纯框架和纯抗震墙结构的缺点，发挥了各自的长处，刚度较大，自重较轻，平面布置较灵活，并且结构的变形较均匀。抗震性能较好，多用于办公楼和旅馆建筑。

此外，还有筒体结构、巨型框架结构和悬吊结构等。

结构的最大适用高度和高宽比分为A级和B级。A级代表常见的结构设计，其各种结构体系适用的最大高度见表5-1。超出表5-1的限制时则成为B级，对B级结构应有更严格的设计要求，并且B级结构的最大高度也有相应的限制。对平面和竖向均不规则的结构或Ⅳ类场地上的结构，适用的最大高度应适当降低。

现浇钢筋混凝土房屋结构适用的最大高度（m） **表5-1**

结构体系		烈度				
		6	7	8(0.2g)	8(0.3g)	9
框架		60	50	40	35	24
框架-抗震墙		130	120	100	80	50
抗震墙		140	120	100	80	60
部分框支抗震墙		120	100	80	50	不应采用
筒体	框架-核心筒	150	130	100	90	70
	筒中筒	180	150	120	100	80
板柱-抗震墙		80	70	55	40	不应采用

注：1. 房屋高度指室外地面到主要屋面板板顶的高度（不包括局部突出屋顶部分）；
2. 框架-核心筒结构指周边稀柱框架与核心筒组成的结构；
3. 部分框支抗震墙结构指首层或底部两层为框支层的结构，不包括仅个别框支墙的情况；
4. 表中框架，不包括异形柱框架；
5. 板柱-抗震墙结构指板柱、框架和抗震墙组成抗侧力体系的结构；
6. 乙类建筑可按本地区抗震设防烈度确定其适用的最大高度；
7. 超过表内高度的房屋，应进行专门研究和论证，采取有效的加强措施。

楼盖在其平面内的刚度应足够大，以使水平地震作用能通过楼盖平面进行分配和传递。因此，应优先选用现浇楼盖，其次是装配整体式楼盖，最后才是装配式楼盖。《建筑抗震设计规范》GB 50011—2010（2016 年版）规定，框架-抗震墙和板柱-抗震墙结构以及框支层中，抗震墙之间无大洞口的楼、屋盖的长宽比不宜超过表 5-2 中规定的数值；超过时，应考虑楼盖平面内变形的影响。

抗震墙之间楼屋盖的最大长宽比　　表 5-2

楼、屋盖类型		烈度			
		6	7	8	9
框架-抗震墙结构	现浇或叠合楼、屋盖	4	4	3	2
	装配整体式楼、屋盖	3	3	2	不宜采用
板柱-抗震墙结构的现浇楼、屋盖		3	3	2	—
框支层的现浇楼、屋盖		2.5	2.5	2	—

为减小温度应力的影响，规范规定，当房屋较长时，刚度较大的纵向抗震墙不宜设置在尽端开间。

5.2.2 结构布置

表 1-4、表 1-5 对建筑结构的不规则性进行了分类。当结构不规则时，则应视情况进行空间结构分析或采用其他专门措施。因此，应尽可能满足结构规则性要求。

非承重墙体的材料、选型和布置，应根据烈度、房屋高度、建筑体型、结构层间变形、墙体自身抗侧力性能的利用等因素，经综合分析后确定。非承重墙体应优先选用轻质墙体材料。

刚性非承重墙体的布置，应避免使结构形成刚度和强度分布上的突变。

墙体与主体结构应有可靠的拉结，应能适应主体结构不同方向的层间位移；8、9 度时应具有满足层间变位的变形能力，与悬挑构件相连时，尚应具有满足节点转动引起的竖向变形的能力。

外墙板的连接件应具有足够的延性和适当的转动能力，宜满足在设防烈度下主体结构层间变形的要求。

砌体墙应采取措施减少对主体结构的不利影响，并应设置拉结筋、水平系梁、圈梁、构造柱等与主体结构可靠拉结。

钢筋混凝土结构中的砌体填充墙，应符合下列要求：（1）填充墙在平面和竖向的布置，宜均匀对称，宜避免形成薄弱层或短柱。（2）砌体的砂浆强度等级不应低于 M5，实心块体的强度等级不宜低于 MU2.5，空心块体的强度等级不宜低于 MU3.5；墙顶应与框架梁密切结合。（3）填充墙应沿框架柱全高每隔 500～600mm 设 2ϕ6 拉筋，拉筋伸入墙内的长度，6、7 度时宜沿墙全长贯通，8、9 度时应全长贯通。（4）墙长大于 5m 时，墙顶与梁宜有拉结；

墙长超过8m或层高2倍时，宜设置钢筋混凝土构造柱；墙高超过4m时，墙体半高宜设置与柱连接且沿墙全长贯通的钢筋混凝土水平系梁。

砌体女儿墙在人流出入口和通道处应与主体结构锚固；非出入口无锚固的女儿墙高度，6～8度时不宜超过0.5m，9度时应有锚固。防震缝处女儿墙应留有足够的宽度，缝两侧的自由端应予以加强。

1. 平面布置

结构的平面布置是指在结构平面图上布置柱和墙的位置以及楼盖的传力方式。从抗震的角度看，最主要的是使结构平面的质量中心和刚度中心相重合或尽可能靠近，以减小结构的扭转反应。因为地震引起的惯性力作用在楼层平面的质量中心，而楼层平面的抗力则作用在其刚度中心，二者的作用线不重合时就会产生扭矩，其值等于二者作用线之间的距离乘以楼层惯性力的值。因此，结构平面应在 x、y 两个正交方向对称、均匀。且平面布置应使得平面作为一个截面有尽可能大的抗扭刚度，以抵抗事实上难以完全避免的扭矩。

因此，结构的平面布置宜简单、对称和规则，且不宜采用角部重叠的平面图形或细腰形平面图形。在框架结构和抗震墙结构中，框架和抗震墙均应双向设置，柱中线与抗震墙中线、梁中线与柱中线之间的偏心距不宜大于柱宽的1/4。

高层建筑（8层及8层以上）的平面中 L 不宜过长（图5-18），突出部分长度 l 宜减小，凹角处宜采取加强措施。图5-18中，L 和 l 的值宜满足表5-3的要求。

L、l 的限值　　**表5-3**

设防烈度	L/B	l/b	l/B_{max}
6度和7度	≤6.0	≤2.0	≤0.35
8度和9度	≤5.0	≤1.5	≤0.30

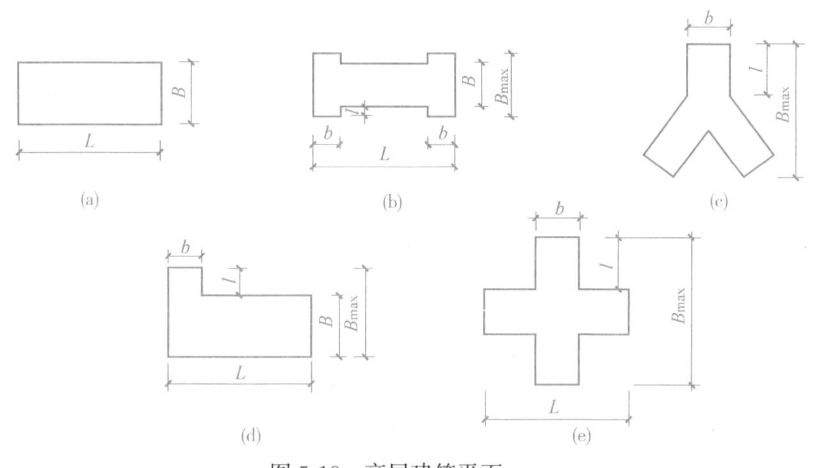

图5-18　高层建筑平面

(a) 一字形；(b) 工形；(c) Y形；(d) L形；(e) 十字形

2. 竖向布置

结构沿竖向（铅直方向）应尽可能均匀而少变化，使结构的刚度沿竖向均匀。如结构沿竖向需变化，则宜均匀变化，避免沿竖向刚度的突变。在用防震缝分开的结构单元内，不应有错层和局部加层，同一楼层应在同一标高内。

为使结构有较好的整体刚度和稳定性，结构高度 H 和宽度 B 的比值不宜超过表 5-4 所列的限值（A 级）。超过表 5-4 的要求时成为 B 级，对 B 级也有相应的限值。

钢筋混凝土高层建筑结构适用的最大高宽比 表 5-4

结构体系	非抗震设计	抗震设防烈度		
		6 度、7 度	8 度	9 度
框架	5	4	3	—
板柱-剪力墙	6	5	4	—
框架-剪力墙、剪力墙	7	6	5	4
框架-核心筒	8	7	6	4
筒中筒	8	8	7	5

注：1. 当有大底盘时，计算高宽比的高度从大底盘的顶部算起；
2. 超过表内高宽比的体型复杂的房屋，应进行专门研究。

地下室顶板作为上部结构的嵌固部位时，应避免在地下室顶板开设大洞口，并且，顶板厚度不宜小于 180mm，混凝土强度等级不宜低于 C30，并应采用双层双向配筋，且每层每个方向的配筋率不应小于 0.25%。地下室结构的侧向刚度不宜小于相邻上部结构侧向刚度的 2 倍，地下室柱的纵向钢筋面积，除应满足计算要求外，不宜少于地上一层对应柱纵筋面积的 1.1 倍；地上一层的柱、墙底部应符合加强部位的有关要求。

3. 防震缝的设置

平面形状复杂时，宜用防震缝划分成较规则简单的单元。但对高层结构，宜尽可能不设缝。伸缩缝和沉降缝的宽度应符合防震缝的要求。

当需要设置防震缝时，其最小宽度应符合下列要求：(1) 框架结构（包括设置少量抗震墙的框架结构）房屋的防震缝宽度，当高度不超过 15m 时不应小于 100mm；超过 15m 时，6 度、7 度、8 度和 9 度分别每增加高度 5m、4m、3m 和 2m，宜加宽 20mm。(2) 框架-抗震墙结构房屋的防震缝宽度不应小于上述对框架规定数值的 70%，抗震墙结构房屋的防震缝宽度不应小于上述对框架规定数值的 50%；且均不宜小于 100mm。(3) 防震缝两侧结构类型不同时，防震缝宽度宜按需要较宽的规定采用，并可按较低房屋高度计算缝宽。(4) 8、9 度框架结构房屋防震缝两侧结构层高相差较大时，防震缝两侧框架柱的箍筋应沿房屋全高加密，并根据需要在缝两侧房屋沿全高设置不少于两道垂直于防震缝的抗撞墙，抗撞墙的布置宜避免加大扭转效应，其长度可不大于 1/2 层高，抗震等级可同框架结构；框架构件的内力应按考虑和不考虑抗撞墙两种情况分别进行分析，并按不利情况取值。

5.2.3 材料

按抗震要求设计的混凝土结构的材料应符合下列要求：（1）混凝土的强度等级，框支梁、框支柱及抗震等级为一级的框架梁、柱、节点核心区、框支梁、框支柱不应低于C30；构造柱、芯柱、圈梁及其他各类构件不应低于C20。并且，混凝土结构的强度等级，抗震墙不宜超过C60，其他构件，9度时不宜超过C60，8度时不宜超过C70。（2）普通钢筋的强度等级，纵向受力钢筋宜选用符合抗震性能指标的不低于HRB400级的热轧钢筋；箍筋宜采用符合抗震性能指标的不低于HRB335级的热轧钢筋，也可选用HPB300级热轧钢筋。普通钢筋宜优先采用延性、韧性和焊接性较好的钢筋。对一、二、三级抗震等级的框架和斜撑构件（含梯段），其普通纵向受力钢筋的抗拉强度实测值与屈服强度实测值的比值不应小于1.25；屈服强度实测值与强度标准值的比值不应大于1.3，且钢筋在最大拉力下的总伸长率实测值不应小于9%。

在施工中，当需要以强度等级较高的钢筋代替原设计中的纵向受力钢筋时，应按照钢筋受拉承载力相等的原则换算，并应满足最小配筋率、抗裂验算等要求。

5.2.4 抗震等级

钢筋混凝土房屋应根据设防类别、烈度、结构类型和房屋高度采用不同的抗震等级。抗震等级的划分应符合下列要求：（1）丙类建筑抗震等级应按表5-5划分；当甲、乙类建筑按规定提高一度确定其抗震等级而房屋的高度超过表5-5相应规定的上界时，应采用比一级更有效的抗震构造措施。（2）与主楼相连的裙房，除应按裙房本身考虑外，其抗震等级不应低于主楼的抗震等级；此时，主楼结构在裙房顶部上下各一层应适当加强抗震构造措施。裙房与主楼分离时，应按裙房本身确定抗震等级。（3）当地下室顶板作为上部结构的嵌固部位时，地下一层的抗震等级应与上部结构相同，地下一层以下的抗震等级可逐层降低一级，但不应低于四级。地下室中无上部结构的部分，抗震构造措施的抗震等级可根据具体情况采用三级或四级。

现浇钢筋混凝土房屋的抗震等级　　表5-5

结构类型		设防烈度									
		6		7			8			9	
框架结构	高度(m)	≤24	>24	≤24		>24	≤24		>24	≤24	
	框架	四	三	三		二	二		一	一	
	大跨度框架	三		二			一			一	
框架-抗震墙结构	高度(m)	≤60	>60	≤24	25～60	>60	≤24	25～60	>60	≤24	25～50
	框架	四	三	四	三	二	三	二	一	二	一
	抗震墙	三		三	二		二	一		一	

续表

结构类型		设防烈度									
		6		7			8			9	
抗震墙结构	高度(m)	≤80	>80	≤24	25～80	>80	≤24	25～80	>80	≤24	25～60
	抗震墙	四	三	四	三	二	三	二	一	二	一
部分框支抗震墙结构	高度(m)	≤80	>80	≤24	25～80	>80	≤24	25～80			
	抗震墙 一般部位	四	三	四	三	二	三	二			
	抗震墙 加强部位	三	二	三	二	一	二	一			
	框支层框架	二		二		一	一				
框架-核心筒结构	框架	三		二			一			一	
	核心筒	二		二			一			一	
筒中筒结构	外筒	三		二			一			一	
	内筒	三		二			一			一	
板柱-抗震墙结构	高度(m)	≤35	>35	≤35		>35	≤35		>35		
	框架、板柱的柱	三	二	二		二	一				
	抗震墙	二	二	二		一	二		一		

注：1. 建筑场地为Ⅰ类时，除6度外应允许按表内降低一度所对应的抗震等级采取抗震措施，但相应的计算要求不应降低；
2. 接近或等于高度分界时，应允许结合房屋不规则程度及场地、地基条件确定抗震等级；
3. 大跨度框架指跨度不小于18m的框架；
4. 高度不超过60m的框架-核心筒结构按框架-抗震墙的要求设计时，应按表中框架-抗震墙结构的规定确定其抗震等级。

5.2.5 按抗剪要求的截面限制条件

钢筋混凝土结构的梁、柱、抗震墙和连梁，其截面组合的剪力设计值应符合下列要求：

（1）对跨高比大于2.5的梁和连梁及剪跨比大于2的柱和抗震墙，要求

$$V \leqslant \frac{1}{\gamma_{RE}}(0.20 f_c b h_0) \tag{5-1}$$

（2）对跨高比不大于2.5的梁和连梁、剪跨比不大于2的柱和抗震墙、部分框支抗震墙结构的框支柱和框支梁以及落地抗震墙底部加强部位，要求

$$V \leqslant \frac{1}{\gamma_{RE}}(0.15 f_c b h_0) \tag{5-2}$$

剪跨比λ按下式计算：

$$\lambda = M^c / (V^c h_0) \tag{5-3}$$

框架结构的中间层柱的剪跨比可按柱净高与2倍柱截面高度之比简化计算。上式中，M^c为柱端或墙端截面组合的弯矩计算值，取上、下端弯矩的较大值；V和V^c分别为柱端或墙端

截面组合的剪力设计值和组合的剪力计算值；f_c 为混凝土轴心抗压强度设计值；b 为梁、柱截面宽度或抗震墙墙肢截面宽度；h_0 为截面有效高度，抗震墙可取墙肢长度。

5.3 钢筋混凝土框架结构的抗震设计

5.3.1 框架结构的设计要点

虽然地震作用可来自任意的方向，但在抗震设计时，一般只需且必须对结构纵、横两个主轴方向进行抗震计算。

梁和柱的中线宜重合，以使传力直接，减小由于偏心过大而带来的不利影响。应注意避免形成短柱（柱净高与截面高度之比小于 4 的柱）。

在竖向非地震荷载作用下，可用调幅法来考虑框架梁的塑性内力重分布。对现浇框架，调幅系数取 0.8～0.9；对装配整体式框架，调幅系数取 0.7～0.8。无论对水平地震作用引起的内力还是对竖向地震作用引起的内力均不应进行调幅。

框架结构单独柱基有下列情况之一时，宜沿两个主轴方向设置基础系梁：(1) 一级和Ⅳ类场地的二级；(2) 各柱基承受的重力荷载代表值差别较大；(3) 基础埋置较深，或各基础埋置深度差别较大；(4) 地基主要受力层范围内存在软弱黏土层、液化土层和严重不均匀土层；(5) 桩基承台之间。

5.3.2 地震作用在结构各部分的分配和内力计算

1. 地震作用在结构各部分的分配

底部剪力法、振型分解法或时程分析法通常采用的是“葫芦串”模型，相应的计算结果是地震作用沿结构竖向的分布。要把作用在各层的地震作用分配给各柱或各榀抗侧力平面结构，通常需要假定楼屋盖在其平面内的刚度为无穷大。这样，各柱或各榀抗侧力平面结构在楼屋盖处的水平向变形是协调的。从而，应根据各柱或各榀抗侧力平面结构的抗侧刚度进行地震作用引起的层剪力的分配。

通常假定地震沿结构平面的两个主轴方向作用于结构。用底部剪力法计算时，一般不考虑结构的扭转反应。把层剪力按各柱的刚度分配给各柱，从而也得到各榀框架的地震作用。

例如，求得结构第 i 层的地震剪力 Q_i 后，再把 Q_i 按该层各柱的刚度进行分配，得该层第 j 柱所承受的地震剪力 Q_{ij} 为

$$Q_{ij} = \frac{D_{ij}}{\sum_{k=1}^{m} D_{ik}} Q_i \tag{5-4}$$

式中　D_{ij}——第 i 层第 j 根柱的抗侧刚度（D 值，详见后）。

2. 内力计算

用计算机进行框架结构的静力计算（把框架上的地震作用作为静力荷载）或动力计算（时程分析法），可直接得到各杆的内力。

在初步设计时，或计算层数较少且较为规则的框架在水平地震作用下的内力时，可采用下述近似计算方法：反弯点法和 D 值法，后者较为常用。

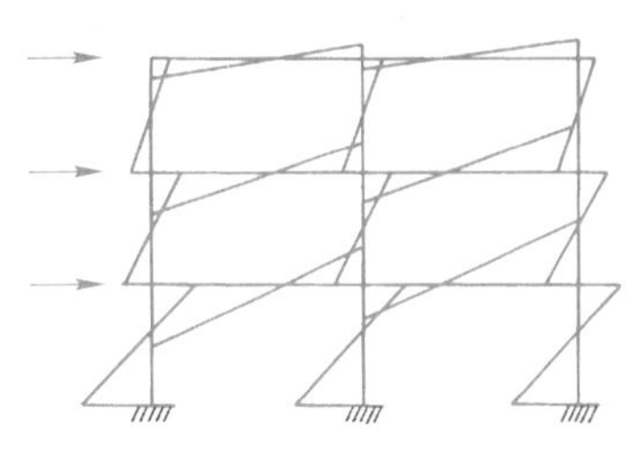

图 5-19　框架在水平节点力作用下的弯矩图

(1) 反弯点法

水平地震作用一般都可简化为作用于框架节点上的水平力。规则框架在节点水平力作用下的典型弯矩图如图 5-19 所示，其中弯矩为零的点为反弯点。显然，只要能确定各柱的剪力和反弯点的位置，就可求得各柱的弯矩，进而由节点平衡条件求得梁端弯矩及整个框架的其他内力。这可通过如下假定来实现：①梁的线刚度为无穷大；②底层柱的反弯点在距基础 2/3 柱高处。

由上述假定可知，同一层柱两端的相对水平位移均相同；且除底层外，各柱的反弯点均位于柱高的中点。

设框架共有 n 层，每层有 m 个柱子。第 j 层的总剪力 V_j 可根据平衡条件求出。设第 j 层各柱的剪力分别为 V_{j1}，V_{j2}，…，V_{jm}，则有

$$V_j=\sum_{k=1}^{m}V_{jk} \tag{5-5}$$

设该层的层间水平位移为 Δ_j，由于各柱的两端只有水平位移而无转角，则有

$$V_{jk}=\frac{12i_{jk}}{h_j^2}\Delta_j \tag{5-6}$$

其中，i_{jk} 为第 j 层第 k 柱的线刚度；h_j 为第 j 层柱的高度。把式（5-6）代入式（5-5），由于梁的刚度为无穷大，从而第 j 层的各柱两端的相对水平位移均相同（均为 Δ_j），因此有

$$\Delta_j=\frac{V_j}{\sum\limits_{k=1}^{m}\frac{12i_{jk}}{h_j^2}} \tag{5-7a}$$

把上式代入式（5-6），得第 j 层各柱的剪力为

$$V_{jk}=\frac{i_{jk}}{\sum\limits_{k'=1}^{m}i_{jk'}}V_j,\quad k=1,\ \cdots,\ m \tag{5-7b}$$

求出各柱的剪力后，根据已知各柱的反弯点位置，可求出各柱的弯矩。

求出所有柱的弯矩后，考虑各节点的力矩平衡，对每个节点，由梁端弯矩之和等于柱端弯矩之和，可求出梁端弯矩之和 $\sum M_b$。把 $\sum M_b$ 按与该节点相连的梁的线刚度进行分配（即

某梁所分配到的弯矩与该梁的线刚度成正比），就可求出该节点各梁的梁端弯矩。

（2）D 值法

反弯点法中的梁刚度为无穷大的假定，使反弯点法的应用受到限制。在一般情况下，柱的抗侧刚度还与梁的线刚度有关；柱的反弯点高度也与梁柱线刚度比、上下层梁的线刚度比、上下层的层高变化等因素有关。在反弯点法的基础上，考虑上述因素，对柱的抗侧刚度和反弯点高度进行修正，就得到 D 值法。在 D 值法中，柱的抗侧刚度以 D 表示，故得其名。

修正后的柱抗侧刚度 D 可表示为

$$D=\alpha\frac{12i_c}{h^2} \tag{5-8}$$

其中 i_c 和 h 分别为柱的线刚度和高度；α 是考虑柱上下端节点弹性约束的修正系数。

系数 α 可如下导出：从规则框架中取出典型的柱 AB 和与其相连的杆件（图 5-20），其中 A、B、C、D、E、F、G、H 均位于节点处。假定：（1）柱 AB 及与其上下相邻的柱的高度均为 h_j、线刚度均为 i_c，且这些柱的层间位移均为 Δ_j；（2）柱 AB 两端节点及与其上下左右相邻的各个节点的转角均为 θ。记梁 EB、BF、GA、AH 的线刚度分别为 i_1、i_2、i_3、i_4。则可导得

$$\alpha=\frac{K}{2+K} \tag{5-9}$$

其中

$$K=\frac{\sum i}{2i_c} \tag{5-10}$$

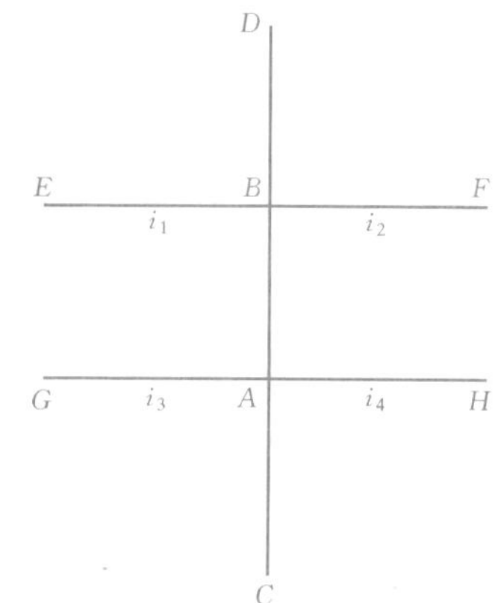

图 5-20　用于推导 D 值法的框架单元

在上式中，$\sum i=i_1+i_2+i_3+i_4$。

类似地可导出底层柱的抗侧刚度修正系数 α。除了图 5-20 所示情况外，还有图 5-21 所示的情况。对图 5-21（a）的情况，$K=(i_1+i_2)/i_c$，$\alpha=(0.5+K)/(2+K)$；对图 5-21（b）的情况，$K=(i_1+i_2)/i_c$，$\alpha=0.5K/(1+2K)$；对图 5-21（c）的情况，$K=(i_1+i_2+i_{p1}+i_{p2})/(2i_c)$，$\alpha=K/(2+K)$。在图 5-20 和图 5-21 所示各种情况中，若某梁不存在（例如边柱的情况），则该梁的线刚度为零。

求得柱抗侧刚度 D 值后，可按与反弯点法相类似的推导，得出第 j 层第 k 柱的剪力

$$V_{jk}=\frac{D_{jk}}{\sum_{k'=1}^{m}D_{jk'}}V_j \tag{5-11}$$

已知柱的剪力后，要求出柱的弯矩，还需要知道柱的反弯点位置。

显然，柱的反弯点位置取决于其上下端弯矩的比值。影响柱反弯点位置的因素有：侧向

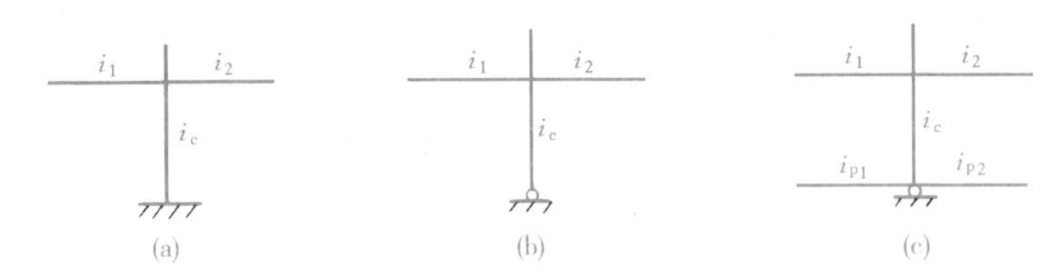

图 5-21　D 值法中的底层单元

(a) 底层固接；(b) 底层铰接；(c) 底层铰接有连梁

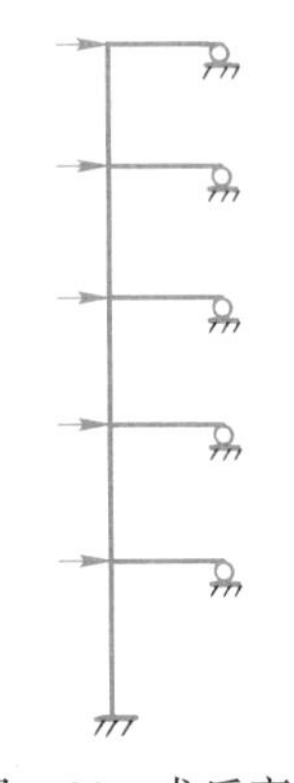

图 5-22　求反弯点位置的计算简图

外荷载的形式、梁柱线刚度比、结构总层数及该柱所在的层次、柱上下横梁线刚度比、上层层高的变化、下层层高的变化等。分析时假定同层各横梁的反弯点均在各横梁跨度的中央而该点又无竖向位移。从而，多层多跨框架可简化成如图 5-22 所示的计算简图。

让上述因素逐一发生变化，可分别求得柱底端至反弯点的距离（即反弯点高度），并制成相应的表格。

① 梁柱线刚度比及层数、层次对反弯点高度的影响

假定框架横梁的线刚度、柱的线刚度和层高 h 沿框架高度保持不变，则可求出相应的各层柱的反弯点高度 y_0h，其中 y_0 称为标准反弯点高度比，其值可由附表 5-1、附表 5-2 查得。表中的 K 值可按式（5-10）计算。

② 上、下横梁线刚度比对反弯点的影响

若上、下横梁的线刚度不同，则反弯点将向横梁线刚度较小的一端偏移。因此须对 y_0 加一增量 y_1 进行修正，y_1 的值可由附表 5-3 查得。对于底层柱，不考虑修正值 y_1，即取 $y_1=0$。

③ 层高变化对反弯点的影响

当上、下层层高发生变化时，反弯点高度的上移增量分别为 y_2h、y_3h，其中 y_2 和 y_3 可由附表 5-4 查得。对于顶层柱，不考虑修正值 y_2，即取 $y_2=0$；对于底层柱，不考虑修正值 y_3，即取 $y_3=0$。

综上所述，经过各项修正后，柱底至反弯点的高度 yh 可由下式求出：

$$yh=(y_0+y_1+y_2+y_3)\,h \tag{5-12}$$

至此，已求得各柱的剪力和反弯点高度。从而，可求出各柱的弯矩。然后，可用与反弯点法相同的方法求出各梁的弯矩。

5.3.3　截面设计和构造

框架结构的各种内力算出后，要用荷载组合和内力组合的方法得出各控制截面的最不利

设计内力，然后据此进行截面的配筋设计。之后还要进行构造设计，包括验算截面尺寸是否满足要求以及确定配筋构造。如果截面尺寸有较大的调整，则要重新进行前述有关计算。对抗震设计而言，计算配筋和构造设计是并重的。

1. 地震作用效应的调整

通过内力组合得出的设计内力，还需进行调整以保证梁端的破坏先于柱端的破坏（强柱弱梁的原则）、弯曲破坏先于剪切破坏（强剪弱弯的原则）、构件的破坏先于节点的破坏（强节点弱构件的原则）。下面先介绍前两个原则的保证措施，后一原则将在第5.3.4节中介绍。

（1）根据“强柱弱梁”原则的调整

根据“强柱弱梁”原则进行调整的思路是：对同一节点，使其在地震作用组合下，柱端的弯矩设计值略大于梁端的弯矩设计值或抗弯能力。

一、二、三、四级框架的梁柱节点处，除框支梁与框支柱的节点及框架顶层和柱轴压比小于0.15者外，柱端组合的弯矩设计值应符合下式要求：

$$\sum M_{c}=\eta_{c}\sum M_{b} \tag{5-13}$$

9度的一级框架和一级的框架结构可不符合上式要求，但应符合

$$\sum M_{c}=1.2\sum M_{bua} \tag{5-14}$$

其中，$\sum M_c$ 为节点上、下柱端截面顺时针或反时针方向组合的弯矩设计值之和，上、下柱端的弯矩设计值，一般情况可按弹性分析分配；$\sum M_b$ 为节点左、右梁端截面反时针或顺时针方向组合的弯矩设计值之和，一级框架节点左、右梁瑞均为负弯矩时，绝对值较小的弯矩应取零；$\sum M_{bua}$ 为节点左、右梁端截面反时针或顺时针方向根据实配钢筋面积（考虑梁受压筋和相关楼板的钢筋）和材料强度标准值计算的抗震受弯承载力所对应的弯矩值之和；η_c 为框架柱端弯矩增大系数，对框架结构，一、二、三、四级可分别取1.7、1.5、1.3、1.2；对其他结构类型中的框架，一级可取1.4，二级可取1.2，三、四级可取1.1。当反弯点不在柱的层高范围内时，柱端的弯矩设计值可直接乘以上述柱端弯矩增大系数。

一、二、三、四级框架结构的底层柱下端截面的弯矩设计值，应分别乘以增大系数1.7、1.5、1.3和1.2。底层柱纵向钢筋应按上下端的不利情况配置。

按两个主轴方向分别考虑地震作用时，一、二、三、四级框架结构的角柱，调整后的弯矩、剪力设计值尚应乘以不小于1.10的增大系数，并应满足规范的其他相应要求。

（2）根据“强剪弱弯”原则的调整

根据“强剪弱弯”原则进行调整的思路是：对同一杆件，使其在地震作用组合下，剪力设计值略大于按设计弯矩或实际抗弯承载力及梁上荷载反算出的剪力。

1）框架梁设计剪力的调整

一、二、三级的框架梁和抗震墙中的连梁，其梁端剪力设计值应按下式调整：

$$V=\eta_{vb}\left(M_{b}^{l}+M_{b}^{r}\right)/l_{n}+V_{Gb} \tag{5-15}$$

一级的框架结构和 9 度的一级框架梁、连梁可不按上式调整，但应符合

$$V=1.1\ (M_{bua}^{l}+M_{bua}^{r})\ /l_{n}+V_{Gb} \tag{5-16}$$

其中，V 为梁端组合剪力设计值；l_n 为梁的净跨；V_{Gb} 为梁在重力荷载代表值（9 度时高层建筑还应包括竖向地震作用标准值）作用下，按简支梁分析的梁端截面剪力设计值；M_b^l 和 M_b^r 分别为梁左、右端反时针或顺时针方向组合的弯矩设计值，一级框架两端弯矩均为负弯矩时，绝对值较小一端的弯矩应取零；M_{bua}^l 和 M_{bua}^r 分别为梁左、右端反时针或顺时针方向根据实配钢筋面积（考虑受压筋和相关楼板钢筋）和材料强度标准值计算的抗震受弯承载力所对应的弯矩值；η_{vb} 为梁端剪力增大系数，一级可取 1.3，二级可取 1.2，三级可取 1.1。

2）框架柱设计剪力的调整

一、二、三、四级的框架柱和框支柱端部组合的剪力设计值应按下式调整：

$$V=\eta_{vc}\ (M_c^t+M_c^b)\ /H_n \tag{5-17}$$

一级的框架结构和 9 度的一级框架可不按上式调整，但应符合

$$V=1.2\ (M_{cua}^t+M_{cua}^b)\ /H_n \tag{5-18}$$

其中，V 为柱端组合剪力设计值；H_n 为柱的净高；M_c^t 和 M_c^b 分别为柱的上、下端顺时针或反时针方向截面组合的弯矩设计值，应符合上述对柱端弯矩设计值的要求；M_{cua}^t 和 M_{cua}^b 分别为偏心受压柱的上、下端顺时针或反时针方向根据实配钢筋面积、材料强度标准值和轴压力等计算的抗震承载力所对应的弯矩值；η_{vc} 为柱剪力增大系数，对框架结构，一、二、三、四级可分别取 1.5、1.3、1.2、1.1；对其他结构类型的框架，一级可取 1.4，二级可取 1.2，三、四级可取 1.1。

2. 配筋和构造

（1）截面尺寸限制条件

为了保证结构的延性，防止发生脆性破坏，对抗震结构往往要求更为严格的截面限制条件，使截面的尺寸不致过小（详见 5.2.5 节）。

梁端截面的混凝土受压区高度 x，当考虑受压钢筋的作用时，应满足下列条件：

$$x\leqslant 0.25h_0 \quad （一级） \tag{5-19}$$

$$x\leqslant 0.35h_0 \quad （二、三级） \tag{5-20}$$

式中，h_0 为截面的有效高度。

（2）受剪承载力的折减

在反复荷载作用下，梁端形成交叉剪切裂缝，混凝土所能承担的极限剪力大大降低，故在设计时须考虑这种影响。

考虑地震作用组合时，梁受剪承载力计算公式为

$$V_b\leqslant\frac{1}{\gamma_{RE}}\ (0.6V_c+V_s) \tag{5-21}$$

式中，V_c 和 V_s 分别为不考虑地震作用时的受剪承载力设计值表达式中的混凝土项和箍筋项。上式中的系数0.6考虑了反复荷载作用下混凝土受剪承载力的降低。

柱剪力设计值确定后，柱的受剪承载力计算的公式与式（5-21）相类似，只需把该式中的 V_b 换成 V_c，并考虑轴力项即可。即，柱受剪承载力计算公式为

$$V_c \leqslant \frac{1}{\gamma_{RE}}\left[\frac{1.05}{\lambda+1}f_t bh_0 + f_{yv}\frac{A_{sv}}{s}h_0 + 0.056N\right] \tag{5-22}$$

式中，当 λ 小于1时，取 $\lambda=1$；当 λ 大于3时，取 $\lambda=3$。上式中 N 为考虑地震作用组合的框架柱、框支柱的轴向压力设计值，当 N 大于 $0.3f_cA$ 时，取 $N=0.3f_cA$。当框架柱、框支柱出现拉力时，其斜截面受剪承载力计算公式则应为

$$V_c \leqslant \frac{1}{\gamma_{RE}}\left[\frac{1.05}{\lambda+1}f_t bh_0 + f_{yv}\frac{A_{sv}}{s}h_0 - 0.2N\right] \tag{5-23}$$

并且当式中方括号内的计算值小于 $f_{yv}\frac{A_{sv}}{s}h_0$ 时，取等于 $f_{yv}\frac{A_{sv}}{s}h_0$，且 $f_{yv}\frac{A_{sv}}{s}h_0$ 的值不应小于 $0.36f_t bh_0$。上式中 N 为考虑地震作用组合的框架柱的轴向拉力设计值。

（3）构造要求

梁的截面宽度不宜小于200mm，截面高宽比不宜大于4，净跨与截面高度之比不宜小于4。

采用扁梁时，楼板应现浇，梁中线宜与柱中线重合，扁梁应双向布置。扁梁的截面尺寸应符合下列要求：

$$b_b \leqslant 2b_c \tag{5-24}$$

$$b_b \leqslant b_c + h_b \tag{5-25}$$

$$h_b \geqslant 16d \tag{5-26}$$

式中，b_c 为柱截面宽度（圆形截面取柱直径的0.8倍）；b_b 和 h_b 分别为梁截面宽度和高度；d 为柱纵筋直径。

梁的纵向钢筋配置，应符合下列要求：（1）梁端截面的底面和顶面配筋量的比值，除按计算确定外，一级不应小于0.5，二、三级不应小于0.3。（2）梁端纵向受拉钢筋的配筋率不宜大于2.5%。沿梁全长顶面和底面的配筋，一、二级不应少于2Φ14，且分别不应少于梁两端顶面和底面纵向配筋中较大截面面积的1/4；三、四级不应少于2Φ12。（3）一、二、三级框架梁内贯通中柱的每根纵向钢筋直径，不宜大于柱在该方向截面尺寸的1/20；对圆形截面柱，不宜大于纵向钢筋所在位置柱截面弦长的1/20。

梁端加密区的箍筋配置，应符合下列要求：（1）加密区的长度、箍筋最大间距和最小直径应按表5-6采用；当梁端纵向受拉钢筋配筋率大于2%时，表中箍筋最小直径数值应增大2mm。（2）梁加密区箍筋肢距，一级不宜大于200mm和20倍箍筋直径的较大值，二、三级不宜大于250mm和20倍箍筋直径的较大值，四级不宜大于300mm。

抗震框架梁端箍筋加密区的长度、箍筋最大间距和最小直径　　表 5-6

抗震等级	加密区长度（采用较大值）(mm)	箍筋最大间距（采用最小值）(mm)	箍筋最小直径(mm)
一	$2h$,500	$h/4$,$6d$,100	10
二	$1.5h$,500	$h/4$,$8d$,100	8
三	$1.5h$,500	$h/4$,$8d$,150	8
四	$1.5h$,500	$h/4$,$8d$,150	6

注：1. d 为纵筋直径，h 为梁高；
2. 箍筋直径大于 12mm，数量不少于 4 肢且肢距不大于 150mm 时，一、二级的最大间距应允许适当放宽，但不得大于 150mm。

柱的截面尺寸宜符合下列要求：(1) 截面的宽度和高度，四级或不超过 2 层时不宜小于 300mm，一、二、三级且超过 2 层时不宜小于 400mm，圆柱的直径，四级或不超过 2 层时不宜小于 350mm，一、二、三级且超过 2 层时不宜小于 450mm。(2) 剪跨比宜大于 2；圆柱截面可按等面积的方形截面进行计算。(3) 截面的边长比不宜大于 3。

柱的轴力越大，其延性越差。故引入轴压比的概念。轴压比 n 定义为

$$n=\frac{N}{f_c A_c} \tag{5-27}$$

其中，N 为柱内力组合后的轴压力设计值，A_c 为柱的全截面面积，f_c 为混凝土抗压强度设计值。当 n 较小时，为大偏心受压构件，呈延性破坏；当 n 较大时，为小偏心受压构件，呈脆性破坏。并且当轴压比较大时，箍筋对延性的影响变小。为保证地震时柱的延性，规范规定了轴压比的上限值如表 5-7 所示，这些限值是从偏心受压截面产生界限破坏的条件得到的。框支层由于变形集中，对轴压比的限值要严一些。在一定的有利条件下，柱轴压比的限值可适当提高，但不应大于 1.05。Ⅳ类场地上较高的高层建筑的柱轴压比限值应适当减小。

柱轴压比限值　　表 5-7

结构类型	抗震等级			
	一级	二级	三级	四级
框架结构	0.65	0.75	0.85	0.90
部分框支抗震墙	0.6	0.7	—	—
框架-抗震墙、板柱-抗震墙、框架-核心筒及筒中筒	0.75	0.85	0.90	0.95

注：1. 可不进行地震作用计算的结构，取无地震组合的轴力设计值；
2. 表内限值适用于剪跨比大于 2、混凝土强度等级不高于 C60 的柱；剪跨比不大于 2 的柱轴压比限值应降低 0.05；剪跨比小于 1.5 的柱，轴压比限值应专门研究并采取特殊构造措施；
3. 沿柱全高采用井字复合箍且箍筋肢距不大于 200mm、间距不大于 100mm、直径不小于 Φ12，或沿柱全高采用复合螺旋箍、螺距不大于 100mm、箍筋肢距不大于 200mm、直径不小于 Φ12，或沿柱全高采用连续复合矩形螺旋箍、螺旋净距不大于 80mm、箍筋肢距不大于 200mm、直径不小于 Φ10，轴压比限值均可增加 0.10；上述三种箍筋的配箍特征值均应按增大的轴压比由表 5-10 确定；
4. 在柱的截面中部附加芯柱，其中另加的纵向钢筋总面积不少于柱截面面积的 0.8%，轴压比限值可增加 0.05；此项措施与第 3 项措施共同采用时，轴压比限值可增加 0.15，但箍筋的配箍特征值仍可按轴压比增加 0.10 的要求确定。

柱的纵向钢筋配置应符合下列要求：(1) 宜对称配置。(2) 截面尺寸大于400mm的柱，纵向钢筋间距不宜大于200mm。(3) 柱纵向钢筋的最小总配筋率应按表5-8采用，同时每一侧配筋率不应小于0.2%。对Ⅳ类场地上较高的高层建筑，表中的数值宜增加0.1。(4) 柱总配筋率不应大于5%。(5) 一级且剪跨比不大于2的柱，每侧纵向钢筋配筋率不宜大于1.2%。(6) 边柱、角柱及抗震墙边柱在小偏心受拉时，柱内纵筋总截面面积计算值应增加25%。

柱全部纵向钢筋最小配筋百分率（%）　　表5-8

柱类型	抗震等级			
	一级	二级	三级	四级
中柱、边柱	0.9(1.0)	0.7(0.8)	0.6(0.7)	0.5(0.6)
角柱、框支柱	1.1	0.9	0.8	0.7

注：1. 表中括号内数值用于框架结构的柱；
2. 钢筋强度标准值小于400MPa时，表中数值应增加0.1，钢筋强度标准值为400MPa时，表中数值应增加0.05；
3. 当框架柱混凝土强度等级超过C60时，其纵向钢筋最小配筋百分率宜增加0.1。

在塑性铰区，应加强箍筋的约束。因此，在柱的上、下端箍筋应按表5-9的规定加密。对剪跨比不大于2的柱、因设置填充墙等形成的柱净高与柱截面高度之比不大于4的柱、框支柱和一、二级抗震的框架角柱应沿柱全长加密箍筋。柱在刚性地坪表面的上、下各500mm的范围内也应按加密区的要求配置箍筋。底层柱柱根处不小于1/3柱净高范围内应按加密区的要求配置箍筋。梁柱的中线不重合且偏心距大于柱宽的1/8时，沿柱的全高也应按加密区的要求配置箍筋。

柱加密区的箍筋最大间距和最小直径　　表5-9

抗震等级	箍筋最大间距（采用较小值）(mm)	箍筋最小直径(mm)	箍筋加密区长度（采用较大者）
一	$6d$，100	ϕ10	h(或D)，$H_n/6$，500mm
二	$8d$，100	ϕ8	
三	$8d$，150(柱根100)	ϕ8	
四	$8d$，150(柱根100)	ϕ6(柱根ϕ8)	

注：h为矩形截面长边尺寸；D为圆形截面直径；H_n为柱净高，d为纵向钢筋最小直径。

表5-9适用于一般的情况。在下列情况下可作相应的变动：一级框架柱的箍筋直径大于12mm且箍筋肢距不大于150mm及二级框架柱的箍筋直径不小于ϕ10且箍筋肢距不大于200mm时，除底层柱下端外；最大间距应允许采用150mm；三级框架柱的截面尺寸不大于400mm时，箍筋最小直径可采用ϕ6；四级框架柱剪跨比不大于2时，箍筋直径不应小于ϕ8。框支柱和剪跨比不大于2的框架柱，箍筋间距不应大于100mm。

柱加密区的箍筋肢距，一级不宜大于200mm，二、三级不宜大于250mm，四级不宜大于300mm。至少每隔一根纵向钢筋宜在两个方向有箍筋或拉筋约束。采用拉筋复合箍时，拉筋宜紧靠纵向钢筋并勾住箍筋。

在柱箍筋加密区范围内，箍筋的体积配箍率应符合下式要求：

$$\rho_v \geq \lambda_v \frac{f_c}{f_{yv}} \tag{5-28}$$

式中，ρ_v 为按箍筋范围以内的核心截面计算的体积配箍率（计算复合箍筋中的箍筋体积配箍率时，其非螺旋箍的箍筋体积应乘以折减系数0.8）；λ_v 为最小配箍特征值，按表5-10采用。对一、二、三、四级抗震等级的框架柱，其箍筋加密区箍筋最小体积配箍率分别不应小于0.8%、0.6%、0.4%、0.4%。在式（5-28）中，当混凝土强度等级低于C35时，应按C35计算；f_{yv} 为箍筋或拉筋抗拉强度设计值。

框支柱宜采用复合螺旋箍或井字复合箍，其最小配箍特征值应比表5-10中数值增加0.02，且体积配箍率不应小于1.5%。剪跨比不大于2的柱，柱全高宜采用复合螺旋箍或井字复合箍，其体积配筋率不应小于1.2%，设防烈度为9度一级时不应小于1.5%。

柱子在其层高范围内剪力基本不变，并且柱基本上不受扭。因此，为避免柱箍筋加密区外抗剪能力突然降低很多而造成柱中段的破坏，在柱的非加密区，箍筋的体积配筋率不宜小于加密区配筋率的一半，箍筋间距对一、二级抗震不应大于10d，对三、四级抗震不应大于15d（d 为纵筋直径）。

柱箍筋加密区的箍筋最小配箍特征值 λ_v　　表5-10

抗震等级	箍筋形式	轴压比								
		≤0.3	0.4	0.5	0.6	0.7	0.8	0.9	1.0	1.05
一	普通箍筋、复合箍筋	0.10	0.11	0.13	0.15	0.17	0.20	0.23	—	—
	螺旋箍筋、复合或连续复合矩形螺旋箍	0.08	0.09	0.11	0.13	0.15	0.18	0.21	—	—
二	普通箍筋、复合箍筋	0.08	0.09	0.11	0.13	0.15	0.17	0.19	0.22	0.24
	螺旋箍筋、复合或连续复合矩形螺旋箍	0.06	0.07	0.09	0.11	0.13	0.15	0.17	0.20	0.22
三、四	普通箍筋、复合箍筋	0.06	0.07	0.09	0.11	0.13	0.15	0.17	0.20	0.22
	螺旋箍筋、复合或连续复合矩形螺旋箍	0.05	0.06	0.07	0.09	0.11	0.13	0.15	0.18	0.20

注：1. 普通箍筋系指单个矩形箍筋和单个圆形箍筋；复合箍筋系指由矩形、多边形、圆形箍筋或拉筋组成的箍筋；复合螺旋箍指由螺旋箍与矩形、多边形、圆形箍筋或拉筋组成的箍筋；连续复合矩形螺旋箍指用一根通长钢筋加工成的箍筋；

2. 计算复合螺旋箍筋的配筋特征值时，非螺旋箍筋的计算配筋特征值应乘0.8，折算成螺旋箍筋后按表内螺旋箍一栏采用。

当柱中全部纵向受力钢筋的配筋率超过 3%时，箍筋应焊成封闭环式。

5.3.4　框架节点核心区的设计

1. 框架节点的破坏形态

在竖向荷载和地震作用下，框架梁柱节点主要承受柱传来的轴向力、弯矩、剪力和梁传来的弯矩、剪力，如图 5-23 所示。节点区的破坏形式为由主拉应力引起的剪切破坏。如果节点未设箍筋或箍筋不足，则由于其抗剪能力不足，节点区出现多条交叉斜裂缝，斜裂缝间混凝土被压碎，柱内纵向钢筋压屈。

2. 影响框架节点承载力和延性的因素

（1）梁板对节点区的约束作用

试验表明，正交梁，即与框架平面相垂直且与节点相交的梁，对节点区具有约束作用，能提高节点区混凝土的抗剪强度。但如正交梁与柱面交界处有竖向裂缝，则这种作用就受到削弱。

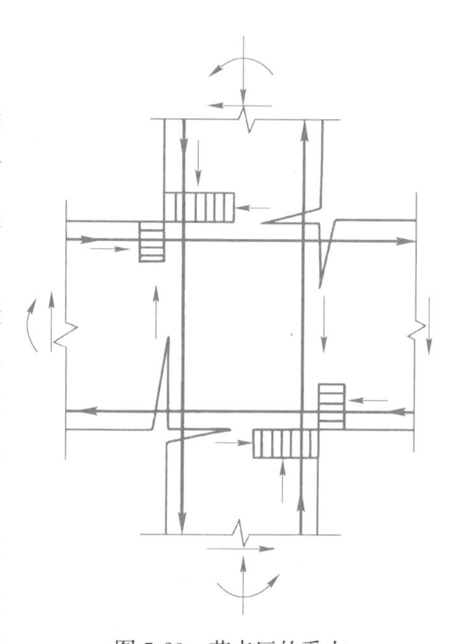

图 5-23　节点区的受力

四边有梁且带有现浇楼板的中柱节点，其混凝土的抗剪强度比不带楼板的节点有明显的提高。一般认为，对这种中柱节点，当正交梁的截面宽度不小于柱宽的 1/2，且截面高度不小于框架梁截面高度的 3/4 时，在考虑了正交梁开裂等不利影响后，节点区的混凝土抗剪强度比不带正交梁及楼板时要提高 50%左右。试验还表明，对于三边有梁的边柱节点和两边有梁的角柱节点，正交梁和楼板的约束作用并不明显。

（2）轴压力对节点区混凝土抗剪强度和节点延性的影响

当轴压力较小时，节点区混凝土的抗剪强度随着轴压力的增加而增加，且直到节点区被较多交叉斜裂缝分割成若干菱形块体时，轴压力的存在仍能提高其抗剪强度。但当轴压比大于 0.6～0.8 时，节点混凝土抗剪强度反而随轴压力的增加而下降。

轴压力的存在会使节点区的延性降低。

（3）剪压比和配箍率对节点区混凝土抗剪强度的影响

与其他混凝土构件类似，节点区的混凝土和钢筋是共同作用的。根据桁架模型或拉压杆模型，钢筋起拉杆的作用，混凝土则主要起压杆的作用。显然，节点破坏时可能钢筋先坏，也可能混凝土先坏。一般我们希望钢筋先坏，这就必须要求节点的尺寸不能过小，或节点区的配箍率不能过高。当节点区配箍率过高时，节点区混凝土将首先破坏，使箍筋不能充分发挥作用。因此，应对节点的最大配箍率加以限制。在设计中可采用限制节点水平截面上的剪压比来实现这一要求。试验表明，当节点区截面的剪压比大于 0.35 时，增加箍筋的作用已不明显，这时须增大节点水平截面的尺寸。

（4）梁纵筋滑移对结构延性的影响

框架梁纵筋在中柱节点区通常以连续贯通的形式通过。在反复荷载作用下，梁纵筋在节点一边受拉屈服，而在另一边受压屈服。如此循环往复，将使纵筋的粘结迅速破坏，导致梁纵筋在节点区贯通滑移，使节点区受剪承载力降低，亦使梁截面后期受弯承载力和延性降低，使节点的刚度和耗能能力明显下降。试验表明，边柱节点梁的纵筋锚固比中柱节点的好，滑移较小。

为防止梁纵筋滑移，最好采用直径不大于 1/25 柱宽的钢筋，即，使梁纵筋在节点区有不小于 25 倍其直径的锚固长度，也可以将梁纵筋穿过柱中心轴后再弯入柱内，以改善其锚固性能。

3. 框架节点核心区的抗震验算要求

框架节点核心区的抗震验算应符合下列要求：

（1）核心区混凝土强度等级与柱混凝土强度等级相同时，一、二级框架的节点核心区，应进行抗震验算；三、四级框架节点核心区，可不进行抗震验算，但应符合构造措施的要求。三级框架的房屋高度接近二级框架房屋高度的下限时，节点核心区宜进行抗震验算。

（2）9 度时及一级框架结构的核心区混凝土强度等级不应低于柱的混凝土强度等级。其他情况，框架节点核心区混凝土强度等级不宜低于柱混凝土强度等级；特殊情况下不宜低于柱混凝土强度等级的 70%，且应进行核心区斜截面和正截面的承载力验算。

4. 核心区抗震验算方法

（1）节点剪力设计值

取某中间节点为隔离体，设梁端已出现塑性铰，则梁受拉纵筋的应力为 f_{yk}。不计框架梁的轴力，并不计正交梁对节点受力的影响，则节点的受力如图 5-24（a）所示。设节点水平截面上的剪力为 V_j，则节点上半部的力合成 V_j：

$$V_j = C^l + T^r - V_c = f_{yk}A_s^b + f_{yk}A_s^t - V_c \tag{5-29}$$

取柱净高部分为脱离体，如图 5-24（b）所示。由该柱的平衡条件得

$$V_c = \frac{M_c^b + M_c^t}{H_c - h_b} \tag{5-30}$$

其中 H_c 为节点上柱和下柱反弯点之间的距离（通常为一层框架柱的高度），h_b 为框架梁的截面高度。近似地取

$$M_c^b = M_c^u,\ M_c^t = M_c^l \tag{5-31}$$

由节点的弯矩平衡条件得

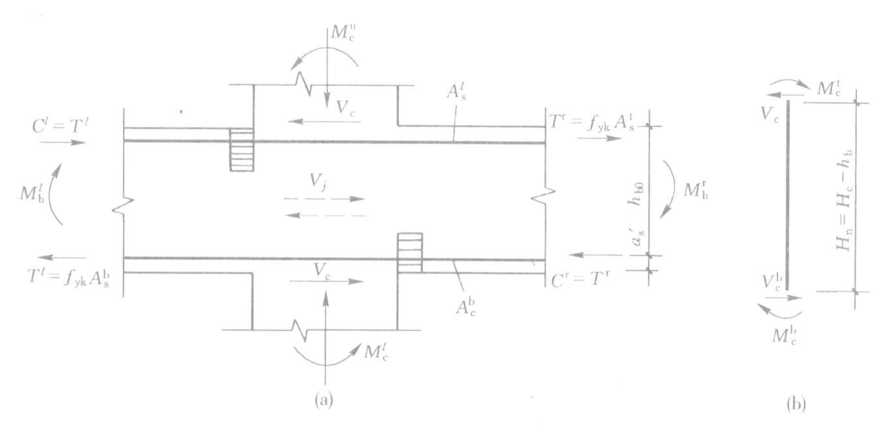

图5-24　节点受力简图

(a) 节点受力；(b) 柱的弯矩和剪力

$$M_c^l+M_c^u=M_b^l+M_b^r \tag{5-32}$$

从而得

$$V_c=\frac{M_b^l+M_b^r}{H_c-h_b}=\frac{(f_{yk}A_s^b+f_{yk}A_s^t)(h_{b0}-a_s')}{H_c-h_b} \tag{5-33}$$

把式（5-33）代入式（5-29），即得中间层节点的剪力设计值计算公式：

$$V_j=f_{yk}(A_s^b+A_s^t)\left(1-\frac{h_{b0}-a_s'}{H_c-h_b}\right)$$

因为可取 $M_{bu}=f_{yk}A_s(h_{bo}-a_s')$，故上式可以表示为

$$V_j=\frac{1}{\gamma_{RE}}\left(\frac{M_{bu}^l+M_{bu}^r}{h_{b0}-a_s'}\right)\left(1-\frac{h_{b0}-a_s'}{H_c-h_b}\right)$$

对于顶层节点，则有

$$V_j=f_{yk}(A_s^b+A_s^t)$$

因为梁端弯矩可为逆时针或顺时针方向，二者的（$A_s^b+A_s^t$）是不同的，设计计算时应取其中较大的值，并且（$A_s^b+A_s^t$）应按实际配筋的面积计算。

规范在引入了强度增大系数后，规定如下：

1）设防烈度为9度的一级抗震等级框架和抗震等级为一级的框架结构，对顶层中间节点和端节点，取

$$V_j=1.15f_{yk}(A_s^b+A_s^t) \tag{5-34}$$

且其值不应小于按式（5-35）求得的 V_j 值。对其他层的中间节点和端节点，取

$$V_j=1.15f_{yk}(A_s^b+A_s^t)\left(1-\frac{h_{b0}-a_s'}{H_c-h_b}\right) \tag{5-35}$$

且其值不应小于按式（5-37）求得的 V_j 值。

2）在其他情况下，可不按实际配筋求梁端极限弯矩，而直接按节点两侧梁端设计弯矩计算。对顶层中间节点和端节点，取

$$V_j=\eta_b\frac{M_b^l+M_b^r}{h_{b0}-a'_s} \tag{5-36}$$

对于其他层中间节点和端节点，考虑柱剪力的影响，取

$$V_j=\eta_b\frac{M_b^l+M_b^r}{h_{b0}-a'_s}\left(1-\frac{h_{b0}-a'_s}{H_c-h_b}\right) \tag{5-37}$$

其中，η_b 为节点剪力增大系数，对于框架结构，一级取 1.50，二级取 1.35，三级取 1.20；对于其他结构中的框架，一级取 1.35，二级取 1.2，三级取 1.10。

同样，($M_b^l+M_b^r$) 有逆时针和顺时针两个值，应取其中较大的值。

四级抗震等级的框架节点，可不进行抗剪计算，仅按构造配置箍筋即可。

在计算中，当节点两侧梁高不相同时，h_{b0} 和 h_b 取各自的平均值。

(2) 节点受剪承载力的设计要求

以上导出了节点区的剪力设计值 V_j。节点区抗剪承载力极限状态的设计要求：

$$V_j\leqslant V_{ju} \tag{5-38}$$

其中，V_{ju} 为节点受剪承载力设计值。考虑正交梁和轴向压力对节点受剪承载力的有利影响，取

$$V_{ju}=\frac{1}{\gamma_{RE}}\left[1.1\eta_j f_t b_j h_j+0.05\eta_j N\frac{b_j}{b_c}+\frac{f_{yv}A_{svj}}{s}(h_{b0}-a'_s)\right] \tag{5-39}$$

当为 9 度的一级时，则取

$$V_{ju}=\frac{1}{\gamma_{RE}}\left[0.9\eta_j f_t b_j h_j+\frac{f_{yv}A_{svj}}{s}(h_{b0}-a'_s)\right] \tag{5-40}$$

式中 N——考虑地震作用组合的节点上柱底部的轴向压力较小值，当 $N>0.5f_cb_ch_c$ 时，取 $N=0.5f_cb_ch_c$；当 N 为拉力时，取 $N=0$；

η_j——正交梁对节点的约束影响系数；当楼板为现浇、梁柱中线重合、四侧各梁宽度不小于该侧柱截面宽度的 1/2，且正交梁的截面高度不小于较高框架梁截面高度的 3/4 时，可采用 1.5，对 9 度设防烈度的一级，宜采用 $\eta_j=1.25$；对一、二级抗震等级，取 $\eta_j=1.5$；其他情况均采用 $\eta_j=1.0$；

b_c、h_c——框架柱截面的宽度（垂直框架平面的尺寸）和高度（平行框架平面的尺寸）；

b_j、h_j——框架节点水平截面的宽度和高度，当框架梁截面宽度 $b_b\geqslant b_c/2$ 时，可取 $b_j=b_c$；当 $b_b<b_c/2$ 时，可取 $b_j=\min(b_b+0.5h_c, b_c)$，此处，$b_b$ 为梁的截面宽度。当梁柱轴线有偏心距 e_0 时，e_0 不宜大于柱截面宽度的 1/4，此时应取 $b_j=\min(0.5b_c+0.5b_b+0.25h_c-e_0, b_b+0.5h_c, b_c)$，可取 $h_j=h_c$；

A_{svj}——配置在框架节点宽度 b_j 范围内同一截面箍筋各肢的全部截面面积；

γ_{RE}——承载力抗震调整系数，可采用0.85。

(3) 节点受剪截面限制条件

为防止节点区混凝土承受过大的斜压应力而先于钢筋破坏，节点区的尺寸就不能太小。因此，框架节点受剪的水平截面应符合下列条件：

$$V_j = \frac{1}{\gamma_{RE}}(0.3\eta_j f_c b_j h_j) \tag{5-41}$$

5.3.5 预应力混凝土框架的抗震设计要求

建筑抗震设计规范对于6、7、8度时预应力混凝土框架的抗震设计提出了下列要求（9度时应做专门研究）。

1. 一般要求

抗震框架的后张预应力构件，框架、门架、转换层的转换大梁，宜采用有粘结预应力筋。无粘结预应力筋可用于采用分散配筋的连续板和扁梁，不得用于承重结构的受拉杆件和抗震等级为一级的框架。

抗侧力的预应力混凝土构件，应采用预应力筋和非预应力筋混合配筋方式。二者的比例应依据抗震等级按有关规定控制，其预应力强度比不宜大于0.75。

2. 框架梁

在预应力混凝土框架梁中应采用预应力筋和非预应力筋混合配筋方式，梁端截面配筋宜符合下列要求：

$$A_s \geqslant \frac{1}{3}\left(\frac{f_{py} h_p}{f_y h_s}\right) A_p \tag{5-42}$$

式中　A_p、A_s——分别为受拉区预应力筋和非预应力筋截面面积；

f_{py}、f_y——分别为预应力筋和非预应力筋的抗拉强度设计值。

对二、三级抗震等级的框架-剪力墙、框架-核心筒结构中的后张有粘结预应力混凝土框架，式（5-42）中右端系数1/3可改为1/4。

预应力混凝土框架梁端截面，计入纵向受压钢筋的钢筋混凝土的受压区高度 x，抗震等级为一级时应满足 $x \leqslant 0.25h_0$，抗震等级为二、三级时应满足 $x \leqslant 0.35h_0$；并且纵向受拉钢筋按非预应力筋抗拉强度设计值折算的配筋率不应大于2.5%。

梁端截面的底面非预应力钢筋和顶面非预应力钢筋配筋量的比值，除按计算确定外，一级抗震等级不应小于0.5，二、三级不应小于0.3；同时底面非预应力钢筋配筋量不应低于毛截面面积的0.2%。

预应力混凝土框架柱可采用非对称配筋方式，其轴压比计算，应计入预应力筋的总有效预应力形成的轴向压力设计值，并符合钢筋混凝土结构中对应框架柱的要求，箍筋宜全高加密。

预应力筋穿过框架节点核心区时，节点核心区的截面抗震验算，应计入总有效预加力以及预应力孔道削弱核心区有效验算宽度的影响。

3. 框架柱和梁柱节点

后张预应力筋的锚具不宜位于节点核心区内。

5.4 抗震墙结构的抗震设计

抗震墙结构一般有较好的抗震性能，但也应合理设计。前述的抗震设计所遵循的一般原则（如平面布置尽可能对称等）也适用于抗震墙结构。下面主要讲述抗震墙结构设计特点。

5.4.1 抗震墙结构的设计要点

抗震墙结构中的抗震墙设置，宜符合下列要求：(1) 较长的抗震墙宜开设洞口，将一道抗震墙分成较均匀的若干墙段，洞口连梁的跨高比宜大于 6，各墙段的高宽比不宜小于 3。这主要是使构件（抗震墙和连梁）有足够的弯曲变形能力。(2) 墙肢截面的高度沿结构全高不应有突变；抗震墙有较大洞口时，以及一、二级抗震墙的底部加强部位，洞口宜上下对齐。(3) 矩形平面的部分框支抗震墙结构，其框支层的楼层侧向刚度不应小于相邻非框支层楼层侧向刚度 50%；框支层落地抗震墙间距不宜大于 24m。框支层的平面布置宜对称，且宜设抗震筒体；底层框架部分承担的地震倾覆力矩，不应大于结构总地震倾覆力矩的 50%。

房屋顶层、楼梯间和抗侧力电梯间的抗震墙、端开间的纵向抗震墙和端山墙的配筋应符合关于加强部位的要求。底部加强部位的高度，应从地下室顶板算起。部分框支抗震墙结构的抗震墙，其底部加强部位的高度，可取框支层加框支层以上两层的高度及落地抗震墙总高度的 1/10 二者的较大值。其他结构的抗震墙，房屋高度大于 24m 时，底部加强部位的高度可取底部两层和墙体总高度的 1/10 二者的较大值；房屋高度不大于 24m 时，底部加强部位可取底部一层。当结构计算嵌固端位于地下一层的底板或以下时，底部加强部位尚宜向下延伸到计算嵌固端。

5.4.2 地震作用的计算

抗震墙结构地震作用的计算，仍可视情况用底部剪力法、振型分解反应谱法、时程分析法计算。采用常用的葫芦串模型时，主要是确定抗震墙结构的抗侧刚度。为此就要对抗震墙进行分类。

1. 抗震墙的分类

单榀抗震墙按其开洞的大小呈现不同的特性。洞口的大小可用洞口系数 ρ 表示：

$$\rho=\frac{\text{墙面洞口面积}}{\text{墙面不计洞口的总面积}} \tag{5-43}$$

另外，抗震墙的特性还与连梁刚度与墙肢刚度之比及墙肢的惯性矩与总惯性矩之比有关。故再引入整体系数 α 和惯性矩比 I_A/I，其中 α 和 I_A 分别定义为

$$\alpha=H\sqrt{\frac{24}{\tau h\sum_{j=1}^{m+1}I_j}\sum_{j=1}^{m}\frac{I_{bj}c_j^2}{a_j^3}} \tag{5-44}$$

$$I_A=I-\sum_{j=1}^{m+1}I_j \tag{5-45}$$

式中　τ——轴向变形系数，3～4 肢时取为 0.8，5～7 肢时取为 0.85，8 肢以上时取为 0.95；

m——孔洞列数；

h——层高；

I_{bj}——第 j 孔洞连梁的折算惯性矩；

a_j——第 j 孔洞连梁计算跨度的一半；

c_j——第 j 孔洞两边墙肢轴线距离的一半；

I_j——第 j 墙肢的惯性矩；

I——抗震墙对组合截面形心的惯性矩。

第 j 孔洞连梁的折算惯性矩的计算为

$$I_{bj}=\frac{I_{bj0}}{1+\frac{30\mu I_{bj0}}{A_b l_{bj}^2}} \tag{5-46}$$

式中　I_{bj0}——连梁的抗弯惯性矩；

A_b——连梁的截面积；

l_{bj}——连梁的计算跨度（取洞口宽度加梁高的一半）。

从而抗震墙可按开洞情况、整体系数和惯性矩比分成以下几类：

（1）整体墙即没有洞口或洞口很小的抗震墙（图 5-25a）。当墙面上门窗、洞口等开孔面积不超过墙面面积的 15%（即 $\rho\leqslant0.15$），且孔洞间净距及孔洞至墙边净距大于孔洞长边时，即为整体墙。这时可忽略洞口的影响，墙的应力可按平截面假定用材料力学公式计算，其变形属于弯曲型。

（2）当 $\rho>0.15$，$\alpha\geqslant10$，且 $I_A/I\leqslant\zeta$ 时为小开口整体墙（图 5-25b），其中 ζ 值见表 5-11。此时，可按平截面假定计算，但所得的应力应加以修正。相应的变形基本上属于弯曲型。

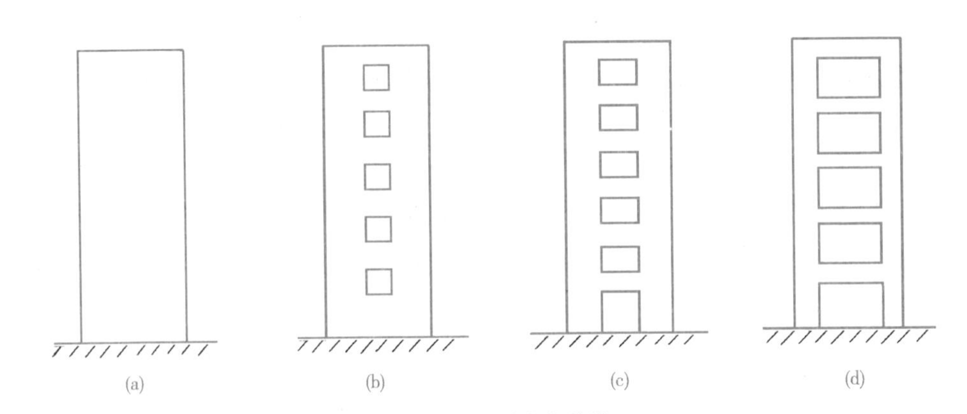

图 5-25 抗震墙的分类

(a) 整体墙；(b) 整体小开口墙；(c) 联肢墙；(d) 壁式框架

系数 ζ 的取值 表 5-11

α \ 层数	8	10	12	16	20	≥30
10	0.886	0.948	0.975	1.000	1.000	1.000
12	0.866	0.924	0.950	0.994	1.000	1.000
14	0.853	0.908	0.934	0.978	1.000	1.000
16	0.844	0.896	0.923	0.964	0.988	1.000
18	0.836	0.888	0.914	0.952	0.978	1.000
20	0.831	0.880	0.906	0.945	0.970	1.000
22	0.827	0.875	0.901	0.940	0.965	1.000
24	0.824	0.871	0.897	0.936	0.960	0.989
26	0.822	0.867	0.894	0.932	0.955	0.986
28	0.820	0.864	0.890	0.929	0.952	0.982
≥30	0.818	0.861	0.887	0.926	0.950	0.979

(3) 当 $\rho>0.15$，$1.0<\alpha<10$，且 $I_A/I\leqslant\zeta$ 时，为联肢墙（图 5-25c）。此时墙肢截面应力离平面假定所得的应力更远，不能用平截面假定得到的整体应力加上修正应力来解决。此时可借助于列出微分方程来求解，它的变形已从弯曲型逐渐向剪切型过渡。

(4) 当洞口很大，$\alpha\geqslant10$，且 $I_A/I>\zeta$ 时，为壁式框架（图 5-25d）。

2. 总体计算

用计算机程序计算当然是一般的方法。在特定的情况下，也可采用下述近似方法计算。

首先采用串联多自由度模型算出地震作用沿竖向的分布，然后再把地震作用分配给各榀抗侧力结构。一般假定楼板在其平面内的刚度为无穷大，而在其平面外的刚度则为零。在下面的分析中，假定不考虑整体扭转作用。

用简化方法进行内力与位移的计算时，可将结构沿其水平截面的两个正交主轴划分为若干平面抗侧力结构，每一个方向的水平荷载由该方向的平面抗侧力结构承受，垂直于水平荷载方向的抗侧力结构不参加工作。总水平力在各抗侧力结构中的分配则由楼板在其平面内为刚体所导出的协调条件确定。抗侧力结构与主轴斜交时，应考虑抗侧力结构在两个主轴方向上各自的功能。

对层数不高的、以剪切变形为主的抗震墙结构（这种情况不常见），可用类似砌体结构的计算方法计算地震作用并分配给各片墙。

对以弯曲变形为主的高层剪力墙结构，可采用振型分解法或时程分析法得出作用于竖向各质点（楼层处）的水平地震作用。整个结构的抗弯刚度等于各片墙的抗弯刚度之和。

3. 等效刚度

单片墙的抗弯刚度可采用一些近似公式。例如：

$$I_c=\left(\frac{100}{f_y}+\frac{P_u}{f'_cA_g}\right)I_g \tag{5-47}$$

式中　I_c——单片墙的等效惯性矩；

I_g——墙的毛截面惯性矩；

f_y——钢筋的屈服强度（以“MPa”为单位）；

P_u——墙的轴压力；

f'_c——混凝土的棱柱体抗压强度；

A_g——墙的毛截面面积。

上式对应于墙截面外缘出现屈服时的情况。

按弹性计算时，沿竖向刚度比较均匀的抗震墙的等效刚度可按下列方法计算。

（1）整体墙

等效刚度 E_cI_{eq} 的计算式为

$$E_cI_{eq}=\frac{E_cI_w}{1+\dfrac{9\mu I_w}{A_wH^2}} \tag{5-48}$$

式中　E_c——混凝土的弹性模量；

I_{eq}——等效惯性矩；

H——抗震墙的总高度；

μ——截面形状系数，对矩形截面取 1.20，I 形截面 μ=全面积/腹板面积，T 形截面的 μ 值见表 5-12；

I_w——抗震墙的惯性矩，取有洞口和无洞口截面的惯性矩沿竖向的加权平均值：

$$I_w=\frac{\sum I_ih_i}{\sum h_i} \tag{5-49}$$

式中 I_i——抗震墙沿高度方向各段横截面惯性矩（有洞口时要扣除洞口的影响）；

h_i——相应各段的高度。

T 形截面剪应力不均匀系数 μ 表 5-12

H/t \ B/t	2	4	6	8	10	12
2	1.383	1.496	1.521	1.511	1.483	1.445
4	1.441	1.876	2.287	2.682	3.061	3.424
6	1.362	1.097	2.033	2.367	2.698	3.026
8	1.313	1.572	1.838	2.106	2.374	2.641
10	1.283	1.489	1.707	1.927	2.148	2.370
12	1.264	1.432	1.614	1.800	1.988	2.178
15	1.245	1.374	1.579	1.669	1.820	1.973
20	1.228	1.317	1.422	1.534	1.648	1.763
30	1.214	1.264	1.328	1.399	1.473	1.549
40	1.208	1.240	1.284	1.334	1.387	1.442

注：B 为翼缘宽度；t 为抗震墙厚度；H 为抗震墙截面高度。

式（5-48）中的 A_w 为抗震墙折算截面面积。对小洞口整截面墙取

$$A_w=\gamma_{00}A=\left(1-1.25\sqrt{\frac{A_{op}}{A_f}}\right)A \tag{5-50}$$

式中 A——墙截面毛面积；

A_{op}——墙面洞口面积；

A_f——墙面总面积；

γ_{00}——洞口削弱系数。

（2）整体小开口墙

其等效刚度为

$$E_cI_{eq}=\frac{0.8E_cI_w}{1+\dfrac{9\mu I}{AH^2}} \tag{5-51}$$

式中 I——组合截面惯性矩；

A——墙肢面积之和。

（3）单片联肢墙、壁式框架和框架-剪力墙

对这类抗侧力结构，可取水平荷载为倒三角形分布或均匀分布，然后按下式之一计算其等效刚度：

$$EI_{eq}=\frac{qH^4}{8u_1} \quad (均布荷载) \tag{5-52}$$

$$EI_{eq}=\frac{11q_{max}H^4}{120u_2} \quad (倒三角形分布荷载) \tag{5-53}$$

式中 q、q_{max}——分别为均布荷载值和倒三角形分布荷载的最大值（kN/m）；

u_1、u_2——分别为均布荷载和倒三角形分布荷载产生的结构顶点水平位移。

5.4.3 地震作用在各剪力墙之间的分配及内力计算

各质点的水平地震作用 F 求出后，就可求出各楼层的剪力 V 和弯矩 M。从而该层第 i 片墙所承受的侧向力 F_i、剪力 V_i 和弯矩 M_i 分别为

$$F_i=\frac{I_i}{\sum I_i}F, \quad V_i=\frac{I_i}{\sum I_i}V, \quad M_i=\frac{I_i}{\sum I_i}M \tag{5-54}$$

其中 I_i 为第 i 片墙的等效惯性矩，$\sum I_i$ 为该层墙的等效惯性矩之和。在上述计算中，一般可不计矩形截面墙体在其弱轴方向的刚度。但弱轴方向的墙起到翼缘作用时，在弯矩分配时可取适当的翼缘宽度。每一侧有效翼缘的宽度 $b_f/2$ 可取下列二者中的最小值：墙间距的一半，墙总高的 1/20。且每侧翼缘宽度不得大于墙轴线至洞口边缘的距离。在应用式（5-54）时，若各层混凝土的弹性模量不同，则应以 E_cI_i 代替 I_i。

把水平地震作用分配到各剪力墙后，就可对各剪力墙单独计算内力了。

（1）整体墙

对整体墙，可作为竖向悬臂构件按材料力学公式计算，此时，宜考虑剪切变形的影响。

（2）小开口整体墙

对小开口整体墙，截面应力分布虽然不再是直线关系，但偏离直线不远，可在按直线分布的基础上加以修正。

第 j 墙肢的弯矩：

$$M_j=0.85M\frac{I_j}{I}+0.15M\frac{I_j}{\sum I_j} \tag{5-55}$$

式中 M——外荷载在计算截面所产生的弯矩；

I_j——第 j 墙肢的截面惯性矩；

I——整个剪力墙截面对组合形心的惯性矩。

求和号是对各墙肢求和。

第 j 墙肢轴力：

$$N_j=0.85M\frac{A_jy_j}{I} \tag{5-56}$$

式中 A_j——第 j 墙肢截面积；

y_j——第 j 墙肢截面重心至组合截面重心的距离。

(3) 联肢墙

对双肢墙和多肢墙，可把各墙肢间的作用连续化，列出微分方程求解。

当开洞规则而又较大时，可简化为杆件带刚臂的“壁式框架”求解（图 5-25d）。

上述计算方法，详见有关文献。

当规则开洞进一步大到连梁的刚度可略去不计时，各墙肢又变成相对独立的单榀抗震墙了。

5.4.4 截面设计和构造

1. 体现“强剪弱弯”的要求

一、二、三级的抗震墙底部加强部位，其截面组合的剪力设计值应按下式调整：

$$V=\eta_{vw}V_w \tag{5-57}$$

9 度时的一级可不按上式调整，但应符合下式要求：

$$V=1.1\frac{M_{wua}}{M_w}V_w \tag{5-58}$$

式中 V——抗震墙底部加强部位截面组合的剪力设计值；

V_w——抗震墙底部加强部位截面的剪力计算值；

M_{wua}——抗震墙底部截面按实配纵向钢筋面积、材料强度标准值和轴力设计值计算的抗震承载力所对应的弯矩值：有翼墙时应考虑墙两侧各一倍翼墙厚度范围内的配筋；

M_w——抗震墙底部截面组合的弯矩设计值；

η_{vw}——抗震墙剪力增大系数，一级可取 1.6，二级可取 1.4，三级可取 1.2。

2. 抗震墙结构构造措施

两端有翼墙或端柱的抗震墙厚度，抗震等级为一、二级时不应小于 160mm，且不应小于层高的 1/20；三、四级不应小于 140mm，且不宜小于层高或无支长度的 1/25。无端柱或翼墙时，一、二级不宜小于层高或无支长度的 1/16，三、四级不宜小于层高或无支长度的 1/20。一、二级时底部加强部位的墙厚不宜小于层高或无支长度的 1/16 且不应小于 200mm，当底部加强部位无端柱或翼墙时，一、二级不宜小于层高或无支长度的 1/12，三、四级不宜小于层高或无支长度的 1/16。

抗震墙厚度大于 140mm 时，竖向和横向钢筋应双排布置；双排分布钢筋间拉筋的间距不宜大于 600mm，直径不应小于 6mm；在底部加强部位，边缘构件以外的拉筋间距应适当加密。

抗震墙竖向、横向分布钢筋的配筋，应符合下列要求：(1) 一、二、三级抗震墙的水平和竖向分布钢筋最小配筋率均不应小于0.25%；四级抗震墙不应小于0.20%；间距不宜大于300mm。(2) 部分框支抗震墙结构的落地抗震墙底部加强部位墙板的纵向及横向分布钢筋配筋率均不应小于0.3%，钢筋间距不应大于200mm。(3) 钢筋直径不宜大于墙厚的1/10且不应小于8mm；竖向钢筋直径不宜小于10mm。

一、二、三级抗震墙在重力荷载代表值作用下墙肢的轴压比，一级时9度不宜大于0.4，7、8度不宜大于0.5，二、三级不宜大于0.6。

抗震墙两端和洞口两侧应设置边缘构件，边缘构件包括暗柱、端柱和翼墙，并应符合下列要求：(1) 对于抗震墙结构，底层墙肢底截面的轴压比不大于表5-13规定的一、二、三级抗震墙及四级抗震墙，墙肢两端可设置构造边缘构件，其范围可按图5-26采用，其配筋除应满足受弯承载力要求外，并宜符合表5-14的要求。(2) 底层墙肢底截面的轴压比大于表5-13规定的一、二、三级抗震墙，以及部分框支抗震墙结构的抗震墙，应在底部加强部位及相邻的上一层设置约束边缘构件，在以上的其他部位可设置构造边缘构件。约束边缘构件沿墙肢的长度、配箍特征值、箍筋和纵向钢筋应符合表5-15的要求（图5-27）。

抗震墙设置构造边缘构件的最大轴压比　表5-13

抗震等级或烈度	一级(9度)	一级(7、8度)	二、三级
轴压比	0.1	0.2	0.3

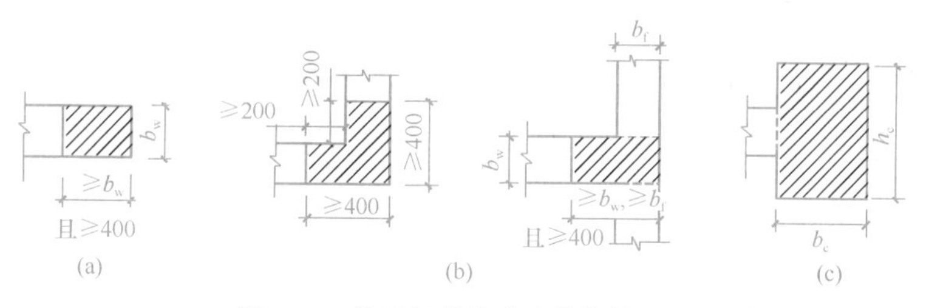

图5-26　抗震墙的构造边缘构件范围

(a) 暗柱；(b) 翼柱；(c) 端柱

抗震墙的约束边缘构件包括暗柱、端柱和翼墙（图5-26），约束边缘构件应向上延伸到底部加强部位以上不小于约束边缘构件纵向钢筋锚固长度的高度。

抗震墙构造边缘构件的配筋要求　表5-14

抗震等级	底部加强部位			其他部位		
	纵向钢筋最小量（取较大值）	箍筋		纵向钢筋最小量（取较大值）	拉筋	
		最小直径(mm)	沿竖向最大间距(mm)		最小直径(mm)	沿竖向最大间距(mm)
一	$0.010A_c$，6ϕ16	ϕ8	100	$0.008A_c$，6ϕ14	8	150
二	$0.008A_c$，6ϕ14	ϕ8	150	$0.006A_c$，6ϕ12	8	200

续表

抗震等级	底部加强部位			其他部位		
	纵向钢筋最小量（取较大值）	箍筋		纵向钢筋最小量（取较大值）	拉筋	
		最小直径（mm）	沿竖向最大间距（mm）		最小直径（mm）	沿竖向最大间距（mm）
三	$0.006A_c$，$6\phi12$	$\phi6$	150	$0.005A_c$，$4\phi12$	6	200
四	$0.005A_c$，$4\phi12$	$\phi6$	200	$0.004A_c$，$4\phi12$	6	250

注：1. A_c 为边缘构件的截面面积；
2. 其他部位的拉筋，水平间距不应大于纵筋间距的2倍，转角处宜用箍筋；
3. 当端柱承受集中荷载时，其纵向钢筋、箍筋直径和间距应满足柱的相应要求。

抗震墙约束边缘构件的范围及配筋要求　　表5-15

项目	一级(9度)		一级(7、8度)		二、三级	
	$\lambda\leqslant0.2$	$\lambda>0.2$	$\lambda\leqslant0.3$	$\lambda>0.3$	$\lambda\leqslant0.4$	$\lambda>0.4$
l_c(暗柱)	$0.20h_w$	$0.25h_w$	$0.15h_w$	$0.20h_w$	$0.15h_w$	$0.20h_w$
l_c(翼墙或端柱)	$0.15h_w$	$0.20h_w$	$0.10h_w$	$0.15h_w$	$0.10h_w$	$0.15h_w$
λ_v	0.12	0.20	0.12	0.20	0.12	0.20
纵向钢筋(取较大值)	$0.012A_c$，$8\phi16$		$0.012A_c$，$8\phi16$		$0.010A_c$，$6\phi16$(三级$6\phi14$)	
箍筋或拉筋沿竖向间距	100mm		100mm		150mm	

注：1. 抗震墙的翼墙长度小于其3倍厚度或端柱截面边长小于2倍墙厚时，按无翼墙、无端柱查表；端柱有集中荷载时，配筋构造尚应满足与墙相同抗震等级框架柱的要求；
2. l_c 为约束边缘构件沿墙肢长度，且不小于墙厚和400mm；有翼墙或端柱时不应小于翼墙厚度或端柱沿墙肢方向截面高度加300mm；
3. λ_v 为约束边缘构件的配箍特征值，体积配箍率可按本书式（5-28）计算，并可适当计入满足构造要求且在墙端有可靠锚固的水平分布钢筋的截面面积；
4. h_w 为抗震墙墙肢长度；
5. λ 为墙肢轴压比；
6. A_c 为图5-27中约束边缘构件阴影部分的截面面积。

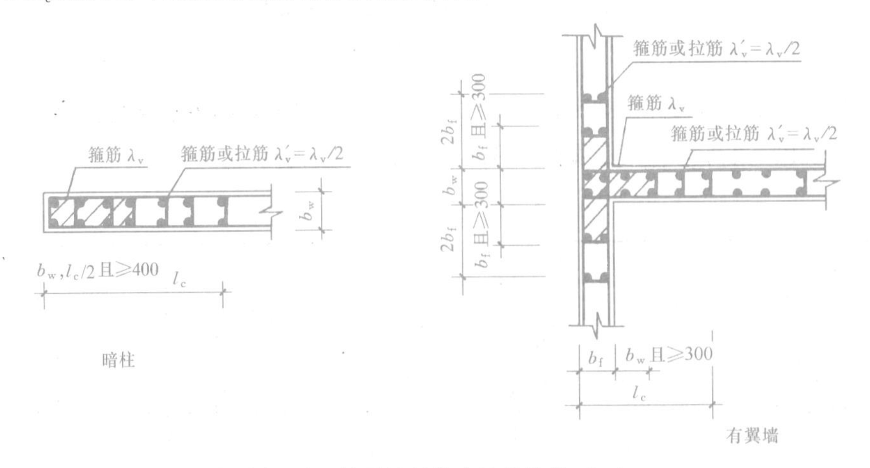

图5-27　抗震墙的约束边缘构件（一）

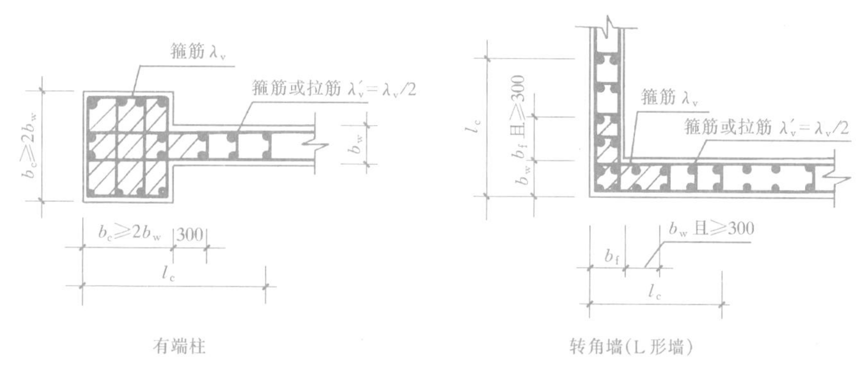

图 5-27 抗震墙的约束边缘构件（二）

5.5 框架-抗震墙结构的抗震设计

5.5.1 框架-抗震墙结构的设计要点

框架-抗震墙结构中的抗震墙设置，宜符合下列要求：（1）抗震墙宜贯通房屋全高。（2）楼梯间宜设置抗震墙，但不宜造成较大的扭转效应。（3）抗震墙的两端（不包括洞口两侧）宜设置端柱或与另一方向的抗震墙相连。（4）房屋较长时，刚度较大的纵向抗震墙不宜设置在房屋的端开间。（5）抗震墙洞宜上下对齐；洞边距端柱不宜小于 300mm。

框架-抗震墙结构中的抗震墙基础和部分框支抗震墙结构的落地抗震墙基础，应有良好的整体性和抗转动的能力。

框架-抗震墙结构采用装配式楼、屋盖时，应采取措施保证楼、屋盖的整体性及其与抗震墙的可靠连接；装配整体式楼、屋盖采用配筋现浇面层加强时，厚度不应小于 50mm。

5.5.2 地震作用的计算

地震作用的计算指整个结构沿其高度的地震作用的计算。这可用底部剪力法计算。当用振型反应谱法等进行计算时，若采用葫芦串模型，则得出整个结构沿高度的地震作用；若采用精细的模型时，则直接得出与该模型层次相应的地震内力。有时为简化，也可将总地震作用值沿结构高度方向按倒三角形分布考虑[14]。

5.5.3 内力计算

1. 各种计算方法概要

框架和剪力墙协同工作的分析方法可用力法、位移法、矩阵位移法和微分方程法。

力法和位移法（包括矩阵位移法）是基于结构力学假定的精确法。抗震墙被简化为受弯杆件，与抗震墙相连的杆件被模型化为带刚域端的杆件。

微分方程法则是一种较近似的便于手算的方法。

2. 微分方程法

（1）微分方程及其解

用微分方程法进行近似计算（手算）时的基本假定如下：①不考虑结构的扭转。②楼板在自身平面内的刚度为无限大，各抗侧力单元在水平方向无相对变形。③对抗震墙，只考虑弯曲变形而不计剪切变形；对框架，只考虑整体剪切变形而不计整体弯曲变形（即不计杆件的轴向变形）。④结构的刚度和质量沿高度的分布比较均匀。⑤各量沿房屋高度为连续变化。

这样，所有的抗震墙可合并为一个总抗震墙，其抗弯刚度为各抗震墙的抗弯刚度之和；所有的框架可合并为一个总框架，其抗剪刚度为各框架抗剪刚度之和。因而，整个结构就成为一个弯剪型悬臂梁。

这种方法的特点是从上到下：先用较粗的假定形成总体模型，求出总框架和总抗震墙的内力后，再较细致地考虑如何把此内力分到各抗侧力单元。这种方法在逻辑上是不一致的，但却能得到较好的结果，其原因如下：此法所处理的实际上是两个或多个独立的问题，只是后面的问题要用到前面问题的结果。在每个独立问题的内部，逻辑上还是完全一致的。在目前所处理的问题中，列出和求解微分方程是一个独立的问题，如何利用微分方程的解求出各单元的内力则又是另外一个独立问题。而数学上的逻辑一致仅要求在一个独立问题内成立。

总抗震墙和总框架之间用无轴向变形的连系梁连接。连系梁模拟楼盖的作用。关于连系梁，根据实际情况，可有两种假定：(1) 若假定楼盖的平面外刚度为零，则连系梁可进一步简化为连杆，如图 5-28 所示，称为铰接体系。(2) 若考虑连系梁对墙肢的约束作用，则连系梁与抗震墙之间的连接可视为刚接，如图 5-29 所示，称为刚接体系。

1）铰接体系的计算

取坐标系如图 5-30 所示。把所有的量沿高度 x 方向连续化：作用在节点的水平地震作用连续化为外荷载 $p(x)$；总框架和总抗震墙之间的连杆连续化为栅片。沿此栅片切开，则在切开处总框架和总抗震墙之间的作用力为 $p_{\mathrm{p}}(x)$；楼层处的水平位移连续化为 $u(x)$（图 5-30）。在下文中，在不致误解的情况下，也称总框架为框架，称总抗震墙为抗震墙。

框架沿高度方向以剪切变形为主，故对框架使用剪切刚度 C_{F}。抗震墙沿高度方向以弯曲变形为主，故对抗震墙使用弯曲刚度 $E_{\mathrm{c}}I_{\mathrm{eq}}$。根据材料力学中荷载、内力和位移之间的关系，框架部分的剪力 Q_{F} 可表示为

$$Q_{\mathrm{F}}=C_{\mathrm{F}}\frac{\mathrm{d}u}{\mathrm{d}x} \tag{5-59}$$

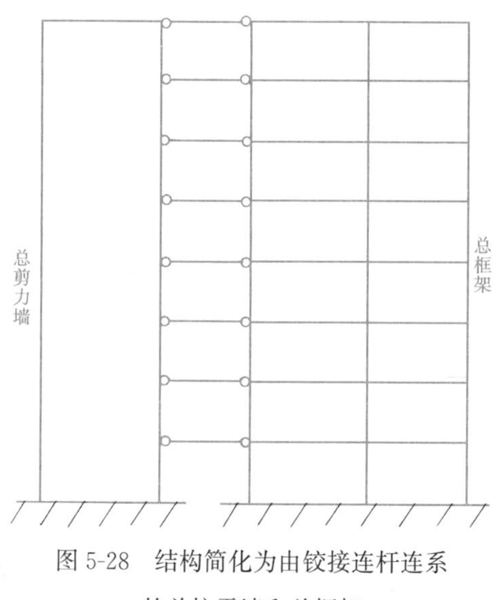

图 5-28　结构简化为由铰接连杆连系的总抗震墙和总框架

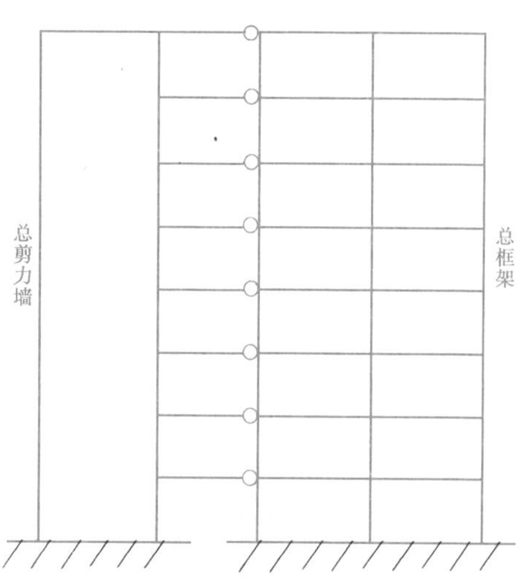

图 5-29　结构简化为由刚接连杆连系的总抗震墙和总框架

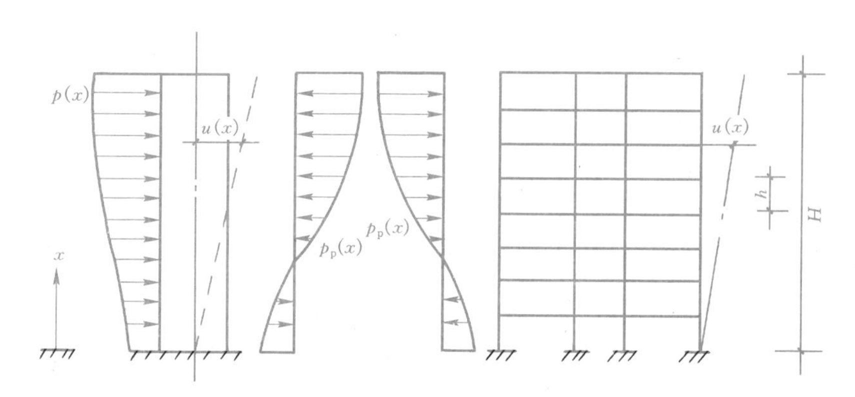

图 5-30　框架-抗震墙的分析

上式也隐含地给出了 C_F 的定义。按图 5-30 所示的符号规则，框架的水平荷载为

$$p_p = -\frac{dQ_F}{dx} = -C_F\frac{d^2u}{dx^2} \tag{5-60}$$

类似地，抗震墙部分的弯矩 M_w（以左侧受拉为正）可表示为

$$M_w = E_c I_{eq}\frac{d^2u}{dx^2} \tag{5-61}$$

设墙的剪力以绕隔离体顺时针为正，则墙的剪力 Q_w 为

$$Q_w = -\frac{dM_w}{dx} = -E_c I_{eq}\frac{d^3u}{dx^3} \tag{5-62}$$

设作用在墙上的荷载 p_w 以图示向右方向作用为正，则墙的荷载 $p_w(x)$ 可表示为

$$p_{w}=-\frac{dQ_{w}}{dx}=E_{c}I_{eq}\frac{d^{4}u}{dx^{4}} \tag{5-63}$$

由图 5-30 可知，剪力墙的荷载为

$$p_{w}(x)=p(x)-p_{p}(x) \tag{5-64}$$

把上式代入式（5-63），得

$$E_{c}I_{eq}\frac{d^{4}u}{dx^{4}}=p(x)-p_{p}(x) \tag{5-65}$$

把 p_{p} 的表达式（5-60）代入上式，得

$$E_{c}I_{eq}\frac{d^{4}u}{dx^{4}}-C_{F}\frac{d^{2}u}{dx^{2}}=p(x) \tag{5-66}$$

上式即为框架和抗震墙协同工作的基本微分方程。求解此方程可得结构的变形曲线 $u(x)$，然后由式（5-59）和式（5-62）即可得到框架和抗震墙各自的剪力值。

下面求解方程式（5-66）。记

$$\lambda=H\sqrt{\frac{C_{F}}{E_{c}I_{eq}}} \tag{5-67}$$

$$\xi=\frac{x}{H} \tag{5-68}$$

其中 H 为结构的高度，则式（5-66）可写为

$$\frac{d^{4}u}{d\xi^{4}}-\lambda^{2}\frac{d^{2}u}{d\xi^{2}}=\frac{p(x)H^{4}}{E_{c}I_{eq}} \tag{5-69}$$

参数 λ 称为结构刚度特征值，与框架的刚度与抗震墙刚度之比有关。λ 值的大小对抗震墙的变形状态和受力状态有重要的影响。

微分方程式（5-69）就是框架-抗震墙结构的基本方程，其形式如同弹性地基梁的基本方程，框架相当于抗震墙的弹性地基，其弹簧常数为 C_{F}。方程式（5-69）的一般解为

$$u(\xi)=A\,\mathrm{sh}\lambda\xi+B\,\mathrm{ch}\lambda\xi+C_{1}+C_{2}\xi+u_{1}(\xi) \tag{5-70}$$

其中 A、B、C_{1} 和 C_{2} 为任意常数，其值应由边界条件决定；$u_{1}(\xi)$ 为微分方程的任意特解，由结构承受的荷载类型确定。

边界条件如下。结构底部的位移为零

$$\xi=0\text{ 处}\quad u(0)=0 \tag{5-71}$$

墙底部的转角为零

$$\xi=0\text{ 处}\quad \frac{du}{d\xi}=0 \tag{5-72}$$

墙顶部的弯矩为零

$$\xi=H\text{ 处}\quad \frac{d^{2}u}{d\xi^{2}}=0 \tag{5-73}$$

在分布荷载作用下，墙顶部的剪力为零

$$\xi=H\text{ 处}\quad Q_F+Q_w=C_F\frac{du}{dx}-E_cI_{eq}\frac{d^3u}{dx^3}=0 \tag{5-74}$$

在顶部集中水平力 P 作用下

$$\xi=H\text{ 处}\quad Q_F+Q_w=C_F\frac{du}{dx}-E_cI_{eq}\frac{d^3u}{dx^3}=P \tag{5-75}$$

根据上述条件，即可求出在相应荷载作用下的变形曲线 $u(x)$。

对于抗震墙，由 u 的二阶导数可求出弯矩，由 u 的三阶导数可求出剪力；对于框架，由 u 的一阶导数可求出剪力。因此，抗震墙和框架内力及位移的主要计算公式为 u、M_w 和 Q_w 的表达式。

下面分别给出在三种典型水平荷载下的计算公式。

在倒三角形分布荷载作用下，设分布荷载的最大值为 q，则有

$$\begin{aligned}
u&=\frac{qH^4}{\lambda^2E_cI_{eq}}\left[\left(1+\frac{\lambda\,\text{sh}\lambda}{2}-\frac{\text{sh}\lambda}{\lambda}\right)\frac{\text{ch}\lambda\xi-1}{\lambda^2\text{ch}\lambda}+\left(\frac{1}{2}-\frac{1}{\lambda^2}\right)\left(\xi-\frac{\text{sh}\lambda\xi}{\lambda}\right)-\frac{\xi^3}{6}\right]\\
M_w&=\frac{qH^2}{\lambda^2}\left[\left(1+\frac{\lambda\,\text{sh}\lambda}{2}-\frac{\text{sh}\lambda}{\lambda}\right)\frac{\text{ch}\lambda\xi}{\text{ch}\lambda}-\left(\frac{\lambda}{2}-\frac{1}{\lambda}\right)\text{sh}\lambda\xi-\xi\right]\\
Q_w&=\frac{-qH}{\lambda^2}\left[\left(1+\frac{\lambda\,\text{sh}\lambda}{2}-\frac{\text{sh}\lambda}{\lambda}\right)\frac{\lambda\,\text{sh}\lambda\xi}{\text{ch}\lambda}-\left(\frac{\lambda}{2}-\frac{1}{\lambda}\right)\lambda\,\text{ch}\lambda\xi-1\right]
\end{aligned} \tag{5-76}$$

在均布荷载 q 的作用下，有

$$\begin{aligned}
u&=\frac{qH^4}{\lambda^4E_cI_{eq}}\left[\left(\frac{1+\lambda\,\text{sh}\lambda}{\text{ch}\lambda}\right)(\text{ch}\lambda\xi-1)-\lambda\,\text{sh}\lambda\xi+\lambda^2\xi\left(1-\frac{\xi}{2}\right)\right]\\
M_w&=\frac{qH^2}{\lambda^2}\left[\left(\frac{1+\lambda\,\text{sh}\lambda}{\text{ch}\lambda}\right)\text{ch}\lambda\xi-\lambda\,\text{sh}\lambda\xi-1\right]\\
Q_w&=\frac{-qH}{\lambda}\left[\lambda\,\text{ch}\lambda\xi-\left(\frac{1+\lambda\,\text{sh}\lambda}{\text{ch}\lambda}\right)\text{sh}\lambda\xi\right]
\end{aligned} \tag{5-77}$$

在顶点水平集中荷载 P 的作用下，有

$$\begin{aligned}
u&=\frac{PH^3}{E_cI_{eq}}\left[\frac{\text{sh}\lambda}{\lambda^3\text{ch}\lambda}(\text{ch}\lambda\xi-1)-\frac{1}{\lambda^3}\text{sh}\lambda\xi+\frac{1}{\lambda^2}\xi\right]\\
M_w&=PH\left(\frac{\text{sh}\lambda}{\lambda\,\text{ch}\lambda}\text{ch}\lambda\xi-\frac{1}{\lambda}\text{sh}\lambda\xi\right)\\
Q_w&=-P\left(\text{ch}\lambda\xi-\frac{\text{sh}\lambda}{\text{ch}\lambda}\text{sh}\lambda\xi\right)
\end{aligned} \tag{5-78}$$

式（5-76）～式（5-78）的符号规则如图 5-31 所示。根据上述公式，即可求得总框架和总抗震墙作为竖向构件的内力。

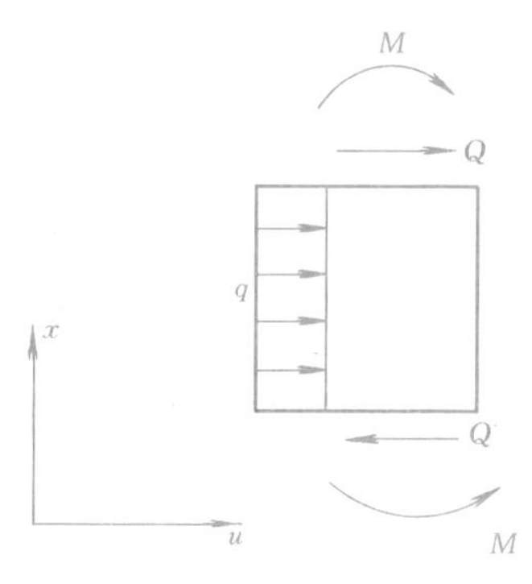

图 5-31　符号规则

2）刚接体系的计算

对图 5-29 所示的有刚接连系梁的框架-抗震墙结构，若将结构在连系梁的反弯点处切开（图 5-32b），则切开处作用有相互作用水平力 p_{pi} 和剪力 Q_i，后者将对墙产生约束弯矩 M_i（图 5-32c）。p_{pi} 和 M_i 连续化后成为 $p_p(x)$ 和 $m(x)$（图 5-32d）。

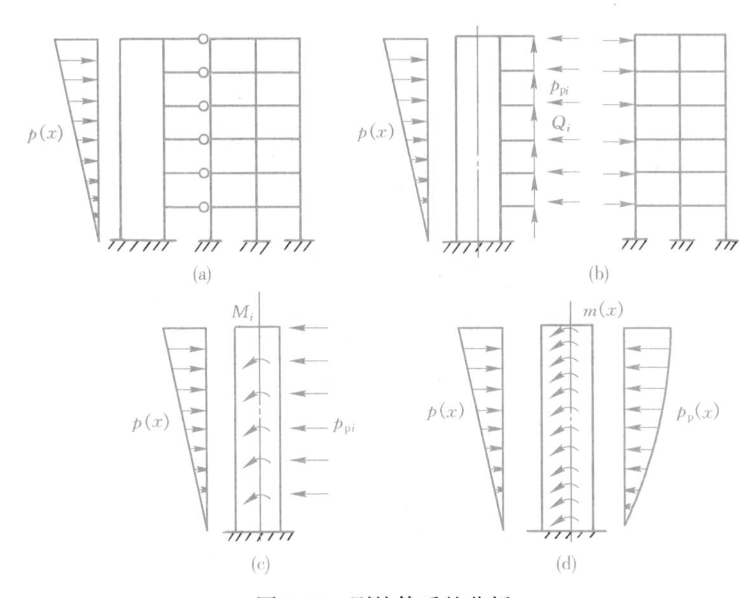

图 5-32　刚接体系的分析

（a）框架-抗震墙；（b）切开后的受力；（c）墙的受力；（d）墙受力的连续化

刚接连系梁在抗震墙内的部分的刚度可视为无限大。故框架-抗震墙刚接体系的连系梁是在端部带有刚域的梁（图 5-33）。刚域长度可取从墙肢形心轴到连梁边的距离减去 1/4 连梁高度。

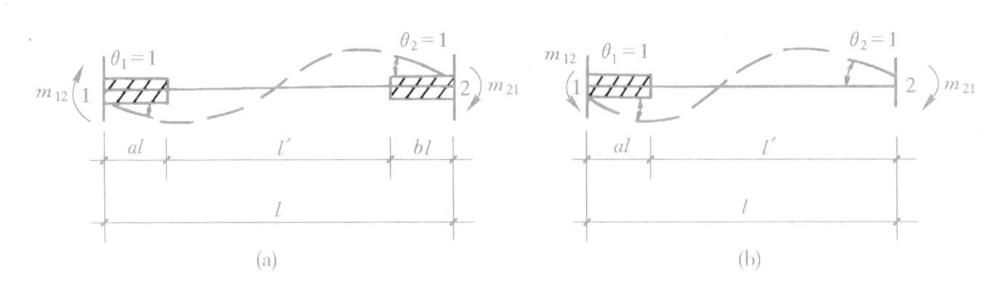

图 5-33　刚接体系中的连系梁是带刚域的梁

（a）双肢或多肢抗震墙的连系梁；（b）单肢抗震墙与框架的连系梁

对两端带刚域的梁，当梁两端均发生单位转角时，由结构力学可得到梁端的弯矩为

$$
\begin{aligned}
m_{12}&=\frac{6EI\ (1+a-b)}{l\ (1-a-b)^3}\\
m_{21}&=\frac{6EI\ (1+b-a)}{l\ (1-a-b)^3}
\end{aligned}
\tag{5-79}
$$

其中各符号的意义见图 5-33。在上式中，令 $b=0$，则得仅左端带有刚域的梁的相应弯矩为

$$m_{12}=\frac{6EI(1+a)}{l(1-a)^3}$$
$$m_{21}=\frac{6EI}{l(1-a)^2} \tag{5-80}$$

假定同一楼层内所有节点的转角相等，均为 θ，则连系梁端的约束弯矩为

$$M_{12}=m_{12}\theta$$
$$M_{21}=m_{21}\theta \tag{5-81}$$

把集中约束弯矩 M_{ij} 简化为沿结构高度的线分布约束弯矩 m'_{ij}，得

$$m'_{ij}=\frac{M_{ij}}{h}=\frac{m_{ij}}{h}\theta \tag{5-82}$$

其中 h 为层高。设同一楼层内有 n 个刚节点与抗震墙相连接，则总的线弯矩 m 为

$$m=\sum_{k=1}^{n}(m'_{ij})_k=\sum_{k=1}^{n}\left(\frac{m_{ij}}{h}\theta\right)_k \tag{5-83}$$

上式中 n 的计算方法是：每根两端有刚域的连系梁有 2 个节点，m_{ij} 是指 m_{12} 或 m_{21}；每根一端有刚域的连系梁有 1 个节点，m_{ij} 是指 m_{12}。

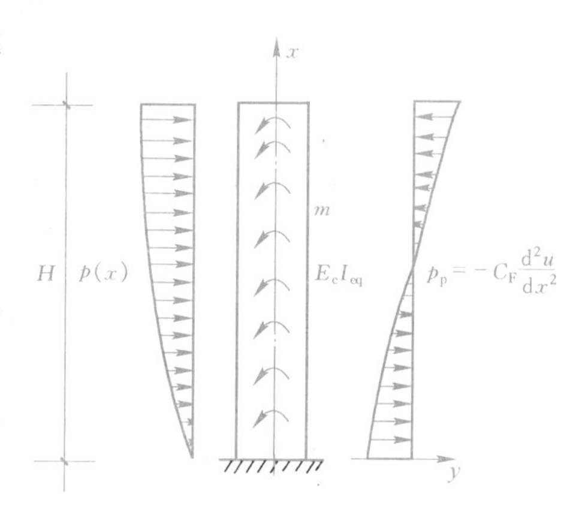

图 5-34 总抗震墙所受的荷载

图 5-34 表示了总抗震墙上的作用力。由刚接连系梁约束弯矩在抗震墙 x 高度的截面产生的弯矩为

$$M_m=-\int_x^H m\,dx$$

相应的剪力和荷载分别为

$$Q_m=-\frac{dM_m}{dx}=-m=-\sum_{k=1}^{n}\left(\frac{m_{ij}}{h}\right)_k\frac{du}{dx}$$
$$p_m=-\frac{dQ_m}{dx}=\sum_{k=1}^{n}\left(\frac{m_{ij}}{h}\right)_k\frac{d^2u}{dx^2} \tag{5-84}$$

称 Q_m 和 p_m 分别为“等代剪力”和“等代荷载”。

这样，抗震墙部分所受的外荷载为

$$p_w(x)=p(x)-p_p(x)+p_m(x)$$

于是方程式（5-63）成为

$$E_cI_{eq}\frac{d^4u}{dx^4}=p(x)-p_p(x)+p_m(x)$$

把式（5-60）和式（5-84）代入上式，得

$$E_c I_{eq}\frac{d^4 u}{dx^4}=p(x)+C_F\frac{d^2 u}{dx^2}+\sum_{k=1}^{n}\left(\frac{m_{ij}}{h}\right)_k\frac{d^2 u}{dx^2} \tag{5-85}$$

把上式加以整理，即得连系梁刚接体系的框架-抗震墙结构协同工作的基本微分方程

$$\frac{d^4 u}{d\xi^4}-\lambda^2\frac{d^2 u}{d\xi^2}=\frac{p(x)H^4}{E_c I_{eq}} \tag{5-86}$$

其中

$$\xi=\frac{x}{H} \tag{5-87}$$

$$\lambda=H\sqrt{\frac{C_F+C_b}{E_c I_{eq}}} \tag{5-88}$$

$$C_b=\sum\frac{m_{ij}}{h} \tag{5-89}$$

式中　C_b——连系梁的约束刚度。

上述关于连系梁的约束刚度的算法适用于框架结构从底层到顶层层高及杆件截面均不变的情况。当各层的 m_{ij} 有改变时，应取各层连系梁约束刚度关于层高的加权平均值作为连系梁的约束刚度

$$C_b=\frac{\sum\frac{m_{ij}}{h}h}{\sum h}=\frac{\sum m_{ij}}{H} \tag{5-90}$$

可见，式（5-69）与式（5-86）在形式上完全相同。因此前面得出的解（式 5-76～式 5-78）完全可以用于刚接体系。但是二者有如下不同：

① 二者的 λ 不同。后者考虑了连系梁约束刚度的影响。

② 内力计算的不同。在刚接体系中，由式（5-76）～式（5-78）计算的 Q_w 值不是总剪力墙的剪力。在刚接体系中，把由 u 微分三次得到的剪力（即由式 5-76～式 5-78 中第三式求出的剪力）记作 Q'_w（即把由式 5-76～式 5-78 求得的剪力记为 Q'_w），则有

$$E_c I_{eq}\frac{d^3 u}{dx^3}=-Q'_w=-Q_w+m(x) \tag{5-91}$$

从而得墙的剪力为

$$Q_w(x)=Q'_w(x)+m(x) \tag{5-92}$$

由力的平衡条件可知，任意高度 x 处的总抗震墙剪力与总框架剪力之和应等于外荷载下的总剪力 Q_p

$$Q_p=Q'_w+m+Q_F \tag{5-93}$$

定义框架的广义剪力 $\overline{Q}_F$ 为

$$\overline{Q}_F=m+Q_F \tag{5-94}$$

显然有

$$\overline{Q}_F = Q_p - Q'_w \tag{5-95}$$

则有

$$Q_p = Q'_w + \overline{Q}_F \tag{5-96}$$

刚接体系的计算步骤如下：①按刚接体系的 λ 值用式（5-76）～式（5-78）计算 u、M_w 和 Q'_w。②按式（5-95）计算总框架的广义剪力 $\overline{Q}_F$。③把框架的广义剪力按框架的抗推刚度 C_F 和连系梁的总约束刚度的比例进行分配，得到框架总剪力 Q_F 和连系梁的总约束弯矩 m

$$Q_F = \frac{C_F}{C_F + \sum \frac{m_{ij}}{h}} \overline{Q}_F \tag{5-97}$$

$$m = \frac{\sum \frac{m_{ij}}{h}}{C_F + \sum \frac{m_{ij}}{h}} \overline{Q}_F \tag{5-98}$$

④由式（5-92）计算总抗震墙的剪力 Q_w。

（2）墙系和框架系的内力在各墙和框架单元中的分配

在上述假定下，可按刚度进行分配。即，对于框架，第 i 层第 j 柱的剪力 Q_{ij} 为

$$Q_{ij} = \frac{D_{ij}}{\sum_{k=1}^{m} D_{ik}} Q_F \tag{5-99}$$

对于抗震墙，第 i 片抗震墙的剪力 Q_i 为

$$Q_i = \frac{E_{ci} I_{eqi}}{\sum_{k=1}^{n} E_{ck} I_{eqk}} Q_w \tag{5-100}$$

在上两式中，m 和 n 分别为柱和墙的个数。

进一步，在计算中还可考虑抗震墙的剪切变形的影响等因素。其细节可参阅有关文献。

3. 框架剪力的调整

对框架的剪力进行调整有两个理由：(1) 在框架-抗震墙结构中，若抗震墙的间距较大，则楼板在其平面内是能够变形的。在框架部位，由于框架的刚度较小，楼板的位移会较大，从而使框架的剪力比计算值大。(2) 抗震墙的刚度较大，承受了大部分地震水平力，会首先开裂，使抗震墙的刚度降低。这使得框架承受的地震力的比例增大，这也使框架的水平力比计算值大。

上述分析表明，框架是框架-抗震墙结构抵抗地震的第二道防线。因此，应提高框架部分的设计地震作用，使其有更大的强度储备。调整的方法如下：(1) 框架总剪力 $V_f \geqslant 0.2V_0$ 的楼层可不调整，按计算得到的楼层剪力进行设计。(2) 对 $V_f < 0.2V_0$ 的楼层，应取框架部分的剪力为下两式中的较小值：

$$V_f = 0.2V_0$$
$$V_f = 1.5V_{fmax} \quad (5\text{-}101)$$

式中　V_f——全部框架柱的总剪力；

V_0——结构的底部剪力；

V_{fmax}——计算的框架柱最大层剪力，取 V_f 调整前的最大值。

显然，这种框架内力的调整不是力学计算的结果，只是为保证框架安全的一种人为增大的安全度，所以调整后的内力不再满足、也不需满足平衡条件。

5.5.4　截面设计和配筋构造

框架-抗震墙的截面设计和构造显然与框架和抗震墙的相应要求基本相同。一些特殊要求如下：(1) 抗震墙的厚度不应小于 160mm，且不宜小于层高或无支长度的 1/20，底部加强部位的抗震墙厚度不应小于 200mm 且不宜小于层高或无支长度的 1/16；(2) 有端柱时，墙体在楼盖处宜设置暗梁，其截面高度不宜小于墙厚和 400mm 的较大值；端柱截面宜与同层框架柱相同；抗震墙底部加强部位的端柱和紧靠抗震墙洞口的端柱宜按柱箍筋加密区的要求沿全高加密箍筋；(3) 抗震墙的竖向和横向分布钢筋，配筋率均不宜小于 0.25%，钢筋直径不宜小于 10mm，间距不宜大于 300mm，并应双排布置，双排分布钢筋间应设置拉筋；(4) 楼面梁与抗震墙平面外连接时，不宜支承在洞口连梁上；沿梁轴线方向宜设置与梁连接的抗震墙；梁的纵筋应锚固在墙内；也可在支承梁的位置设置扶壁柱或暗柱，并应按计算确定其截面尺寸和配筋。

5.6　高强混凝土结构的抗震设计要求

采用高强混凝土时，框架梁端纵向受拉钢筋的配筋率不宜大于 3%（采用 HRB335 级钢筋时）和 2.6%（采用 HRB400 级钢筋时）。梁端箍筋加密区的箍筋最小直径应比普通混凝土梁的最小直径增大 2mm。

柱的轴压比限值宜按下列规定采用：不超过 C60 混凝土的柱可与普通混凝土柱相同，C65～C70 混凝土的柱宜比普通混凝土柱减小 0.05，C75～C80 混凝土的柱宜比普通混凝土柱减小 0.1。

当混凝土强度等级大于 C60 时，柱纵向钢筋的最小总配筋率应比普通混凝土柱增大 0.1%。

混凝土强度等级大于 C60 时，柱加密区的箍筋宜采用复合箍、复合螺旋箍或连续复合矩形螺旋箍。柱加密区的最小配箍特征值宜按下列规定采用：轴压比不大于 0.6 时，宜比普通混凝土柱大0.02；轴压比大于0.6时，宜比普通混凝土柱大0.03。

高强混凝土抗震墙的设计，可参照普通混凝土抗震墙，当抗震墙的混凝土强度等级大于C60时，应经过专门研究，采取加强措施。

5.7 例题

【例题5-1】框架-抗震墙结构的计算。上海的某12层的框架-抗震墙结构如图5-35所示。抗震设防烈度为7度，由表5-5得框架部分的抗震等级为三级，抗震墙部分的抗震等级为二级。结构处于Ⅳ类场地，设计基本加速度值为0.10g，设计地震分组为第一组。故采用的设计反应谱特征周期为0.65s。结构的阻尼比为0.05。抗震墙混凝土强度等级：底部5层为C50，6～11层为C30，顶层C20。框架柱混凝土等级同抗震墙。框架梁混凝土强度等级均为C20。只做横向抗震验算，纵向计算从略。

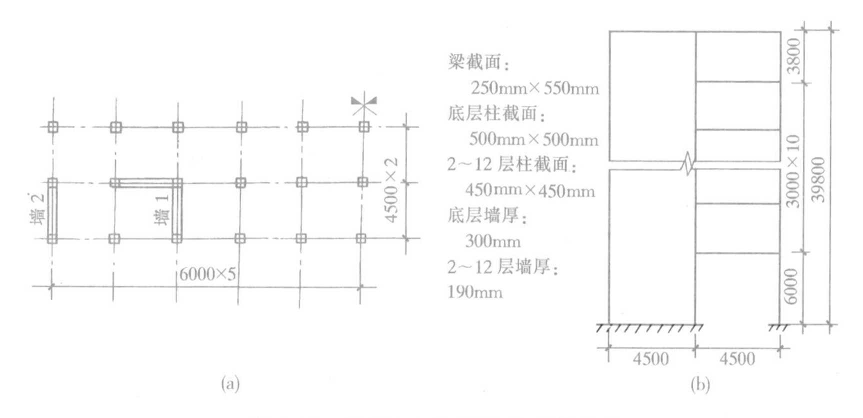

图5-35　例题5-1的框架-抗震墙结构

(a) 结构平面；(b) 剖面简图

(1) 荷载

结构的竖向荷载如下（已包括了全部恒载和现行规范规定使用的活荷载）：

底层重量：8346kN

第2～11层重量：6734×10=67340kN

第12层重量：5431kN

建筑物总重力荷载代表值

$$\sum G_i = 81117\text{kN}$$

沿建筑物高度的分布重量

$$\bar{g} = \frac{81117}{39.8} = 2038.12\text{kN/m}$$

（2）结构刚度计算

1）框架刚度计算

① 框架梁刚度

梁截面惯性矩：

$$I_{B}=1.2\times\left(\frac{1}{12}\times0.25\times0.55^{3}\right)=0.004159\text{m}^{4}$$

式中的1.2是为考虑T形截面刚度影响的系数。

梁的线刚度为（其中弹性模量为2.6×10^{7}MPa）

$$i_{B}=\frac{E_{c}I_{B}}{l}=2.6\times10^{7}\times0.004159\times\frac{1}{4.5}=2.4030\times10^{4}\text{kN}\cdot\text{m}$$

② 框架边柱侧移刚度值D

框架边柱的K和α值按下列情况确定：

标准层

$$K=\frac{i_{B1}+i_{B2}}{2i_{C}},\quad \alpha=\frac{K}{2+K}$$

底层

$$K=\frac{i_{B1}}{i_{C}},\quad \alpha=\frac{0.5+K}{2+K}$$

框架边柱侧移刚度值的计算示于表5-16。

③ 框架中柱侧移刚度值D

框架中柱的K及α值按下列情况确定：

标准层

$$K=\frac{i_{B1}+i_{B2}+i_{B3}+i_{B4}}{2i_{C}},\quad \alpha=\frac{K}{2+K}$$

底层

$$K=\frac{i_{B1}+i_{B2}}{i_{C}},\quad \alpha=\frac{0.5+K}{2+K}$$

框架中柱侧移刚度值D的计算如表5-17所示。

④ 总框架等效刚度

总框架共有7根中柱，18根边柱，由此可以得到总框架第i层层间侧移刚度值D_{i}和剪切刚度值C_{Fi}。由式（5-59）对C_{F}的隐含定义，即框架总体单位剪切变形所需的总剪力，从而框架的总剪力为

$$Q_{F}=C_{F}\frac{\mathrm{d}u}{\mathrm{d}x}=\Delta u\sum D=h\frac{\Delta u}{h}\sum D=h\frac{\mathrm{d}u}{\mathrm{d}x}\sum D$$

框架边柱侧移刚度值的计算　表 5-16

层数	截面 $b\times h$ (m²)	混凝土弹性模量 E_c (kN/m²)	层高 h_i (m)	惯性矩 I_c (m⁴)	线刚度 $i_C=\frac{E_cI_c}{h_i}$	K	α	$\frac{12}{h_i^2}$ (1/m²)	$D=\alpha i_C\frac{12}{h_i^2}$ (kN/m)
顶层	0.45×0.45	2.55×10^7	3.8	0.0034172	22931.21	$\frac{2\times2.403}{2\times2.2931}=1.048$	$\frac{1.048}{2+1.048}=0.343832$	0.8310249	6552.07
6～11层	0.45×0.45	3.00×10^7	3.0	0.0034172	34172	$\frac{2\times2.403}{2\times3.4172}=0.7032$	$\frac{0.7032}{2+0.7032}=0.2601$	1.3333	11850.55
2～5层	0.45×0.45	3.45×10^7	3.0	0.0034172	39297.8	$\frac{2\times2.403}{2\times3.9298}=0.6115$	$\frac{0.6115}{2+0.6115}=0.2342$	1.3333	12271.15
底层	0.50×0.50	3.45×10^7	6.0	0.0052083	29947.725	$\frac{2.403}{2.9947}=0.8024$	$\frac{0.5+0.8024}{2+0.8024}=0.4647$	0.3333	4638.48

框架中柱侧移刚度值的计算　表 5-17

层数	截面 $b\times h$ (m²)	混凝土弹性模量 E_c (kN/m²)	层高 h_i (m)	惯性矩 I_c (m⁴)	线刚度 $i_C=\frac{E_cI_c}{h_i}$	K	α	$\frac{12}{h_i^2}$ (1/m²)	$D=\alpha i_C\frac{12}{h_i^2}$ (kN/m)
顶层	0.45×0.45	2.55×10^7	3.8	0.0034172	22931.21	$\frac{4\times2.403}{2\times2.2931}=2.096$	$\frac{2.096}{2+2.096}=0.511719$	0.8310249	9751.4
6～11层	0.45×0.45	3.00×10^7	3.0	0.0034172	34172	$\frac{4\times2.403}{2\times3.4172}=1.4064$	$\frac{1.406}{2+1.406}=0.4128$	1.3333	18807.8
2～5层	0.45×0.45	3.45×10^7	3.0	0.0034172	39297.8	$\frac{4\times2.403}{2\times3.9298}=1.223$	$\frac{1.223}{2+1.223}=0.3795$	1.3333	19884.29
底层	0.50×0.50	3.45×10^7	6.0	0.0052083	29947.725	$\frac{2\times2.403}{2.9947}=1.6048$	$\frac{0.5+1.6048}{2+1.6048}=0.5839$	0.3333	5828.3

由上式可得 C_F 的表达式为

$$C_F = h\sum D$$

其中$\sum$表示对本层柱求和。总框架各层剪切刚度 C_F 的计算过程如表 5-18 所示。

总框架各层剪切刚度 C_F 的计算　　表 5-18

层数	边柱 D 值之和 (kN/m)	中柱 D 值之和 (kN/m)	侧移刚度 $D_i=\sum D$(kN/m)	剪切刚度 C_{Fi} (kN)
顶层	18×6552=117936	7×9751=68257	186193	707533.4
6～11 层	18×11850=213300	7×18807=131649	344949	1034847
2～5 层	18×12271=220878	7×19884=139188	360066	1080198
底层	18×4638=83484	7×5828=40796	124280	745680

总框架的等效剪切刚度为

$$C_F = \frac{707533\times3.8+1034847\times6\times3.0+1080198\times4\times3.0+745680\times6}{39.8}$$

$$=973676.57\text{kN}$$

2）抗震墙刚度计算

根据 5.5.4 节，抗震墙的厚度不应小于 160mm，且不宜小于墙层高或无支长度的 1/20。故本例中底层墙厚 0.3m，其余各层墙厚 0.19m。抗震墙截面图见图 5-36。

① 抗震墙类型判断

墙体 1 的洞口宽度 1050mm（图 5-36），该洞口在各楼层处的高度分别为：顶层洞口高为 2500mm；2～11 层为 2000mm；底层为 4000mm。从而得墙体 1 各层的开洞率分别为（A_{op} 为洞口面积，A_f 为墙的全部面积）

顶层　$$\rho=\frac{A_{op}}{A_f}=\frac{2.5\times1.05}{5.0\times3.8}=0.1382<0.15$$

2～11 层　$$\rho=\frac{2.0\times1.05}{5.0\times3.0}=0.14<0.15$$

底层　$$\rho=\frac{4.0\times1.05}{5.0\times6.0}=0.14<0.15$$

故墙体 1 可按整体墙计算，相应的洞口削弱系数为（式 5-50）

顶层　$$\gamma_{00}=1-1.25\sqrt{\frac{A_{OP}}{A_f}}=1-1.25\sqrt{0.1382}=0.53531$$

2～11 层　$$\gamma_{00}=1-1.25\sqrt{0.14}=0.532$$

底层　$$\gamma_{00}=1-1.25\sqrt{0.14}=0.532$$

墙体 2 的洞口宽度 1200mm（图 5-36），该洞口在各楼层处的高度分别为：顶层洞口高为 1900mm；4～11 层为 1500mm；1～3 层无洞口。从而得墙体 2 各层的开洞率分别为

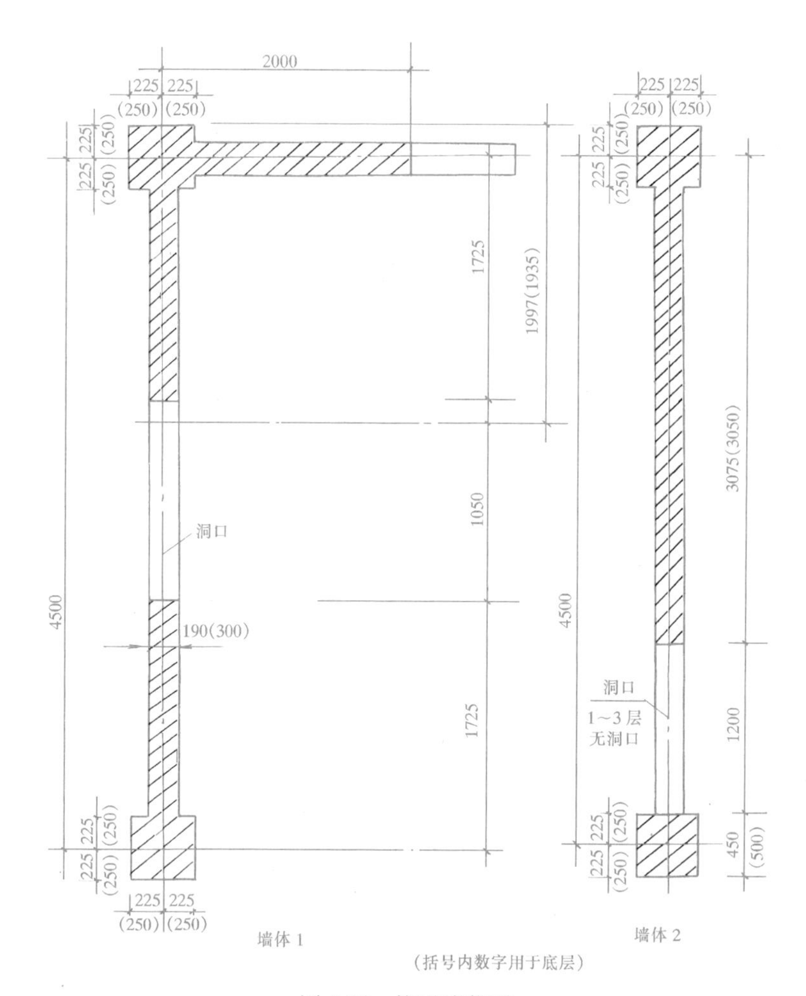

图 5-36　抗震墙截面

顶层 $$\rho=\frac{A_{OP}}{A_f}=\frac{1.2\times1.9}{5.0\times3.8}=0.12<0.15$$

4～11层 $$\rho=\frac{1.2\times1.5}{5.0\times3.0}=0.12<0.15$$

故墙体2也可按整体墙计算，洞口削弱系数分别为

顶层 $$\gamma_{00}=1-1.25\sqrt{0.12}=0.567$$

4～11层 $$\gamma_{00}=0.567$$

② 抗震墙等效刚度

墙1的有效翼缘宽：墙总高的1/20为：39.8/20=1.99m。故取翼缘宽到洞口处（墙中心线起算2.0m）。

墙体各层截面刚度计算见表5-19。

墙体各层截面刚度计算　　表 5-19

层号	开洞情况	墙 1			墙 2		
		$E_c(kN/m^2)$	$I_j(m^4)$	E_cI_j	$E_c(kN/m^2)$	$I_j(m^4)$	E_cI_j
顶层	无洞	2.55×10^7	4.4364	113128200	2.55×10^7	3.1090	79279500
	有洞		4.3602	111185100		2.5071	63931050
6～11 层	无洞	3.00×10^7	4.4364	133092000	3.00×10^7	3.1090	93270000
	有洞		4.3602	130806000		2.5071	75213000
4～5 层	无洞	3.45×10^7	4.4364	153055800	3.45×10^7	3.1090	107260500
	有洞		4.3602	150426900		2.5071	86494950
2～3 层	无洞	3.45×10^7	4.4364	153055800	3.45×10^7	3.1090	107260500
	有洞		4.3602	150426900		—	—
底层	无洞	3.45×10^7	6.1763	213082350	3.45×10^7	4.1417	142888650
	有洞		6.0439	208514550		—	—

抗震墙的惯性矩 I_w 取有洞口和无洞口截面的惯性矩沿竖向的加权平均，即

$$E_cI_w=\frac{\sum E_{ci}I_ih_i}{\sum h_i}$$

对墙 1 有

$$\begin{aligned}E_cI_w=&[113128200\times1.3+111185100\times2.5+133092000\times6\times(3-2)+130806000\times6\\&\times2+153055800\times4\times(3-2)+150426900\times4\times2+213082350\times2+208514550\\&\times4]/39.8\\=&1.4747\times10^8\text{kN}\cdot\text{m}^2\end{aligned}$$

而

$$\begin{aligned}I_w=&\frac{\sum I_ih_i}{\sum h_i}\\=&\{4.4364\times[1.3+6\times(3-2)+4\times(3-2)]+4.3602\times(2.5+6\times2+4\times2)\\&+6.1763\times2+6.0439\times4\}/39.8\\=&4.6423\text{m}^4\end{aligned}$$

由表 5-13 查得墙 1 的 T 形截面的剪应力不均匀系数为 $\mu=1.620$。从而墙 1 的等效刚度为(式 5-48)

$$(E_cI_{eq})_1=\frac{1.4747\times10^8}{1+\frac{9\times1.620\times4.6423}{0.532\times1.5117\times39.8^2}}=1.4003\times10^8\text{kN}\cdot\text{m}^2$$

对墙 2 有

$$E_cI_w=(79279500\times1.9+63931050\times1.9+93270000\times6\times1.5+75213000\times6\times1.5+107260500\times2\times1.5+86494950\times2\times1.5+107260500\times6+142888650\times6)/39.8$$
$$=9.7251\times10^7\text{kN}\cdot\text{m}^2$$

$$I_w=[3.1090\times(1.9+8\times1.5+6)+2.5071\times(1.9+8\times1.5)+4.1417\times6]/39.8$$
$$=3.0545\text{m}^4$$

由表5-13查得墙2的T形截面的剪应力不均匀系数为$\mu=1.232$，从而墙2的等效刚度为

$$(E_cI_{eq})_2=\frac{9.7251\times10^7}{1+\dfrac{9\times1.232\times3.0545}{0.567\times1.1745\times39.8^2}}=9.4226\times10^7\text{kN}\cdot\text{m}^2$$

根据以上，可得总抗震墙的等效刚度为

$$(E_cI_{eq})=2\times(14.003+9.4226)\times10^7=4.6851\times10^8\text{kN}\cdot\text{m}^2$$

3）框架抗震墙连系梁刚度

只考虑连系梁对抗震墙的约束弯矩，不考虑连系梁对柱的约束弯矩。梁端约束弯矩系数由式（5-80）确定。

梁刚性段长度　$al=\dfrac{4.95}{2}-\dfrac{1}{4}\times0.55=2.34\text{m}$

$l=4.5+2.25=6.75\text{m}$

$a=2.34/6.75=0.3467$

$$m_{12}=\frac{6E_cI(1+a)}{l(1-a)^3}$$
$$=\frac{6\times2.55\times10^7\times0.004159\times(1+0.3467)}{6.75\times(1-0.3467)^3}=4.5531\times10^5\text{kN}\cdot\text{m}$$

框架与抗震墙的连系梁共12层，每层有4处，故连梁的等效刚度为

$$\sum\frac{m_{ij}}{h}=\frac{4\times\sum m_{ij}}{\sum h_i}=\frac{4\times12\times4.5531\times10^5}{39.8}=5.4912\times10^5\text{kN}$$

（3）结构基本自振周期

用顶点位移法，结构的刚度特征值为（式5-88）

$$\lambda=H\sqrt{\frac{C_F+\sum\dfrac{m_{ij}}{h}}{E_cI_{eq}}}$$
$$=39.8\times\sqrt{\frac{(9.7368+5.4912)\times10^5}{4.6851\times10^8}}=2.2691$$

取水平均布荷载$q=\overline{g}=2038.12\text{kN/m}$，并取$\xi=1$，则可由式（5-77）的第一式得顶点位移$u_T$：

$$u_T=\frac{qH^4}{\lambda^4E_cI_{eq}}\left[\left(\frac{1+\lambda\mathrm{sh}\lambda}{\mathrm{ch}\lambda}\right)(\mathrm{ch}\lambda\xi-1)-\lambda\mathrm{sh}\lambda\xi+\lambda^2\xi\left(1-\frac{\xi}{2}\right)\right]_{\xi=1}$$

$$=\frac{2038.12\times39.8^4}{2.2691^4\times4.6851\times10^8}\left[\left(\frac{1+2.2691\times\mathrm{sh}2.2691}{\mathrm{ch}2.2691}\right)(\mathrm{ch}2.2691-1)-2.2691\right.$$

$$\left.\times\mathrm{sh}2.2691+2.2691^2\times(1-0.5)\right]$$

$$=0.47297\mathrm{m}$$

基本周期调整系数 $\alpha_0=0.8$，周期为

$$T_1=1.7\alpha_0\sqrt{u_T}=1.7\times0.8\times\sqrt{0.47297}=0.935\mathrm{s}$$

（4）横向水平地震作用

总水平地震作用的表达式为

$$F_{EK}=0.85\alpha_1G_E$$

其中 G_E 为总重力荷载代表值。

查得 $\alpha_{max}=0.08$。阻尼比为 0.05，故 $\gamma=0.9$。从而

$$\alpha_1=\left(\frac{T_g}{T_1}\right)^{0.9}\alpha_{max}=\left(\frac{0.65}{0.935}\right)^{0.9}\times0.08=0.05766$$

所以

$$F_{EK}=0.85\times0.05766\times81117=3975.6\mathrm{kN}$$

$T_1/T_g=0.935/0.65=1.44>1.4$，故顶部附加地震作用系数 δ_n 为

$$\delta_n=0.08T_1-0.02=0.08\times0.935-0.02=0.05480$$

顶部附加地震作用

$$\Delta F_n=\delta_nF_{EK}=0.05480\times3975.6=217.86\mathrm{kN}$$

用底部剪力法把总水平地震作用沿结构高度分配，则可得到各层的水平地震作用和相应的剪力效应，计算过程和结果列于表 5-20，其中水平地震作用 F_i 的计算式为（顶层还要加上附加地震作用）

$$F_i=\frac{G_iH_i}{\sum G_kH_k}F_{EK}(1-\delta_n)$$

其中，$F_{EK}(1-\delta_n)=3975.6\times(1-0.05480)=3757.74\mathrm{kN}$

底部剪力法的计算　　表 5-20

层数	层高 h_i (m)	高度 H_i (m)	重量 G_i (kN)	G_iH_i	$\frac{G_iH_i}{\sum G_kH_k}$	水平力 F_i (kN)	剪力 Q_i (kN)	弯矩 F_iH_i (kN·m)
12	3.8	39.8	5431	216153.8	0.1213	673.67	891.53	26812
11	3.0	36	6734	242424	0.1361	511.43	1402.96	18411

续表

层数	层高 h_i (m)	高度 H_i (m)	重量 G_i (kN)	G_iH_i	$\frac{G_iH_i}{\sum G_kH_k}$	水平力 F_i (kN)	剪力 Q_i (kN)	弯矩 F_iH_i (kN·m)
10	3.0	33	6734	222222	0.1247	468.59	1871.55	15463
9	3.0	30	6734	202020	0.1134	426.13	2297.68	12784
8	3.0	27	6734	181818	0.1021	383.67	2681.35	10359
7	3.0	24	6734	161616	0.0907	340.83	3022.18	8179.9
6	3.0	21	6734	141414	0.0794	298.36	3320.54	6265.6
5	3.0	18	6734	121212	0.0680	255.53	3576.07	4599.5
4	3.0	15	6734	101010	0.0567	213.06	3789.13	3195.9
3	3.0	12	6734	80808	0.0454	170.60	3959.73	2047.2
2	3.0	9	6734	60606	0.0340	127.76	4087.49	1149.8
1	6.0	6	8346	50076	0.0281	105.59	3975.6	633.54
			$\sum G_kH_k$	1781379.8			$\sum F_iH_i$	109900

为便于后面的计算，现将各层水平地震作用换算成倒三角形水平作用（如图5-37所示）。换算的原则是：由各层水平地震作用 F_i 在基底产生的弯矩效应与倒三角形水平作用产生的弯矩效应相等，即

$$M_0=\frac{qH}{2}\times\frac{2H}{3}=\sum F_iH_i=109900\text{kN}\cdot\text{m}$$

从而得

$$q=\frac{3\sum F_iH_i}{H^2}=\frac{3\times109903}{39.8^2}=208.14\text{kN/m}$$

相应的总水平地震作用为

$$F_{EK}=\frac{1}{2}\times208.14\times39.8=4141.99$$

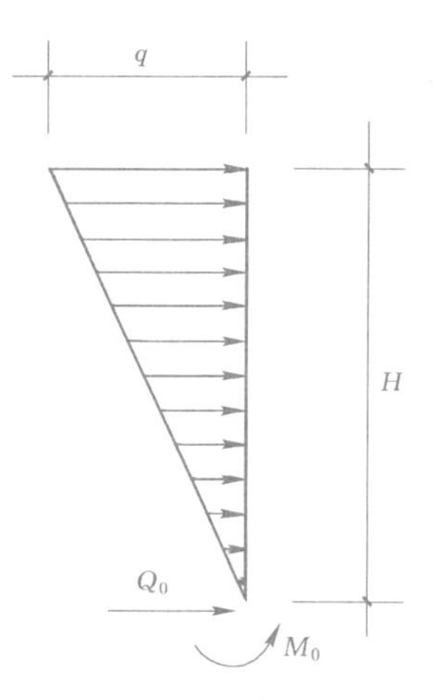

图5-37 倒三角形水平地震作用

这与原总水平地震作用相差为

$$(4141.99-3975.6)/3975.6=0.042=4.2\%$$

(5) 结构变形验算

按规范规定，本例只需验算多遇地震作用下的弹性变形即可。按前面的结果，刚度特征值 $\lambda=2.2691$，$\xi=x/H$，按倒三角形水平地震作用的最大值 $q=208.14\text{kN/m}$，及 $E_cI_{eq}=4.6851\times10^8$，即可由式（5-76）的第一式求得各层的位移值。有

$$\frac{qH^4}{\lambda^2E_cI_{eq}}=\frac{208.14\times39.8^4}{2.2691^2\times4.6851\times10^8}=0.2165\text{m}$$

相应的计算过程和结果列于表 5-21。

结构层间变形的计算　　表 5-21

层数	H_i (m)	$\xi=H_i/H$	$u_i=u(\xi)$ (m)	$\Delta u_i=u_i-u_{i-1}$ (m)	h_i (m)	$\Delta u_i/h_i$
12	39.8	1.0000	0.035005	0.003635	3.8	0.0009566
11	36	0.9045	0.031370	0.00295	3.0	0.000983
10	33	0.8291	0.028420	0.003049	3.0	0.0010163
9	30	0.7538	0.025371	0.003157	3.0	0.0010523
8	27	0.6784	0.022214	0.003237	3.0	0.001079
7	24	0.6030	0.018977	0.003271	3.0	0.0010903
6	21	0.5276	0.015706	0.003234	3.0	0.001078
5	18	0.4523	0.012472	0.0031196	3.0	0.00103987
4	15	0.3769	0.0093524	0.002894	3.0	0.0009647
3	12	0.3015	0.0064584	0.0025418	3.0	0.00084727
2	9	0.2261	0.0039166	0.0020394	3.0	0.0006798
1	6	0.1508	0.0018772	0.0018772	6.0	0.00031287

规范规定的层间角限值为 1/800=0.001250（表 3-15）。由表 5-22 可见，各层的层间相对位移角均满足此要求。结构顶点的相对位移值为

$$\frac{u_T}{H}=\frac{0.035005}{39.8}=0.0008795<\frac{1}{700}=0.00143$$

所以结构的变形满足规范的要求。

(6) 水平地震作用在结构中的分配

前面已经求得结构等效总水平地震作用值为 $F_{EK}=4141.99\text{kN}$，相应的基底弯矩效应为 $M_0=109900\text{kN}\cdot\text{m}$。按倒三角形分布的水平地震作用的表达式为

$$F(x)=\frac{q}{H}x \tag{5-102}$$

其中 $q=2F_{EK}/H=208.14\text{kN/m}$。则沿高度地震剪力的分布可求得为

$$Q(x)=\int_x^H F(\zeta)\,\mathrm{d}\zeta=\frac{q}{2H}(H^2-x^2) \tag{5-103}$$

取 $\xi=x/H$，则式 (5-102) 和式 (5-103) 分别成为

$$F(\xi)=q\xi \tag{5-104}$$

$$Q(\xi)=\frac{qH}{2}(1-\xi^2)=(1-\xi^2)F_{EK} \tag{5-105}$$

由式 (5-76)，可求出抗震墙的 Q'_w 和弯矩效应 M_w。由于 $C_F=9.7368\times10^5$，$\sum(m_{ij}/h)=5.4912\times10^5$，故有

$$\frac{C_F}{C_F+\sum\frac{m_{ij}}{h}}=\frac{9.7368}{9.7368+5.4912}=0.6394$$

$$\frac{\sum\frac{m_{ij}}{h}}{C_F+\sum\frac{m_{ij}}{h}}=\frac{5.4912}{9.7368+5.4912}=0.3606$$

其他计算过程和结果示于表 5-22。

（7）抗震墙的内力计算

1）地震剪力和弯矩效应在各墙中的分配

把上面求得的总抗震墙的总剪力和总弯矩按各抗震墙的刚度分配，则可得到各抗震墙的剪力和弯矩。比较准确的计算应按各层的不同刚度进行；并且，由于约束弯矩 m 是直接传到各墙的，故 m 应按与各墙相连的连梁的刚度进行分配。在本例中，各墙之间的刚度比沿高度变化不大，且考虑到方法的近似性，故把各层的总剪力和总弯矩直接按各墙的刚度进行分配（式 5-100）。故第 i 个墙第 j 层的弯矩和剪力为

$$M_{ij}=\frac{(E_cI_{eq})_i}{\sum(E_cI_{eq})_i}M_j$$

$$Q_{wij}=\frac{(E_cI_{eq})_i}{\sum(E_cI_{eq})_i}Q_{wj}$$

墙 1 的分配系数为

$$\frac{(E_cI_{eq})_i}{\sum(E_cI_{eq})_i}=\frac{(E_cI_{eq})_1}{2[(E_cI_{eq})_1+(E_cI_{eq})_2]}$$

$$=\frac{1.4003\times10^8}{2\times(1.4003\times10^8+9.4226\times10^7)}=0.2989$$

墙 2 的分配系数为

$$\frac{9.4226\times10^7}{2\times(1.4003\times10^8+9.4226\times10^7)}=0.2011$$

由此，各层的墙 1 所分得的弯矩 M_1 和剪力 Q_{w1} 以及各层的墙 2 所分得的弯矩 M_2 和剪力 Q_{w2} 可以算出并列于表 5-23。

2）水平地震作用下抗震墙轴力的计算

抗震墙在水平地震荷载作用下的轴力由线约束弯矩引起。总的线约束弯矩 m 可按连梁的刚度分配给各列连梁，则每列连梁的线约束弯矩为 m'。此线约束弯矩可在抗震墙中线处产生连系梁的梁端弯矩 $m'h_j$（h_j 为第 j 层楼面之上半层高度与下半层高度之和），由此弯矩按平衡条件可得梁端剪力，进而由此剪力就可算出抗震墙中的轴力。在本例中，各列连梁的刚度相同，故 $m'=m/4$。计算过程列于表 5-23。

水平地震作用值在结构中的分配过程

表 5-22

层数	$\xi=H_i/H$	M (kN·m)	Q'_w (kN)	Q_p (kN)	$\overline{Q}_F$ (kN)	Q_F (kN)	m (kN)	Q_w (kN)	M_1 (kN·m)	Q_{w1} (kN)	M_2 (kN·m)	Q_{w2} (kN)
12	1.0000	0.0	−1446.3	0.0	1446.3	924.76	521.54	−924.76	0.00	−276.41	0.00	−185.97
11	0.9045	−4078.9	−720.98	753.34	1474.32	942.68	531.64	−189.34	−1219.2	−56.59	−820.27	−38.08
10	0.8291	−5486.8	−227.43	1294.76	1522.19	973.29	548.90	321.47	−1640.0	96.09	−1103.4	64.65
9	0.7538	−5498.6	211.69	1788.45	1576.76	1008.18	568.58	780.27	−1643.5	233.22	−1105.8	156.91
8	0.6784	−4256.3	610.43	2235.74	1625.31	1039.22	586.09	1196.52	−1272.2	357.64	−855.9	240.62
7	0.6030	−1864.2	979.86	2635.93	1656.07	1058.89	597.18	1577.04	−557.2	471.38	−374.9	317.14
6	0.5276	1606.2	1330.8	2989.02	1658.22	1060.27	597.95	1928.75	480.1	576.50	323.0	387.87
5	0.4523	6108.5	1673.2	3294.64	1621.44	1036.75	584.69	2257.89	1825.8	674.88	1228.4	454.06
4	0.3769	11645.1	2017.9	3553.61	1535.71	981.93	553.78	2571.68	3480.7	768.68	2341.8	517.16
3	0.3015	18231.7	2374.6	3765.47	1390.87	889.32	501.55	2876.15	5449.5	859.68	3666.4	578.39
2	0.2261	25919.7	2753.8	3930.25	1176.45	752.22	424.23	3178.03	7747.4	949.91	5212.5	639.10
1	0.1508	34780.6	3166.0	4047.80	881.80	563.82	317.98	3483.98	10395.9	1041.36	6994.4	700.63
	0.0	56592.9	4141.99	4141.99	0.0	0.00	0.00	4141.99	16915.6	1238.04	11380.8	832.95

注：Q'_w为根据位移的三次微分求出的总墙的剪力；$\overline{Q}_F$ 为框架的广义剪力；Q_p 为结构的总剪力；M 为总墙的弯矩；Q_F 为框架的剪力；m 为总连杆的约束弯矩；Q_w 为总墙的剪力；M_1 和 Q_{w1} 为墙 1 的弯矩和剪力；M_2 和 Q_{w2} 为墙 2 的弯矩和剪力。

水平地震作用下抗震墙轴力的计算 表 5-23

层数	m (kN)	m' (kN)	h_j (m)	N_{wj} (kN)	ΣN_{wj} (kN)
12	521.54	130.39	1.9	36.70	36.70
11	531.64	132.91	3.4	66.95	103.65
10	548.90	137.23	3.0	60.99	164.64
9	568.58	142.15	3.0	63.18	227.82
8	586.09	146.52	3.0	65.12	292.94
7	597.18	149.30	3.0	66.36	359.30
6	597.95	149.49	3.0	66.44	425.74
5	584.69	146.17	3.0	64.96	490.70
4	553.78	138.45	3.0	61.53	552.23
3	501.55	125.39	3.0	55.73	607.96
2	424.23	106.06	3.0	47.14	655.10
1	317.98	79.50	4.5	53.00	708.10

在地震荷载作用下的内力求出之后，即可与其他情况的内力一起进行内力组合，然后进行截面设计。

习题

1. 什么是刚度中心？什么是质量中心？应如何处理好二者的关系？
2. 总水平地震作用在结构中如何分配？其中用到哪些假定？
3. 多高层钢筋混凝土结构抗震等级划分的依据是什么？有何意义？
4. 为什么要限制框架柱的轴压比？
5. 抗震设计为什么要尽量满足“强柱弱梁”“强剪弱弯”“强节点弱构件”的原则？如何满足这些原则？
6. 框架结构在什么部位应加密箍筋？有何作用？
7. 对水平地震作用产生的弯矩可以调幅吗？为什么？
8. 框架节点核心区应满足哪些抗震设计要求？
9. 确定抗震墙等效刚度的原则是什么？其中考虑了哪些因素？
10. 分析框架-抗震墙结构时，用到了哪些假定？
11. 某工程为8层现浇框架结构（图5-38），梁截面尺寸为 $b \times h =$ 220mm×600mm，柱截面为500mm×500mm，柱距为5m。混凝土强度等级为C30。设防烈度8度，Ⅱ类场地，设计地震分组为第一组。集中在屋盖和楼盖处的重力荷载代表值分别为：顶层为3600kN，2～7层每层为5400kN，底层为6100kN。对应的作用在屋盖上的均载为8.683kN/m²，作用在楼盖AB轴间的均载为14.16kN/m²，作用在楼盖BC轴间的均载为12.11kN/m²，此处所列的均载均未计入梁和柱的自重。试计算在横向地震作用下横向框架的设计内力。

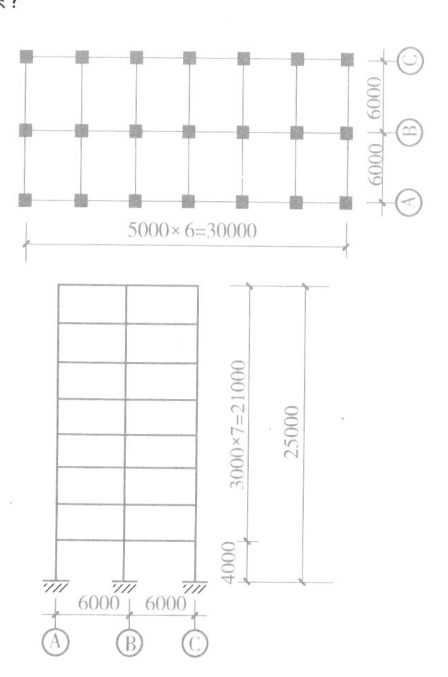

图 5-38 习题 11 图

附表

规则框架承受均布水平力作用时标准反弯点的高度比 y_0 值　　附表 5-1

m	n \ $\overline{K}$	0.1	0.2	0.3	0.4	0.5	0.6	0.7	0.8	0.9	1.0	2.0	3.0	4.0	5.0
1	1	0.80	0.75	0.70	0.65	0.65	0.60	0.60	0.60	0.60	0.55	0.55	0.55	0.55	0.55
2	2	0.45	0.40	0.35	0.35	0.35	0.35	0.40	0.40	0.40	0.40	0.45	0.45	0.45	0.45
	1	0.95	0.80	0.75	0.70	0.65	0.65	0.65	0.60	0.60	0.60	0.55	0.55	0.55	0.50
3	3	0.15	0.20	0.20	0.25	0.30	0.30	0.30	0.35	0.35	0.35	0.40	0.45	0.45	0.45
	2	0.55	0.50	0.45	0.45	0.45	0.45	0.45	0.45	0.45	0.45	0.45	0.50	0.50	0.50
	1	1.00	0.85	0.80	0.75	0.70	0.70	0.65	0.65	0.65	0.60	0.55	0.55	0.55	0.55
4	4	−0.05	0.05	0.15	0.20	0.25	0.30	0.30	0.35	0.35	0.35	0.40	0.45	0.45	0.45
	3	0.25	0.30	0.30	0.35	0.35	0.40	0.40	0.40	0.40	0.45	0.45	0.50	0.50	0.50
	2	0.65	0.55	0.50	0.50	0.45	0.45	0.45	0.45	0.45	0.45	0.50	0.50	0.50	0.50
	1	1.10	0.90	0.80	0.75	0.70	0.70	0.65	0.65	0.65	0.60	0.55	0.55	0.55	0.55
5	5	−0.20	0.00	0.15	0.20	0.25	0.30	0.30	0.30	0.35	0.35	0.40	0.45	0.45	0.45
	4	0.10	0.20	0.25	0.30	0.35	0.35	0.40	0.40	0.40	0.40	0.45	0.45	0.50	0.50
	3	0.40	0.40	0.40	0.40	0.40	0.45	0.45	0.45	0.45	0.45	0.50	0.50	0.50	0.50
	2	0.65	0.55	0.50	0.50	0.50	0.50	0.50	0.50	0.50	0.50	0.50	0.50	0.50	0.50
	1	1.20	0.95	0.80	0.75	0.75	0.70	0.70	0.65	0.65	0.65	0.55	0.55	0.55	0.55
6	6	−0.30	0.00	0.10	0.20	0.25	0.25	0.30	0.30	0.35	0.35	0.40	0.45	0.45	0.45
	5	0.00	0.20	0.25	0.30	0.35	0.35	0.40	0.40	0.40	0.40	0.45	0.45	0.50	0.50
	4	0.20	0.30	0.35	0.35	0.40	0.40	0.40	0.45	0.45	0.45	0.45	0.50	0.50	0.50
	3	0.40	0.40	0.40	0.45	0.45	0.45	0.45	0.45	0.45	0.45	0.50	0.50	0.50	0.50
	2	0.70	0.60	0.55	0.50	0.50	0.50	0.50	0.50	0.50	0.50	0.50	0.50	0.50	0.50
	1	1.20	0.95	0.85	0.80	0.75	0.70	0.70	0.65	0.65	0.65	0.55	0.55	0.55	0.55
7	7	−0.35	−0.05	0.10	0.20	0.20	0.25	0.30	0.30	0.35	0.35	0.40	0.45	0.45	0.45
	6	−0.10	0.15	0.25	0.30	0.35	0.35	0.35	0.40	0.40	0.40	0.45	0.45	0.50	0.50
	5	0.10	0.25	0.30	0.35	0.40	0.40	0.40	0.45	0.45	0.45	0.45	0.50	0.50	0.50
	4	0.30	0.35	0.40	0.40	0.40	0.45	0.45	0.45	0.45	0.45	0.50	0.50	0.50	0.50
	3	0.50	0.45	0.45	0.45	0.45	0.45	0.45	0.45	0.45	0.45	0.50	0.50	0.50	0.50
	2	0.75	0.60	0.55	0.50	0.50	0.50	0.50	0.50	0.50	0.50	0.50	0.50	0.50	0.50
	1	1.20	0.95	0.85	0.80	0.75	0.70	0.70	0.65	0.65	0.65	0.55	0.55	0.55	0.55
8	8	−0.35	−0.15	0.10	0.15	0.25	0.25	0.30	0.30	0.35	0.35	0.40	0.45	0.45	0.45
	7	−0.10	0.15	0.25	0.30	0.35	0.35	0.40	0.40	0.40	0.40	0.45	0.50	0.50	0.50
	6	0.05	0.25	0.30	0.35	0.40	0.40	0.40	0.45	0.45	0.45	0.45	0.50	0.50	0.50
	5	0.20	0.30	0.35	0.40	0.40	0.45	0.45	0.45	0.45	0.45	0.50	0.50	0.50	0.50
	4	0.35	0.40	0.40	0.45	0.45	0.45	0.45	0.45	0.45	0.45	0.50	0.50	0.50	0.50
	3	0.50	0.45	0.45	0.45	0.45	0.45	0.45	0.45	0.50	0.50	0.50	0.50	0.50	0.50
	2	0.75	0.60	0.55	0.55	0.50	0.50	0.50	0.50	0.50	0.50	0.50	0.50	0.50	0.50
	1	1.20	1.00	0.85	0.80	0.75	0.70	0.70	0.65	0.65	0.65	0.55	0.55	0.55	0.55

i_1　i_2

i

i_3　i_4

$$\overline{K}=\frac{i_1+i_2+i_3+i_4}{2i}$$

续表

m	n \ $\overline{K}$	0.1	0.2	0.3	0.4	0.5	0.6	0.7	0.8	0.9	1.0	2.0	3.0	4.0	5.0
9	9	−0.40	−0.05	0.10	0.20	0.25	0.25	0.30	0.30	0.35	0.35	0.45	0.45	0.45	0.45
	8	−0.15	0.15	0.20	0.30	0.35	0.35	0.35	0.40	0.40	0.40	0.45	0.45	0.50	0.50
	7	0.05	0.25	0.30	0.35	0.40	0.40	0.40	0.45	0.45	0.45	0.45	0.50	0.50	0.50
	6	0.15	0.30	0.35	0.40	0.40	0.45	0.45	0.45	0.45	0.45	0.50	0.50	0.50	0.50
	5	0.25	0.35	0.40	0.40	0.45	0.45	0.45	0.45	0.45	0.45	0.50	0.50	0.50	0.50
	4	0.40	0.40	0.40	0.45	0.45	0.45	0.45	0.45	0.45	0.45	0.50	0.50	0.50	0.50
	3	0.55	0.45	0.45	0.45	0.45	0.45	0.45	0.45	0.50	0.50	0.50	0.50	0.50	0.50
	2	0.80	0.65	0.55	0.55	0.50	0.50	0.50	0.50	0.50	0.50	0.50	0.50	0.50	0.50
	1	1.20	1.00	0.85	0.80	0.75	0.70	0.70	0.65	0.65	0.65	0.55	0.55	0.55	0.55
10	10	−0.40	−0.05	0.10	0.20	0.25	0.30	0.30	0.30	0.35	0.35	0.40	0.45	0.45	0.45
	9	−0.15	0.15	0.25	0.30	0.35	0.35	0.40	0.40	0.40	0.40	0.45	0.45	0.50	0.50
	8	0.00	0.25	0.30	0.35	0.40	0.40	0.40	0.45	0.45	0.45	0.45	0.50	0.50	0.50
	7	0.10	0.30	0.35	0.40	0.40	0.45	0.45	0.45	0.45	0.45	0.50	0.50	0.50	0.50
	6	0.20	0.35	0.40	0.40	0.45	0.45	0.45	0.45	0.45	0.45	0.50	0.50	0.50	0.50
	5	0.30	0.40	0.40	0.45	0.45	0.45	0.45	0.45	0.45	0.50	0.50	0.50	0.50	0.50
	4	0.40	0.40	0.45	0.45	0.45	0.45	0.45	0.45	0.45	0.50	0.50	0.50	0.50	0.50
	3	0.55	0.50	0.45	0.45	0.45	0.50	0.50	0.50	0.50	0.50	0.50	0.50	0.50	0.50
	2	0.80	0.65	0.55	0.55	0.55	0.50	0.50	0.50	0.50	0.50	0.50	0.50	0.50	0.50
	1	1.30	1.00	0.85	0.80	0.75	0.70	0.70	0.65	0.65	0.65	0.60	0.55	0.55	0.55
11	11	−0.40	0.05	0.10	0.20	0.25	0.30	0.30	0.30	0.35	0.35	0.40	0.45	0.45	0.45
	10	−0.15	0.15	0.25	0.30	0.35	0.35	0.40	0.40	0.40	0.40	0.45	0.45	0.50	0.50
	9	0.00	0.25	0.30	0.35	0.40	0.40	0.40	0.45	0.45	0.45	0.45	0.50	0.50	0.50
	8	0.10	0.30	0.35	0.40	0.40	0.45	0.45	0.45	0.45	0.45	0.50	0.50	0.50	0.50
	7	0.20	0.35	0.40	0.45	0.45	0.45	0.45	0.45	0.45	0.45	0.50	0.50	0.50	0.50
	6	0.25	0.35	0.40	0.45	0.45	0.45	0.45	0.45	0.45	0.45	0.50	0.50	0.50	0.50
	5	0.35	0.40	0.40	0.45	0.45	0.45	0.45	0.45	0.45	0.50	0.50	0.50	0.50	0.50
	4	0.40	0.40	0.45	0.45	0.45	0.45	0.45	0.50	0.50	0.50	0.50	0.50	0.50	0.50
	3	0.55	0.50	0.50	0.50	0.50	0.50	0.50	0.50	0.50	0.50	0.50	0.50	0.50	0.50
	2	0.80	0.65	0.60	0.55	0.55	0.50	0.50	0.50	0.50	0.50	0.50	0.50	0.50	0.50
	1	1.30	1.00	0.85	0.80	0.75	0.70	0.70	0.65	0.65	0.65	0.60	0.55	0.55	0.55
12以上	↓1	−0.40	−0.05	0.10	0.20	0.25	0.30	0.30	0.30	0.35	0.35	0.40	0.45	0.45	0.45
	2	−0.15	0.15	0.25	0.30	0.35	0.35	0.40	0.40	0.40	0.40	0.45	0.45	0.50	0.50
	3	0.00	0.25	0.30	0.35	0.40	0.40	0.40	0.45	0.45	0.45	0.50	0.50	0.50	0.50
	4	0.10	0.30	0.35	0.40	0.40	0.45	0.45	0.45	0.45	0.45	0.50	0.50	0.50	0.50
	5	0.20	0.35	0.40	0.40	0.45	0.45	0.45	0.45	0.45	0.45	0.50	0.50	0.50	0.50
	6	0.25	0.35	0.40	0.45	0.45	0.45	0.45	0.45	0.45	0.45	0.50	0.50	0.50	0.50
	7	0.30	0.40	0.40	0.45	0.45	0.45	0.45	0.45	0.50	0.50	0.50	0.50	0.50	0.50
	8	0.35	0.40	0.45	0.45	0.45	0.45	0.45	0.50	0.50	0.50	0.50	0.50	0.50	0.50
	中间	0.40	0.40	0.45	0.45	0.45	0.45	0.50	0.50	0.50	0.50	0.50	0.50	0.50	0.50
	4	0.45	0.45	0.45	0.45	0.50	0.50	0.50	0.50	0.50	0.50	0.50	0.50	0.50	0.50
	3	0.60	0.50	0.50	0.50	0.50	0.50	0.50	0.50	0.50	0.50	0.50	0.50	0.50	0.50
	2	0.80	0.65	0.60	0.55	0.55	0.50	0.50	0.50	0.50	0.50	0.50	0.50	0.50	0.50
	↑1	1.30	1.00	0.85	0.80	0.75	0.70	0.70	0.65	0.65	0.65	0.55	0.55	0.55	0.55

规则框架承受倒三角形分布水平力作用时标准反弯点的高度比 y_0 值　　附表 5-2

m	n \ $\overline{K}$	0.1	0.2	0.3	0.4	0.5	0.6	0.7	0.8	0.9	1.0	2.0	3.0	4.0	5.0
1	1	0.80	0.75	0.70	0.65	0.65	0.60	0.60	0.60	0.60	0.55	0.55	0.55	0.55	0.55
2	2	0.50	0.45	0.40	0.40	0.40	0.40	0.40	0.40	0.40	0.45	0.45	0.45	0.45	0.50
	1	1.00	0.85	0.75	0.70	0.70	0.65	0.65	0.65	0.60	0.60	0.55	0.55	0.55	0.55
3	3	0.25	0.25	0.25	0.30	0.30	0.35	0.35	0.35	0.40	0.40	0.45	0.45	0.45	0.50
	2	0.60	0.50	0.50	0.50	0.50	0.45	0.45	0.45	0.45	0.45	0.50	0.50	0.50	0.50
	1	1.15	0.90	0.80	0.75	0.75	0.70	0.70	0.65	0.65	0.65	0.60	0.55	0.55	0.55
4	4	0.10	0.15	0.20	0.25	0.30	0.30	0.35	0.35	0.35	0.40	0.45	0.45	0.45	0.45
	3	0.35	0.35	0.35	0.40	0.40	0.40	0.40	0.45	0.45	0.45	0.45	0.50	0.50	0.50
	2	0.70	0.60	0.55	0.50	0.50	0.50	0.50	0.50	0.50	0.50	0.50	0.50	0.50	0.50
	1	1.20	0.95	0.85	0.80	0.75	0.70	0.70	0.70	0.65	0.65	0.55	0.55	0.55	0.55
5	5	−0.05	0.10	0.20	0.25	0.30	0.30	0.35	0.35	0.35	0.35	0.40	0.45	0.45	0.45
	4	0.20	0.25	0.35	0.35	0.40	0.40	0.40	0.40	0.40	0.45	0.45	0.50	0.50	0.50
	3	0.45	0.40	0.45	0.45	0.45	0.45	0.45	0.45	0.45	0.45	0.50	0.50	0.50	0.50
	2	0.75	0.60	0.55	0.55	0.50	0.50	0.50	0.50	0.50	0.50	0.50	0.50	0.50	0.50
	1	1.30	1.00	0.85	0.80	0.75	0.70	0.70	0.65	0.65	0.65	0.65	0.55	0.55	0.55
6	6	−0.15	0.05	0.15	0.20	0.25	0.30	0.30	0.35	0.35	0.35	0.40	0.45	0.45	0.45
	5	0.10	0.25	0.30	0.35	0.35	0.40	0.40	0.40	0.45	0.45	0.45	0.50	0.50	0.50
	4	0.30	0.35	0.40	0.40	0.45	0.45	0.45	0.45	0.45	0.45	0.50	0.50	0.50	0.50
	3	0.50	0.45	0.45	0.45	0.45	0.45	0.45	0.45	0.45	0.50	0.50	0.50	0.50	0.50
	2	0.80	0.65	0.55	0.55	0.55	0.50	0.50	0.50	0.50	0.50	0.50	0.50	0.50	0.50
	1	1.30	1.00	0.85	0.80	0.75	0.70	0.70	0.65	0.65	0.65	0.60	0.55	0.55	0.55
7	7	−0.20	0.05	0.15	0.20	0.25	0.30	0.30	0.35	0.35	0.35	0.45	0.45	0.45	0.45
	6	0.05	0.20	0.30	0.35	0.35	0.40	0.40	0.40	0.40	0.45	0.45	0.50	0.50	0.50
	5	0.20	0.30	0.35	0.40	0.40	0.45	0.45	0.45	0.45	0.45	0.50	0.50	0.50	0.50
	4	0.35	0.40	0.40	0.45	0.45	0.45	0.45	0.45	0.45	0.45	0.50	0.50	0.50	0.50
	3	0.55	0.50	0.50	0.50	0.50	0.50	0.50	0.50	0.50	0.50	0.50	0.50	0.50	0.50
	2	0.80	0.65	0.60	0.55	0.55	0.55	0.50	0.50	0.50	0.50	0.50	0.50	0.50	0.50
	1	1.30	1.00	0.90	0.80	0.75	0.70	0.70	0.70	0.65	0.65	0.60	0.55	0.55	0.55
8	8	−0.20	0.05	0.15	0.20	0.25	0.30	0.30	0.35	0.35	0.35	0.45	0.45	0.45	0.45
	7	0.00	0.20	0.30	0.35	0.35	0.40	0.40	0.40	0.40	0.45	0.45	0.50	0.50	0.50
	6	0.15	0.30	0.35	0.40	0.40	0.45	0.45	0.45	0.45	0.45	0.50	0.50	0.50	0.50
	5	0.30	0.40	0.40	0.45	0.45	0.45	0.45	0.45	0.45	0.45	0.50	0.50	0.50	0.50
	4	0.40	0.45	0.45	0.45	0.45	0.45	0.45	0.50	0.50	0.50	0.50	0.50	0.50	0.50
	3	0.60	0.50	0.50	0.50	0.50	0.50	0.50	0.50	0.50	0.50	0.50	0.50	0.50	0.50
	2	0.85	0.65	0.60	0.55	0.55	0.55	0.50	0.50	0.50	0.50	0.50	0.50	0.50	0.50
	1	1.30	1.00	0.90	0.80	0.75	0.70	0.70	0.70	0.65	0.65	0.60	0.55	0.55	0.55

续表

m	n \ $\overline{K}$	0.1	0.2	0.3	0.4	0.5	0.6	0.7	0.8	0.9	1.0	2.0	3.0	4.0	5.0
9	9	−0.25	0.00	0.15	0.20	0.25	0.30	0.30	0.35	0.35	0.40	0.45	0.45	0.45	0.45
	8	0.00	0.20	0.30	0.35	0.35	0.40	0.40	0.40	0.40	0.45	0.45	0.50	0.50	0.50
	7	0.15	0.30	0.35	0.40	0.40	0.45	0.45	0.45	0.45	0.45	0.50	0.50	0.50	0.50
	6	0.25	0.35	0.40	0.40	0.45	0.45	0.45	0.45	0.45	0.50	0.50	0.50	0.50	0.50
	5	0.35	0.40	0.45	0.45	0.45	0.45	0.45	0.45	0.50	0.50	0.50	0.50	0.50	0.50
	4	0.45	0.45	0.45	0.45	0.45	0.50	0.50	0.50	0.50	0.50	0.50	0.50	0.50	0.50
	3	0.60	0.50	0.50	0.50	0.50	0.50	0.50	0.50	0.50	0.50	0.50	0.50	0.50	0.50
	2	0.85	0.65	0.60	0.55	0.55	0.55	0.55	0.50	0.50	0.50	0.50	0.50	0.50	0.50
	1	1.35	1.00	0.90	0.80	0.75	0.75	0.70	0.70	0.65	0.65	0.60	0.55	0.55	0.55
10	10	−0.25	0.00	0.15	0.20	0.25	0.30	0.30	0.35	0.35	0.40	0.45	0.45	0.45	0.45
	9	−0.10	0.20	0.30	0.35	0.35	0.40	0.40	0.40	0.40	0.45	0.45	0.50	0.50	0.50
	8	0.10	0.30	0.35	0.40	0.40	0.40	0.45	0.45	0.45	0.45	0.50	0.50	0.50	0.50
	7	0.20	0.35	0.40	0.40	0.45	0.45	0.45	0.45	0.45	0.50	0.50	0.50	0.50	0.50
	6	0.30	0.40	0.40	0.45	0.45	0.45	0.45	0.45	0.45	0.50	0.50	0.50	0.50	0.50
	5	0.40	0.45	0.45	0.45	0.45	0.45	0.45	0.50	0.50	0.50	0.50	0.50	0.50	0.50
	4	0.50	0.45	0.45	0.45	0.50	0.50	0.50	0.50	0.50	0.50	0.50	0.50	0.50	0.50
	3	0.60	0.55	0.50	0.50	0.50	0.50	0.50	0.50	0.50	0.50	0.50	0.50	0.50	0.50
	2	0.85	0.65	0.60	0.55	0.55	0.55	0.55	0.50	0.50	0.50	0.50	0.50	0.50	0.50
	1	1.35	1.00	0.90	0.80	0.75	0.75	0.70	0.70	0.65	0.65	0.60	0.55	0.55	0.55
11	11	−0.25	0.00	0.15	0.20	0.25	0.30	0.30	0.30	0.35	0.35	0.45	0.45	0.45	0.45
	10	−0.05	0.20	0.25	0.30	0.35	0.40	0.40	0.40	0.40	0.45	0.45	0.50	0.50	0.50
	9	0.10	0.30	0.35	0.40	0.40	0.40	0.45	0.45	0.45	0.45	0.50	0.50	0.50	0.50
	8	0.20	0.35	0.40	0.40	0.45	0.45	0.45	0.45	0.45	0.45	0.50	0.50	0.50	0.50
	7	0.25	0.40	0.40	0.45	0.45	0.45	0.45	0.45	0.45	0.50	0.50	0.50	0.50	0.50
	6	0.35	0.40	0.45	0.45	0.45	0.45	0.45	0.50	0.50	0.50	0.50	0.50	0.50	0.50
	5	0.40	0.45	0.45	0.45	0.45	0.50	0.50	0.50	0.50	0.50	0.50	0.50	0.50	0.50
	4	0.50	0.50	0.50	0.50	0.50	0.50	0.50	0.50	0.50	0.50	0.50	0.50	0.50	0.50
	3	0.65	0.55	0.50	0.50	0.50	0.50	0.50	0.50	0.50	0.50	0.50	0.50	0.50	0.50
	2	0.85	0.65	0.60	0.55	0.55	0.55	0.55	0.50	0.50	0.50	0.50	0.50	0.50	0.50
	1	1.35	1.05	0.90	0.80	0.75	0.75	0.70	0.70	0.65	0.65	0.60	0.55	0.55	0.55
12以上	↓1	−0.30	0.00	0.15	0.20	0.25	0.30	0.30	0.30	0.35	0.35	0.40	0.45	0.45	0.45
	2	−0.10	0.20	0.25	0.30	0.35	0.40	0.40	0.40	0.40	0.40	0.45	0.45	0.45	0.50
	3	0.05	0.25	0.35	0.40	0.40	0.40	0.45	0.45	0.45	0.45	0.45	0.50	0.50	0.50
	4	0.15	0.30	0.40	0.40	0.45	0.45	0.45	0.45	0.45	0.45	0.45	0.50	0.50	0.50
	5	0.25	0.35	0.50	0.45	0.45	0.45	0.45	0.45	0.45	0.45	0.50	0.50	0.50	0.50
	6	0.30	0.40	0.50	0.45	0.45	0.45	0.45	0.50	0.50	0.50	0.50	0.50	0.50	0.50
	7	0.35	0.40	0.55	0.45	0.45	0.45	0.50	0.50	0.50	0.50	0.50	0.50	0.50	0.50
	8	0.35	0.45	0.55	0.45	0.50	0.50	0.50	0.50	0.50	0.50	0.50	0.50	0.50	0.50
	中间	0.45	0.45	0.55	0.45	0.50	0.50	0.50	0.50	0.50	0.50	0.50	0.50	0.50	0.50
	4	0.55	0.50	0.50	0.50	0.50	0.50	0.50	0.50	0.50	0.50	0.50	0.50	0.50	0.50
	3	0.65	0.55	0.50	0.50	0.50	0.50	0.50	0.50	0.50	0.50	0.50	0.50	0.50	0.50
	2	0.70	0.70	0.60	0.55	0.55	0.55	0.55	0.50	0.50	0.50	0.50	0.50	0.50	0.50
	↑1	1.35	1.05	0.90	0.80	0.75	0.70	0.70	0.70	0.65	0.65	0.60	0.55	0.55	0.55

上下层横梁线刚度比对 y_0 的修正值 y_1 　　附表 5-3

I \ $\overline{K}$	0.1	0.2	0.3	0.4	0.5	0.6	0.7	0.8	0.9	1.0	2.0	3.0	4.0	5.0
0.4	0.55	0.40	0.30	0.25	0.20	0.20	0.20	0.15	0.15	0.15	0.05	0.05	0.05	0.05
0.5	0.45	0.30	0.20	0.20	0.15	0.15	0.15	0.10	0.10	0.10	0.05	0.05	0.05	0.05
0.6	0.30	0.20	0.15	0.15	0.10	0.10	0.10	0.10	0.05	0.05	0.05	0.05	0	0
0.7	0.20	0.15	0.10	0.10	0.10	0.10	0.05	0.05	0.05	0.05	0.05	0	0	0
0.8	0.15	0.10	0.05	0.05	0.05	0.05	0.05	0.05	0.05	0	0	0	0	0
0.9	0.05	0.05	0.05	0.05	0	0	0	0	0	0	0	0	0	0

$I=\dfrac{i_1+i_2}{i_3+i_4}$，当 $i_1+i_2>i_3+i_4$ 时，则 I 取倒数，即

$I'=\dfrac{i_3+i_4}{i_1+i_2}$，并且 y_1 值取负号“－”。

$\overline{K}=\dfrac{i_1+i_2+i_3+i_4}{2i}$

上下层高变化对 y_0 的修正值 y_2 和 y_3 　　附表 5-4

α_2	α_3 \ $\overline{K}$	0.1	0.2	0.3	0.4	0.5	0.6	0.7	0.8	0.9	1.0	2.0	3.0	4.0	5.0
2.0		0.25	0.15	0.15	0.10	0.10	0.10	0.10	0.10	0.05	0.05	0.05	0.05	0.0	0.0
1.8		0.20	0.15	0.10	0.10	0.10	0.05	0.05	0.05	0.05	0.05	0.05	0.0	0.0	0.0
1.6	0.4	0.15	0.10	0.10	0.05	0.05	0.05	0.05	0.05	0.05	0.05	0.0	0.0	0.0	0.0
1.4	0.6	0.10	0.05	0.05	0.05	0.05	0.05	0.05	0.05	0.05	0.0	0.0	0.0	0.0	0.0
1.2	0.8	0.05	0.05	0.05	0.0	0.0	0.0	0.0	0.0	0.0	0.0	0.0	0.0	0.0	0.0
1.0	1.0	0.0	0.0	0.0	0.0	0.0	0.0	0.0	0.0	0.0	0.0	0.0	0.0	0.0	0.0
0.8	1.2	−0.05	−0.05	−0.05	0.0	0.0	0.0	0.0	0.0	0.0	0.0	0.0	0.0	0.0	0.0
0.6	1.4	−0.10	−0.05	−0.05	−0.05	−0.05	−0.05	−0.05	−0.05	−0.05	0.0	0.0	0.0	0.0	0.0
0.4	1.6	−0.15	−0.10	−0.10	−0.05	−0.05	−0.05	−0.05	−0.05	−0.05	−0.05	0.0	0.0	0.0	0.0
	1.8	−0.20	−0.15	−0.10	−0.10	−0.10	−0.05	−0.05	−0.05	−0.05	−0.05	−0.05	0.0	0.0	0.0
	2.0	−0.25	−0.15	−0.15	−0.10	−0.10	−0.10	−0.10	−0.10	−0.05	−0.05	−0.05	−0.05	0.0	0.0

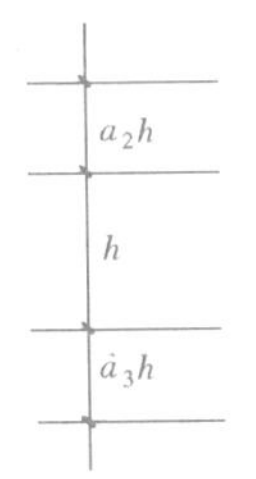

y_2——按照 $\overline{K}$ 及 α_2 求得，上层较高时为正值；

y_3——按照 $\overline{K}$ 及 α_3 求得。

第 6 章
多高层建筑钢结构抗震设计

6.1 多高层钢结构的主要震害特征

钢结构强度高、延性好、重量轻、抗震性能好。总体来说，在同等场地、烈度条件下，钢结构房屋的震害较钢筋混凝土结构房屋的震害要小。例如，在墨西哥城的高烈度区内有 102 幢钢结构房屋，其中 59 幢为 1957 年以后所建，在 1985 年 9 月的墨西哥大地震（里氏 8.1 级）中，1957 年以后建造的钢结构房屋倒塌或严重破坏的不多（见表 6-1），而钢筋混凝土结构房屋的破坏就要严重得多。

1985 年墨西哥城地震中钢结构和钢筋混凝土结构的破坏情况　　表 6-1

建造年份	钢结构		钢筋混凝土结构	
	倒塌	严重破坏	倒塌	严重破坏
1957 年以前	7	1	27	16
1957～1976 年	3	1	51	23
1976 年以后	0	0	4	6

多高层钢结构在地震中的破坏形式有三种：①节点连接破坏；②构件破坏；③结构倒塌。

6.1.1 节点连接破坏

主要有两种节点连接破坏，一种是支撑连接破坏（图 6-1），另一种是梁柱连接破坏（图 6-2）。从 1978 年日本宫城县远海地震（里氏 7.4 级）所造成的钢结构建筑破坏情况看（表 6-2），支撑连接更易遭受地震破坏。

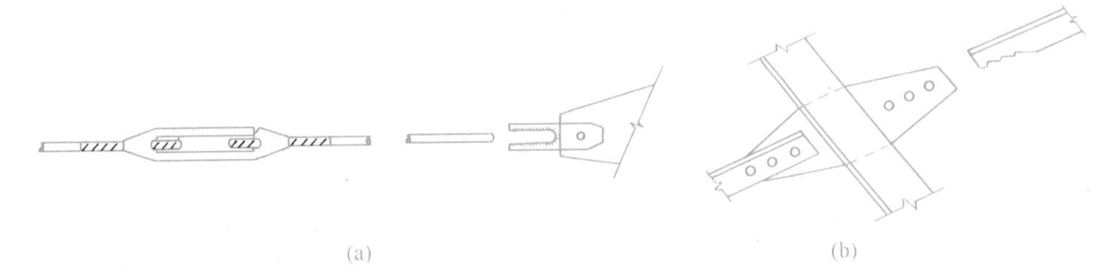

图 6-1　支撑连接破坏

(a) 圆钢支撑连接的破坏；(b) 角钢支撑连接的破坏

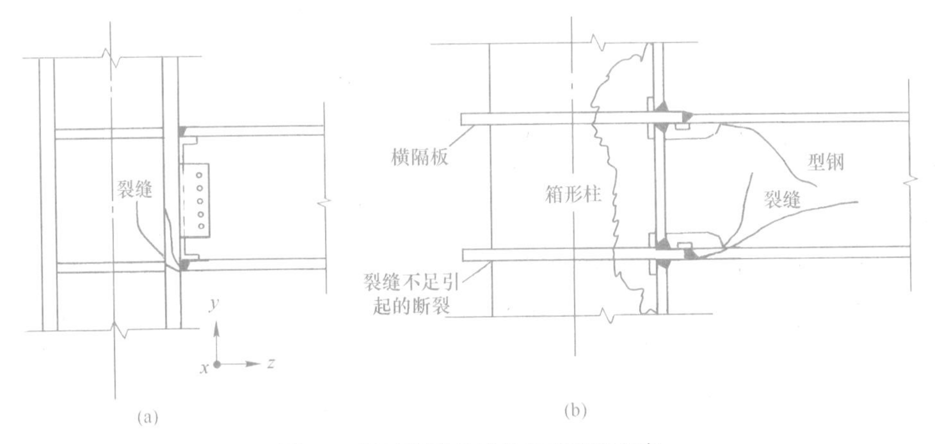

图 6-2　梁柱刚性连接的典型震害现象

(a) 美国 Northridge 地震；(b) 日本阪神地震

1978 年日本宫城县远海地震钢结构建筑破坏类型统计　　表 6-2

破坏类型 \ 结构数量		破坏等级*				统计	
		Ⅴ	Ⅳ	Ⅲ	Ⅱ	总数	百分比(%)
过度弯曲	柱	—	2	—	2	11	7.4
	梁	—	—	—	1		
	梁、柱局部屈曲	2	1	1	2		
连接破坏	支撑连接	6	13	25	63	119	80.4
	梁柱连接	—	—	2	1		
	柱脚连接	—	4	2	1		
	其他连接	—	1	—	1		
基础失效	不均匀沉降	—	2	4	12	18	12.2
总计		8	23	34	83	148	100

* Ⅱ级—支撑、连接等出现裂纹，但没有不可恢复的屈曲变形；

Ⅲ级—出现小于 1/30 层高的永久层间变形；

Ⅳ级—出现大于 1/30 层高的永久层间变形；

Ⅴ级—倒塌或无法继续使用。

1994年美国Northridge和1995年日本阪神地震造成了很多梁柱刚性连接破坏，震害调查发现，梁柱连接的破坏大多数发生在梁的下翼缘处，而上翼缘的破坏要少得多。这可能有两种原因：①楼板与梁共同变形导致下翼缘应力增大；②下翼缘在腹板位置焊接的中断是一个显著的焊缝缺陷的来源。图6-3给出了震后观察到的在梁柱焊接连接处的失效模式。

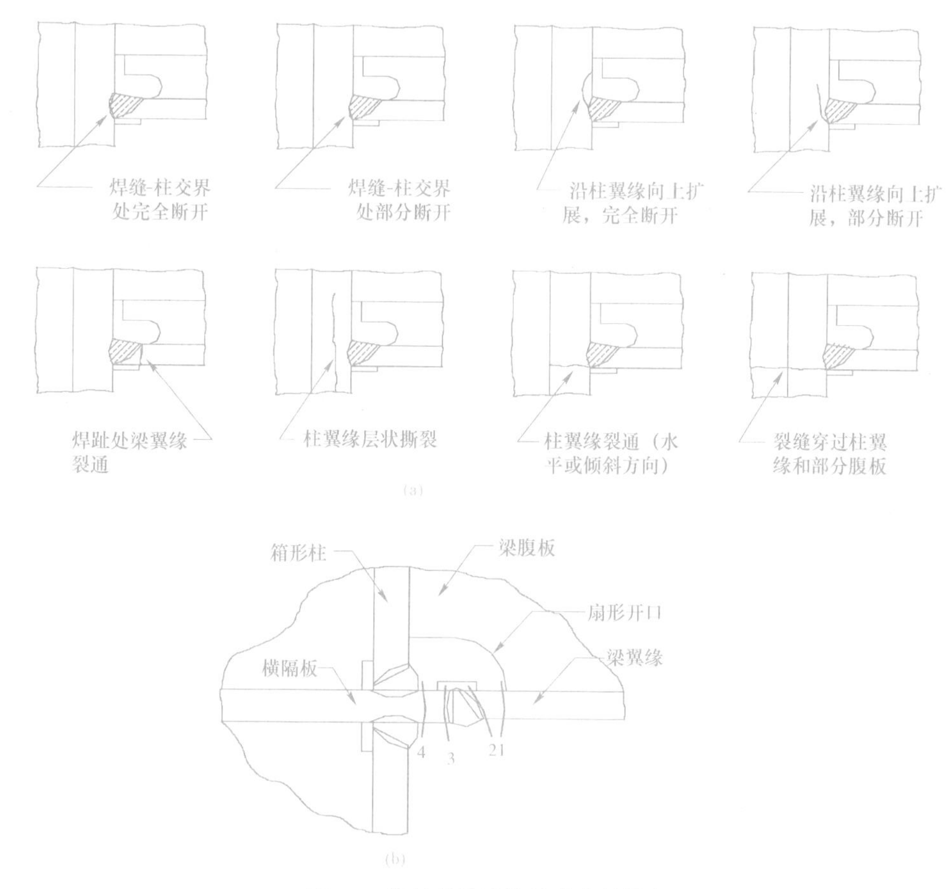

图6-3 梁柱焊接连接处的失效模式

(a) 美国Northridge地震；(b) 日本阪神地震

1—翼缘断裂；2、3—热影响区断裂；4—横隔板断裂

梁柱刚性连接裂缝或断裂破坏的原因有

（1）焊缝缺陷，如裂纹、欠焊、夹渣和气孔等。这些缺陷将成为裂缝开展直至断裂的起源。

（2）三轴应力影响。分析表明，梁柱连接的焊缝变形由于受到梁和柱约束，施焊后焊缝残存三轴拉应力，使材料变脆。

（3）构造缺陷。出于焊接工艺的要求，梁翼缘与柱连接处设有垫条，实际工程中垫条在

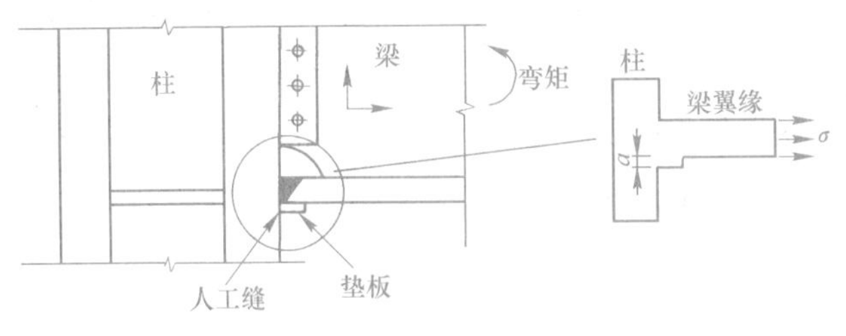

图 6-4 “人工”裂缝

焊接后就留在结构上，这样垫条与柱翼缘之间就形成一条“人工”裂缝（图 6-4），成为连接裂缝发展的起源。

（4）焊缝金属冲击韧性低。美国北岭地震前，焊缝采用 E70T-4 或 E70T-7 自屏蔽药芯焊条，这种焊条对冲击韧性无规定，实验室试件和从实际破坏的结构中取出的连接试件在室温下的试验表明，其冲击韧性往往只有 10～15J，这样低的冲击韧性使得连接很易产生脆性破坏，成为引发节点破坏的重要因素。

6.1.2 构件破坏

多高层建筑钢结构构件破坏的主要形式有：

（1）支撑压屈。支撑在地震中所受的压力超过其屈曲临界力时，即发生压屈破坏（图 6-5）。

（2）梁柱局部失稳。梁或柱在地震作用下反复受弯，在弯矩最大截面处附近由于过度弯曲可能发生翼缘局部失稳破坏（图 6-6）。

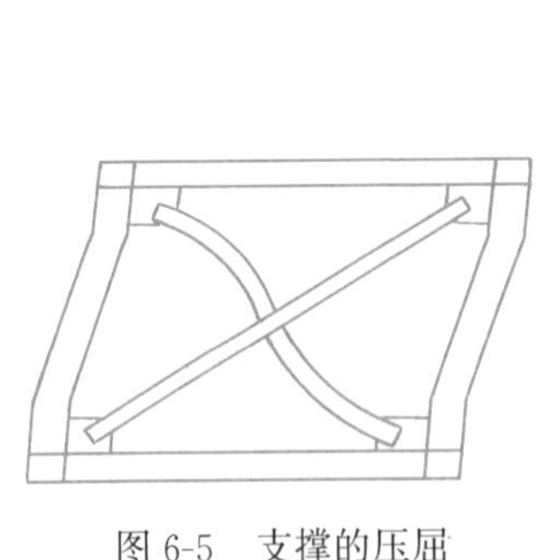

图 6-5 支撑的压屈

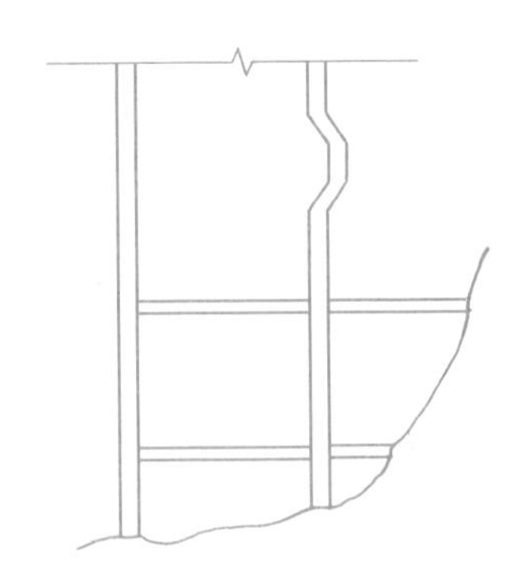

图 6-6 柱的局部失稳

（3）柱水平裂缝或断裂破坏。1995 年日本阪神地震中，位于阪神地震区芦屋市海滨城的 52 栋高层钢结构住宅，有 57 根钢柱发生断裂，其中 13 根钢柱为母材断裂（图 6-7a），7 根钢柱在与支撑连接处断裂（图 6-7b），37 根钢柱在拼接焊缝处断裂。钢柱的断裂是出人意料的，分析原因认为：竖向地震使柱中出现动拉力，由于应变速率高，使材料变脆；加上地震时为

(a)

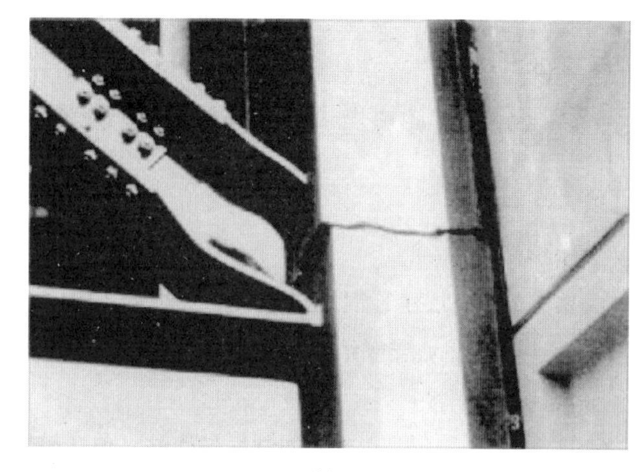

(b)

图 6-7 钢柱的断裂

(a) 母材断裂；(b) 支撑处断裂

日本严冬时期，钢柱位于室外，钢材温度低于 0℃；以及焊缝和弯矩与剪力的不利影响，造成柱水平断裂。

6.1.3 结构倒塌

结构倒塌是地震中结构破坏最严重的形式。钢结构建筑尽管抗震性能好，但在地震中也有倒塌事例发生。1985 年墨西哥大地震中有 10 幢钢结构房屋倒塌（见表 6-1），在 1995 年日本阪神地震中，也有钢结构房屋倒塌发生。表 6-3 是阪神地震中 Chou Ward 地区钢结构房屋震害情况。

1995 年日本阪神地震中 Chou Ward 地区钢结构房屋震害情况　　表 6-3

建造年份	严重破坏或倒塌	中等破坏	轻微破坏	完好
1971 年以前	5	0	2	0
1971～1982 年	0	0	3	5
1982 年以后	0	0	1	7

钢结构房屋在地震中严重破坏或倒塌与结构抗震设计水平关系很大。1957 年和 1976 年，墨西哥结构设计规范分别进行过较大的修订，而 1971 年是日本钢结构设计规范修订的年份，1982 年是日本建筑标准法实施的年份，从表 6-1 和表 6-3 可知，由于新设计规范采纳了新研究成果，提高了结构抗震设计水平，在同一地震中按新规范设计建造的钢结构房屋倒塌的数量就要比按老规范设计建造的少得多。

6.2 多高层钢结构的选型与结构布置

6.2.1 结构选型

有抗震要求的多高层建筑钢结构可采用纯框架结构体系（图 6-8）、框架-中心支撑结构体系（图 6-9）、框架-偏心支撑结构体系（图 6-10）及框筒结构体系（图 6-11）。框架结构体系的梁柱节点宜采用刚接。

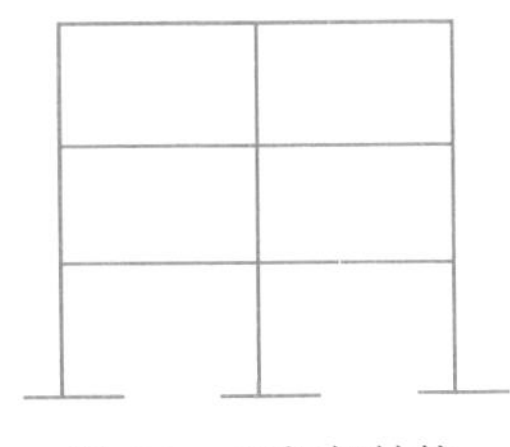

图 6-8　纯框架结构

纯框架结构延性好，但抗侧力刚度较差。中心支撑框架通过支撑提高框架的刚度，但支撑受压会屈曲，支撑屈曲将导致原结构承载力降低。偏心支撑框架可通过偏心梁段剪切屈服限制支撑受压屈曲，从而保证结构具有稳定的承载能力和良好的耗能性能，而结构抗侧力刚度介于纯框架和中心支撑框架之间。框筒实际上是密柱框架结构，由于梁跨小刚度大，使周圈柱近似构成一个整体受弯的薄壁筒体，具有较大的抗侧刚度和承载力，因而框筒结构多用于高层建筑。各种钢结构体系建筑的适用高度与高宽比不宜大于表 6-4 和表 6-5 给出的数值。

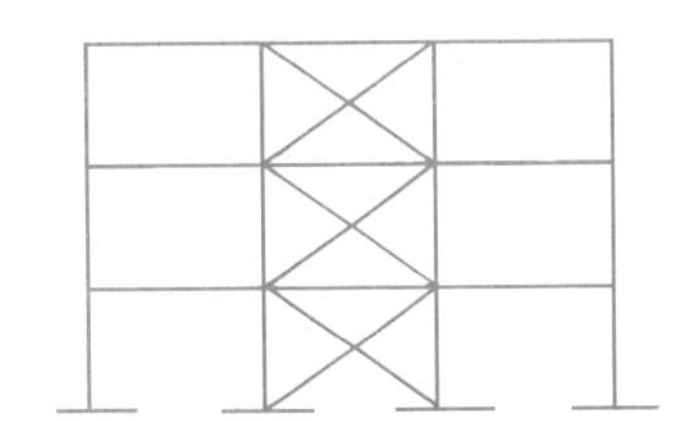

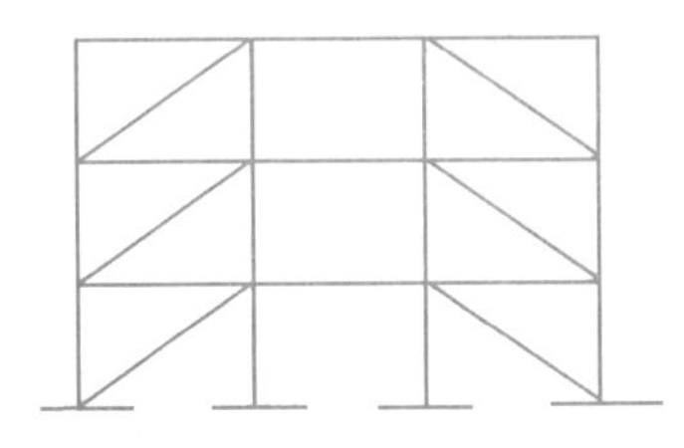

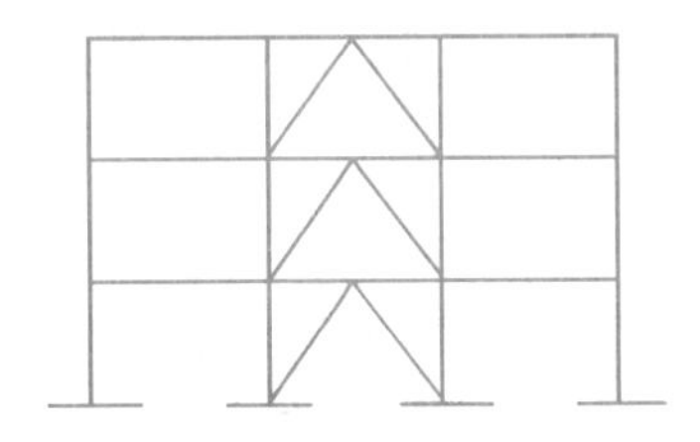

图 6-9　框架-中心支撑结构体系

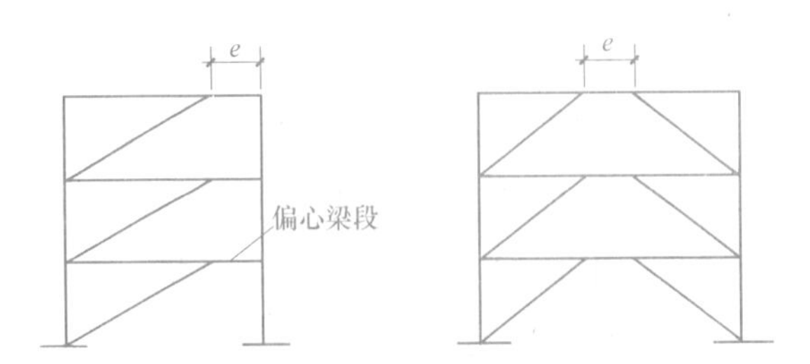

图 6-10　框架-偏心支撑结构体系

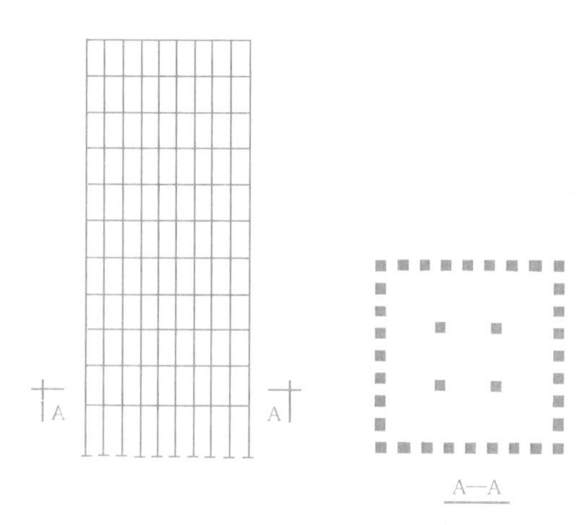

图 6-11　框筒结构体系

适用的钢结构房屋最大高度（m）　　表 6-4

结构体系	设防烈度				
	6、7(0.10g)	7(0.15g)	8(0.20g)	8(0.30g)	9(0.40g)
框架	110	90	90	70	50
框架-中心支撑	220	200	180	150	120
框架-偏心支撑(延性墙板)	240	220	200	180	160
筒体(框筒、筒中筒、桁架筒、束筒)和巨型框架	300	280	260	240	180

注：表中的筒体不包括混凝土筒。

适用的钢结构房屋最大高宽比　　表 6-5

烈度	6、7	8	9
最大高宽比	6.5	6.0	5.5

结构选型作为结构的一项重要抗震构造措施，宜区分结构的重要性、设防烈度等的不同要求。我国现行《建筑抗震设计规范》GB 50011 对钢结构房屋根据设防分类、基本烈度和房屋高度采用不同的抗震等级，对不同抗震等级的钢结构房屋采用不同的抗震构造措施要求。丙类建筑的抗震等级应按表 6-6 确定。

钢结构房屋的抗震等级　　表 6-6

房屋高度	基本烈度			
	6	7	8	9
≤50m		四	三	二
>50m	四	三	二	一

注：一般情况，构件的抗震等级应与结构相同；当某个部位各构件的承载力均满足 2 倍地震组合下的内力要求时，7～9 度的构件抗震等级应允许按降低一度确定。

进行多层和高层钢结构房屋选型时，应注意：

(1) 甲、乙类建筑和高层的丙类建筑不应采用单跨框架，多层的丙类建筑不宜采用单跨框架。

(2) 抗震等级为一、二级的钢结构房屋，宜设置偏心支撑、带竖缝钢筋混凝土抗震墙板、内藏钢支撑钢筋混凝土墙板、屈曲约束支撑等消能支撑或筒体。

(3) 采用框架-支撑结构的钢结构房屋应符合下列规定：

① 支撑框架在两个方向的布置均宜基本对称，支撑框架之间楼盖的长宽比不宜大于3。

② 抗震等级三、四级且高度不大于50m的钢结构宜采用中心支撑，也可采用偏心支撑、屈曲约束支撑等消能支撑。

③ 中心支撑框架宜采用交叉支撑，也可采用人字支撑或单斜杆支撑，不宜采用K形支撑；支撑的轴线宜交汇于梁柱构件轴线的交点，偏离交点时的偏心距不应超过支撑杆件宽度，并应计入由此产生的附加弯矩。当中心支撑采用只能受拉的单斜杆体系时，应同时设置不同倾斜方向的两组斜杆，且每组中不同方向单斜杆的截面面积在水平方向的投影面积之差不应大于10%。

④ 偏心支撑框架的每根支撑应至少有一端与框架梁连接，并在支撑与梁交点和柱之间或同一跨内另一支撑与梁交点之间形成消能梁段。采用偏心支撑框架时，顶层可为中心支撑。

⑤ 采用屈曲约束支撑时，宜采用人字支撑、成对布置的单斜杆支撑等形式，不应采用K形或X形，支撑与柱的夹角宜在35°～55°之间。

(4) 对于钢框架-筒体结构，必要时可设置由筒体外伸臂或外伸臂和周边桁架组成的加强层。

6.2.2 结构平面布置

多高层钢结构的平面布置应尽量满足下列要求：

(1) 建筑平面宜简单规则，并使结构各层的抗侧力刚度中心与质量中心接近或重合，同时各层刚心与质心接近在同一竖直线上。

(2) 建筑的开间、进深宜统一，其常用平面的尺寸关系应符合表6-7和图6-13的要求。当钢框筒结构采用矩形平面时，其长宽比不应大于1.5∶1，不能满足此项要求时，宜采用多束筒结构。

L、l、l'、B'的限值 表6-7

L/B	L/B_{max}	l/b	l'/B_{max}	B'/B_{max}
＜5	＜4	＜1.5	＞1	＜0.5

(3) 高层建筑钢结构不宜设置防震缝，但薄弱部位应注意采取措施提高抗震能力。如必须设置伸缩缝，则应同时满足防震缝的要求。

（4）楼板宜采用压型钢板（或预应力混凝土薄板）加现浇混凝土叠合层组成的楼板。楼板与钢梁应采用栓钉或其他元件连接（图6-12）。当楼板有较大或较多的开孔时，可增设水平钢支撑以加强楼板的水平刚度。

（5）宜避免结构平面不规则布置。如在平面布置上具有下列情况之一者，为平面不规则结构：

① 任意层的偏心率大于0.15。偏心率可按下列公式计算：

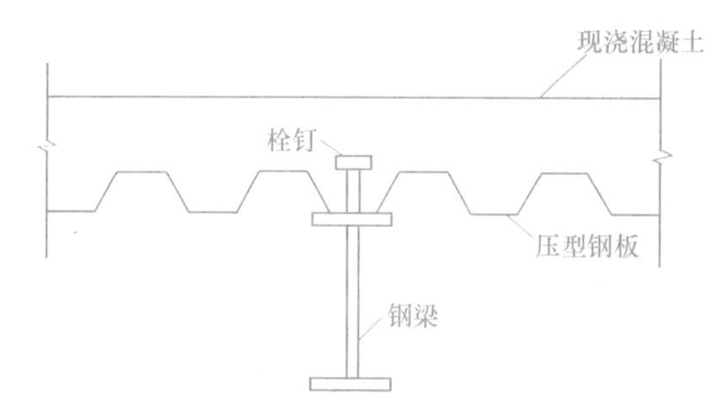

图6-12　楼板与钢梁的连接

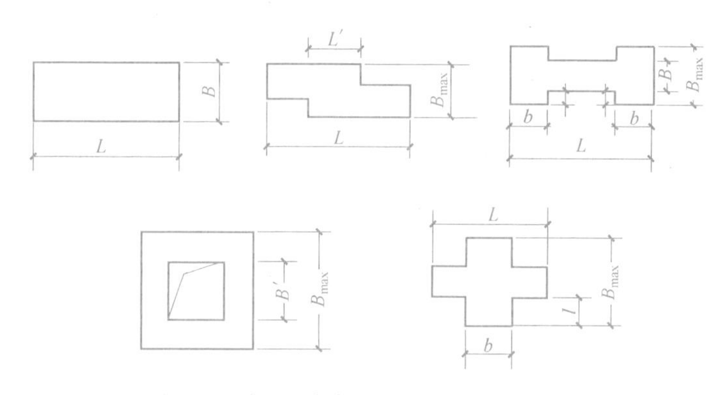

图6-13　表6-7中各种结构平面变量的意义

$$\varepsilon_x=\frac{e_y}{r_{ex}},\ \varepsilon_y=\frac{e_x}{r_{ey}} \tag{6-1}$$

其中

$$r_{ex}=\sqrt{\frac{K_T}{\sum K_x}},\ r_{ey}=\sqrt{\frac{K_T}{\sum K_y}} \tag{6-2}$$

式中　ε_x、ε_y——分别为所计算楼层在x和y方向的偏心率；

e_x、e_y——分别为x和y方向楼层质心到结构刚心的距离；

r_{ex}、r_{ey}——分别为结构x和y方向的弹性半径；

K_T——所计算楼层的扭转刚度；

$\sum K_x$、$\sum K_y$——分别为所计算楼层各抗侧力构件在x和y方向的侧向刚度之和；

x、y——以刚心为原点的抗侧力构件坐标。

② 结构平面形状有凹角，凹角的伸出部分在一个方向的长度，超过该方向建筑总尺寸的

25%。

③ 楼面不连续或刚度突变，包括开洞面积超过该层楼面面积的 50%。

④ 抗水平力构件既不平行又不对称于抗侧力体系的两个互相垂直的主轴。

属于上述情况第一、第四项者应计算结构扭转影响；属于第三项者应采用相应的计算模型，属于第二项者应在凹角处采用加强措施。

6.2.3 结构竖向布置

多高层钢结构的竖向布置应尽量满足下列要求：

（1）楼层刚度大于其相邻上层刚度的 70%，且连续三层总的刚度降低不超过 50%。

（2）相邻楼层质量之比不超过 1.5（屋顶层除外）。

（3）立面收进尺寸的比例 $L_1/L>0.75$（图 6-14）。

（4）任意楼层抗侧力构件的总受剪承载力大于其相邻上层的 80%。

（5）框架-支撑结构中，支撑（或剪力墙板）宜竖向连续布置，除底部楼层和外伸刚臂所在楼层外，支撑的形式和布置在竖向宜一致。

（6）高层钢结构宜设置地下室。在框架-支撑（剪力墙板）体系中，竖向连续布置的支撑（剪力墙板）应延伸至基础。设置地下室时，框架柱应至少延伸到地下一层。

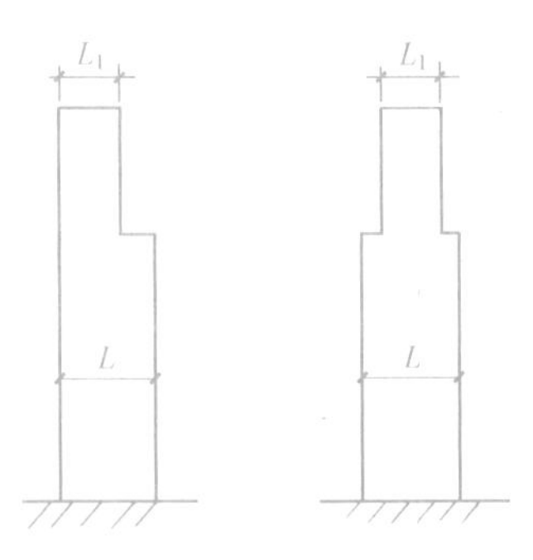

图 6-14 立面收进

6.3 多高层钢结构的抗震概念设计

完整的建筑结构抗震设计包括三个方面的内容与要求：概念设计、抗震计算与构造措施。概念设计在总体上把握抗震设计的主要原则，弥补由于地震作用及结构地震反应的复杂性而造成抗震计算不准确的不足；抗震计算为建筑抗震设计提供定量保证；构造措施则为概念设计与抗震计算的有效作用提供保障。结构抗震设计上述三个方面的内容是一个不可割裂的整体，忽略任何一部分，都可能使抗震设计失效。

多高层钢结构抗震设计在总体上需把握的主要原则有：保证结构的完整性，提高结构延性，设置多道结构防线。下面介绍实现这些原则的一些抗震概念及具体要求。

6.3.1 优先采用延性好的结构方案

刚接框架、偏心支撑框架和框筒结构是延性较好的结构形式，在地震区应优先采用。然而，铰接框架有施工方便及中心支撑框架有刚度大、承载力高的优点，在地震区也可以采用。在具体选择结构形式时应注意：

（1）多层钢结构可采用全刚接框架及部分刚接框架，不允许采用全铰接框架及全铰接框架加支撑的结构形式。当采用部分刚架框架时，结构外围周边框架应采用刚接框架。

（2）高层钢结构应采用全刚接框架。当结构刚度不够时，可采用中心支撑框架、钢框架-混凝土芯筒或钢框筒结构形式；但在高烈度区（8度和9度区），宜采用偏心支撑框架和钢框筒结构。

6.3.2 多道结构防线要求

对于钢框架-支撑结构及钢框架-混凝土芯筒（剪力墙）结构，钢支撑或混凝土芯筒（剪力墙）部分的刚度大，可能承担整体结构绝大部分地震作用力。但钢支撑或混凝土芯筒（剪力墙）的延性较差，为发挥钢框架部分延性好的作用并承担起第二道结构抗震防线的责任，要求钢框架的抗震承载力不能太小，为此框架部分按计算得到的地震剪力应乘以调整系数，达到不小于结构底部总地震剪力的25%和框架部分计算地震剪力最大值1.8倍两者的较小值。

6.3.3 强节点弱构件要求

为保证结构在地震作用下的完整性，要求结构所有节点的极限承载力大于构件在相应节点处的极限承载力，以保证节点不先于构件破坏，防止构件不能充分发挥作用。为此，对于多高层钢结构的所有节点连接，除应按地震组合内力进行弹性设计验算外。还应进行“强节点弱构件”原则下的极限承载力验算。

1. 梁与柱的连接要求

梁与柱连接的极限受弯、受剪承载力，应符合下列要求：

$$M_u^j \geqslant \eta_j M_p \tag{6-3}$$

$$V_u^j \geqslant 1.2\ (\sum M_p / l_n)\ + V_{Gb}\ 且\ V_u \geqslant 0.58 h_w t_w f_y \tag{6-4}$$

式中 M_u^j——连接的极限受弯承载力；

V_u——梁腹板连接的极限受剪承载力；

M_p——梁的塑性受弯承载力；

V_{Gb}——梁在重力荷载代表值（9度时高层建筑尚应包括竖向地震作用标准值）作用下，按简支梁分析的梁端截面剪力设计值；

η_j——连接系数；

l_n——梁的净跨（梁贯通时取该楼层柱的净高）；

h_w、t_w——梁腹板的高度和厚度；

f_y——钢材屈服强度。

2. 支撑连接要求

支撑与框架的连接及支撑拼接的极限承载力，应符合下式要求：

$$N^j_{ubr} \geq \eta_j A_{br} f_y \tag{6-5}$$

式中 N^j_{ubr}——支撑连接和拼接的极限受压（拉）承载力；

A_{br}——支撑杆件的截面面积；

η_j——连接系数；

f_y——支撑钢材的屈服强度。

3. 梁、柱构件的拼接要求

梁、柱构件拼接的极限承载力应符合下列要求：

$$V_u \geq 0.58 h_w t_w f_y \tag{6-6}$$

梁的拼接 $$M^j_{ub,sp} \geq \eta_j M_p \tag{6-7a}$$

柱的拼接 $$M^j_{uc,sp} \geq \eta_j M_{pc} \tag{6-7b}$$

式中 V_u——构件拼接的极限受剪承载力；

η_j——连接系数；

h_w、t_w——拼接构件截面腹板的高度和厚度；

f_y——被拼接构件的钢材屈服强度；

$M^j_{ub,sp}$、$M^j_{uc,sp}$——分别为梁、柱拼接的极限受弯承载力；

M_p、M_{pc}——分别为梁的塑性受弯承载力和考虑轴力影响时柱的塑性受弯承载力，可按下列情况分别计算：

工字形截面（绕强轴）和箱形截面

当 $N/N_y \leq 0.13$ 时 $$M_{pc} = M_p \tag{6-8}$$

当 $N/N_y > 0.13$ 时 $$M_{pc} = 1.15(1 - N/N_y) M_p \tag{6-9}$$

工字形截面（绕弱轴）

当 $N/N_y \leq A_w/A$ 时 $$M_{pc} = M_p \tag{6-10}$$

当 $N/N_y > A_w/A$ 时 $$M_{pc} = \left[1 - \left(\frac{N - A_w f_y}{N_y - A_w f_y}\right)^2\right] M_p \tag{6-11}$$

式中 N——构件内轴力；

N_y——构件轴向屈服力；

A_w——工字形截面腹板面积；

A——构件截面面积。

当拼接采用螺栓连接时，尚应符合下列要求：

翼缘 $$n N^b_{cu} \geq \eta_j A_f f_y \tag{6-12}$$

且　$$nN_{vu}^{b} \geqslant \eta_j A_f f_y \tag{6-13}$$

腹板　$$N_{cu}^{b} \geqslant \sqrt{(V_u/n)^2 + (N_M^b)^2} \tag{6-14}$$

且　$$N_{vu}^{b} \geqslant \sqrt{(V_u/n)^2 + (N_M^b)^2} \tag{6-15}$$

式中　N_{vu}^{b}、N_{cu}^{b}——一个螺栓的极限受剪承载力和对应的板件极限承压力；

A_f——翼缘的有效截面面积；

N_M^b——腹板拼接中弯矩引起的一个螺栓的最大剪力；

n——翼缘拼接或腹板拼接一侧的螺栓数。

各种构件的连接系数，可按表6-8采用。

钢结构抗震设计的连接系数　表6-8

母材牌号	梁柱连接		支撑连接，构件拼接	
	焊接	焊栓连接	焊接	螺栓连接
Q235	1.40	1.45	1.25	1.30
Q345	1.30	1.35	1.20	1.25
Q345GJ	1.25	1.30	1.15	1.20

4. 连接极限承载力的计算

焊缝连接的极限承载力可按下列公式计算：

对接焊缝受拉　$$N_u = A_f^w f_u \tag{6-16}$$

角焊缝受剪　$$V_u = 0.58 A_f^w f_u \tag{6-17}$$

式中　A_f^w——焊缝的有效受力面积；

f_u——构件母材的抗拉强度最小值。

高强度螺栓连接的极限受剪承载力，应取下列二式计算的较小者：

$$N_{vu}^{b} = 0.58 n_f A_e^b f_u^b \tag{6-18}$$

$$N_{cu}^{b} = d \sum t f_{cu}^{b} \tag{6-19}$$

式中　N_{vu}^{b}、N_{cu}^{b}——分别为一个高强度螺栓的极限受剪承载力和对应的板件极限承压力；

n_f——螺栓连接的剪切面数量；

A_e^b——螺栓螺纹处的有效截面面积；

f_u^b——螺栓钢材的抗拉强度最小值；

d——螺栓杆直径；

$\sum t$——同一受力方向的钢板厚度之和；

f_{cu}^{b}——螺栓连接板的极限承压强度，取$1.5f_u$。

6.3.4　强柱弱梁要求

图5-9给出了强柱弱梁型框架与强梁弱柱型框架完全屈服时的塑性铰分布情况。显然，

强柱弱梁型框架屈服时产生塑性变形而耗能的构件比强梁弱柱型框架多，而在同样的结构顶点位移条件下，强柱弱梁型框架的最大层间变形比强梁弱柱型框架小，因此强柱弱梁型框架的抗震性能较强梁弱柱型框架优越。为保证钢框架为强柱弱梁型，框架的任一梁柱节点处需满足下列要求：

$$\sum W_{pc}(f_{yc}-N/A_c)\geqslant\eta\sum W_{pb}f_{yb} \tag{6-20}$$

式中 W_{pc}、W_{pb}——分别为柱和梁的塑性截面模量；

N——柱轴向压力设计值；

A_c——柱截面面积；

f_{yc}、f_{yb}——分别为柱和梁的钢材屈服强度；

η——强柱系数，抗震等级为一级时可取 1.15，二级时可取 1.10，三级时可取 1.05。

当柱所在楼层的受剪承载力比上一层的受剪承载力高出 25%，或柱轴向力设计值与柱全截面面积和钢材抗拉强度设计值乘积的比值不超过 0.4，或作为轴心受压构件在 2 倍地震力下的组合轴力设计值的稳定性得到保证时，则无需满足式（6-20）的强柱弱梁要求。

6.3.5 偏心支撑框架弱消能梁段要求

偏心支撑框架的设计思想是，在罕遇地震作用下通过消能梁段的屈服消耗地震能量，而达到保护其他结构构件不破坏和防止结构整体倒塌的目的。因此，偏心支撑框架的设计原则是强柱、强支撑和弱消能梁段。

为实现弱消能梁段要求，可对多遇地震作用下偏心支撑框架构件的组合内力设计值进行调整，调整要求如下：

（1）支撑斜杆的轴力设计值，应取与支撑斜杆相连接的消能梁段达到受剪承载力时支撑斜杆轴力与增大系数的乘积；其增大数，当抗震等级为一级时不应小于 1.4，二级时不应小于 1.3，三级时不应小于 1.2。

（2）位于消能梁段同一跨的框架梁内力设计值，应取消能梁段达到受剪承载力时框架梁内力与增大系数的乘积；其增大系数，当抗震等级为一级时不应小于 1.3，二级时不应小于 1.2，三级时不应小于 1.1。

（3）框架柱的内力设计值，应取消能梁段达到受剪承载力时柱内力与增大系数的乘积；其增大系数，当抗震等级为一级时不应小于 1.3，二级时不应小于 1.2，三级时不应小于 1.1。

偏心支撑框架消能梁段的受剪承载力应符合下列要求：

当 $N\leqslant 0.15Af$ 时

$$V\leqslant\varphi V_l/\gamma_{RE} \tag{6-21}$$

$V_l=0.58A_wf_y$ 或 $V_l=2M_{lp}/a$，取较小值

$$A_w=(h-2t_f)t_w \tag{6-22}$$

$$M_{lp}=W_pf \tag{6-23}$$

当 $N>0.15Af$ 时

$$V\leqslant\varphi V_{lc}/\gamma_{RE} \tag{6-24}$$

$$V_{lc}=0.58A_wf_y\sqrt{1-[N/(Af)^2]} \tag{6-25}$$

或
$$V_{lc}=2.4M_{lp}[1-N/(Af)]/a, \tag{6-26}$$

V_{lc} 取式（6-25）、式（6-26）计算所得的较小值

式中 φ——系数，可取 0.9；

V、N——分别为消能梁段的剪力设计值和轴力设计值；

V_l、V_{lc}——分别为消能梁段的受剪承载力和计入轴力影响的受剪承载力；

M_{lp}——消能梁段的全塑性受弯承载力；

a、h、t_w、t_f——分别为消能梁段的净长、截面高度、腹板厚度和翼缘厚度；

A、A_w——分别为消能梁段的截面面积和腹板截面面积；

W_p——消能梁段的塑性截面模量；

f、f_y——分别为消能梁段钢材的抗拉强度设计值和屈服强度；

γ_{RE}——消能梁段承载力抗震调整系数，取 0.75。

支撑斜杆与消能梁段连接的承载力不得小于支撑的承载力。若支撑需抵抗弯矩，支撑与梁的连接应按抗压弯连接设计。

6.3.6 其他抗震特殊要求

1. 节点域的屈服承载力要求

试验研究发现，钢框架梁柱节点域具有很好的滞回耗能性能（图 6-15），地震作用下让其屈服对结构抗震有利。但节点域板太薄，会使钢框架的位移增大较多，而太厚又会使节点域不能发挥耗能作用，故节点域既不能太薄又不能太厚。因此节点域除了满足弹性内力设计式的要求条件，其屈服承载力尚应符合下式要求：

$$\psi(M_{pb1}+M_{pb2})/V_p\leqslant(4/3)f_v \tag{6-27}$$

工字形截面柱

$$V_p=h_{b1}h_{c1}t_w$$

箱形截面柱

$$V_p=1.8h_{b1}h_{c1}t_w$$

圆形截面柱

$$V_p=(\pi/2)h_{b1}h_{c1}t_w$$

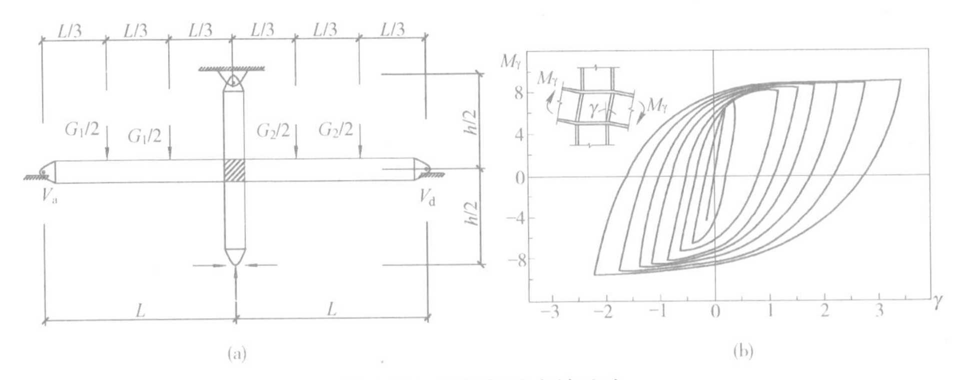

图 6-15 钢框架节点域试验

(a) 试件；(b) 滞回曲线

式中 M_{pb1}、M_{pb2}——分别为节点域两侧梁的全塑性受弯承载力；

V_p——节点域体积；

h_{b1}、h_{c1}——分别为梁翼缘厚度中点间的距离和柱翼缘（或钢管直径线上管壁）厚度中点间的距离；

t_w——柱在节点域的腹板厚度；

f_v——钢材的抗剪强度设计值；

ψ——折剪系数；抗震等级为三、四级时可取 0.6，一、二级时可取 0.7。

对于工字形截面柱和箱形截面柱的节点域应按下列公式验算：

$$t_w \geqslant (h_b + h_c)/90 \tag{6-28}$$

$$(M_{b1} + M_{b2})/V_p \leqslant (4/3) f_v/\gamma_{RE} \tag{6-29}$$

式中 h_b、h_c——分别为梁腹板高度和柱腹板高度；

t_w——柱在节点域的腹板厚度；

M_{b1}、M_{b2}——分别为节点域两侧梁的弯矩设计值；

V_p——节点域的体积；

γ_{RE}——节点域承载力抗震调整系数，可采用 0.75。

2. 支撑斜杆的抗震承载力

中心支撑框架的支撑斜杆在地震作用下将受反复的轴力作用，支撑既可受拉，也可能受压。由于轴心受力钢构件的受压承载力要小于受拉承载力，因此支撑斜杆的抗震应按受压构件进行设计。然而，试验发现支撑在反复轴力作用下有下列现象（图 6-16）：

① 支撑首次受压屈曲后，第二次屈曲荷载明显下降，而且以后每次的屈曲荷载还将逐渐下降，但下降幅度趋于收敛；

② 支撑受压屈曲后的受压承载力的下降幅与支撑长细比有关，支撑长细比越大，下降幅度越大；支撑长细比越小，下降幅度越小。

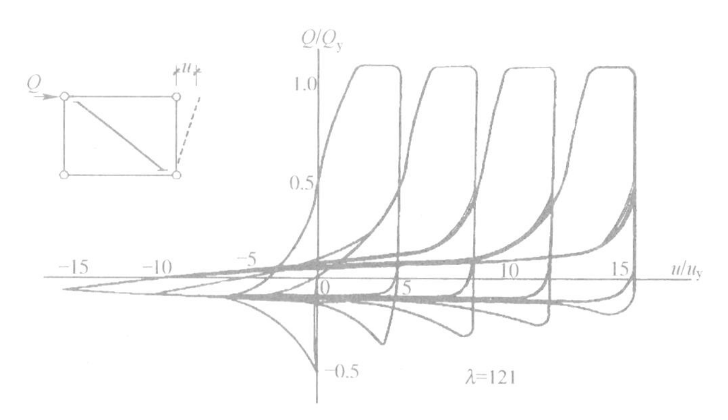

图 6-16　支撑试验滞回曲线

考虑支撑在地震反复轴力作用下的上述受力特征，对于中心支撑框架支撑斜杆，其抗震承载力应按下式验算：

$$\frac{N}{\varphi A_{\mathrm{br}}} \leqslant \psi f / \gamma_{\mathrm{RE}} \tag{6-30}$$

其中 $$\psi=\frac{1}{1+0.35\lambda_{\mathrm{n}}}, \quad \lambda_{\mathrm{n}}=\frac{\lambda}{\pi}\sqrt{f_{\mathrm{y}}/E}$$

式中 N——支撑斜杆的轴向力设计值；

A_{br}——支撑斜杆的截面面积；

φ——轴心受压构件的稳定系数；

ψ——受循环荷载时的强度降低系数；

λ_{n}——支撑斜杆的正则化长细比；

E——支撑斜杆材料的弹性模量；

f_{y}——钢材屈服强度；

γ_{RE}——支撑承载力抗震调整系数。

3. 人字形和V形支撑框架设计要求

中心支撑框架采用人字形支撑或V形支撑时，需考虑支撑斜杆受压屈服后产生的特殊问题。人字形支撑在受压斜杆屈曲时，楼板要下陷；V形支撑在受压斜杆屈曲时，楼板要上隆。为防止这种情况的出现，横梁设计除应考虑设计内力外，还应按中间无支撑的梁验算楼面荷载作用和支撑屈曲时不平衡力作用下的承载力。不平衡力应按受拉支撑的最小屈服承载力和受压支撑最大屈曲承载力的0.3倍计算。

此外，人字形和V形支撑抗震设计时，斜杆地震内力宜乘增大系数1.5，以减小楼板下陷或上隆现象的发生。

6.4 多高层钢结构的抗震计算要求

6.4.1 计算模型

确定多高层钢结构抗震计算模型时，应注意：

(1) 进行多高层钢结构地震作用下的内力与位移分析时，一般可假定楼板在自身平面内为绝对刚性。对整体性较差、开孔面积大、有较长的外伸段的楼板，宜采用楼板平面内的实际刚度进行计算。

(2) 进行多高层钢结构多遇地震作用下的反应分析时，可考虑现浇混凝土楼板与钢梁的共同作用。在设计中应保证楼板与钢梁间有可靠的连接措施。此时楼板可作为梁翼缘的一部分计算梁的弹性截面特性，楼板的有效宽度 b_e 按下式计算（图 6-17）：

$$b_e = b_0 + b_1 + b_2 \tag{6-31}$$

式中 b_0——钢梁上翼缘宽度；

b_1、b_2——梁外侧和内侧的翼缘计算宽度，各取梁跨度 l 的 1/6 和翼缘板厚度 t 的 6 倍中的较小值。此外，b_1 不应超过翼板实际外伸宽度 s_1；b_2 不应超过相邻梁板托间净距 s_0 的 1/2。

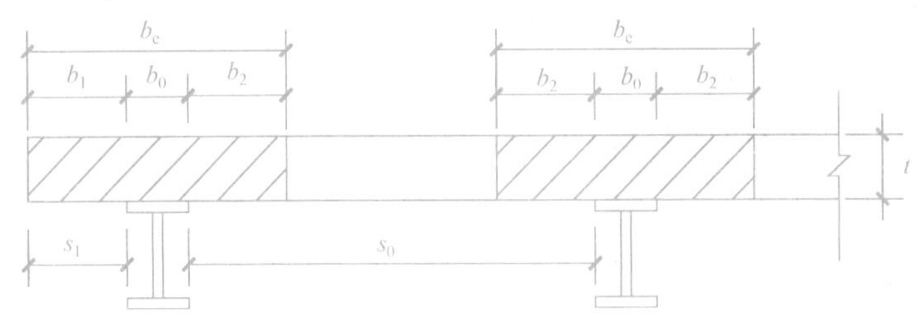

图 6-17 楼板的有效宽度

进行多高层钢结构罕遇地震反应分析时，考虑到此时楼板与梁的连接可能遭到破坏，则不应考虑楼板与梁的共同工作。

(3) 多高层钢结构的抗震计算可采用平面抗侧力结构的空间协同计算模型。当结构布置规则、质量及刚度沿高度分布均匀、不计扭转效应时，可采用平面结构计算模型；当结构平面或立面不规则、体型复杂、无法划分平面抗侧力单元的结构以及筒体结构时，应采用空间结构计算模型。

(4) 多高层钢结构在地震作用下的内力与位移计算，除应考虑梁柱的弯曲变形和剪切变形外，尚应考虑柱的轴向变形。一般可不考虑梁的轴向变形，但当梁同时作为腰桁架或桁架的弦杆时，则应考虑轴力的影响。

(5) 柱间支撑两端应为刚性连接，但可按两端铰接计算。偏心支撑中的耗能梁段应取为单独单元。

(6) 应计入梁柱节点域剪切变形（图 6-18）对多高层建筑钢结构位移的影响。可将梁柱节点域当作一个单独的单元进行结构分析，也可按下列规定作近似计算：

① 对于箱形截面柱框架，可将节点域当作刚域，刚域的尺寸取节点域尺寸的一半。

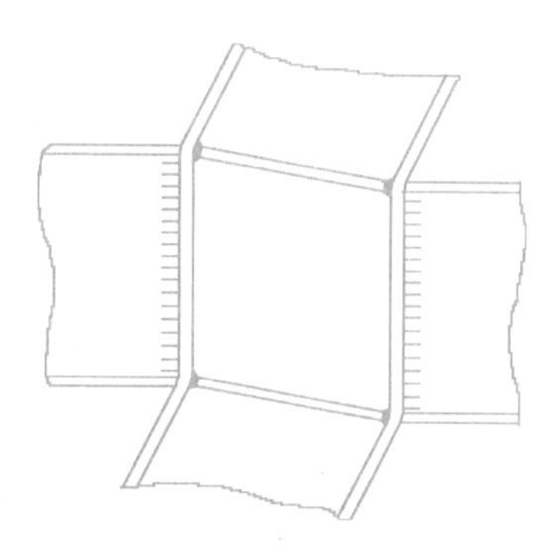

图 6-18 节点域剪切变形

② 对于工字形截面柱框架，可按结构轴线尺寸进行分析。若结构参数满足 $EI_{\mathrm{bm}}/K_{\mathrm{m}}h_{\mathrm{bm}}>1$ 且 $\eta>5$ 时，可按下式修正结构楼层处的水平位移：

$$u_i'=\left(1+\frac{\eta}{100-0.5\eta}\right)u_i \tag{6-32}$$

其中

$$\eta=\left[17.5\frac{EI_{\mathrm{bm}}}{K_{\mathrm{m}}h_{\mathrm{bm}}}-1.8\left(\frac{EI_{\mathrm{bm}}}{K_{\mathrm{m}}h_{\mathrm{bm}}}\right)^2-10.7\right]\sqrt[4]{\frac{I_{\mathrm{cm}}h_{\mathrm{bm}}}{I_{\mathrm{bm}}h_{\mathrm{cm}}}} \tag{6-33}$$

式中 u_i'——修正后的第 i 层楼层的水平位移；

u_i——不考虑节点域剪切变形并按结构轴线尺寸计算所得第 i 层楼层的水平位移；

I_{cm}、I_{bm}——分别为结构全部柱和梁截面惯性矩的平均值；

h_{cm}、h_{bm}——分别为结构全部柱和梁腹板高度的平均值；

K_{m}——节点域剪切刚度的平均值：

$$K_{\mathrm{m}}=h_{\mathrm{cm}}h_{\mathrm{bm}}t_{\mathrm{m}}G \tag{6-34}$$

t_{m}——节点域腹板厚度平均值；

E——钢材的弹性模量；

G——钢材的剪变模量。

6.4.2 地震作用

多高层钢结构的阻尼比较小，按反应谱法计算多遇地震下的地震作用时，高度不大于50m的钢结构的阻尼比可取为0.04，高度大于50m且小于200m的钢结构的阻尼比可取为0.03，高度不小于200m的钢结构的阻尼比可取为0.02。但计算罕遇地震下的地震作用时，应考虑结构进入弹塑性，多高层钢结构的阻尼比均可取为0.05。

6.4.3 计算有关要求

进行多高层钢结构抗震计算时，应注意满足下列设计要求：

(1) 在水平地震作用下，如果楼层侧移满足下式，则应考虑 P-Δ 效应：

$$\frac{\delta}{h} \geqslant 0.1 \frac{\sum V}{\sum P} \tag{6-35}$$

式中 δ——多遇地震作用下楼层层间位移；

h——楼层层高；

$\sum P$——计算楼层以上全部竖向荷载之和；

$\sum V$——计算楼层以上全部多遇水平地震作用之和。

此时该楼层的位移和所有构件的内力均应乘以下式放大系数 α：

$$\alpha = \frac{1}{1 - \frac{\delta}{h} \frac{\sum P}{\sum V}} \tag{6-36}$$

（2）验算在多遇地震作用下整体基础（筏形基础或箱形基础）对地基的作用时，可采用底部剪力法计算作用于地基的倾覆力矩，但宜取 0.8 的折减系数。

（3）当在多遇地震作用下进行构件承载力验算时，托柱梁及承托转换构件的钢框架柱的内力应乘以不小于 1.5 的增大系数。

6.5 多高层钢结构抗震构造要求

6.5.1 纯框架结构抗震构造措施

1. 框架柱的长细比

在一定的轴力作用下，柱的弯矩转角如图 6-19 所示。研究发现，由于几何非线性（P-δ 效应）的影响，柱的弯曲变形能力与柱的轴压比及柱的长细比有关（见图 6-20、图 6-21），柱的轴压比与长细比越大，弯曲变形能力越小。因此，为保障钢框架抗震的变形能力，需对框

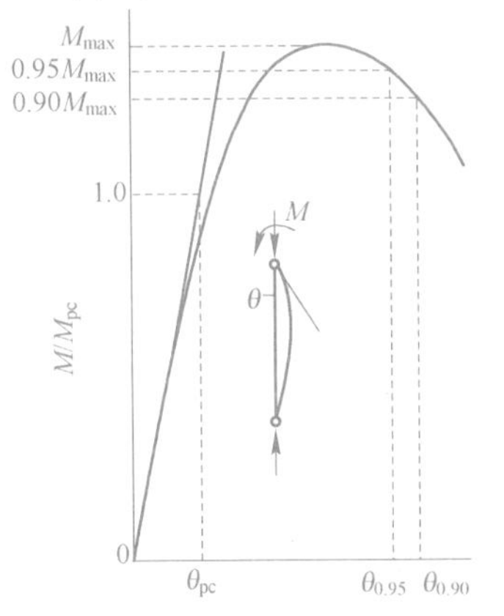

图 6-19 柱的弯矩转角关系

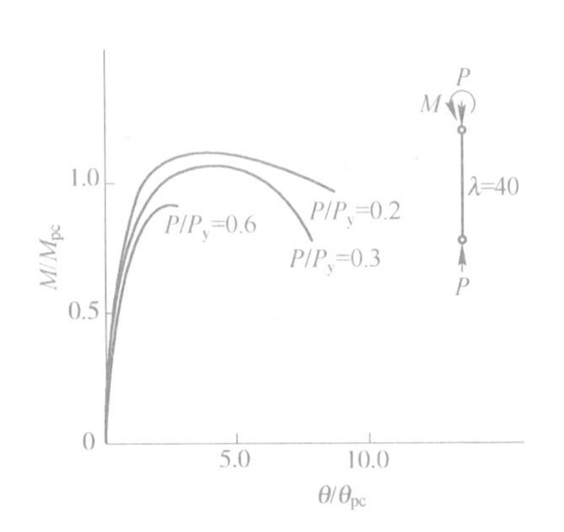

图 6-20 柱的变形能力与轴压比的关系

架柱的轴压比及长细比进行限制。

我国规范目前对框架柱的轴压比没有提出要求，建议按重力荷载代表值作用下框架柱的地震组合轴力设计值计算的轴压比不大于0.7。

对于框架柱的长细比，应符合表6-9的规定。

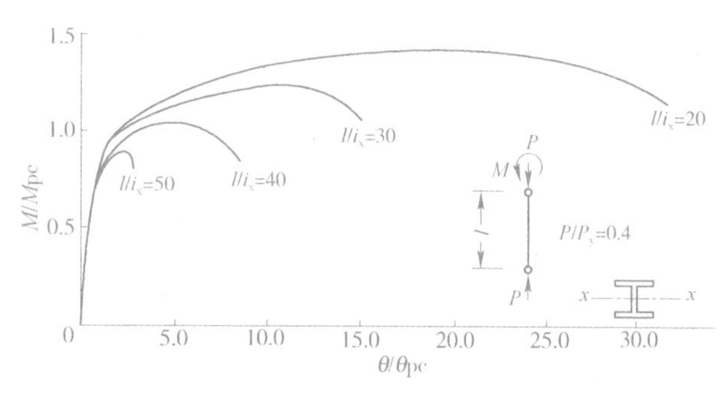

图6-21 柱的变形能力与长细比的关系

框架柱的长细比限值 表6-9

抗震等级	一	二	三	四
长细比	60	80	100	120

注：表列数值适用于Q235钢，采用其他牌号钢材时，应乘以$\sqrt{235/f_y}$。

2. 梁、柱板件宽厚比

图6-22是日本所做的一组梁柱试件在反复加载下的受力变形情况。可见，随着构件板件

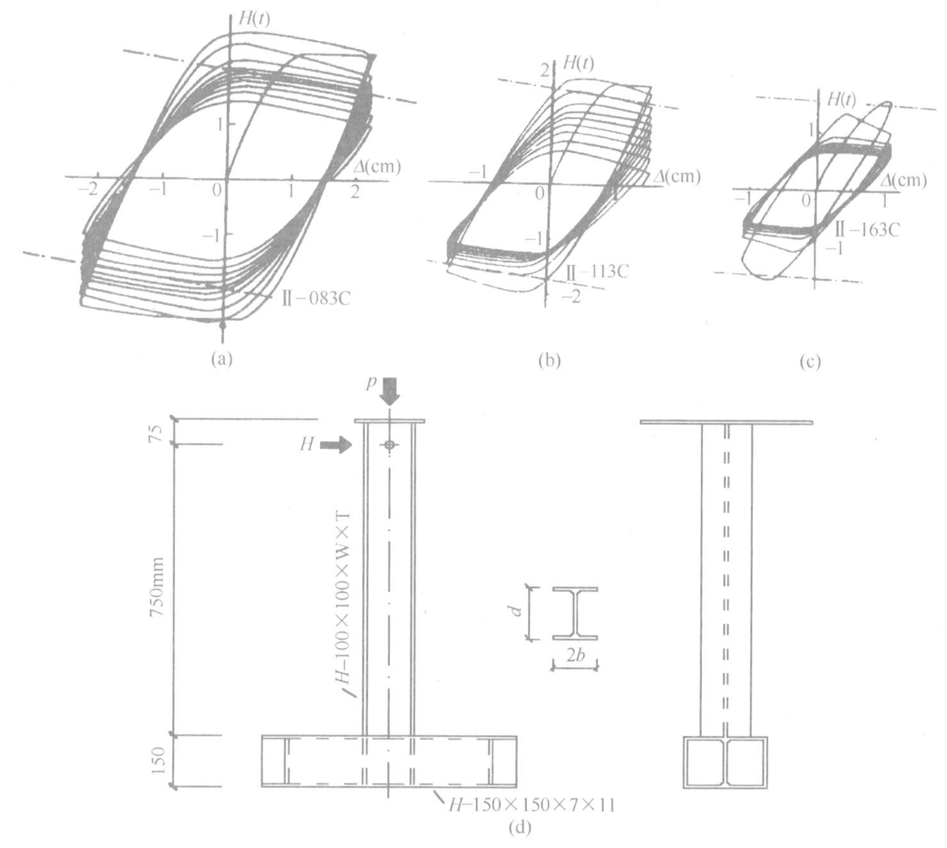

图6-22 梁柱试件反复加载试验

(a) $b/t=8$；(b) $b/t=11$；(c) $b/t=16$；(d) 试件

宽厚比的增大，构件反复受载的承载能力与耗能能力将降低。其原因是，板件宽厚比越大，板件越易发生局部屈曲，从而影响后继承载性能。

考虑到框架柱的转动变形能力要求比框架梁的转动变形能力要求低，因此框架柱的板件宽厚比限值可比框架梁的板件宽厚比限值大，具体要求见表 6-10。

框架的梁柱板件宽厚比限值　　表 6-10

板件名称 \ 抗震等级		一	二	三	四
柱	工字形截面翼缘外伸部分	10	11	12	13
	工字形截面腹板	43	45	48	52
	箱形截面壁板	33	37	38	40
梁	工字形截面和箱形截面翼缘外伸部分	9	9	10	11
	箱形截面翼缘在两腹板间的部分	30	30	32	36
	工字形截面和箱形截面腹板	$(72\sim120)N_b/Af \leqslant 60$	$(72\sim110)N_b/Af \leqslant 65$	$(80\sim110)N_b/Af \leqslant 70$	$(85\sim120)N_b/Af \leqslant 75$

注：1. 表列数值适用于 Q235，当材料为其他牌号钢材时，应乘以 $\sqrt{235/f_y}$；
2. 表中 N_b 为梁的轴向力，A 为梁的截面积，f 为梁的钢材抗拉强度设计值。

3. 梁与柱的连接构造

梁柱的连接构造，应符合下列要求：

（1）梁与柱的连接宜采用柱贯通型。

（2）柱在两个互相垂直的方向都与梁刚接时，宜采用箱形截面。当仅在一个方向刚接时，宜采用工字形截面，并将柱腹板置于刚接框架平面内。

（3）梁翼缘与柱翼缘应采用全熔透坡口焊缝。

（4）柱在梁翼缘对应位置应设置横向加劲肋，且加劲肋厚度不应小于梁翼缘厚度。

（5）当梁翼缘的塑性截面模量小于梁全截面塑性截面模量的 70%时，梁腹板与柱的连接螺栓不得小于二列；当计算仅需一列时，仍应布置二列，且此时螺栓总数不得小于计算值的 1.5 倍。

为防止框架梁柱连接处发生脆性断裂，可以采用如下措施：

① 严格控制焊接工艺操作，重要的部位由技术等级高的工人施焊，减少梁柱连接中的焊接缺陷；

② 抗震等级为一、二级时，应检验梁翼缘处全焊透坡口焊缝 V 形切口的冲击韧性，其冲击韧性在−20℃时不低于 27J；

③ 适当加大梁腹板下部的割槽口（位于垫板上面，用于梁下翼缘与柱翼缘的施焊），以

便于工人操作，提高焊缝质量；

④ 补充梁腹板与抗剪连接板之间的焊缝（图 6-23）；

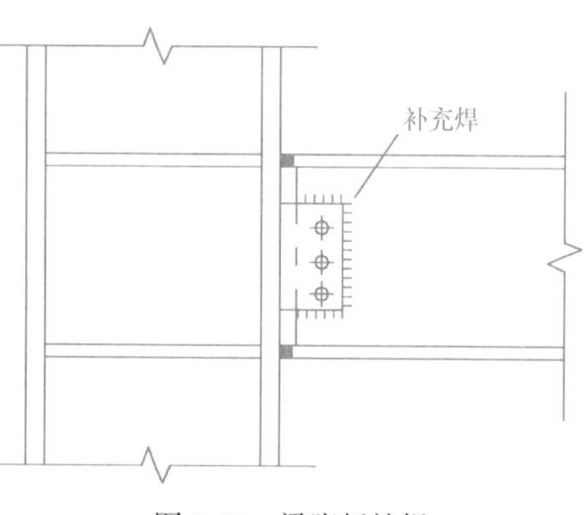

图 6-23　梁腹板补焊

⑤ 采用梁端加盖板和加腋（图 6-24），或梁柱采用全焊接方式来加强连接的强度；

⑥ 利用节点域的塑性变形能力，为此节点域可先设计成先于梁端屈服，但仍需满足有关公式的要求；

⑦ 利用“强节点弱杆件”的抗震概念，将梁端附近截面局部削弱。试验表明，基于这一思想的梁端狗骨式设计（图 6-25）具有优越的抗震性能，可将框架的屈服控制在削弱的梁端截面处。设计与制作时，月牙形切削的切削面应刨光，起点可距梁端约 150mm，切削后梁翼缘最小截面积不宜大于原截面积的 90%，并应能承受按弹性设计的多遇地震下的组合内力。为进一步提高梁端的变形延性，还可根据梁端附近的弯矩分布，对梁端截面的削弱进行更细致的设计，使得梁在一个较长的区段（同步塑性区）能同步地进行塑性耗能（图 6-26）。建议梁的同步塑性区 L_3 的长度取为梁高的一半，使梁的同步塑性区各截面的塑性抗弯承载力比弯矩设计值同等地低 5%～10%，在同步塑性区的两端各有一个 $L_2 = L_4 = 100$mm 左右的光滑过渡区，过渡区离柱表面 $L_1 = 50$～100mm，以避开热影响区。

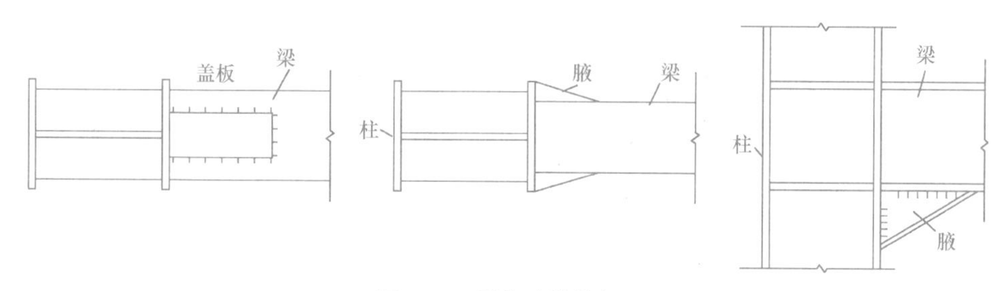

图 6-24　梁柱连接的加强

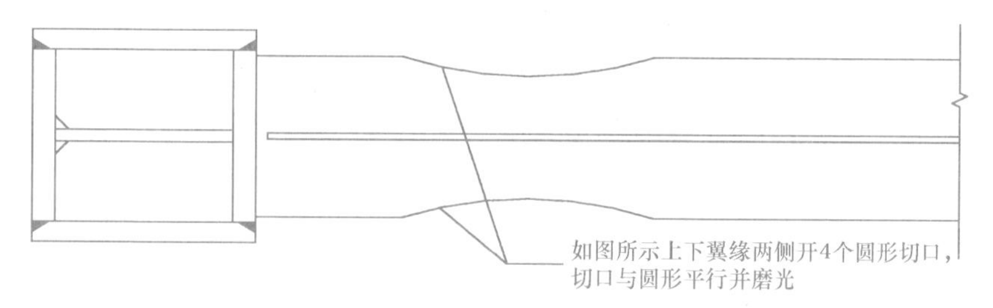

图 6-25　狗骨式设计

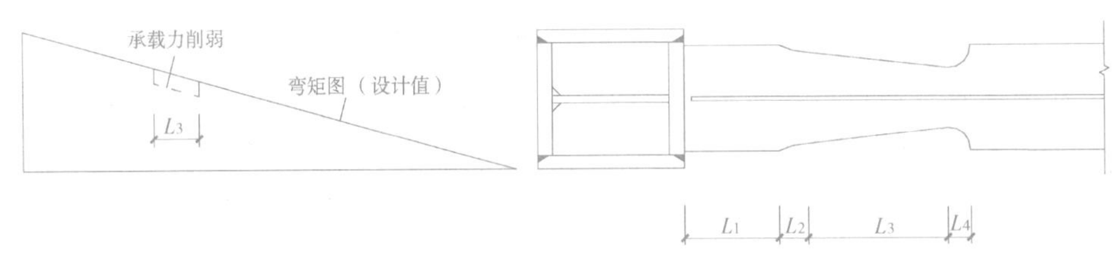

图 6-26　同步塑性设计

6.5.2　中心支撑框架抗震构造措施

1. 支撑杆件的要求

在地震作用下，支撑杆件可能会经历反复的压曲拉直作用，因此支撑杆件不宜采用焊接截面，应尽量采用轧制型钢。若采用焊接 H 形截面作支撑构件时，抗震等级为一、二级支撑的翼缘与腹板的连接宜采用全焊透连接焊缝。

为限制支撑压曲造成的支撑板件的局部屈曲对支撑承载力及耗能能力的影响，对支撑板件的宽厚比需限制更严，应不大于表 6-11 规定的限值。

钢结构中心支撑板件宽厚比限值　　表 6-11

板件名称	一级	二级	三级	四级
翼缘外伸部分	8	9	10	13
工字形截面腹板	25	26	27	33
箱形截面腹板	18	20	25	30
圆管外径与壁厚比	38	40	40	42

注：表列数值适用于 Q235 钢，采用其他牌号钢材应乘以 $\sqrt{235/f_y}$。

为使支撑杆件最低具有一定的耗能性能，中心支撑杆件的长细比按压杆设计时，不应大于 $120\sqrt{235/f_y}$；抗震等级一、二、三级中心支撑不得采用拉杆设计，四级采用拉杆设计时，共长细比不应大于 180。

2. 支撑节点要求

当结构超过 50m 时，支撑宜采用 H 型钢制作，两端与框架可采用刚接构造。支撑与框架连接处，支撑杆端宜放大做成圆弧状，梁柱与支撑连接处应设置加劲肋，如图 6-27 所示。

当结构不超过 50m 时，若支撑与框架采用节点板连接，支撑端部至节点板嵌固点在支撑杆件方向的距离，不应小于节点板厚度的 2 倍（图 6-28）。试验表明，这个不大的间隙允许节点板在强震时有少许屈曲，能显著减少支撑连接的破坏，有积极作用。

3. 框架部分要求

中心支撑框架结构的框架部分的抗震构造措施要求可与纯框架结构抗震构造措施要求一致。但当房屋高度不高于 100m 且框架部分承担的地震作用不大于结构底部总地震剪力的

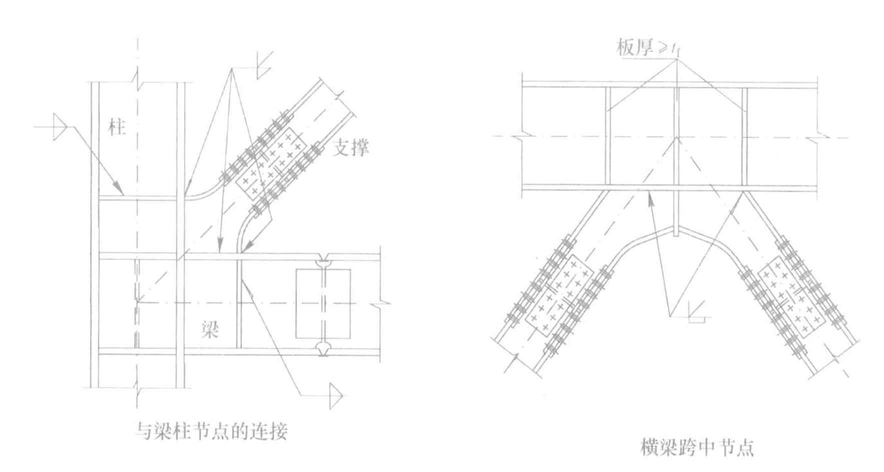

图 6-27　H型钢支撑连接节点示例

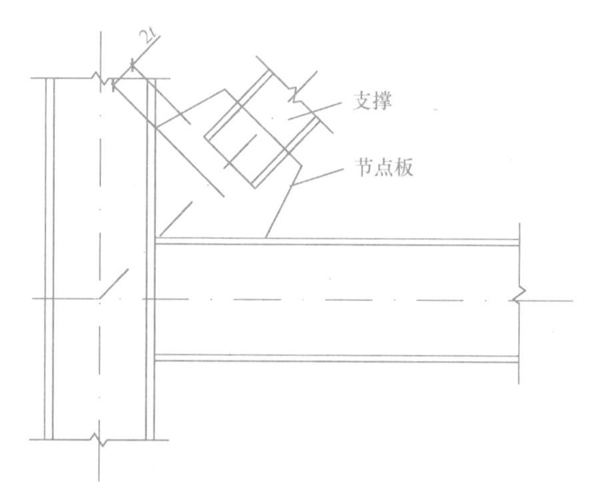

图 6-28　支撑端部节点板构造示意图

25%时，抗震等级一、二、三级的抗震构造措施可按框架结构降低一度的相应要求采用。

6.5.3　偏心支撑框架抗震构造措施

1. 消能梁段的长度

偏心支撑框架的抗震设计应保证罕遇地震下结构屈服发生在消能梁段上，而消能梁段的屈服形式有两种，一种是剪切屈服型，另一种是弯曲屈服型。试验和分析表明，剪切屈服型消能梁段的偏心支撑框架的刚度和承载力较大，延性和耗能性能较好，抗震设计时，消能梁段宜设计成剪切屈服型。其净长 a 满足下列公式要求者为剪切屈服型消能梁段：

当 $\rho(A_w/A)<0.3$ 时　　$$a\leqslant 1.6\frac{M_p}{V_p}\tag{6-37a}$$

当 $\rho(A_w/A)\geqslant 0.3$ 时　　$$a\leqslant\left(1.15-0.5\rho\frac{A_w}{A}\right)1.6\frac{M_p}{V_p}\tag{6-37b}$$

其中
$$V_p=0.58f_yh_0t_w \tag{6-38}$$
$$M_p=W_pf_y \tag{6-39}$$

式中 V_p——消能梁段塑性受剪承载力；

M_p——消能梁段塑性受弯承载力；

ρ——消能梁段轴向力设计值与剪力设计值之比；

h_0——消能梁段腹板高度；

t_w——消能梁段腹板厚度；

W_p——消能梁段截面塑性抵抗矩；

A——消能梁段截面面积；

A_w——消能梁段腹板截面面积。

当消能梁段与柱连接，或在多遇地震作用下的组合轴力设计值 $N>0.16Af$ 时，应设计成剪切屈服型。

2. 消能梁段的材料及板件宽厚比要求

偏心支撑框架主要依靠消能梁段的塑性变形消耗地震能量，故对消能梁段的塑性变形能力要求较高。一般钢材的塑性变形能力与其屈服强度成反比，因此消能梁段所采用的钢材的屈服强度不能太高，应不大于 345MPa。

此外，为保障消能梁段具有稳定的反复受力的塑性变形能力，消能梁段腹板不得加焊贴板提高强度，也不得在腹板上开洞，且消能梁段及与消能梁段同一跨内的非消能梁段，其板件的宽厚比不应大于表 6-12 的限值。

偏心支撑框架梁板件宽厚比限值　　表 6-12

板件名称		宽厚比限值
翼缘外伸部分		8
腹板	当 $N/Af\leqslant 0.14$ 时	$90[1-1.65N/(Af)]$
	当 $N/Af>0.14$ 时	$33[2.3-N/(Af)]$

注：1. 表列数值适用于 Q235 钢，当材料为其他钢号时，应乘以 $\sqrt{235/f_y}$；
2. N 为偏心支撑框架梁的轴力设计值；A 为梁截面面积；f 为钢材抗拉强度设计值。

3. 消能梁段加劲肋的设置

为保证在塑性变形过程中消能梁段的腹板不发生局部屈曲，应按下列规定在梁腹板两侧设置加劲肋（图 6-29）：

① 在与偏心支撑连接处应设加劲肋。

② 在距消能梁段端部 b_f 处，应设加劲肋。b_f 为消能梁段翼缘宽度。

③ 在消能梁段中部应设加劲肋，加劲肋间距 c 应根据消能梁段长度 a 确定。

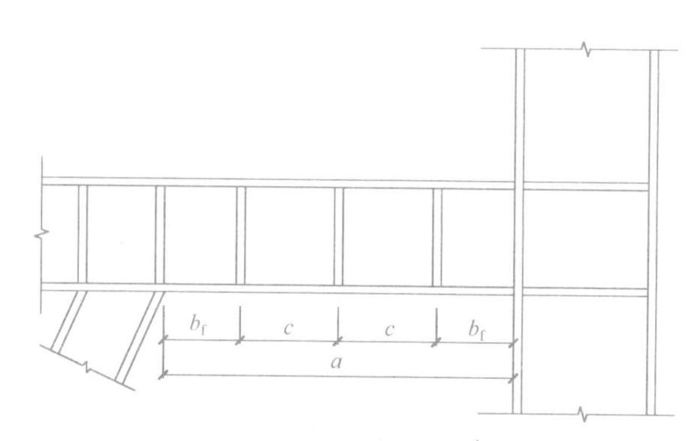

图 6-29 偏心支撑框架消能梁段加劲肋的布置

当 $a \leqslant 1.6M_p/V_p$ 时，最大间距为 $30t_w-(h_0/5)$；

当 $a \geqslant 2.6M_p/V_p$ 时，最大间距为 $52t_w-(h_0/5)$；

当 a 介于以上两者之间时，最大间距用线性插值确定。其中 t_w、h_0 分别为消能梁段腹板厚度与高度。

消能梁段加劲肋的宽度不得小于 $0.5b_f-t_w$，厚度不得小于 t_w 或 10mm。加劲肋应采用角焊缝与消能梁段腹板和翼缘焊接，加劲肋与消能梁段腹板的焊缝应能承受大小为 $A_{st}f_y$ 的力，与翼缘的焊缝应能承受大小为 $A_{st}f_y/4$ 的力。其中 A_{st} 为加劲肋的截面面积，f_y 为加劲肋屈服强度。

4. 消能梁段与柱的连接

为防止消能梁段与柱的连接破坏，而使消能梁段不能充分发挥塑性变形耗能作用，消能梁段与柱的连接应符合下列要求：

（1）消能梁段翼缘与柱翼缘之间应采用坡口全熔透对接焊缝连接，消能梁段腹板与柱之间应采用角焊缝连接；角焊缝的承载力不得小于消能梁段腹板的轴向承载力、受剪承载力和受弯承载力。

（2）消能梁段与柱腹板连接时，消能梁段翼缘与连接板间应采用坡口全熔透焊缝，消能梁段腹板与柱间应采用角焊缝；角焊缝的承载力不得小于消能梁段腹板的轴向承载力、受剪承载力和受弯承载力。

5. 支撑及框架部分要求

偏心支撑框架的支撑杆件的长细比不应大于 $120\sqrt{235/f_y}$，支撑杆件的板件宽厚比不应超过轴心受压构件按弹性设计时的宽厚比限值。

偏心支撑框架结构的框架部分的抗震构造措施要求可与纯框架结构抗震构造要求一致。但当房屋高度不高于 100m 且框架部分承担的地震作用不大于结构底部总地震剪力的 25% 时，抗震等级一、二、三级的抗震构造措施可按框架结构降低一度的相应要求采用。

习题

1. 多高层钢结构梁柱刚性连接断裂破坏的主要原因是什么?
2. 钢框架柱发生水平断裂破坏的可能原因是什么?
3. 为什么楼板与钢梁一般应采用栓钉或其他元件连接?
4. 为什么进行罕遇地震结构反应分析时，不考虑楼板与钢梁的共同工作作用?
5. 进行钢框架地震反应分析与进行钢筋混凝土框架地震反应分析相比有何特殊因素要考虑?
6. 在同样的设防烈度条件下，为什么多高层建筑钢结构的地震作用大于多高层建筑钢筋混凝土结构?
7. 对于框架-支撑结构体系，为什么要求框架任一楼层所承担的地震剪力不得小于一定的数值?
8. 抗震设计时，支撑斜杆的承载力为什么折减?
9. 防止框架梁柱连接脆性破坏可采取什么措施?
10. 中心支撑钢框架抗震设计应注意哪些问题?
11. 偏心支撑钢框架抗震设计应注意哪些问题?

第 7 章

单层厂房抗震设计

7.1 震害分析

和其他结构相比较，单层厂房的震害总的来说较轻，且主要是围护结构的破坏。围护墙实际上起到了承受和传递水平地震力的作用，其刚度和质量分布对厂房的动力反应有很大影响。震害调查表明，围护墙布置不合理是造成厂房震害的重要原因之一，且大型墙板的震害明显轻于砌体墙。例如海城纺织机械厂和营口中板厂都因墙体和柱拉结不良而在地震时发生墙面大片倒塌的现象（图 7-1）。厂房的山墙也易倒塌。如果山墙上直接铺有屋面板，山墙的倒塌也会引起有关屋面板的坠落。

图 7-1　中板厂震害

Π 形天窗是厂房抗震的薄弱部位，在 6 度区就有震害的实例。震害主要表现为支撑杆件失稳弯曲，支撑与天窗立柱连接节点被拉脱，天窗立柱根部开裂或折断等。这是因为Π形天窗位于厂房最高部位，地震效应大。

在大型屋面板屋盖中，如屋面板与屋架或屋面梁焊接不牢，地震时往往造成屋面板错动滑落，甚至引起屋架的失稳倒塌。

历次地震的震害调查表明，厂房受纵向水平地震作用时的破坏程度重于受横向地震作用时的破坏程度。主要的破坏形式有：(1) 天窗两侧竖向支撑斜杆拉断，节点破坏，天窗架沿厂房纵向倾斜，甚至倒下砸塌屋盖。(2) 屋面板与屋架的连接焊缝剪断，屋面板从屋架上滑脱坠地。屋盖的纵向地震力是通过屋面板焊缝从屋架中部向屋架的两端传递的，屋架两端的剪力最大。因此，屋架的震害主要是端头混凝土酥裂掉角、支撑大型屋面板的支墩折断、端节间上弦剪断等。(3) 在设有柱间支撑的跨间，由于其刚度大，屋架端头与屋面板边肋连接点处的剪力最为集中，往往首先被剪坏；这使得纵向地震力的传递转移到内肋，导致屋架上弦受到过大的纵向地震力而破坏。当纵向地震力主要由支撑传递时，若支撑数量不足或布置不当，会造成支撑的失稳，引起屋面的破坏或屋盖的倒塌。另外，柱根处也会发生沿厂房纵向的水平断裂。(4) 纵向围护砖墙出现斜裂缝。

作为主要受力构件的柱，由于其在设计中考虑了水平力的作用，故从整体上看，在7度区一般无震害，在8度和9度区出现裂缝，仅在烈度为10度的区域才有少数的倒塌。但柱的局部震害则较常见，主要有：(1) 上柱柱身变截面处酥裂或折断（图7-2)。(2) 柱顶与屋面梁的连接处由于受力复杂易发生剪裂、压酥、拉裂或锚筋拔出、钢筋弯折等震害。(3) 由于高振型的影响，高低跨两个屋盖产生相反方向的运动，使中柱柱肩产生竖向拉裂（图7-3)。(4) 下柱下部出现横向裂缝或折断，后者会造成倒塌等严重后果。(5) 柱间支撑产生压屈。

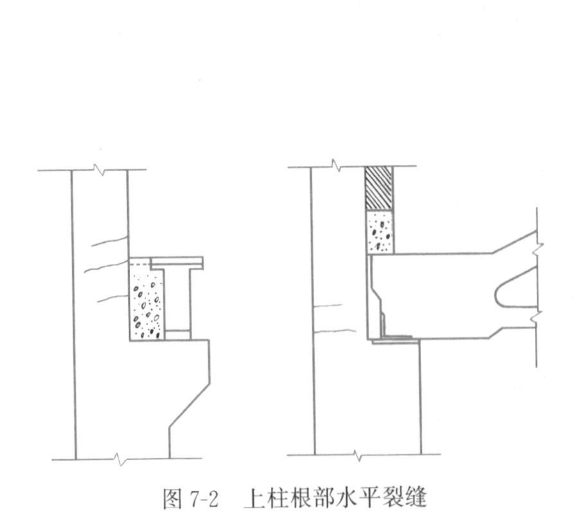

图7-2　上柱根部水平裂缝

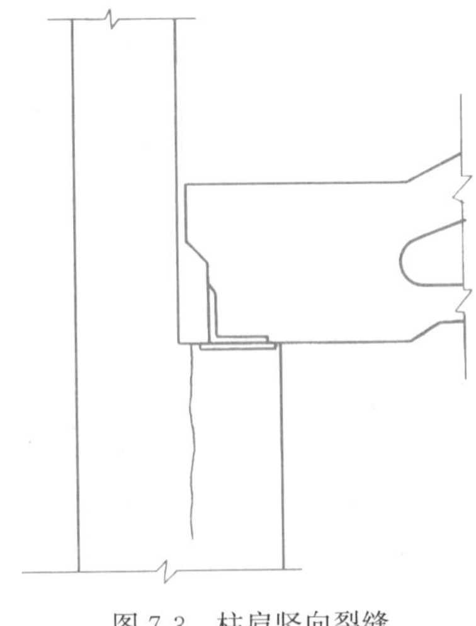

图7-3　柱肩竖向裂缝

例如，位于8度区的营口中板厂轧钢车间，其柱子主要是双肢管柱，局部为工字形钢筋混凝土柱。地震后，位于标高9m圈梁以上的纵墙几乎通长倒塌，吊车梁附近管柱有破坏，个别柱的柱根有细裂缝。

腹板开口的工字形柱和平腹杆双肢柱的抗侧刚度较差，在水平地震作用下，侧向位移较大，腹板或平腹杆处常发生剪切破坏。

砖柱厂房的抗震性能远不如钢筋混凝土厂房。其屋盖的震害现象有：屋面的瓦下滑和掉落；冷摊瓦屋面的木屋架沿厂房纵向向一侧倾斜；木屋架及其气楼间的竖向交叉支撑或节点拉脱，或木杆件被拉断；重屋盖的天窗两侧竖向支撑或节点拉脱，或钢杆件被压屈。砖柱的震害现象有：内部独立砖柱在底部发生水平裂缝；柱顶混凝土垫块底面出现水平裂缝，少数发生错位；高低跨砖柱上柱水平折断，或是支承低跨屋架的柱肩产生竖向裂缝。墙体的震害主要有：山墙外倾，檩条由墙顶拔出，严重时山墙尖向外倾倒，端开间屋面局部塌落；外纵墙在窗台高度处出现细微水平裂缝，较严重时水平折断，并常伴有壁柱砖块局部压碎崩落，更严重时整个厂房横向倾倒。

7.2 抗震设计

7.2.1 设计原则

1. 结构布置和选型

(1) 平面布置和抗侧力结构形式

首先，厂房的结构布置应合理。厂房的平面应尽可能对称，以避免显著的扭转振动；平面复杂时，宜设防震缝隔成简单对称的形状。在厂房纵横跨交接处，以及对大柱网厂房或不设柱间支撑的厂房，防震缝宽度可采用100～150mm，其他情况可采用50～90mm。在竖向应减少刚度突变，各跨的高度应尽可能相同。两个主厂房之间的过渡跨至少应有一侧采用防震缝与主厂房脱开。

厂房内上起重机的铁梯不应靠近防震缝设置；多跨厂房各跨上起重机的铁梯不宜设置在同一横向轴线附近。工作平台刚性工作间宜与厂房主体结构脱开。

厂房的同一结构单元内不应采用不同的结构形式，不应采用横墙和排架混合承重。厂房端部应设屋架，不应采用山墙承重。厂房各柱列的侧移刚度宜均匀，当有抽柱时，应采取抗震加强措施。

天窗是薄弱环节，它削弱屋盖的整体刚度。从抗震的角度，天窗在纵向的起始部位应尽可能远离伸缩缝区段（厂房单元）的端部。8度和9度时宜从厂房单元端部第三柱间开始设置。

厂房的横向抗侧力体系常为屋盖横梁（屋架）与柱铰接的排架形式。钢柱厂房也可采用屋盖横梁与柱顶刚接的框架形式。其他还有门式刚架等结构体系。

厂房的纵向抗侧力体系，是由纵向柱列形成的排架、柱间支撑和纵墙共同组成。钢柱厂房的纵向抗侧力体系宜采用柱间支撑，条件限制时也可采用刚架结构。

单层砖柱厂房是由砖墙（带或不带壁柱）、砖柱承重的单跨和多跨单层房屋。其跨度一般约为 5～15m，个别达 18m。有的厂房还设有 5t 以下的小吨位吊车，此时砖柱为变截面阶形柱。屋盖结构分为重、轻两类。重屋盖是指采用钢筋混凝土实腹梁或屋架，上覆钢筋混凝土槽形板或大型屋面板。轻型屋盖是指木屋盖和轻钢屋架、瓦楞铁、石棉瓦屋面的屋盖。

砖柱厂房由于造价低廉和施工方便，仍被一些中小型企业采用。虽然就材料而言，其抗震性能不如钢筋混凝土，但只要在其材料许可的范围内精心合理设计，仍可建造出具有相当抗震能力的厂房结构。在结构布置上，平面形状力求规整，不规整时应采用防震缝分成规整形状。一般应为单跨或等高多跨，以避免高振型的不利影响。6～8 度时，跨度不宜大于 15m 且柱顶标高不宜大于 6.6m，且宜采用轻型屋盖。

砖柱厂房两端均应设置承重山墙。其纵、横向内隔墙宜采用抗震墙，非承重横隔墙和非整体砌筑且不到顶的纵向隔墙宜采用轻质墙；当采用非轻质墙时，应考虑隔墙对柱及其与屋架（屋面梁）连接节点的附加地震剪力。独立的纵向和横向内隔墙应采取措施保证其平面外的稳定性，且顶部应设置现浇钢筋混凝土压顶梁。

砖柱厂房的防震缝设置应符合下列要求：①轻型屋盖厂房可不设防震缝；②钢筋混凝土屋盖厂房与贴建的建（构）筑物间宜设防震缝，其宽度可采用 50～70mm；③防震缝处应设置双柱或双墙。

砖柱厂房纵向的独立砖柱柱列，可在柱间设置与柱等高的抗震墙来承受纵向地震作用。未设抗震墙的独立砖柱柱顶应设通长水平压杆。

（2）支撑的布置

应合理地布置支撑，使厂房形成空间传力体系。柱间支撑除在厂房纵向的中部设置外，有吊车时或 8 度和 9 度时尚宜在厂房单元两端增设上柱支撑；8 度且跨度不小于 18m 的多跨厂房中柱和 9 度时多跨厂房的各柱，宜在纵向设置柱顶通长水平压杆（图 7-4），此压杆可与梯形屋架支座处通长水平系杆合并设置，钢筋混凝土系杆端头与屋架间的空隙应采用混凝土填实。

厂房单元较长时，或 8 度Ⅲ、Ⅳ类场地和 9 度时，可在厂房单元中部 1/3 区段内设置两道柱间支撑，且下柱支撑应与上柱支撑配套设置。

有檩屋盖的支撑布置应符合表 7-1 的要求。

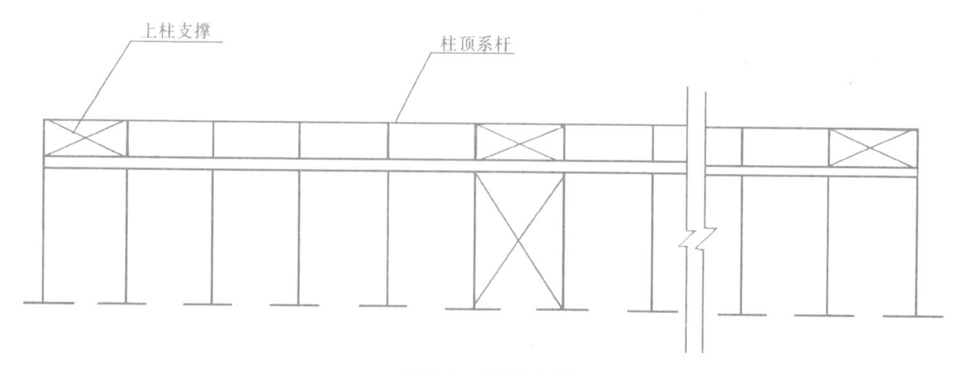

图 7-4　柱间支撑

有檩屋盖的支撑布置　表 7-1

<table>
<tr><th colspan="2" rowspan="2">支撑名称</th><th colspan="3">烈　度</th></tr>
<tr><th>6、7</th><th>8</th><th>9</th></tr>
<tr><td rowspan="4">屋架支撑</td><td>上弦横向支撑</td><td>单元端开间各设一道</td><td>单元端开间及厂房单元长度大于 66m 的柱间支撑开间各设一道；天窗开洞范围的两端各增设局部的支撑一道</td><td rowspan="4">单元端开间及厂房单元长度大于42m 的柱间支撑开间各设一道；天窗开洞范围的两端各增设局部的上弦横向支撑一道</td></tr>
<tr><td>下弦横向支撑</td><td colspan="2" rowspan="2">同非抗震设计</td></tr>
<tr><td>跨中竖向支撑</td></tr>
<tr><td>端部竖向支撑</td><td colspan="2">屋架端部高度大于 900mm 时，单元端开间及柱间支撑开间各设一道</td></tr>
<tr><td rowspan="2">天窗架支撑</td><td>上弦横向支撑</td><td>单元天窗端开间各设一道</td><td rowspan="2">单元天窗端开间及每隔 30m 各设一道</td><td rowspan="2">单元天窗端开间及每隔 18m 各设一道</td></tr>
<tr><td>两侧竖向支撑</td><td>单元天窗端开间及每隔 36m 各设一道</td></tr>
</table>

无檩屋盖的支撑布置应符合表 7-2 的要求；8 度和 9 度跨度不大于 15m 的厂房屋盖采用屋面梁时，可仅在厂房单元两端各设竖向支撑一道。

无檩屋盖的支撑布置　表 7-2

<table>
<tr><th colspan="2" rowspan="2">支撑名称</th><th colspan="3">烈　度</th></tr>
<tr><th>6、7</th><th>8</th><th>9</th></tr>
<tr><td>屋架支撑</td><td>上弦横向支撑</td><td>屋架跨度小于 18m 时同非抗震设计，跨度不小于 18m 时在厂房单元端开间各设一道</td><td colspan="2">单元端开间及柱间支撑开间各设一道，天窗开洞范围的两端各增设局部的支撑一道</td></tr>
</table>

续表

<table>
<tr><th colspan="3" rowspan="2">支撑名称</th><th colspan="3">烈　　度</th></tr>
<tr><th>6、7</th><th>8</th><th>9</th></tr>
<tr><td rowspan="5">屋架支撑</td><td colspan="2">上弦通长水平系杆</td><td rowspan="4">同非抗震设计</td><td>沿屋架跨度不大于15m设一道，但装配整体式屋面可仅在天窗开洞范围内设置；围护墙在屋架上弦高度有现浇圈梁时，其端部处可不另设</td><td>沿屋架跨度不大于12m设一道，但装配整体式屋面可仅在天窗开洞范围内设置；围护墙在屋架上弦高度有现浇圈梁时，其端部处可不另设</td></tr>
<tr><td colspan="2">下弦横向支撑</td><td rowspan="2">同非抗震设计</td><td rowspan="2">同上弦横向支撑</td></tr>
<tr><td colspan="2">跨中竖向支撑</td></tr>
<tr><td rowspan="2">两端竖向支撑</td><td>屋架端部高度小于等于900mm</td><td>单元端开间各设一道</td><td>单元端开间及每隔48m各设一道</td></tr>
<tr><td>屋架端部高度大于900mm</td><td>单元端开间各设一道</td><td>单元端开间及柱间支撑开间各设一道</td><td>单元端开间、柱间支撑开间及每隔30m各设一道</td></tr>
<tr><td rowspan="2">天窗架支撑</td><td colspan="2">天窗两侧竖向支撑</td><td>厂房单元天窗端开间及每隔30m各设一道</td><td>厂房单元天窗端开间及每隔24m各设一道</td><td>厂房单元天窗端开间及每隔18m各设一道</td></tr>
<tr><td colspan="2">上弦横向支撑</td><td>同非抗震设计</td><td>天窗跨度大于或等于9m时，厂房单元天窗端开间及柱间支撑开间各设一道</td><td>单元端开间及柱间支撑开间各设一道</td></tr>
</table>

木屋盖的支撑布置，宜符合表7-3的要求。钢屋架、压型钢板、瓦楞铁等轻型屋盖的支撑可按规范关于有檩屋盖的支撑系统布置的规定设置，上、下弦横向支撑应布置在两端第二开间；支撑与屋架或天窗架应采用螺栓连接；木天窗架的边柱，宜采用通长木夹板或铁板、螺栓加强柱与屋架上弦的连接。

木屋盖的支撑布置　　表7-3

<table>
<tr><th colspan="2" rowspan="3">支撑名称</th><th colspan="3">烈　　度</th></tr>
<tr><th>6、7</th><th colspan="2">8</th></tr>
<tr><th>各类屋盖</th><th>满铺望板</th><th>稀铺望板或无望板</th></tr>
<tr><td rowspan="3">屋架支撑</td><td>上弦横向支撑</td><td colspan="2">同非抗震设计</td><td>屋架跨度大于6m时，房屋单元两端第二开间及每隔20m设一道</td></tr>
<tr><td>下弦横向支撑</td><td colspan="3">同非抗震设计</td></tr>
<tr><td>跨中竖向支撑</td><td colspan="3">同非抗震设计</td></tr>
<tr><td rowspan="2">天窗架支撑</td><td>天窗两侧竖向支撑</td><td rowspan="2">同非抗震设计</td><td colspan="2" rowspan="2">不宜设置天窗</td></tr>
<tr><td>上弦横向支撑</td></tr>
</table>

（3）围护墙的布置

刚性围护墙的布置宜尽量均匀、对称。多跨厂房的砌体围护墙应采用外贴式并与柱可靠拉结，不宜采用嵌砌式。否则，边柱列（嵌砌有墙）与中柱列（一般只有柱间支撑）的刚度相差悬殊，导致边跨屋盖因扭转效应过大而发生震害。厂房内部有砌体隔墙时，也不宜嵌砌于柱间，宜采用与柱脱开或与柱柔性连接的构造处理方法，以避免局部刚度过大或形成短柱而引起震害。

钢结构厂房的围护墙，应优先采用轻质板材，预制钢筋混凝土墙板宜与柱柔性连接；9度时宜采用轻质板材。

单层钢筋混凝土柱厂房的围护墙宜采用轻质墙板或钢筋混凝土大型墙板，砌体围护墙应采用外贴式并与柱可靠拉结；外侧柱距为12m时应采用轻质墙板或钢筋混凝土大型墙板。不等高厂房的高跨封墙和纵横向厂房交接处的悬墙宜采用轻质墙板，6、7度采用砌体时不应直接砌在低跨屋面上。

厂房围护墙、女儿墙的布置和构造，应符合有关对非结构构件抗震要求的规定。

（4）天窗架和屋架的选型

天窗宜采用突出屋面较小的避风型天窗，应优先选用抗震性能好的结构。突出屋面的天窗宜采用钢天窗架，6～8度时可采用杆件截面为矩形的钢筋混凝土天窗架。天窗的侧板、端壁板与屋面板宜采用轻质板材，不应采用端壁板代替端天窗架。有条件或9度时最好不要采用突出屋面的Π形天窗，而宜采用重心低的下沉式天窗。

厂房宜采用钢屋架或重心较低的预应力混凝土、钢筋混凝土屋架。当跨度不大于15m时，可采用钢筋混凝土屋面梁。在6～8度地震区可采用预应力混凝土或钢筋混凝土屋架，但在8度区Ⅲ、Ⅳ类场地和9度区，或屋架跨度大于24m时，应优先采用钢屋架。

柱距为12m时，可采用预应力混凝土托架（梁）；当采用钢屋架时，亦可采用钢托架（梁）。

有突出屋面天窗架的屋盖不宜采用预应力混凝土或钢筋混凝土空腹屋架。

砖柱厂房的天窗不应通至厂房单元的端开间，且天窗不应采用端砖壁承重。

（5）柱的选型

柱子的结构形式，在8、9度地震区宜采用矩形、工字形或斜腹杆双肢柱，不宜采用薄壁工字形柱、腹板开孔工字形柱、预制腹板的工字形柱和管柱。柱底至室内地坪以上500mm范围内和阶形柱的上柱宜采用矩形截面，以增强这些部位的抗剪能力。

对砖柱厂房，6度和7度时，可采用十字形截面的无筋砖柱；8度时不应采用无筋砖柱。

2. 抗震计算的一般原则

7度Ⅰ、Ⅱ类场地，柱高不超过10m且结构单元两端均有山墙的单跨及等高多跨厂房（锯齿形厂房除外），当按抗震规范的规定采取抗震构造措施时，可不进行横向及纵向的截面抗震验算。

厂房抗震计算时，应根据屋盖高差和起重机设置情况，分别采用单质点、双质点或多质点模型计算地震作用。有起重机的厂房，当按平面框（排）架进行抗震计算时，对设置一层起重机的厂房，在每跨可取两台起重机，多跨时不多于四台。当按空间框架进行抗震计算时，起重机取实际台数。

轻质墙板或与柱柔性连接的预制钢筋混凝土墙板，应计入墙体的全部自重，但不应计入刚度。与柱贴砌且与柱拉结的砌体围护墙，应计入全部自重，在平行于墙体方向计算时可计入等效刚度，其等效刚度系数可根据柱列侧移的大小取 0.2～0.6（详见后）。

一般单层厂房需要进行水平地震作用下的横向和纵向抗侧力构件的抗震强度验算。沿厂房横向的主要抗侧力构件是由柱、屋架（屋面梁）组成的排架和刚性横墙；沿厂房纵向的主要抗侧力构件是由柱、柱间支撑、吊车梁、连系梁组成的柱列和刚性纵墙。

在 8 度和 9 度地震区，对跨度大于 24m 的屋架，尚需考虑竖向地震作用。

8 度Ⅲ、Ⅳ类场地和 9 度时，对高大的单层钢筋混凝土柱厂房的横向排架应进行弹塑性变形验算。

按规范规定采取构造措施的单层砖柱厂房，当符合下列条件时，可不进行横向或纵向截面抗震验算：(1) 7 度（0.1g）Ⅰ、Ⅱ类场地，柱顶标高不超过 4.5m，且结构单元两端均有山墙的单跨及等高多跨砖柱厂房，可不进行横向和纵向抗震验算。(2) 7 度（0.1g）Ⅰ、Ⅱ类场地，柱顶标高不超过 6.6m，两侧设有厚度不小于 240mm 且开洞截面面积不超过 50％的外纵墙、结构单元两端均有山墙的单跨厂房，可不进行纵向抗震验算。

3. 单层厂房的质量集中系数

房屋的质量一般是分布的。当采用有限自由度模型时，通常需把房屋的质量集中到楼盖或屋盖处；此时，当自由度数目较少时，特别是取单质点模型时，集中质量一般并不是简单地把质量“就近”向楼盖（屋盖）处堆，否则会引起较大的误差。不同处的质量折算入总质量时需乘的系数就是该处质量的质量集中系数。集中质量一般位于屋架下弦（柱顶）处。

质量集中系数应根据一定的原则确定。例如，计算结构的动力特性时，应根据“周期等效”的原则；计算结构的地震作用时，对于排架柱应根据柱底“弯矩相等”的原则，对于刚性剪力墙应根据墙底“剪力相等”的原则，经过换算分析后确定。下面以柱和吊车梁为例说明质量集中系数的确定方法。

取单跨对称厂房排架柱，分别按多质点体系和相应的单质点体系进行对比计算，如图 7-5 所示。计算时，取柱和外贴墙沿高度的均布质量 $\bar{m}$ =（1000～3000）kg/m，屋盖集中质量 M=（0～2）$\bar{m}h$，其中 h 为计算模型的高度（图 7-5）。图 7-5（b）的等效多质点体系中，$m_1=m_2=m_3=m_4=\bar{m}h/5$，$m_5=\bar{m}h/10+M$。排架柱的侧移刚度只考虑柱截面的弯曲变形刚度 EI 的影响。设单质点系的等效集中质量为 $\beta\bar{m}h+M$，其中 β 即为分布质量集中系数；

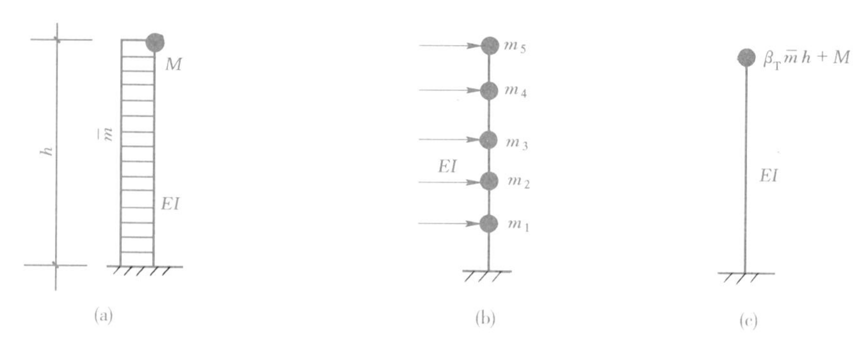

图 7-5 排架柱的质量集中系数计算简图

(a) 排架柱；(b) 等效多质点体系；(c) 等效单质点体系

当按周期等效时，记 $\beta=\beta_T$；当按地震内力等效时，记 $\beta=\beta_M$。

先计算周期等效时的分布质量集中系数 β_T。为此，使多质点系与相应的单质点系的基本自振周期相等，即可求得 β_T 如表 7-4 所示。

沿柱高的均布质量按周期等效时的分布质量集中系数 β_T 表 7-4

$M/\overline{m}h$		0	1.0	2.0
$\overline{m}$ (kg/m)	1000	0.252	0.247	0.246
	3000	0.250	0.247	0.246

实际上，沿柱高的分布质量是非均匀分布的，按此实际情况计算，β_T 的变化也较小。故近似取 $\beta_T=0.25$。

下面再计算地震内力等效时的分布质量集中系数 β_M。计算结果表明，按柱底弯矩等效时的分布质量集中系数 $\beta_M=0.45\sim0.5$；按柱底剪力等效时的分布质量集中系数 $\beta_V=0.65\sim0.95$。对于排架柱，抗弯强度计算是主要的，因此在计算地震内力时，取沿柱高分布质量的集中系数 $\beta=\beta_M=0.5$。

类似地，柱身某处的集中质量 m（例如吊车梁），也应经换算后移至柱顶。相应的计算简图示于图 7-6。换算后的质量记为 β_m。当吊车梁高度系数（吊车梁高度与柱顶高度之比）$\eta=0.75\sim0.80$，屋盖集中质量 M 与吊车梁质量 m 之比 $M/m=0\sim4$，上柱截面与下柱截面抗弯刚度之比 $EI_1/EI_2=0.5\sim1.0$ 时，按周期等效算出的换算系数 $\beta_T=0.42\sim0.51$，按柱底弯矩等效算出的换算系数 $\beta_M=0.77\sim0.81$。因此，近似取 $\beta_T=0.5$；取 $\beta_M=0.75$。

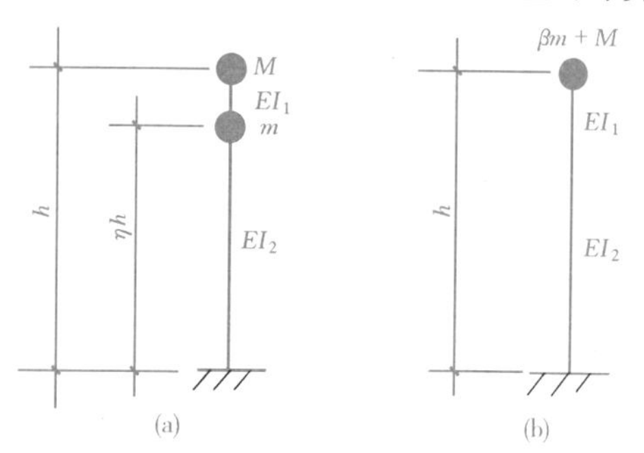

图 7-6 柱身集中质量移至柱顶的换算

(a) 原质量；(b) 移后的质量

现将单层排架厂房墙、柱、吊车梁等质量集中于屋架下弦处时的质量集中系数汇总于表7-5。高低跨交接柱上高跨一侧的吊车梁靠近低跨屋盖而将其质量集中于低跨屋盖时，质量集中系数取1.0。

单层排架厂房的质量集中系数　　表7-5

计算阶段＼构件类型	弯曲型墙和柱	剪切型墙	柱上吊车梁
计算自振周期时	0.25	0.35	0.50
计算地震作用效应时	0.50	0.70	0.75

7.2.2　横向抗震验算

1. 计算简图

单层厂房是空间结构。一般地，厂房的横向抗震计算应考虑屋盖平面内的变形，按图7-7所示的多质点空间结构计算。按平面排架计算时，应把计算结果乘以调整系数，以考虑空间工作和扭转的影响。以下主要讲述按平面排架计算的方法。

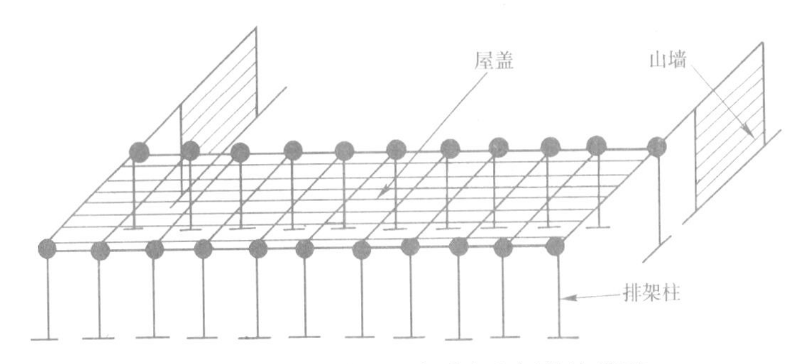

图7-7　横向计算时的多质点空间结构模型

等高排架可简化为单自由度体系，如图7-8所示。不等高排架，可按不同高度处屋盖的数量和屋盖之间的连接方式，简化成多自由度体系。例如，当屋盖位于两个不同高度处时，可简化为二自由度体系，如图7-9所示。图7-10示出了在三个高度处有屋盖时的计算简图。应注意的是，在图7-10中，当$H_1=H_2$时，仍为三质点体系。

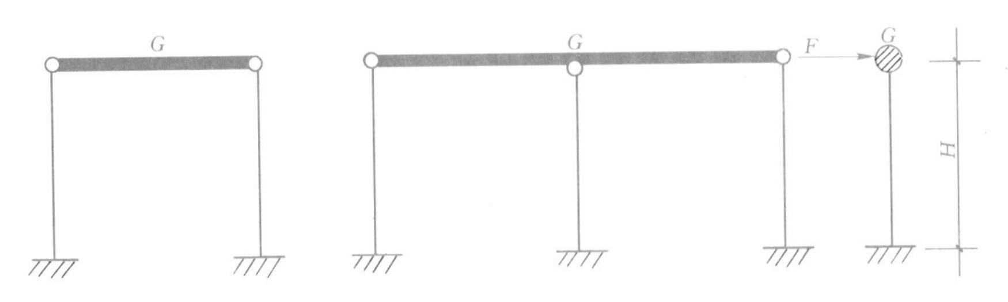

图7-8　等高排架的计算简图

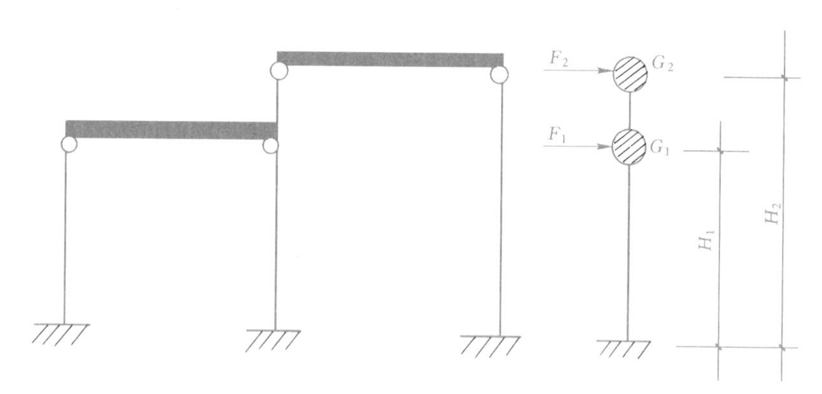

图 7-9 不等高排架的计算简图（二质点体系）

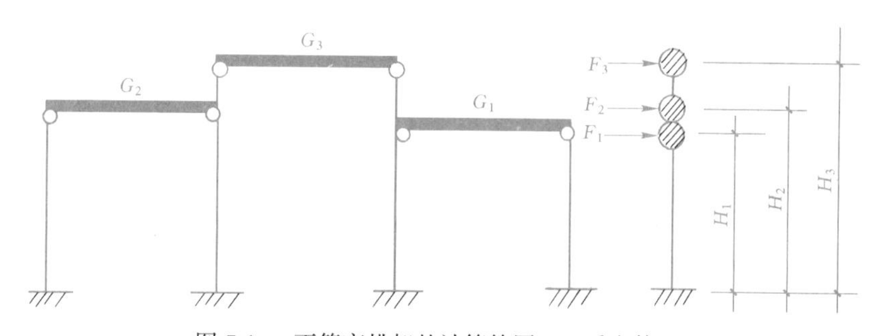

图 7-10 不等高排架的计算简图（三质点体系）

（1）计算自振周期时的质量集中

根据前述质量集中的原理，在计算自振周期时，各集中质量的重量可计算如下：

1）等高厂房

图 7-8 中等高厂房的 G 的计算式为

$$G=1.0G_{屋盖}+0.5G_{吊车梁}+0.25G_{柱}+0.25G_{纵墙} \tag{7-1}$$

2）不等高厂房

图 7-9 中不等高厂房的 G_1 的计算式为

$$G_1=1.0G_{低跨屋盖}+0.5G_{低跨吊车梁}+0.25G_{低跨边柱}+0.25G_{低跨纵墙}+1.0G_{高跨吊车梁(中柱)}+0.25G_{中柱下柱}+0.5G_{中柱上柱}+0.5G_{高跨封墙} \tag{7-2}$$

图 7-9 中不等高厂房的 G_2 的计算式为

$$G_2=1.0G_{高跨屋盖}+0.5G_{高跨吊车梁(边跨)}+0.25G_{高跨边柱}+0.25G_{高跨外纵墙}+0.5G_{中柱上柱}+0.5G_{高跨封墙} \tag{7-3}$$

上面各式中，$G_{屋盖}$等均为重力荷载代表值（屋盖的重力荷载代表值包括作用于屋盖处的活荷载和檐墙的重力荷载代表值）。上面还假定高低跨交接柱上柱的各一半分别集中于低跨和高跨屋盖处。

高低跨交接柱的高跨吊车梁的质量可集中到低跨屋盖，也可集中到高跨屋盖，应以就近集中为原则。当集中到低跨屋盖时，如前所述，质量集中系数为 1.0；当集中到高跨屋盖时，质量集中系数为 0.5。

吊车桥架对排架的自振周期影响很小。因此，在计算自振周期时可不考虑其对质点质量的贡献。这样做一般是偏于安全的。

（2）计算地震作用时的质量集中

在计算地震作用时，各集中质量的重量可计算如下：

1）等高厂房

图 7-8 中等高厂房的 G 的计算式为

$$G=1.0G_{\text{屋盖}}+0.75G_{\text{吊车梁}}+0.5G_{\text{柱}}+0.5G_{\text{纵墙}} \tag{7-4}$$

2）不等高厂房

图 7-9 中不等高厂房的 G_1 的计算式为

$$\begin{aligned}G_1=&1.0G_{\text{低跨屋盖}}+0.75G_{\text{低跨吊车梁}}+0.5G_{\text{低跨边柱}}+0.5G_{\text{低跨纵墙}}+\\&1.0G_{\text{高跨吊车梁(中柱)}}+0.5G_{\text{中柱下柱}}+0.5G_{\text{中柱上柱}}+0.5G_{\text{高跨封墙}}\end{aligned} \tag{7-5}$$

图 7-9 中不等高厂房的 G_2 的计算式为

$$\begin{aligned}G_2=&1.0G_{\text{高跨屋盖}}+0.75G_{\text{高跨吊车梁(边跨)}}+0.5G_{\text{高跨边柱}}+0.5G_{\text{高跨外纵墙}}+\\&0.5G_{\text{中柱上柱}}+0.5G_{\text{高跨封墙}}\end{aligned} \tag{7-6}$$

确定厂房的地震作用时，对设有桥式吊车的厂房，除将厂房重力荷载按前述弯矩等效原则集中于屋盖标高处外，还应考虑吊车桥架的重力荷载；如系硬钩吊车，尚应考虑最大吊重的 30%。一般是把某跨吊车桥架的重力荷载集中于该跨任一柱吊车梁的顶面标高处。如两跨不等高厂房均设有吊车，则在确定厂房地震作用时可按四个集中质点考虑（图 7-11）。应注意的是这种模型仅在计算地震作用时才能采用，在计算结构的动力特性（如周期等）时，是不能采用这种模型的；这是因为吊车桥架是局部质量，此局部质量不能有效地对整体结构的动力特性产生可观的影响。

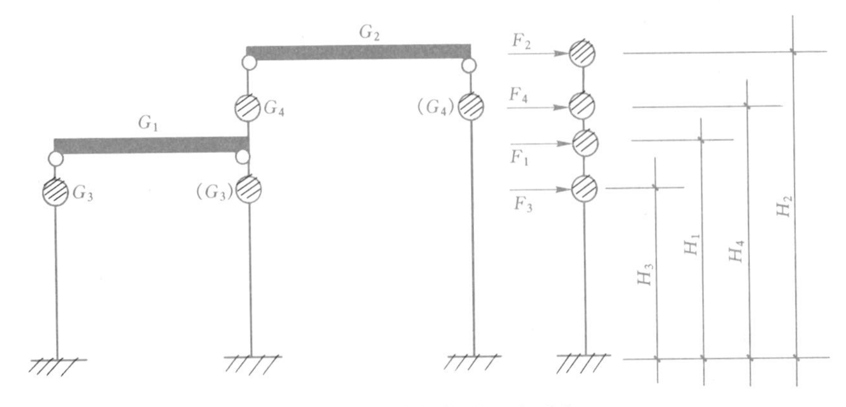

图 7-11　吊车桥架处理为质点

2. 自振周期的计算

计算简图确定后，就可用前面讲过的方法计算基本自振周期。对单自由度体系，自振周期 T 的计算公式为

$$T=2\pi\sqrt{\frac{m}{k}} \tag{7-7}$$

其中，m 为质量；k 为刚度。

对多自由度体系，可用能量法计算基本自振周期 T_1，公式为

$$T_1=2\pi\sqrt{\frac{\sum_{i=1}^{n}m_iu_i^2}{\sum_{i=1}^{n}G_iu_i}} \tag{7-8}$$

其中，m_i 和 G_i 分别为第 i 质点的质量和重量；u_i 为在全部 $G_i(i=1, \cdots, n)$ 沿水平方向的作用下第 i 质点的侧移；n 为自由度数。

抗震规范规定，按平面排架计算厂房的横向地震作用时，排架的基本自振周期应考虑纵墙及屋架与柱连接的固结作用。因此，按上述公式算出的自振周期还应进行如下调整：由钢筋混凝土屋架或钢屋架与钢筋混凝土柱组成的排架，有纵墙时取周期计算值的 80%，无纵墙时取 90%（砖柱厂房的相应调整方法见后）。

3. 排架地震作用的计算

（1）底部剪力法

排架的地震作用可用前面讲过的方法计算。用底部剪力法计算地震作用时，总地震作用的标准值为

$$F_{EK}=\alpha_1G_{eq} \tag{7-9}$$

其中，α_1 为相应于基本周期 T_1 的地震影响系数；G_{eq} 为等效重力荷载代表值，单质点体系取全部重力荷载代表值，多质点体系取全部重力荷载代表值的 85%。当为二质点体系时，由于较为接近单质点体系，G_{eq} 也可取全部重力荷载代表值的 95%。

质点 i 的水平地震作用标准值为

$$F_i=\frac{G_iH_i}{\sum_{j=1}^{n}G_jH_j}F_{EK} \tag{7-10}$$

其中，G_i 和 H_i 分别为第 i 质点的重力荷载代表值和至柱底的距离；n 为体系的自由度数目。求出各质点的水平地震作用后，就可用结构力学方法求出相应的排架内力。底部剪力法的缺点是很难反映高振型的影响。

（2）振型分解法

对较为复杂的厂房，例如高低跨高度相差较大的厂房，采用底部剪力法计算时，由于不

能反映高振型的影响，误差较大。高低跨相交处柱牛腿的水平拉力主要由高振型引起，此拉力的计算是底部剪力法无法实现的。在这些情况下，就需要采用振型分解法。

采用振型分解法的计算简图与底部剪力法相同，每个质点有一个水平自由度。用前面介绍过的振型分解法的标准过程，就可求出各振型各质点处的水平地震作用，从而求出各振型的地震内力。总的地震内力则为各振型地震内力的按平方和开方的组合。

对二质点的高低跨排架，用柔度法计算较方便，相应的振型分解法的计算步骤如下：

1）计算平面排架各振型的自振周期、振型幅值和振型参与系数

记二质点的水平位移坐标分别为 x_1 和 x_2，其质量分别为 m_1 和 m_2，第一、二振型的圆频率分别为 ω_1、ω_2，则有

$$\frac{1}{\omega_{1,2}^2}=\frac{1}{2}\left[(m_1\delta_{11}+m_2\delta_{22})\pm\sqrt{(m_1\delta_{11}-m_2\delta_{22})^2+4m_1m_2\delta_{12}\delta_{21}}\right] \tag{7-11}$$

取 $\omega_1<\omega_2$，则第一、二自振周期分别为

$$T_1=\frac{2\pi}{\omega_1},\quad T_2=\frac{2\pi}{\omega_2} \tag{7-12}$$

记第 i 振型第 j 质点的幅值为 X_{ij}（i，$j=1$，2），则有

$$\begin{aligned}X_{11}=1,\quad X_{12}=\frac{1-m_1\delta_{11}\omega_1^2}{m_2\delta_{12}\omega_1^2}\\X_{21}=1,\quad X_{22}=\frac{1-m_1\delta_{11}\omega_2^2}{m_2\delta_{12}\omega_2^2}\end{aligned} \tag{7-13}$$

第一、二振型参与系数

$$\begin{aligned}\gamma_1=\frac{m_1X_{11}+m_2X_{12}}{m_1X_{11}^2+m_2X_{12}^2}\\\gamma_2=\frac{m_1X_{21}+m_2X_{22}}{m_1X_{21}^2+m_2X_{22}^2}\end{aligned} \tag{7-14}$$

2）计算各振型的地震作用和地震内力

记第 i 振型第 j 质点的地震作用为 F_{ij}，则有

$$F_{ij}=\alpha_i\gamma_iX_{ij}G_j,\quad i、j=1、2 \tag{7-15}$$

即

$$\begin{aligned}F_{11}=\alpha_1\gamma_1X_{11}G_1\\F_{12}=\alpha_1\gamma_1X_{12}G_2\\F_{21}=\alpha_2\gamma_2X_{21}G_1\\F_{22}=\alpha_2\gamma_2X_{22}G_2\end{aligned} \tag{7-16}$$

然后按结构力学方法求出各振型的地震内力。

3）计算最终的地震内力

设某一内力 S 在第一振型的地震作用下的值为 S_1，在第二振型的地震作用下的值为 S_2，则该地震内力的最终值 $S_{最终}$ 为

$$S_{最终}=\sqrt{S_1^2+S_2^2} \tag{7-17}$$

4. 考虑空间工作和扭转影响的内力调整

显然，上述计算仅考虑了单个平面排架。当厂房的布置引起明显的空间作用或扭转影响时，应对前面求出的内力进行相应的调整。规范规定，对于钢筋混凝土屋盖的单层钢筋混凝土柱厂房，按上述方法确定基本自振周期且按平面排架计算的排架柱的地震剪力和弯矩，当符合下列要求时，可考虑空间工作和扭转影响：(1) 7 度和 8 度；(2) 厂房单元屋盖长度与总跨度之比小于 8 或厂房总跨度大于 12m（其中屋盖长度指山墙到山墙的间距，仅一端有山墙时，应取所考虑排架至山墙的距离；高低跨相差较大的不等高厂房，总跨度可不包括低跨）；(3) 山墙的厚度不小于 240mm，开洞所占的水平截面积不超过总面积的 50%，并与屋盖系统有良好的连接；(4) 柱顶高度不大于 15m。

当符合上述要求时，为考虑空间作用和扭转影响，排架柱的弯矩和剪力应分别乘以相应的调整系数（高低跨交接处的上柱除外），调整系数的值可按表 7-6 采用。

钢筋混凝土柱（除高低跨交接处上柱外）考虑空间工作和扭转影响的效应调整系数　表 7-6

屋盖	山墙		屋盖长度(m)											
			≤30	36	42	48	54	60	66	72	78	84	90	96
钢筋混凝土无檩屋盖	两端山墙	等高厂房	—	—	0.75	0.75	0.75	0.8	0.8	0.8	0.85	0.85	0.85	0.9
		不等高厂房	—	—	0.85	0.85	0.85	0.9	0.9	0.9	0.95	0.95	0.95	1.0
	一端山墙		1.05	1.15	1.2	1.25	1.3	1.3	1.3	1.3	1.35	1.35	1.35	1.35
钢筋混凝土有檩屋盖	两端山墙	等高厂房	—	—	0.8	0.85	0.9	0.95	0.95	1.0	1.0	1.05	1.05	1.1
		不等高厂房	—	—	0.85	0.9	0.95	1.0	1.0	1.05	1.05	1.1	1.1	1.15
	一端山墙		1.0	1.05	1.1	1.1	1.15	1.15	1.15	1.2	1.2	1.2	1.25	1.25

5. 高低跨交接处上柱地震作用效应的调整

当排架按第二主振型振动时，高跨横梁和低跨横梁的运动方向相反，使高低跨交接处上柱的两端之间产生了较大的相对位移 Δ（图 7-12）。由于上柱的长度一般较短，侧移刚度较大，故此处产生的地震内力也较大。按底部剪力法计算时，由于主要反映了第一主振型的情况，算得的高低跨交接处上柱的地震内力偏小较多。因此，抗震规范规定，高低跨交接处的钢筋混凝土柱的支承低跨屋盖牛腿以上各截面，按底部剪力法求得的地震弯矩和剪力应乘以增大系数 η，其值可按下式采用

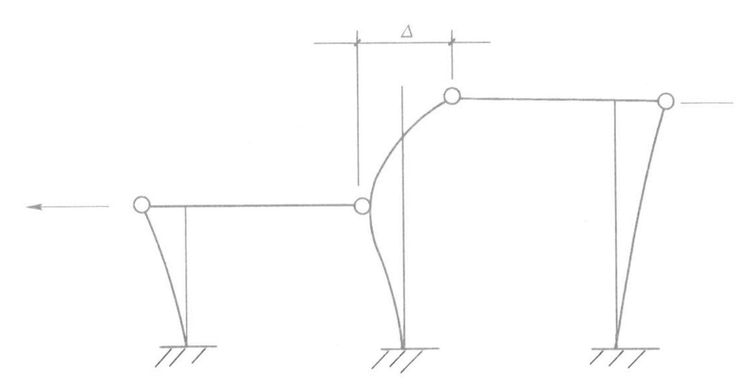

图 7-12　不等高排架的第二振型

$$\eta=\zeta\left(1+1.7\frac{n_b}{n_0}\cdot\frac{G_{EL}}{G_{Eh}}\right) \tag{7-18}$$

其中，ζ 为不等高厂房高低跨交接处的空间工作影响系数，可按表 7-7 采用；n_b 为高跨的跨数；n_0 为计算跨数，仅一侧有低跨时应取总跨数，两侧均有低跨时应取总跨数与高跨跨数之和；G_{EL} 为集中于交接处一侧各低跨屋盖标高处的总重力荷载代表值；G_{Eh} 为集中于高跨柱顶标高处的总重力荷载代表值。

高低跨交接处钢筋混凝土上柱空间工作影响系数 ζ　　表 7-7

屋盖	山墙	屋盖长度(m)										
		≤36	42	48	54	60	66	72	78	84	90	96
钢筋混凝土无檩屋盖	两端山墙	—	0.7	0.76	0.82	0.88	0.94	1.0	1.06	1.06	1.06	1.06
	一端山墙	1.25										
钢筋混凝土有檩屋盖	两端山墙	—	0.9	1.0	1.05	1.1	1.1	1.15	1.15	1.15	1.2	1.2
	一端山墙	1.05										

6. 吊车桥架引起的地震作用效应增大系数

吊车桥架是一个较大的移动质量，在地震时往往引起厂房的强烈局部振动。因此，应考虑吊车桥架自重引起的地震作用效应，并乘以效应增大系数。按底部剪力法等简化方法计算时，计算步骤如下：

(1) 计算一台吊车对一根柱子产生的最大重力荷载 G_c。

(2) 计算该吊车重力荷载对一根柱子产生的水平地震作用。此时有两种计算方法：

1) 当桥架不作为一个质点时，该水平地震作用可近似按下式计算：

$$F_c=\alpha_1 G_c\frac{h_c}{H} \tag{7-19}$$

其中，F_c 为吊车桥架引起的并作用于一根柱吊车梁顶面处的水平地震作用；α_1 为相应于排架基本周期 T_1 的地震影响系数；h_c 为吊车梁顶面高度；H_c 为吊车梁所在柱的高度。

2）当桥架作为一个质点时，该处的水平地震作用可直接由底部剪力法求出。

（3）按结构力学求地震作用效应（内力）。

（4）将地震作用效应乘以表7-8所示的增大系数。

吊车桥架引起的地震剪力和弯矩增大系数　　表7-8

屋盖类型	山墙	边柱	高低跨柱	其他中柱
钢筋混凝土无檩屋盖	两端山墙	2.0	2.5	3.0
	一端山墙	1.5	2.0	2.5
钢筋混凝土有檩屋盖	两端山墙	1.5	2.0	2.5
	一端山墙	1.5	2.0	2.0

7. 排架内力组合和构件强度验算

（1）内力组合

在抗震设计中，地震作用效应组合是指与地震作用同时存在的其他重力荷载代表值引起的荷载效应的不利组合。在单层厂房排架的地震作用效应组合中，一般不考虑风荷载效应，不考虑吊车横向水平制动力引起的内力，也不考虑竖向地震作用。从而可得单层厂房的地震作用效应组合的表达式为

$$S=\gamma_G C_G G_E+\gamma_{Eh} C_{Eh} E_{hk} \tag{7-20}$$

其中，γ_G 和 γ_{Eh} 分别为重力荷载代表值和水平地震作用的分项系数；C_G 和 C_{Eh} 分别为重力荷载代表值和水平地震作用的效应系数；G_E 和 E_{hk} 分别为重力荷载代表值和水平地震作用。当重力荷载效应对构件的承载能力有利时（例如，柱为大偏心受压时，轴力 N 可提高构件的承载力），其分项系数 γ_G 应取1.0。

这种地震荷载效应组合再与其他规定的荷载效应组合一起进行最不利组合。显然，当地震作用效应组合引起的内力小于非抗震荷载组合时的内力时，后者应控制设计。

（2）柱的截面抗震验算

排架柱一般按偏心受压构件验算其截面承载力。验算的一般表达式为

$$S\leqslant\frac{R}{\gamma_{RE}} \tag{7-21}$$

其中，S 为截面的作用效应；R 为相应的承载力设计值；γ_{RE} 为承载力抗震调整系数，可按表3-16取用。

两个主轴方向柱距均不小于12m、无桥式吊车且无柱间支撑的大柱网厂房，柱截面验算时应同时计算两个主轴方向的水平地震作用，并应计入位移引起的附加弯矩。

8度和9度时，高大山墙的抗风柱应进行平面外的截面抗震验算。

柱的截面抗震验算可按前述框架柱的方法进行，且应符合第7.3节的构造要求。

（3）支承低跨屋盖牛腿的水平受拉钢筋抗震验算

为防止高低跨交接处支承低跨屋盖的牛腿在地震中竖向拉裂（如图 7-13 所示），应按下式确定牛腿的水平受拉钢筋截面面积 A_s：

$$A_s \geqslant \left(\frac{N_G a}{0.85 h_0 f_y} + 1.2\frac{N_E}{f_y}\right)\gamma_{RE} \tag{7-22}$$

其中，N_G 为柱牛腿面上重力荷载代表值产生的压力设计值；a 为牛腿面上重力作用点至下柱近侧边缘的距离，当小于 $0.3h_0$ 时采用 $0.3h_0$；h_0 为牛腿根部截面（最大竖向截面）的有效高度；N_E 为柱牛腿面上地震组合的水平拉力设计值；γ_{RE} 为承载力抗震调整系数，其值可采用 1.0。

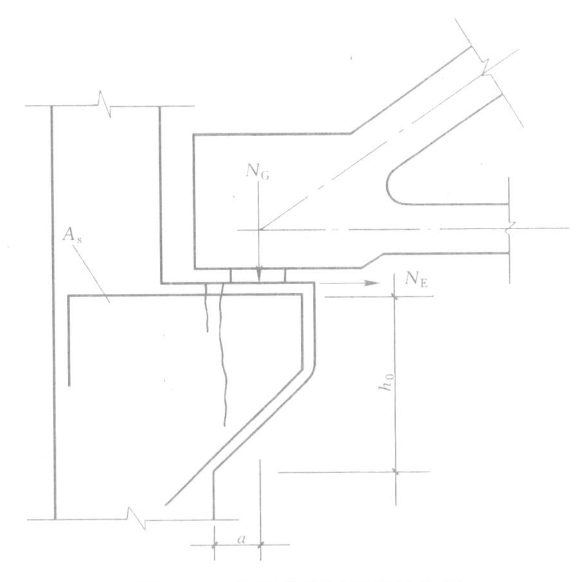

图 7-13　支承低跨屋盖的柱牛腿

（4）其他部位的抗震验算

当抗风柱与屋架下弦相连接时，连接点应设在下弦横向支撑的节点处，并且应对下弦横向支撑杆件的截面和连接节点进行抗震承载力验算。

当工作平台和刚性内隔墙与厂房主体结构连接时，应采用与厂房实际受力相适应的计算简图，并计入工作平台和刚性内隔墙对厂房的附加地震作用影响。

8. 突出屋面的天窗架的横向抗震计算

实际震害表明，突出屋面的钢筋混凝土天窗架，其横向的损坏并不明显。计算分析表明，常用的钢筋混凝土带斜撑杆的三铰拱式天窗架的横向刚度很大，其位移与屋盖基本相同，故可把天窗架和屋盖作为一个质点（其重力为 $G_{屋盖}$，其中包括天窗架质点的重量 $G_{天窗}$）按底部剪力法计算。设算得的作用在 $G_{屋盖}$ 上的地震作用为 $F_{屋盖}$，则天窗架所受的地震作用 $F_{天窗}$ 为

$$F_{天窗}=\frac{G_{天窗}}{G_{屋盖}}F_{屋盖} \tag{7-23}$$

然而，当9度时或天窗架跨度大于9m时，天窗架部分的惯性力将有所增大。这时若仍把天窗架和屋盖作为一个质点按底部剪力法计算，则天窗架的横向地震作用效应宜乘以增大系数1.5，以考虑高振型的影响。

对钢天窗架的横向抗震计算也可采用底部剪力法。

对其他情况下的天窗架，可采用振型分解反应谱法计算其横向水平地震作用。

9. 单层砖柱厂房的横向抗震计算

砖柱厂房可按平面排架计算。在计算结构的刚度时所用的方法，除柱应采用砌体的弹性模量之外，其他与前述方法基本相同。质量集中的方法也与前述相同。刚度和质量算出后，即可计算结构的基本自振周期，通常按单自由度体系计算即可。对计算出的基本自振周期，也需考虑纵墙及屋架与柱连接的固结作用加以调整，但采用的调整系数与前述不同。规范规定，按理论公式算出的砖柱厂房的自振周期还应进行如下调整：(1) 由钢筋混凝土屋架或钢屋架与砖柱组成的排架，取周期计算值的90%。(2) 由木屋架、钢木屋架或轻钢屋架与砖柱组成的排架，取周期计算值。

排架集中质点处（柱顶）的水平地震作用 F_{EK} 可按下式计算：

$$F_{EK}=\alpha_1 G_{eq} \tag{7-24}$$

式中各符号的意义与前述相同。

当符合下列要求时，可考虑空间工作，对按平面排架计算的排架柱的地震剪力和弯矩加以调整：(1) 采用钢筋混凝土屋盖或密铺望板的瓦木屋盖；(2) 基本自振周期是按上述方法确定；(3) 7度或8度；(4) 两端均有承重山墙；(5) 山墙或承重（抗震）横墙的厚度不小于240mm，开洞所占的水平截面积不超过总面积的50%，并与屋盖系统有良好的连接；(6) 山墙或承重（抗震）横墙的长度不宜小于其高度；(7) 单元屋盖长度（山墙到山墙或承重（抗震）横墙的间距）与总跨度之比小于8或厂房总跨度大于12m。调整的方法是对排架柱的剪力和弯矩分别乘以表7-9所列的调整系数。

砖柱考虑空间作用的效应调整系数　　表7-9

屋盖类型	山墙或承重(抗震)横墙间距(m)										
	≤12	18	24	30	36	42	48	54	60	66	72
钢筋混凝土无檩屋盖	0.60	0.65	0.70	0.75	0.80	0.85	0.85	0.90	0.95	0.95	1.00
钢筋混凝土有檩屋盖或密铺望板瓦木屋盖	0.65	0.70	0.75	0.80	0.90	0.95	0.95	1.00	1.05	1.05	1.10

偏心受压砖柱的抗震验算，应符合下列要求：(1) 无筋砖柱由地震作用标准值和重力荷载代表值所产生的总偏心距，不宜超过0.9倍截面形心到轴向力所在方向截面边缘的距离；

承载力抗震调整系数可采用 0.9。(2) 组合砖柱的配筋应按计算确定，承载力抗震调整系数可采用 0.85。

7.2.3 纵向抗震验算

前面已经提及，单层厂房受纵向地震力作用时的震害是较严重的。因此，必须对单层厂房的纵向进行抗震计算。纵向抗震计算的目的在于：确定厂房纵向的动力特性和地震作用，验算厂房纵向抗侧力构件如柱间支撑、天窗架纵向支撑等在纵向水平地震力作用下的承载能力。

抗震规范规定，钢筋混凝土无檩和有檩屋盖及有较完整支撑系统的轻型屋盖厂房，其纵向抗震验算可采用下列方法：(1) 一般情况下，宜考虑屋盖的纵向弹性变形、围护墙与隔墙的有效刚度，不对称时尚宜计及扭转的影响，按多质点进行空间结构分析；(2) 柱顶标高不大于 15m 且平均跨度不大于 30m 的单跨或等高多跨的钢筋混凝土柱厂房，宜采用修正刚度法计算；(3) 纵向质量和刚度基本对称的钢筋混凝土屋盖等高厂房，可不考虑扭转的影响，采用振型分解反应谱法计算。

规范还规定，纵墙对称布置的单跨厂房和轻型屋盖的多跨厂房，可按柱列分片独立计算。

规范规定，对于钢柱厂房，当采用轻质墙板或与柱柔性连接的大型墙板时，其纵向可采用底部剪力法计算。此时，各柱列的地震作用应按以下原则分配：(1) 采用钢筋混凝土无檩屋盖时，可按柱列刚度比例分配；(2) 采用轻型屋盖时，可按柱列承受的重力荷载代表值的比例分配；(3) 采用钢筋混凝土有檩屋盖时，可取上述两种分配结果的平均值。

1. 空间分析法

空间分析法适用于任何类型的厂房。屋盖模型化为有限刚度的水平剪切梁，各质量均堆聚成质点，堆聚的程度视结构的复杂程度以及需要计算的内容而定。一般需用计算机进行数值计算。

同一柱列的柱顶纵向水平位移相同，且仅关心纵向水平位移时，则可对每一纵向柱列只取一个自由度，把厂房连续分布的质量分别按周期等效原则（计算自振周期时）和内力等效原则（计算地震作用时）集中至各柱列柱顶处，并考虑柱、柱间支撑、纵墙等抗侧力构件的纵向刚度和屋盖的弹性变形，形成“并联多质点体系”的简化的空间结构计算模型，如图 7-14 所示。

一般的空间结构模型，其结构特性由质量矩阵 $[M]$、代表各自由度处位移的位移向量 $\{X\}$ 和相应的刚度矩阵 $[K]$ 完全表示。可用前面讲过的振型分解法求解其地震作用。

下面对图 7-14 所示的简化的空间结构计算模型，给出其用振型分解法求解的步骤。

(1) 柱列的侧移刚度和屋盖的剪切刚度

由图 7-14 的计算简图，可得柱列的侧移刚度为

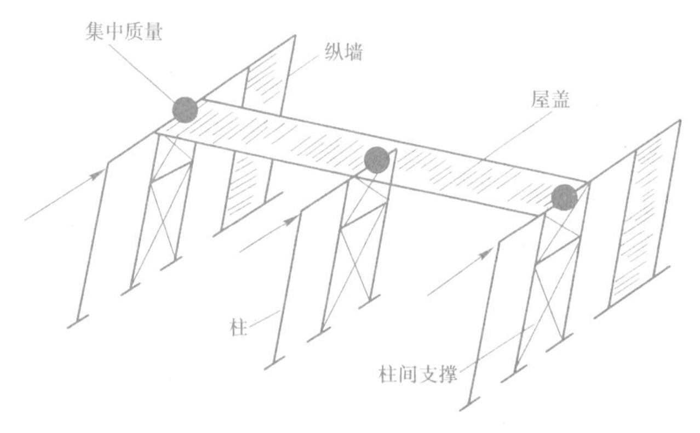

图 7-14 简化的空间结构计算模型

$$K_i=\sum_{j=1}^{m}K_{cij}+\sum_{j=1}^{n}K_{bij}+\psi_k\sum_{j=1}^{q}K_{wij} \tag{7-25}$$

其中，K_i 为第 i 柱列的柱顶纵向侧移刚度；K_{cij} 为第 i 柱列第 j 柱的纵向侧移刚度；K_{bij} 为第 i 柱列第 j 片柱间支撑的侧移刚度；K_{wij} 为第 i 柱列第 j 柱间纵墙的纵向侧移刚度；m、n、q 分别为第 i 柱列中柱、柱间支撑、柱间纵墙的数目。

式（7-25）中的 ψ_k 为贴砌砖墙的刚度降低系数，地震烈度为 7 度、8 度和 9 度，ψ_k 的值可分别取 0.6、0.4 和 0.2。

1）柱的侧移刚度

等截面柱的侧移刚度 K_c 为

$$K_c=\mu\frac{3E_cI_c}{H^3} \tag{7-26}$$

其中，E_c 为柱混凝土的弹性模量；I_c 为柱在所考虑方向的截面惯性矩；H 为柱的高度；μ 为屋盖、吊车梁等纵向构件对柱侧移刚度的影响系数，无吊车梁时，$\mu=1.1$，有吊车梁时，$\mu=1.5$。

变截面柱侧移刚度的计算公式参见有关设计手册，但需注意考虑 μ 的影响。

2）纵墙的侧移刚度

对于砌体墙，若弹性模量为 E，厚度为 t，墙的高度为 H，墙的宽度为 B，并取 $\rho=H/B$，同时考虑弯曲和剪切变形，则对其顶部作用水平力的情况下，相应的刚度为

$$K_w=\frac{Et}{\rho^3+3\rho} \tag{7-27}$$

根据此公式，可对如图 7-15 所示的受两个水平力作用的开洞砖墙计算其刚度矩阵。在这种情况下，洞口把砖墙分为侧移刚度不同的若干层。在计算各层墙体的侧移刚度时，对无窗洞的层可只考虑剪切变形（也可同时考虑弯曲变形）。只考虑剪切变形时，式（7-27）变为

$$K_w=\frac{Et}{3\rho} \tag{7-28}$$

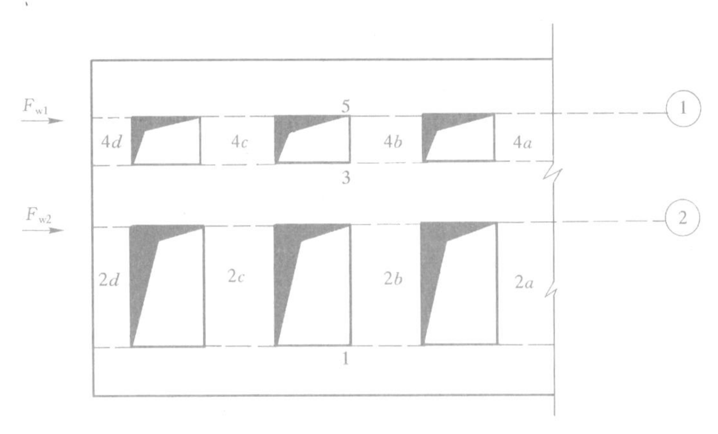

图 7-15　开洞砖墙的刚度计算

对有窗洞的层，各窗间墙的侧移刚度可按式（7-27）计算，即第 i 层第 j 段窗间墙的侧移刚度为

$$K_{wij}=\frac{Et_{ij}}{\rho_{ij}^3+3\rho_{ij}} \tag{7-29}$$

其中，t_{ij} 和 ρ_{ij} 分别为相应墙的厚度和高宽比。

第 i 层墙的刚度为 $K_{wi}=\sum_j K_{wij}$，该层在单位水平力作用下的相对侧移为 $\delta_i=1/K_{wi}$。因此，墙体在单位水平力作用下的侧移等于有关各层砖墙的侧移之和。从而可得（以图 7-15 为例）

$$\delta_{11}=\sum_{i=1}^{4}\delta_i \tag{7-30}$$

$$\delta_{22}=\delta_{21}=\delta_{12}=\sum_{i=1}^{2}\delta_i \tag{7-31}$$

对此柔度矩阵求逆，即可得相应的刚度矩阵。

3）柱间支撑的侧移刚度

柱间支撑桁架系统是由型钢斜杆、钢筋混凝土柱和吊车梁等组成，是超静定结构。为了简化计算，通常假定各杆相交处均为铰接，从而得到静定铰接桁架的计算简图。同时略去截面应力较小的竖杆和水平杆的变形，只考虑型钢斜杆的轴向变形。在同一高度的两根交叉斜杆，一根受拉，另一根受压；受压斜杆与受拉斜杆的应力比值因斜杆的长细比不同而不同。当斜杆的长细比 $\lambda>200$ 时，压杆将较早地受压失稳而退出工作，所以此时可仅考虑拉杆的作用。当 $\lambda<200$ 时，压杆与拉杆的应力比值将是 λ 的函数；显然，λ 越小，压杆参加工作的程度就越大。

因此，在计算上可认为：当 $\lambda>150$ 时为柔性支撑，此时不计压杆的作用；当 $40\leqslant\lambda\leqslant150$ 时为半刚性支撑，此时可以认为压杆的作用是使拉杆的面积增大为原来的（$1+\varphi$）倍，并且除此之外不再计算压杆的其他影响，其中 φ 为压杆的稳定系数；当 $\lambda<40$ 时为刚性支

撑，此时压杆与拉杆的应力相同。据此，考虑柱间支撑有n层（图7-16示出了三层的情况），设柱间支撑所在柱间的净距为L，从上面数起第i层的斜杆长度为L_i，斜杆面积为A_i，斜杆的弹性模量为E，斜压杆的稳定系数为φ_i，则可得出如下的柱间支撑系统的柔度和刚度的计算公式。

① 柔性支撑的柔度和刚度（$\lambda>150$）

如图7-16所示，此时斜压杆不起作用。相应于力F_1和F_2作用处的坐标（F_1和F_2分别作用在顶层和第二层的顶面），第i层拉杆的力为$P_{il}=L_i/L$，从而可得支撑系统的柔度矩阵的各元素为

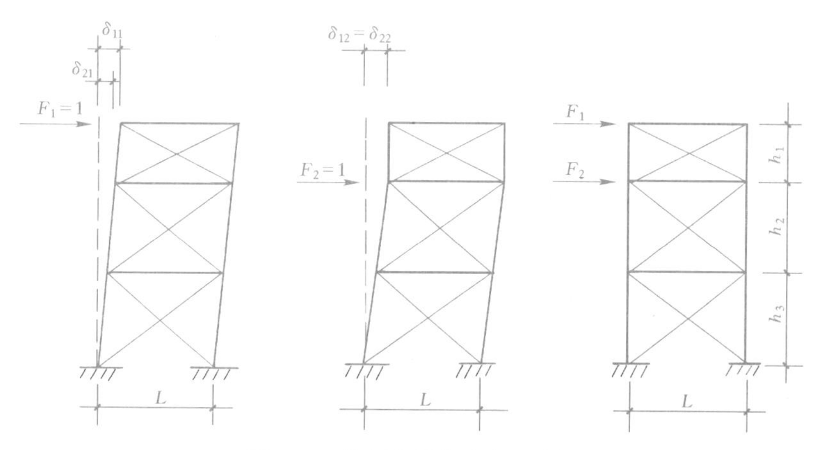

图7-16　柱间支撑的柔度和刚度

$$\delta_{11}=\frac{1}{EL^2}\sum_{i=1}^{n}\frac{L_i^3}{A_i} \tag{7-32}$$

$$\delta_{22}=\delta_{12}=\delta_{21}=\frac{1}{EL^2}\sum_{i=2}^{n}\frac{L_i^3}{A_i} \tag{7-33}$$

相应的刚度矩阵可由此柔度矩阵求逆而得。

② 半刚性支撑（$40\leqslant\lambda\leqslant150$）

此时斜拉杆等效面积为（$1+\varphi_i$）A_i倍，除此之外，表观上不再计算斜压杆的影响。在顶部单位水平力作用下，显然有

$$\delta_{11}=\frac{1}{EL^2}\sum_{i=1}^{n}\frac{L_i^3}{(1+\varphi_i)A_i} \tag{7-34}$$

$$\delta_{22}=\delta_{12}=\delta_{21}=\frac{1}{EL^2}\sum_{i=2}^{n}\frac{L_i^3}{(1+\varphi_i)A_i} \tag{7-35}$$

③ 刚性支撑（$\lambda<40$）

此时有$\varphi=1$。故一个柱间支撑系统的柔度矩阵的元素为

$$\delta_{11}=\frac{1}{2EL^2}\sum_{i=1}^{n}\frac{L_i^3}{A_i} \tag{7-36}$$

$$\delta_{22}=\delta_{12}=\delta_{21}=\frac{1}{2EL^2}\sum_{i=2}^{n}\frac{L_i^3}{A_i} \tag{7-37}$$

4）屋盖的纵向水平剪切刚度

屋盖的纵向水平剪切刚度为

$$k_i=k_{i0}\frac{L_i}{l_i} \tag{7-38}$$

其中，k_i 为第 i 跨屋盖的纵向水平剪切刚度；k_{i0} 为单位面积（$1m^2$）屋盖沿厂房纵向的水平等效剪切刚度基本值，当无可靠数据时，对钢筋混凝土无檩屋盖可取 2×10^4kN/m，对钢筋混凝土有檩屋盖可取 6×10^3kN/m；L_i 为厂房第 i 跨部分的纵向长度或防震缝区段长度；l_i 为第 i 跨屋盖的跨度。

（2）结构的自振周期和振型

结构按某一振型振动时，其振动方程为

$$-\omega^2[m]\{X\}+[K]\{X\}=0 \tag{7-39}$$

或写成下列形式：

$$[K]^{-1}[m]\{X\}=\lambda\{X\} \tag{7-40}$$

其中，$\{X\}=\{X_1, X_2, \cdots, X_n\}$为质点纵向相对位移幅值列向量，$n$ 为质点数；$[m]=\text{diag}[m_1, m_2, \cdots, m_n]$ 为质量矩阵；ω 为自由振动圆频率；$\lambda=1/\omega^2$ 为矩阵 $[K]^{-1}[m]$ 的特征值；$[K]$ 为刚度矩阵。

刚度矩阵 $[K]$ 可表示为

$$[K]=[\overline{K}]+[k] \tag{7-41}$$

$$[\overline{K}]=\text{diag}[K_1, K_2, \cdots, K_n] \tag{7-42}$$

$$[k]=\begin{bmatrix} k_1 & -k_1 & & & 0 \\ -k_1 & k_1+k_2 & -k_2 & & \\ & \cdots & \cdots & \cdots & \\ & & -k_{n-2} & k_{n-2}+k_{n-1} & -k_{n-1} \\ 0 & & & -k_{n-1} & k_{n-1} \end{bmatrix} \tag{7-43}$$

在上几式中，K_i 为第 i 柱列（与第 i 质点相应的）所有柱的纵向侧移刚度之和；$[\overline{K}]$ 为由柱列侧移刚度 K_i 组成的刚度矩阵；$[k]$ 为由屋盖纵向水平剪切刚度 k_i 组成的刚度矩阵。

求解式（7-40）即可得自振周期向量 $\{T\}$ 和振型矩阵 $[X]$：

$$\{T\}=2\pi\{\sqrt{\lambda_1}, \sqrt{\lambda_2}, \cdots, \sqrt{\lambda_n}\} \tag{7-44}$$

$$[X]=[\{X_1\},\{X_2\}, \cdots, \{X_n\}]=\begin{bmatrix} X_{11} & X_{21} & \cdots & X_{n1} \\ X_{12} & X_{22} & \cdots & X_{n2} \\ \cdots & \cdots & \cdots & \cdots \\ X_{1n} & X_{2n} & \cdots & X_{nn} \end{bmatrix} \tag{7-45}$$

(3) 各阶振型的质点水平地震作用

各阶振型的质点水平地震作用可用一个矩阵 [F] 表示

$$[F]=g[m][X][\alpha][\gamma] \tag{7-46}$$

其中，g 为重力加速度；$[\alpha]=\mathrm{diag}[\alpha_1, \alpha_2, \cdots, \alpha_s]$，$\alpha_i$ 为相应于自振周期 T_i 的地震影响系数，s 为需要组合的振型数；$[\gamma]=\mathrm{diag}[\gamma_1, \gamma_2, \cdots, \gamma_s]$，$\gamma_j$ 为各振型的振型参与系数

$$\gamma_j=\frac{\sum_{i=1}^{n} m_i X_{ji}}{\sum_{i=1}^{n} m_i X_{ji}^2} \tag{7-47}$$

在式 (7-46) 中，[X] 的表达式为

$$[X]=[\{X_1\},\{X_2\} \cdots, \{X_s\}]=\begin{bmatrix} X_{11} & X_{21} & \cdots & X_{s1} \\ X_{12} & X_{22} & \cdots & X_{s2} \\ \cdots & \cdots & \cdots & \cdots \\ X_{1n} & X_{2n} & \cdots & X_{sn} \end{bmatrix} \tag{7-48}$$

所以，[F] 的第 i 个列向量为第 i 振型各质点的水平地震作用，$i=1, 2, \cdots, s$。

(4) 各阶振型的质点侧移

各阶振型的质点侧移显然可表示为

$$[\Delta]=[K]^{-1}[F] \tag{7-49}$$

[Δ] 的第 i 个列向量为第 i 振型各质点的水平侧移，$i=1, 2, \cdots, s$。

(5) 柱列脱离体上各阶振型的柱顶地震力

各阶振型的质点侧移求出后，由各构件或各部分构件的刚度，就可求出该构件或该部分构件所受的地震力。例如，各柱列中由柱所承受的地震力 [$\overline{F}$] 为

$$[\overline{F}]=[\overline{K}][\Delta] \tag{7-50}$$

其中，[$\overline{F}$] 的第 i 行第 j 列的元素为第 j 振型第 i 质点柱列中所有柱承受的水平地震作用。

(6) 各柱列柱顶处的水平地震作用

把所考虑的各振型的地震作用进行组合（用平方和开方的方法），即得最后所求的柱列柱顶处的纵向水平地震作用。

对于常见的两跨或三跨对称厂房，可以利用结构的对称性把自由度的数目减至为 2（如图 7-17 所示），从而可用手算进行纵向抗震分析。

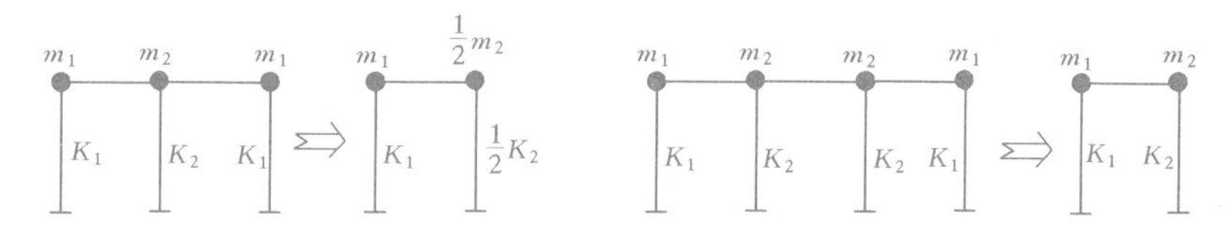

图 7-17　利用对称性减少结构的自由度数目

其他基于振型分解法的方法，与上述基本相似。

2. 修正刚度法

此法是把厂房纵向视为一个单自由度体系，求出总地震作用后，再按各柱列的修正刚度，把总地震作用分配到各柱列。此法适用于单跨或等高多跨钢筋混凝土无檩和有檩屋盖厂房。

（1）厂房纵向的基本自振周期

1）按单质点系确定

把所有的重力荷载代表值按周期等效原则集中到柱顶得结构的总质量。把所有的纵向抗侧力构件的刚度加在一起得厂房纵向的总侧向刚度。再考虑屋盖的变形，引入修正系数 ψ_T，得计算纵向基本自振周期 T_1 的公式为

$$T_1 = 2\pi\psi_T\sqrt{\frac{\sum G_i}{g\sum K_i}} \approx 2\psi_T\sqrt{\frac{\sum G_i}{\sum K_i}} \tag{7-51}$$

其中，i 为柱列序号；G_i 为第 i 柱列集中到柱顶标高处的等效重力荷载代表值；K_i 为第 i 柱列的侧移刚度，可按式（7-25）计算；ψ_T 为厂房的自振周期修正系数，按表 7-10 采用。

G_i 的表达式为

$$G_i = 1.0G_{屋盖} + 0.25（G_{柱} + G_{山墙}）+ 0.35G_{纵墙} + 0.5（G_{吊车梁} + G_{吊车桥}） \tag{7-52}$$

厂房纵向自振周期修正系数 ψ_T　　表 7-10

屋盖类型	钢筋混凝土无檩屋盖		钢筋混凝土有檩屋盖	
	边跨无天窗	边跨有天窗	边跨无天窗	边跨有天窗
砖、墙	1.45	1.50	1.60	1.65
无墙、石棉瓦、挂板	1.0	1.0	1.0	1.0

2）按抗震规范方法确定

现行《建筑抗震设计规范》GB 50011 规定，在计算单跨或等高多跨的钢筋混凝土柱厂房纵向地震作用时，在柱顶标高不大于 15m 且平均跨度不大于 30m 时，纵向基本周期 T_1 可按下列公式确定。

① 砖围护墙厂房，可按下式计算：

$$T_1 = 0.23 + 0.00025\psi_1 l\sqrt{H^3} \tag{7-53}$$

其中，ψ_1 为屋盖类型系数，对大型屋面板钢筋混凝土屋架可取 1.0，对钢屋架可取 0.85；l 为厂房跨度（单位为米），多跨厂房可取各跨的平均值；H 为基础顶面到柱顶的高度（m）。

② 敞开、半敞开或墙板与柱子柔性连接的厂房，可按式（7-53）进行计算并乘以下列围护墙影响系数 ψ_2：

$$\psi_2 = 2.6 - 0.002l\sqrt{H^3} \tag{7-54}$$

当算出的 ψ_2 小于 1.0 时应采用 1.0。

（2）柱列地震作用的计算

自振周期算出后，即可按底部剪力法求出总地震作用 F_{EK}

$$F_{EK}=\alpha_1 G_{eq} \tag{7-55}$$

然后，把 F_{EK} 按各柱列的刚度分配给各柱列。这时，为考虑屋盖变形的影响，需将侧移较大的中柱列的刚度乘以大于1的调整系数，将侧移较小的边柱列的刚度乘以小于1的调整系数。这些调整系数是根据对多种屋盖、跨度、跨数、有无砖墙等大量工况的对比计算结果确定的；并且在大致保持原结构总刚度不变的前提下，对中柱列偏于安全地加大了刚度调整系数，对边柱列则考虑到砖围护墙的潜力较大，适当减小了刚度调整系数。因此，对等高多跨钢筋混凝土屋盖的厂房，各纵向柱列的柱顶标高处的地震作用标准值为

$$F_i=F_{EK}\frac{K_{ai}}{\sum K_{ai}} \tag{7-56}$$

$$K_{ai}=\psi_3\psi_4 K_i \tag{7-57}$$

在上几式中，F_i 为第 i 柱列柱顶标高处的纵向地震作用标准值；α_1 为相应于厂房纵向基本自振周期的水平地震影响系数；G_{eq} 为厂房单元柱列总等效重力荷载代表值；K_i 为第 i 柱列柱顶的总侧移刚度（按式7-25计算）；K_{ai} 为第 i 柱列柱顶的调整侧移刚度；ψ_3 为柱列侧移刚度的围护墙影响系数（可按表7-11采用，有纵向砖围护墙的四跨或五跨厂房，由边柱列数起的第三柱列可按表内相应数值的1.15倍采用）；ψ_4 为柱列侧移刚度的柱间支撑影响系数（纵向为砖围护墙时，边柱列可采用1.0，中柱列可按表7-12采用）。

柱列侧移刚度的围护墙影响系数 ψ_3　　表7-11

<table>
<tr><th colspan="2">围护墙类别和烈度</th><th colspan="5">柱列和屋盖类别</th></tr>
<tr><th rowspan="3">240砖墙</th><th rowspan="3">370砖墙</th><th rowspan="3">边柱列</th><th colspan="4">中柱列</th></tr>
<tr><th colspan="2">无檩屋盖</th><th colspan="2">有檩屋盖</th></tr>
<tr><th>边跨无天窗</th><th>边跨有天窗</th><th>边跨无天窗</th><th>边跨有天窗</th></tr>
<tr><td></td><td>7度</td><td>0.85</td><td>1.7</td><td>1.8</td><td>1.8</td><td>1.9</td></tr>
<tr><td>7度</td><td>8度</td><td>0.85</td><td>1.5</td><td>1.6</td><td>1.6</td><td>1.7</td></tr>
<tr><td>8度</td><td>9度</td><td>0.85</td><td>1.3</td><td>1.4</td><td>1.4</td><td>1.5</td></tr>
<tr><td>9度</td><td></td><td>0.85</td><td>1.2</td><td>1.3</td><td>1.3</td><td>1.4</td></tr>
<tr><td colspan="2">无墙、石棉瓦或挂板</td><td>0.90</td><td>1.1</td><td>1.1</td><td>1.2</td><td>1.2</td></tr>
</table>

纵向采用砖围护墙的中柱列柱间支撑影响系数 ψ_4　　表7-12

<table>
<tr><th rowspan="2">厂房单元内设置下柱支撑的柱间数</th><th colspan="5">中柱列下柱支撑斜杆的长细比</th><th rowspan="2">中柱列无支撑</th></tr>
<tr><th>≤40</th><th>41～80</th><th>81～120</th><th>121～150</th><th>>150</th></tr>
<tr><td>一柱间</td><td>0.9</td><td>0.95</td><td>1.0</td><td>1.1</td><td>1.25</td><td>1.4</td></tr>
<tr><td>二柱间</td><td>—</td><td>—</td><td>0.9</td><td>0.95</td><td>1.0</td><td>1.4</td></tr>
</table>

厂房单元柱列总等效重力荷载代表值 G_{eq}，应包括屋盖的重力荷载代表值、70%纵墙自重、50%横墙与山墙自重及折算的柱自重（有吊车时采用 10%柱自重，无吊车时采用 50%柱自重）。用公式表示时，即为

对无吊车厂房

$$G_{eq}=1.0G_{屋盖}+0.5G_{柱}+0.7G_{纵墙}+0.5\ (G_{山墙}+G_{横墙}) \tag{7-58}$$

对有吊车厂房

$$G_{eq}=1.0G_{屋盖}+0.1G_{柱}+0.7G_{纵墙}+0.5\ (G_{山墙}+G_{横墙}) \tag{7-59}$$

有吊车的等高多跨钢筋混凝土屋盖厂房，根据地震作用沿厂房高度呈倒三角分布的假定，柱列各吊车梁顶标高处的纵向地震作用标准值，可按下式确定：

$$F_{ci}=\alpha_1 G_{ci}\frac{H_{ci}}{H_i} \tag{7-60}$$

其中，F_{ci} 为第 i 柱列吊车梁顶标高处的纵向地震作用标准值；G_{ci} 为集中于第 i 柱列吊车梁顶标高处的等效重力荷载代表值，其计算式为

$$G_{ci}=0.4G_{柱}+1.0\ (G_{吊车梁}+G_{吊车桥}) \tag{7-61}$$

式中 H_{ci}——第 i 柱列吊车梁顶高度；

H_i——第 i 柱列柱顶高度。

（3）构件地震作用的计算

柱列的地震作用算出后，就可将此地震作用按刚度比例分配给柱列中的各个构件。

1）作用在柱列柱顶高度处水平地震作用的分配

按式（7-56）算出的第 i 柱列柱顶高度处的水平地震作用 F_i，可按刚度分配给该柱列中的各柱、支撑和砖墙。前面已算出柱列 i 的总刚度为 K_i，则可得如下公式。

在第 i 柱列中，刚度为 K_{cij} 的柱 j 所受的地震力 F_{cij} 为

$$F_{cij}=\frac{K_{cij}}{K_i}F_i \tag{7-62}$$

刚度为 K_{bij} 的第 j 柱间支撑所受的地震力 F_{bij} 为

$$F_{bij}=\frac{K_{bij}}{K_i}F_i \tag{7-63}$$

刚度为 K_{wij} 的第 j 纵墙所受的地震力 F_{wij} 为

$$F_{wij}=\frac{\psi_k K_{wij}}{K_i}F_i \tag{7-64}$$

其中 ψ_k 为贴砌砖墙的刚度降低系数。

2）柱列吊车梁顶标高处的纵向水平地震作用的分配

第 i 柱列作用于吊车梁顶标高处的纵向水平地震作用 F_{ci}，因偏离砖墙较远，故不计砖墙的贡献，并认为主要由柱间支撑承担。为简化计算，对中小型厂房，可近似取相应的柱刚度

之和等于0.1倍柱间支撑刚度之和。由此可得如下公式。

对于第 i 柱列，一根柱子所分担的吊车梁顶标高处的纵向水平地震作用 F_{ci1} 为（n 为柱子的根数，并且认为各柱所分得的值相同）

$$F_{ci1}=\frac{1}{11n}F_{ci} \tag{7-65}$$

刚度为 K_{bj} 的一片柱间支撑所分担的吊车梁顶标高处的纵向水平地震作用 F_{bi1} 为

$$F_{bi1}=\frac{K_{bj}}{1.1\sum K_{bj}}F_{ci} \tag{7-66}$$

其中 $\sum K_{bj}$ 为第 i 柱列所有柱间支撑的刚度之和。

3. 柱列法

对纵墙对称布置的单跨厂房和采用轻型屋盖的多跨厂房，可用柱列法计算。此法以跨度中线划界，取各柱列独立进行分析，使计算得到简化。

第 i 柱列沿厂房纵向的基本自振周期为

$$T_{i1}=2\psi_{T}\sqrt{\frac{G_i}{K_i}} \tag{7-67}$$

其中，ψ_T 为考虑厂房空间作用的周期修正系数，对单跨厂房，取 $\psi_T=1.0$，对多跨厂房按表7-13采用；G_i 和 K_i 的定义与前述相同，即，G_i 可按式（7-52）计算，K_i 可按式（7-25）计算。

柱列法自振周期修正系数 ψ_T 表7-13

围护墙	天窗或支撑		边柱列	中柱列
石棉瓦、挂板或无墙	有支撑	边跨无天窗	1.3	0.9
		边跨有天窗	1.4	0.9
	无柱间支撑		1.15	0.85
砖墙	有支撑	边跨无天窗	1.60	0.9
		边跨有天窗	1.65	0.9
	无柱间支撑		2	0.85

作用于第 i 柱列柱顶的纵向水平地震作用标准值 F_i，可按底部剪力法计算

$$F_i=\alpha_1\overline{G}_i \tag{7-68}$$

其中，α_1 为相应于 T_{i1} 的地震影响系数；$\overline{G}_i$ 为按内力等效原则而集中于第 i 柱列柱顶的重力荷载代表值，其计算式为

$$\overline{G}_i=1.0G_{屋盖}+0.5(G_{柱}+G_{山墙})+0.7G_{纵墙}+0.75(G_{吊车梁}+G_{吊车桥}) \tag{7-69}$$

F_i 算出后，即可按该柱列各抗侧力构件的刚度比例，把 F_i 分配到各构件，相应的计算方法参见第（3）节。

4. 拟能量法

此法适用于不等高的钢筋混凝土弹性屋盖厂房。

(1) 基本自振周期的计算

可按能量法计算基本自振周期。以一个抗震缝区段作为计算单元。各个不同的柱顶高度处作为质量的集中点，对有较大吨位的厂房，还应在支承吊车梁顶面标高处增设一个质点。以各跨的中心线作为划分质量的分界线，墙柱等支承结构的重量换算集中到各柱列的柱顶高度处。基本周期 T_1 的计算公式为

$$T_1=2\psi_T\sqrt{\frac{\sum_{i=1}^{n}G_{ai}u_i^2}{\sum_{i=1}^{n}G_{ai}u_i}} \tag{7-70}$$

其中，ψ_T 为周期折减系数，可按前面的方法取值；G_{ai} 为第 i 质点的等效重力荷载（N）；u_i 为在全部 G_{ai} 的纵向水平作用下（$i=1$，…，n）质点 i 的纵向水平位移（m）。

计算 G_{ai} 时，应按下列方法进行调整。对于靠边跨的第一中柱列柱顶高度处的质点，应取

$$G_{a1}=\psi_i G_{1f} \tag{7-71}$$

其中，ψ_i 为靠边跨第一中柱列质量调整系数，按表 7-14 取值；G_{1f} 为相应的调整前的等效重力荷载。对于边柱列柱顶高度处质点，应取

柱列质点重量调整系数 ψ_i 的值 **表 7-14**

240 砖墙	370 砖墙	钢筋混凝土无檩屋盖		钢筋混凝土有檩屋盖	
		边跨无天窗	边跨有天窗	边跨无天窗	边跨有天窗
	7 度	0.55	0.60	0.65	0.70
7 度	8 度	0.65	0.70	0.75	0.80
8 度	9 度	0.70	0.75	0.80	0.85
9 度		0.75	0.80	0.85	0.90
无墙、石棉瓦、瓦楞铁或挂板		0.90	0.90	1.00	1.00

$$G_{ai}=G_1+(1-\psi_i)G_{1f} \tag{7-72}$$

其中 G_1 为该处调整前的等效重力荷载。

各质点的调整前的等效重力荷载，可按如下方法计算。

1) 集中于柱列柱顶高度处的质点

① 边柱列

无吊车或有较小吨位吊车时

$$G_1=1.0G_{屋盖}+0.5G_{柱}+0.5G_{横墙}+0.7G_{纵墙}+0.75(G_{吊车梁}+G_{吊车桥})$$

有较大吨位吊车时

$$G_1=1.0G_{屋盖}+0.1G_{柱}+0.5G_{横墙}+0.7G_{纵墙}$$

② 中柱列

(a) 无吊车或有较小吨位吊车时

高跨柱顶处

$$G_{ai}=1.0G_{屋盖}+0.5G_{柱}+0.5G_{横墙}+0.7G_{纵墙}+0.9(G_{吊车梁}+G_{吊车桥})_{高跨}+0.7(G_{吊车梁}+G_{吊车桥})_{低跨}+0.5G_{悬墙}$$

高低跨交接处的低跨柱顶处

$$G_{ai}=1.0G_{屋盖}+0.75(G_{吊车梁}+G_{吊车桥})_{低跨}+0.5G_{悬墙}$$

非高低跨交接处的低跨柱顶处

$$G_{ai}=1.0G_{屋盖}+0.5G_{柱}+0.5G_{横墙}+0.7G_{纵墙}+0.75(G_{吊车梁}+G_{吊车桥})_{低跨}$$

(b) 有较大吨位吊车时

高跨柱顶处

$$G_{ai}=1.0G_{屋盖}+0.1G_{柱}+0.5G_{横墙}+0.7G_{纵墙}+0.5G_{悬墙}$$

高低跨交接处的低跨柱顶处

$$G_{ai}=1.0G_{屋盖}+0.5G_{悬墙}$$

非高低跨交接处的低跨柱顶处

$$G_{ai}=1.0G_{屋盖}+0.1G_{柱}+0.5G_{横墙}+0.7G_{纵墙}$$

2) 集中于吊车梁顶面处的质点

$$G_{ci}=0.4G_{柱}+1.0(G_{吊车梁}+G_{吊车桥})$$

(2) 柱列地震作用

1) 作用于第 i 柱列（脱离体）柱顶标高处的纵向水平地震作用

① 一般柱列

$$F_i=\alpha_1 G_{ai} \tag{7-73}$$

② 高低跨交界处柱列

(a) 高跨质点处

$$F_{i高}=\alpha_1(G_{ai高}+G_{ai低})\frac{G_{ai高}H_{i高}}{G_{ai高}H_{i高}+G_{ai低}H_{i低}}$$

(b) 低跨质点处

$$F_{i低}=\alpha_1(G_{ai高}+G_{ai低})\frac{G_{ai低}H_{i低}}{G_{ai高}H_{i高}+G_{ai低}H_{i低}}$$

2) 作用于吊车梁顶面标高处的纵向水平地震作用

当有较大吨位吊车时，作用于吊车梁顶面标高处的纵向水平地震作用可按式（7-60）计算。

求出柱列的地震作用后，可按前述方法把柱列地震作用分配至各个构件。

5. 柱间支撑的抗震验算及设计

柱间支撑的截面验算是单层厂房纵向抗震计算的主要目的。规范规定，斜杆长细比不大于 200 的柱间支撑在单位侧向力作用下的水平位移，可按下式确定：

$$u=\sum\frac{1}{1+\varphi_i}u_{ti} \tag{7-74}$$

其中，u 为单位侧向力作用点的侧向位移；φ_i 为第 i 节间斜杆的轴心受压稳定系数（按现行国家标准《钢结构设计标准》GB 50017 采用）；u_{ti} 为在单位侧向力作用下第 i 节间仅考虑拉杆受力的相对位移。

对于长细比小于 200 的斜杆截面，可仅按抗拉要求验算，但应考虑压杆的卸载影响。验算公式为

$$N_{bi}\leqslant A_i f/\gamma_{RE} \tag{7-75}$$

$$N_{bi}=\frac{l_i}{(1+\varphi_i\psi_c)L}V_{bi} \tag{7-76}$$

其中，N_{bi} 为第 i 节间支撑斜杆抗拉验算时的轴向拉力设计值；l_i 为第 i 节间斜杆的全长；ψ_c 为压杆卸载系数（压杆长细比为 60、100 和 200 时，可分别采用 0.7、0.6 和 0.5）；V_{bi} 为第 i 节间支撑承受的地震剪力设计值；L 为支撑所在柱间的净距。

无贴砌墙的纵向柱列，上柱支撑与同列下柱支撑宜等强设计。

柱间支撑端节点预埋板的锚件宜采用角钢加端板（图 7-18）。此时，其截面抗震承载力宜按下列公式验算：

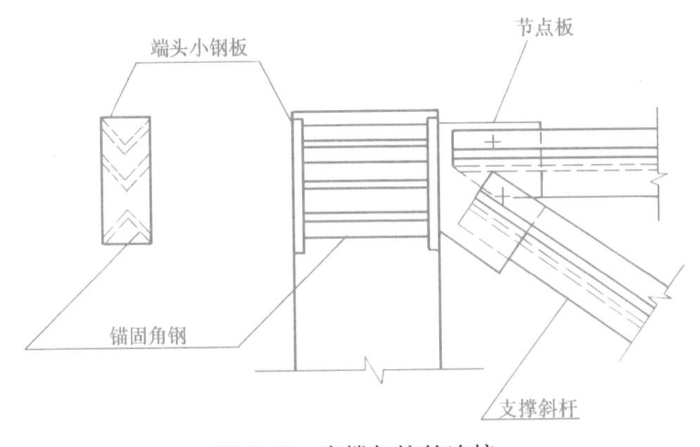

图 7-18　支撑与柱的连接

$$N\leqslant\frac{0.7}{\gamma_{RE}\left(\dfrac{\sin\theta}{V_{u0}}+\dfrac{\cos\theta}{\psi N_{u0}}\right)} \tag{7-77}$$

$$V_{u0}=3n\zeta_r\sqrt{W_{min}bf_af_c} \tag{7-78}$$

$$N_{u0}=0.8nf_{a}A_{s} \tag{7-79}$$

其中，N 为预埋板的斜向拉力，可采用按全截面屈服强度计算的支撑斜杆轴向力的1.05倍；γ_{RE} 为承载力抗震调整系数，可采用1.0；θ 为斜向拉力与其水平投影的夹角；n 为角钢根数；b 为角钢肢宽；W_{min} 为与剪力方向垂直的角钢最小截面模量；A_s 为一根角钢的截面面积；f_a 为角钢抗拉强度设计值。

柱间支撑端节点预埋板的锚件也可采用锚筋。此时，其截面抗震承载力宜按下列公式验算：

$$N\leqslant\frac{0.8f_{y}A_{s}}{\gamma_{RE}\left(\dfrac{\cos\theta}{0.8\zeta_{m}\psi}+\dfrac{\sin\theta}{\zeta_{r}\zeta_{v}}\right)} \tag{7-80}$$

$$\psi=\frac{1}{1+\dfrac{0.6e_{0}}{\zeta_{r}s}} \tag{7-81}$$

$$\zeta_{m}=0.6+0.25\frac{t}{d} \tag{7-82}$$

$$\zeta_{v}=(4-0.08d)\sqrt{\frac{f_{c}}{f_{y}}} \tag{7-83}$$

在上几式中，A_s 为锚筋总截面面积；e_0 为斜向拉力对锚筋合力作用线的偏心距，应小于外排锚筋之间距离的20%（mm）；ψ 为偏心影响系数；s 为外排锚筋之间的距离（mm）；ζ_m 为预埋板弯曲变形影响系数；t 为预埋板厚度（mm）；d 为锚筋直径（mm）；ζ_r 为验算方向锚筋排数的影响系数，二、三和四排可分别采用1.0、0.9和0.85；ζ_v 为锚筋的受剪影响系数，大于0.7时应采用0.7。

6. 突出屋面天窗架的纵向抗震计算

突出屋面的天窗架的纵向抗震计算，一般情况下可采用空间结构分析法，并计及屋盖平面弹性变形和纵墙的有效刚度。

对柱高不超过15m的单跨和等高多跨钢筋混凝土无檩屋盖厂房的突出屋面的天窗架，可采用底部剪力法计算其地震作用，但此地震作用效应应乘以效应增大系数。效应增大系数 η 的取值为

（1）对单跨、边跨屋盖或有纵向内隔墙的中跨屋盖，取

$$\eta=1+0.5n \tag{7-84}$$

其中 n 为厂房跨数，超过四跨时取四跨。

（2）对其他中跨屋盖，取

$$\eta=0.5n \tag{7-85}$$

7. 单层砖柱厂房的纵向抗震验算

(1) 空间分析法

采用钢筋混凝土屋盖的厂房，其纵向柱列受到屋盖的牵制而形成空间结构，故一般可采用空间结构力学模型进行纵向抗震分析。计算方法与钢筋混凝土柱厂房的纵向空间分析法基本相同。

(2) 修正刚度法

修正刚度法适用于钢筋混凝土屋盖（无檩或有檩）等高多跨单层砖柱厂房的纵向抗震验算。纵向基本自振周期可按下式计算：

$$T_1 = 2\psi_T \sqrt{\frac{\sum G_i}{\sum K_i}} \tag{7-86}$$

其中，ψ_T 为周期修正系数，按表 7-15 采用；K_i 为第 i 柱列的侧移刚度；G_i 为第 i 柱列的按周期相等的原则换算到柱顶或墙顶处集中重力荷载代表值，算法与前述相同，其表达式为

$$G_i = 1.0(G_{屋盖} + 0.5G_{雪} + 0.5G_{积灰}) + 0.25G_{柱} + 0.25G_{山墙} + 0.35G_{纵墙} \tag{7-87}$$

砖柱厂房纵向基本自振周期修正系数 ψ_T　　表 7-15

屋盖类型	钢筋混凝土无檩屋盖		钢筋混凝土有檩屋盖	
	边跨无天窗	边跨有天窗	边跨无天窗	边跨有天窗
周期修正系数	1.3	1.35	1.4	1.45

第 i 柱列侧移刚度 K_i 的算法与式（7-25）基本相同，但有以下几点不同：①由于砖柱厂房的纵墙完全起抗侧力作用（非贴砌），故须取砖墙的刚度降低系数 $\psi_k = 1$。②只有独立砖柱才能作为柱计算其抗侧刚度。带壁柱墙中的壁柱不能作为柱计算其刚度。带壁柱墙作为整体应按墙计算其抗侧刚度，此时，可近似地按截面相等原则将其换算成矩形截面。③显然，在计算砖柱的侧移刚度时，应采用相应砌体的弹性模量。并且可取式（7-26）中的影响系数 $\mu = 1$。

单层砖柱厂房纵向总水平地震作用标准值可按下式计算：

$$F_{EK} = \alpha_1 \sum \overline{G}_i \tag{7-88}$$

其中，α_1 为相应于纵向基本自振周期 T_1 的地震影响系数；$\overline{G}_i$ 为按照柱列底部剪力相等的原则，第 i 柱列换算集中到墙顶处的重力荷载代表值，其计算式为

$$\overline{G}_i = 1.0(G_{屋盖} + 0.5G_{雪} + 0.5G_{积灰}) + 0.5G_{柱} + 0.5G_{山墙} + 0.7G_{纵墙} \tag{7-89}$$

沿厂房纵向第 i 柱列上端的水平地震作用 F_i 可按下式计算：

$$F_i = \frac{\psi_i K_i}{\sum_j \psi_j K_j} F_{EK} \tag{7-90}$$

其中 ψ_i 为反映屋盖水平变形影响的柱列刚度调整系数，根据屋盖类型和各柱列的纵墙设置情况，按表 7-16 采用。

砖柱厂房柱列刚度调整系数　　表 7-16

纵墙设置情况		屋盖类型			
		钢筋混凝土无檩屋盖		钢筋混凝土有檩屋盖	
		边柱列	中柱列	边柱列	中柱列
砖柱敞棚		0.95	1.1	0.9	1.6
各柱列均为带壁柱砖墙		0.95	1.1	0.9	1.2
边柱列为带壁柱砖墙	中柱列的纵墙不少于4开间	0.7	1.4	0.75	1.5
	中柱列的纵墙少于4开间	0.6	1.8	0.65	1.9

（3）柱列法

当砖柱厂房为纵墙对称布置的单跨厂房或具有轻型屋盖的多跨厂房时，各柱列或具有相同的位移，或相互间联系较弱。这时，可把厂房沿每跨的纵向中线切开，对每个柱列分别进行抗震分析，这种分析方法就称为柱列法。

第 i 柱列的纵向自振周期按下式计算：

$$T_1 = 2\pi\sqrt{\frac{m_i}{K_i}} \approx 2\sqrt{\frac{G_i}{K_i}} \tag{7-91}$$

其中 G_i 和 K_i 的定义和计算方法与前述砖柱厂房的修正刚度法相同。

第 i 柱列柱顶的水平地震作用 F_i 可按底部剪力法计算如下：

$$F_i = \alpha_1 \overline{G}_i \tag{7-92}$$

其中，α_1 为相应于 T_1 的地震影响系数；$\overline{G}_i$ 的定义与前述相同，仍按式（7-89）计算。

7.3 抗震构造措施和连接的计算要求

7.3.1 钢筋混凝土厂房

1. 屋盖

有檩屋盖构件的连接应符合下列要求：（1）檩条应与混凝土屋架（屋面梁）焊牢，并应有足够的支承长度；（2）双脊檩应在跨度1/3处相互拉结；（3）压型钢板应与檩条可靠连接，瓦楞铁、石棉瓦等应与檩条拉结。

无檩屋盖构件的连接，应符合下列要求：（1）大型屋面板应与屋架（屋面梁）焊牢，靠柱列的屋面板与屋架（屋面梁）的连接焊缝长度不宜小于80mm，焊缝厚度不宜小于6mm；（2）6度和7度时，有天窗厂房单元的端开间，或8度和9度时各开间，宜将垂直屋架方向两侧相邻的大型屋面板的顶面彼此焊牢；（3）8 度和 9 度时，大型屋面板端头底面的预埋件宜采用带槽口的角钢并与主筋焊牢（图 7-19）；（4）非标准屋面板宜采用装配整体式接头，或将板四角切掉后与混凝土屋架（屋面梁）焊牢；（5）屋架（屋面梁）端部顶面预埋件的锚筋，8 度时不宜小于 4Φ10，9 度时不宜少于 4Φ12。

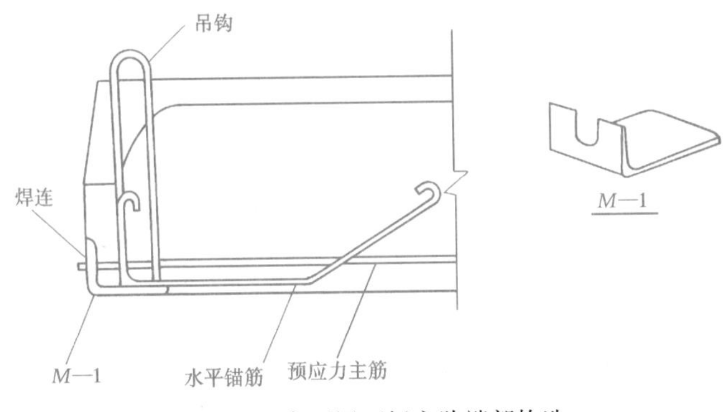

图 7-19　大型屋面板主肋端部构造

屋盖支撑还应符合下列要求：（1）天窗开洞范围内，在屋架脊点处应设上弦通长水平压杆；8 度Ⅲ、Ⅳ类场地和 9 度时，梯形屋架端部上节点应沿厂房纵向设置通长水平压杆。（2）屋架跨中竖向支撑在跨度方向的间距，6～8 度时不大于 15m，9 度时不大于 12m；当仅在跨中设一道时，应设在跨中屋架屋脊处；当设二道时，应在跨度方向均匀布置。（3）屋架上、下弦通长水平系杆与竖向支撑宜配合设置。（4）柱距不小于 12m 且屋架间距 6m 的厂房，托架（梁）区段及其相邻开间应设下弦纵向水平支撑。（5）屋盖支撑杆件宜用型钢。

屋盖支撑桁架的腹杆与弦杆连接的承载力，不宜小于腹杆的承载力。屋架竖向支撑桁架应能传递和承受屋盖的水平地震作用。

突出屋面的钢筋混凝土天窗架，其两侧墙板与天窗立柱宜采用螺栓连接（图 7-20）。采用焊接等刚性连接方式时，由于缺乏延性，会造成应力集中而加重震害。

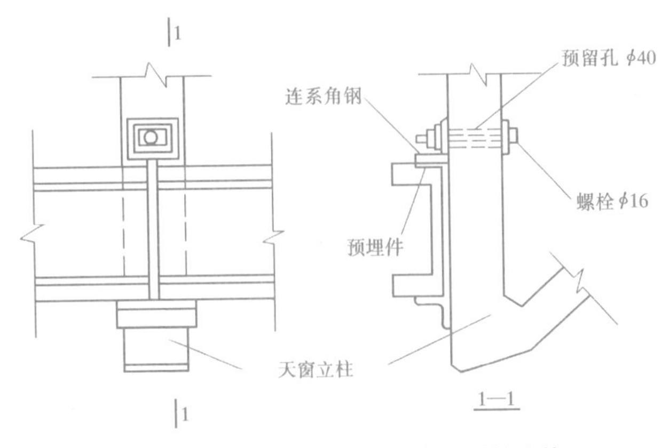

图 7-20　侧板与天窗立柱的螺栓柔性连接

钢筋混凝土屋架的截面和配筋，应符合下列要求：(1) 屋架上弦第一节间和梯形屋架端竖杆的配筋，6度和7度时不宜少于4φ12，8度和9度时不宜少于4φ14。(2) 梯形屋架的端竖杆截面宽度宜与上弦宽度相同。(3) 拱形和折线形屋架上弦端部支撑屋面板的小立柱的截面不宜小于200mm×200mm，高度不宜大于500mm，主筋宜采用∏形，6度和7度时不宜少于4φ12，8度和9度时不宜少于4φ14，箍筋可采用φ6，间距宜为100mm。

2. 柱

厂房柱子的箍筋，应符合下列要求：

(1) 下列范围内柱的箍筋应加密：1) 柱头，取柱顶以下500mm并不小于柱截面长边尺寸；2) 上柱，取阶形柱自牛腿面至吊车梁顶面以上300mm高度范围内；3) 牛腿（柱肩），取全高；4) 柱根，取下柱柱底至室内地坪以上500mm；5) 柱间支撑与柱连接节点，到节点上、下各300mm。

(2) 加密区箍筋间距不应大于100mm，箍筋肢距和最小直径应符合表7-17的规定。

柱加密区箍筋最大肢距和最小箍筋直径　　表7-17

烈度和场地类别		6度和7度Ⅰ、Ⅱ类场地	7度Ⅲ、Ⅳ类场地和8度Ⅰ、Ⅱ类场地	8度Ⅲ、Ⅳ类场地和9度
箍筋最大肢距(mm)		300	250	200
箍筋的最小直径	一般柱头和柱根	φ6	φ8	φ8(φ10)
	角柱柱头	φ8	φ10	φ10
	上柱、牛腿和有支撑的柱根	φ8	φ8	φ10
	有支撑的柱头和柱变位受约束的部位	φ8	φ10	φ12

注：括号内数值用于柱根。

山墙抗风柱的配筋，应符合下列要求：(1) 抗风柱柱顶以下300mm和牛腿（柱肩）面以上300mm范围内的箍筋，直径不宜小于6mm，间距不应大于100mm，肢距不宜大于250mm。(2) 抗风柱的变截面牛腿（柱肩）处，宜设置纵向受拉钢筋。

大柱网厂房柱的截面和配筋构造，应符合下列要求：(1) 柱截面宜采用正方形或接近正方形的矩形，边长不宜小于柱全高的1/18～1/16。(2) 重屋盖厂房考虑地震组合的柱轴压比，6、7度时不宜大于0.8，8度时不宜大于0.7，9度时不宜大于0.6。(3) 纵向钢筋宜沿柱截面周边对称配置，间距不宜大于200mm，角部宜配置直径较大的钢筋。(4) 柱头和柱根的箍筋应加密，并应符合下列要求：加密范围，柱根取基础顶面至室内地坪以上1m，且不小于柱全高的1/6；柱头取柱顶以下500mm，且不小于柱截面长边尺寸。(5) 箍筋末端应设135°弯钩，且平直段的长度不应小于箍筋直径的10倍。

厂房柱侧向受约束，且剪跨比不大于2的排架柱，柱顶预埋钢板和柱顶箍筋加密区的构造尚应符合下列要求：(1) 柱顶预埋钢板沿排架平面方向的长度，宜取柱顶的截面高度 h，但在任何情况下不得小于 $h/2$ 及 300mm。(2) 柱顶轴向力在排架平面内的偏心距 e_0 在 $h/6$～$h/4$ 范围内时，柱顶箍筋加密区的箍筋体积配筋率不宜小于下列规定：9 度不宜小于 1.2%；8 度不宜小于 1.0%；6、7 度不宜小于 0.8%。(3) 加密区箍筋宜配置四肢箍，肢距不大于 200mm。

3. 柱间支撑

厂房柱间支撑的构造，应符合下列要求：(1) 柱间支撑应采用型钢，支撑形式宜采用交叉式，其斜杆与水平面的交角不宜大于 55°。(2) 支撑杆件的长细比，不宜超过表 7-18 的规定。(3) 下柱支撑的下节点位置和构造措施，应保证将地震作用直接传给基础（图 7-21）；当 6 度和 7 度（0.1g）不能直接传给基础时，应考虑支撑对柱和基础的不利影响，采取加强措施。(4) 交叉支撑在交叉点应设置节点板，其厚度不应小于 10mm，斜杆与交叉节点板应焊接，与端节点板宜焊接。

交叉支撑斜杆的最大长细比　　表 7-18

位置	烈度			
	6 度和 7 度 Ⅰ、Ⅱ类场地	7 度Ⅲ、Ⅳ类场地和 8 度Ⅰ、Ⅱ类场地	8 度Ⅲ、Ⅳ类场地和 9 度Ⅰ、Ⅱ类场地	9 度Ⅲ、Ⅳ类场地
上柱支撑	250	250	200	150
下柱支撑	200	150	120	120

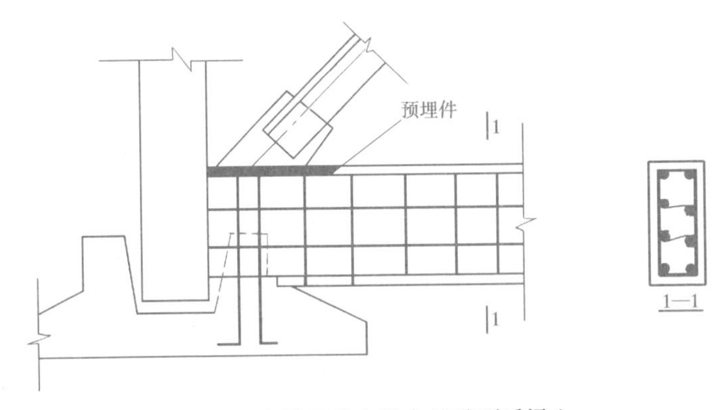

图 7-21　支撑下节点设在基础顶系梁上

4. 连接节点

屋架（屋面梁）与柱顶的连接有焊接、螺栓连接和钢板铰连接三种形式。焊接连接（图 7-22a）的构造接近刚性，变形能力差。故 8 度时宜采用螺栓（图 7-22b），9 度时宜采用钢板铰（图 7-22c），亦可采用螺栓；屋架（屋面梁）端部支承垫板的厚度不宜小于 16mm。

柱顶预埋件的锚筋，8 度时不宜少于 4ϕ14，9 度时不宜少于 4ϕ16，有柱间支撑的柱子，柱顶预埋件尚应增设抗剪钢板（图 7-23）。

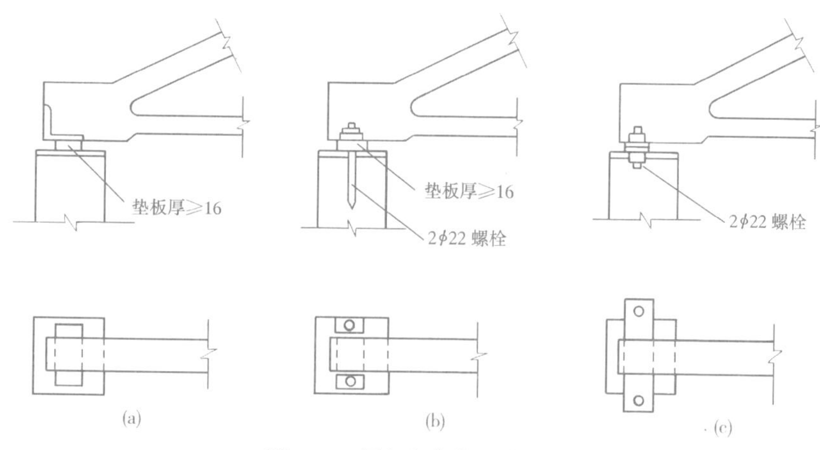

图 7-22 屋架与柱的连接构造

（a）焊接连接；（b）螺栓连接；（c）板铰连接

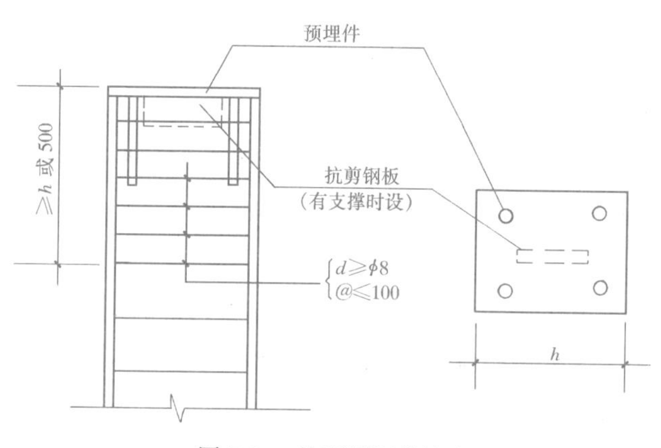

图 7-23 柱顶预埋件构造

山墙抗风柱的柱顶，应设置预埋板，使柱顶与端屋架上弦（屋面梁上翼缘）可靠连接。连接部位应在上弦横向支撑与屋架的连接点处，不符合时可在支撑中增设次腹杆或设置型钢横梁，将水平地震作用传至节点部位。

支承低跨屋盖的中柱牛腿（柱肩）的构造应符合下列要求：（1）牛腿顶面的预埋件，应与牛腿（柱肩）中按计算承受水平拉力部分的纵向钢筋焊接，且焊接的钢筋，6 度和 7 度时不应少于 2Φ12，8 度时不应少于 2Φ14，9 度时不应少于 2Φ16（图 7-24）。（2）牛腿中的纵向受拉钢筋和锚筋的锚固长度应符合第 5 章中框架梁伸入端节点内的锚固要求。（3）牛腿水平箍筋的最小直径为 8mm，最大间距为 100mm。

柱间支撑与柱连接节点预埋件的锚接，8 度Ⅲ、Ⅳ类场地和 9 度时，宜采用角钢加端板，其他情况可采用不低于 HRB400 级的热轧钢筋，但锚固长度不应小于 30 倍锚筋直径或增设端板。

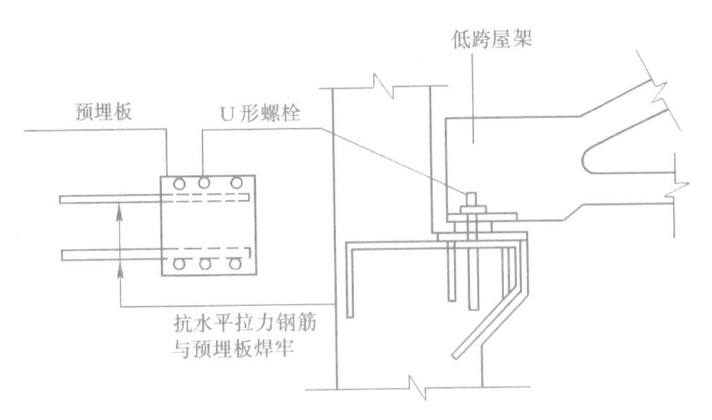

图 7-24　低跨屋盖与柱牛腿的连接

柱间支撑端部的连接，对单角钢支撑应考虑强度折减，8、9 度时不得采用单面偏心连接；交叉支撑有一杆中断时，交叉节点板应予以加强，使其承载力不小于 1.1 倍杆件承载力。

厂房中的吊车走道板、端屋架与山墙间的填充小屋面板、天沟板、天窗端壁板和天窗侧板下的填充砌体等构件应与支承构件有可靠的连接。

基础梁的稳定性较好，一般不需采用连接措施。但在 8 度Ⅲ、Ⅳ类场地和 9 度时，相邻基础梁之间应采用现浇接头，以提高基础梁的整体稳定性。

5. 隔墙和围护墙

单层钢筋混凝土柱厂房的砌体隔墙和围护墙应符合下列要求：(1) 内嵌式砌体隔墙与柱宜脱开或柔性连接，并应采取措施使墙体稳定，隔墙顶部应设现浇钢筋混凝土压顶梁。(2) 厂房的砌体围护墙宜采用外贴式并与柱（包括抗风柱）可靠拉结，柱顶以上墙体应与屋架端部、屋面板和天沟板等可靠拉结，厂房角部的砖墙应沿纵横两个方向与柱拉结（图 7-25）；不等高厂房的高跨封墙和纵横向厂房交接处的悬墙宜采用轻质墙板，6、7 度采用砌体时，不应直接砌在低跨屋盖上。(3) 砌体围护墙在下列部位应设置现浇钢筋混凝土圈梁：①梯形屋架端部上弦和柱顶标高处应各设一道，但屋架端部高度不大于 900mm 时可合并设置；②应按上

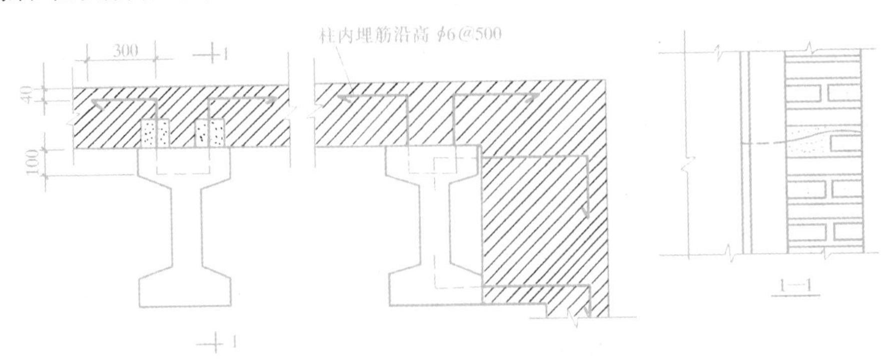

图 7-25　贴砌砖墙与柱的拉结

密下稀的原则每隔 4m 左右在窗顶增设一道圈梁，不等高厂房的高低跨封墙和纵横跨交接处的悬墙，圈梁的竖向间距不应大于 3m；③山墙沿屋面应设钢筋混凝土卧梁，并应与屋架端部上弦标高处的圈梁连接。圈梁宜闭合，其截面宽度宜与墙厚相同，截面高度不应小于 180mm；圈梁的纵筋，6～8 度时不应少于 4ϕ12，9 度时不应少于 4ϕ14。特殊部位的圈梁的构造详见抗震规范[23]。

围护砖墙上的墙梁应尽可能采用现浇。当采用预制墙梁时，除墙梁应与柱可靠锚拉外，梁底还应与砖墙顶牢固拉结，以避免梁下墙体由于处于悬臂状态而在地震时倾倒。厂房转角处相邻的墙梁应相互可靠连接。

7.3.2　钢结构厂房

钢结构厂房构件在可能产生塑性铰的最大应力区内，应避免焊接接头。对于厚度较大无法采用螺栓连接的构件，可采用对接焊缝等强度连接。屋盖横梁与柱顶铰接时，宜采用螺栓连接。刚接框架的屋架上弦与柱相连的连接板，不应出现塑性变形。当横梁为实腹梁时，梁与柱的刚性连接、梁端梁与梁的拼接，应采用地震组合内力进行弹性阶段设计。梁柱刚性连接、梁与梁拼接的极限受弯承载力一般可按相关规范中钢结构梁柱刚接、梁与梁拼接的规定考虑连接系数进行验算，其中，当最大应力区在上柱时，全塑性受弯承载力应取实腹梁、上柱二者的较小值；当屋面梁考虑钢结构弹性设计阶段的板件宽厚比时，梁柱刚性连接和梁与梁拼接，应能可靠传递设防烈度地震组合内力。刚接框架的屋架上弦与柱相连的连接板，在设防地震下不宜出现塑性变形。

框架柱的长细比当轴压比小于 0.2 时，不宜大于 150；轴压比不小于 0.2 时，不宜大于 $120\sqrt{235/f_{ay}}$，其中 f_{ay} 为钢材的屈服强度。

框架柱、梁截面板件的宽厚比限值应符合相关规范要求。

柱脚应能可靠传递柱身承载力。宜采用埋入式、插入式或外包式柱脚，6、7 度时也可采用外露式柱脚。

实腹式钢柱采用埋入式、插入式柱脚的埋入深度应由计算确定，且不得小于钢柱截面高度的 2.5 倍。

厂房单元的各纵向柱列，应在厂房单元中部布置一道下柱柱间支撑；当 7 度厂房单元长度大于 120m（采用轻型围护材料时为 150m）、8 度和 9 度厂房单元大于 90m（采用轻型围护材料时为 120m）时，应在厂房单元 1/3 区段内各布置一道下柱支撑；当柱距数不超过 5 个且厂房长度小于 60m 时，亦可在厂房单元的两端布置下柱支撑。上柱柱间支撑应布置在厂房单元两端和具有下柱支撑的柱间。有条件时，可采用消能支撑。

其他有关构造要求与混凝土柱厂房相同。

7.3.3 砖柱厂房

檩条与山墙卧梁应可靠连接，搁置长度不应小于120mm，有条件时可采用檩条伸出山墙的屋面结构。

厂房柱顶标高处应沿房屋外墙及承重内墙设置现浇闭合圈梁，8度时还应沿墙高每隔3～4m增设一道圈梁。圈梁的截面高度不应小于180mm，配筋不应少于4ϕ12。当地基为软弱黏性土、液化土、新近填土或严重不均匀土层时，尚应设置基础圈梁。当圈梁兼作门窗过梁或抵抗不均匀沉降影响时，其截面和配筋除满足抗震要求外，尚应根据实际受力计算确定。

山墙应沿屋面设置现浇钢筋混凝土卧梁，并应与屋盖构件锚拉。山墙壁柱的截面与配筋不宜小于排架柱；壁柱应通到墙顶并与卧梁或屋盖构件连接。

屋架（屋面梁）与墙顶圈梁或柱顶垫块，应采用螺栓或焊接连接。柱顶垫块厚度不应小于240mm，并应配置两层直径不小于ϕ8间距不大于100mm的钢筋网。墙顶圈梁应与柱顶垫块整浇。

砖柱的构造应符合下列要求：（1）砖的强度等级不应低于MU10，砂浆的强度等级不应低于M5。组合砖柱中混凝土的强度等级不应低于C20。（2）砖柱的防潮层应采用防水砂浆。

钢筋混凝土屋盖的砖柱厂房，山墙开洞的水平截面面积不宜超过总截面面积的50%。8度时，应在山、横墙两端设置钢筋混凝土构造柱。

钢筋混凝土构造柱的截面尺寸可采用240mm×240mm；构造柱的竖向钢筋不应少于4ϕ12。构造柱的箍筋可采用ϕ6，间距宜为250～300mm。

砖砌体墙的构造应符合下列要求：（1）8度时，钢筋混凝土无檩屋盖砖柱厂房，砖围护墙顶部宜沿墙长每隔1m埋入1ϕ8竖向钢筋，并插入顶部圈梁内。（2）7度且墙顶高度大于4.8m或8度时，外墙转角及承重内横墙与外纵墙交接处，当不设置构造柱时，应沿墙高每500mm配置2ϕ6钢筋，每边伸入墙内不小于1m。

7.4 计算实例

7.4.1 用底部剪力法进行横向计算

【例题7-1】三跨不等高钢筋混凝土厂房，其尺寸如图7-26所示。低跨柱上柱的高度为$H_1=3\text{m}$，低跨柱的全高为$H_2=8.5\text{m}$；高跨柱上柱的高度为$H_3=3.7\text{m}$，高跨柱的全高为$H_4=12.5\text{m}$，$\Delta H=H_4-H_2=4\text{m}$。图中各惯性矩的值为：$I_1=2.13\times10^9\text{mm}^4$，

$I_2=5.73\times10^9\text{mm}^4$，$I_3=4.16\times10^9\text{mm}^4$，$I_4=15.8\times10^9\text{mm}^4$。混凝土弹性模量 $E=2.55\times10^4\text{N/mm}^2$。柱距为6m，两端有山墙（墙厚240mm），山墙间距为60m，屋盖为钢筋混凝土无檩屋盖。高跨各跨均设有一台15/3t吊车，中级工作制。每台吊车总重为350kN，吊车轮距为4.4m。低跨设有一台5t吊车，该吊车总重为127.1kN，吊车轮距为3.5m。

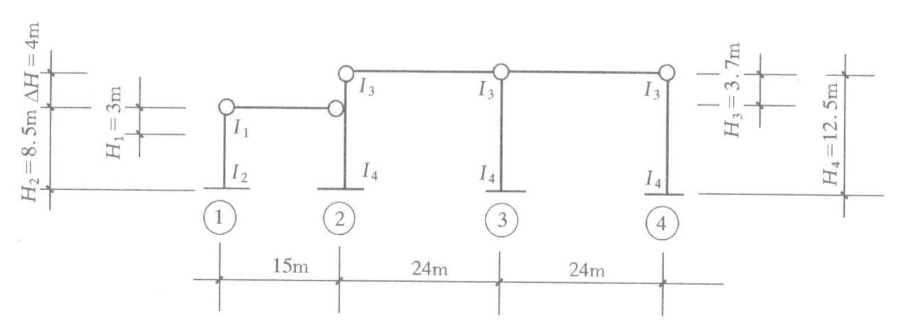

图7-26 例题7-1图：不等高排架计算

各项荷载如下：

屋盖自重：低跨2.5kN/m²；高跨3.0kN/m²

雪荷载：0.3kN/m²

积灰荷载：0.3kN/m²

① 轴纵墙：每6m柱距101.1kN；①轴柱：23.4kN/根

② 轴封墙：每6m柱距46.6kN； ②轴上柱：11.5kN/根

④ 轴纵墙：每6m柱距147.7kN；②轴下柱：37.4kN/根

③～④轴柱：48.9kN/根

吊车梁：高跨（梁高1m）：53.3kN/根

低跨（梁高0.8m）：38.6kN/根

厂房位于一区，设计烈度为8度，场地类别为Ⅱ类。试按底部剪力法求横向地震内力。

【解】抗震计算简图为二质点体系，如图7-27所示，其中 G_1 为集中在低跨柱顶的重力，G_2 为集中在高跨柱顶的重力。

G_2

G_1

图7-27 例题7-1计算简图

1. 柱顶质点处重力荷载

1）计算周期时

$G_1=0.25$（柱①+柱②下柱）$+0.25$ 纵墙①$+0.5$ 低跨吊车梁$+1.0$ 柱②高跨一侧吊车梁$+1.0$（低跨屋盖$+0.5$ 雪$+0.5$ 灰）$+0.5$（柱②上柱+封墙）

$=0.25\times(23.4+37.4)+0.25\times101.1+0.5\times38.6\times2+1.0\times53.3+1.0\times(2.5+0.5\times0.3+0.5\times0.3)\times6\times15+0.5\times(11.5+46.6)$

$=413.43\text{kN}$

G_2=0.25（柱③+柱④）+0.25 纵墙④+0.5 柱③④吊车梁+1.0（高跨屋盖+0.5 雪+0.5 积灰）+0.5（柱②上柱+封墙）

$=0.25\times(48.9\times2)+0.25\times147.7+0.5\times(53.3\times3)+1.0\times(3.0+0.5\times0.3+0.5\times0.3)\times6\times48+0.5\times(11.5+46.6)$

$=1120.78\text{kN}$

2）计算地震作用时

$\overline{G}_1=0.5\times(23.4+37.4)+0.5\times101.1+0.75\times38.6\times2+1.0\times53.3+1.0\times(2.5+0.5\times0.3+0.5\times0.3)\times6\times15+0.5\times(11.5+46.6)=473.2\text{kN}$

$\overline{G}_2=0.5\times(48.9\times2)+0.5\times147.7+0.75\times(53.3\times3)+1.0\times(3.0+0.5\times0.3+0.5\times0.3)\times6\times48+0.5\times(11.5+46.6)=1222.13\text{kN}$

在 G_1 和 G_2 中未包括吊车桥架的重量，这是因为吊车桥架自重是局部荷载，它对厂房横向自振周期的影响很小。在 $\overline{G}_1$ 和 $\overline{G}_2$ 中也未包括吊车桥架荷载，这是由于吊车桥架地震效应有其独立的效应调整系数，只能独立开另行计算。由于同样的原因，吊车梁也不便与吊车桥架合并计算地震效应。本例为简化计算，将吊车梁自重折算至屋盖标高处，和屋盖自重等合并计算其地震作用效应。

2. 排架侧移柔度系数

如图 7-28 所示，为求柔度矩阵，把单位水平力分别作用在低跨柱顶（坐标编号为 1）和高跨柱顶（坐标编号为 2）处。柱③和柱④此时可合并为一个柱。把低跨横杆在坐标 1 和坐标 2 处作用单位水平力时的内力分别记为 X_{11} 和 X_{12}，把高跨横杆在坐标 1 和坐标 2 处作用单位水平力时的内力分别记为 X_{21} 和 X_{22}。

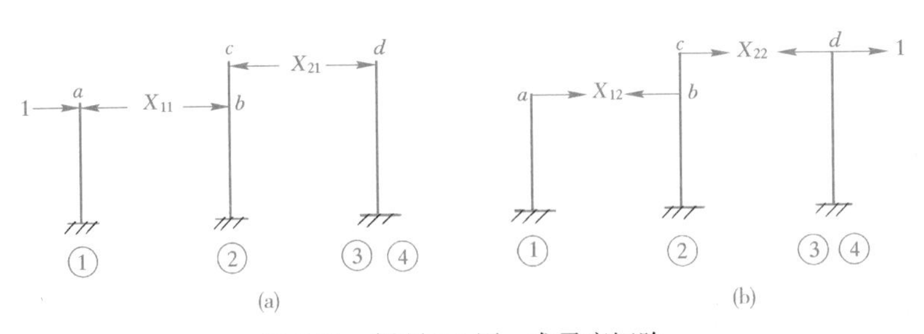

图 7-28　例题 7-1 图：求柔度矩阵

（a）坐标 1 处作用单位水平力；（b）坐标 2 处作用单位水平力

对图 7-28（a）可列出力法方程组

$$\begin{cases}\delta_{a}(1-X_{11})=\delta_{b}X_{11}-\delta_{bc}X_{21}\\ \delta_{cb}X_{11}-\delta_{c}X_{21}=\delta_{d}X_{21}\end{cases}\tag{7-93}$$

对图7-28（b）可列出力法方程组

$$\begin{cases}\delta_a X_{12}=-\delta_b X_{12}+\delta_{bc}X_{22}\\ -\delta_{cb}X_{12}+\delta_c X_{22}=\delta_d\ (1-X_{22})\end{cases}\tag{7-94}$$

在上两式中，δ_a 为在 a 点作用单位水平力时相应的位移；δ_{bc} 为在 c 点作用单位水平力时 b 点的水平位移；余类推。此处这些单柱的柔度均取正值，其值可如下算出：

$$\delta_a=\frac{H_1^3}{3EI_1}+\frac{H_2^3-H_1^3}{3EI_2}$$

$$=\frac{3000^3}{3\times2.55\times10^4\times2.13\times10^9}+\frac{8500^3-3000^3}{3\times2.55\times10^4\times5.73\times10^9}$$

$$=0.001505\text{mm/N}=0.001505\text{m/kN}$$

$$\delta_b=\frac{H_2^3}{3EI_4}=\frac{8500^3}{3\times2.55\times10^4\times15.8\times10^9}=0.0005081\text{m/kN}$$

$$\delta_{cb}=\delta_{bc}=\frac{H_2^3}{3EI_4}+\frac{H_2^2\cdot\Delta H}{2EI_4}$$

$$=\frac{1}{2.55\times10^4\times15.8\times10^9}\left(\frac{8500^3}{3}+\frac{8500^2\times4000}{2}\right)=0.0008667\text{m/kN}$$

$$\delta_c=\frac{H_3^3}{3EI_3}+\frac{H_4^3-H_3^3}{3EI_4}$$

$$=\frac{3700^3}{3\times2.55\times10^4\times4.16\times10^9}+\frac{12500^3-3700^3}{3\times2.55\times10^4\times15.8\times10^9}$$

$$=0.001733\text{m/kN}$$

$$\delta_d=\frac{1}{2}\left[\frac{H_3^3}{3EI_3}+\frac{H_4^3-H_3^3}{3EI_4}\right]=\frac{1}{2}\delta_c=0.0008666\text{m/kN}$$

把上面求出的单柱的柔度系数代入方程式（7-93）和式（7-94），可解得

$$X_{11}=\frac{\delta_a}{\delta_a+\delta_b-\delta_{bc}\delta_{cb}/\ (\delta_c+\delta_d)}$$

$$=\frac{0.001505}{0.001505+0.0005081-0.0008667^2/\ (0.001733+0.0008666)}=0.8729$$

$$X_{21}=\frac{\delta_{cb}}{\delta_c+\delta_d}X_{11}=\frac{0.0008667}{0.001733+0.0008666}\times0.8729=0.2910$$

$$X_{22}=\frac{\delta_d}{\delta_c+\delta_d-\delta_{bc}\delta_{cb}/\ (\delta_a+\delta_b)}$$

$$=\frac{0.0008666}{0.001733+0.0008666-0.0008667^2/\ (0.001505+0.0005081)}=0.3892$$

$$X_{12}=\frac{\delta_{bc}}{\delta_a+\delta_b}X_{22}=\frac{0.0008667}{0.001505+0.0005081}\times0.3892=0.1676$$

上面解出的 X_{11}、X_{21}、X_{12}、X_{22} 经验证满足式（7-93）和式（7-94）。从而可得出排架

的对应于坐标1和坐标2的柔度系数为

$$\delta_{11}=\delta_a(1-X_{11})=0.001505\times(1-0.8729)=0.0001913\text{m/kN}$$

$$\delta_{21}=\delta_d X_{21}=0.0008666\times0.2910=0.0002522\text{m/kN}$$

$$\delta_{12}=\delta_a X_{12}=0.001505\times0.1676=0.0002522\text{m/kN}$$

$$\delta_{22}=\delta_d(1-X_{22})=0.0008666\times(1-0.3892)=0.0005293\text{m/kN}$$

3. 按底部剪力法计算排架地震内力

(1) 基本周期（周期折减系数 $\phi_\gamma=0.8$）

由式（7-8），并考虑周期折减系数，可得基本周期 T_1 的计算式为

$$T_1=2\pi\phi_\gamma\sqrt{\frac{\sum_{i=1}^{2}G_i u_i^2}{g\sum_{i=1}^{2}G_i u_i}}$$

其中，g 为重力加速度；u_i 为在全部水平力 G_i 的作用下（$i=1$，2）第 i 质点的水平位移。可算出

$$u_1=\delta_{11}G_1+\delta_{12}G_2=0.0001913\times413.43+0.0002522\times1120.78=0.3617\text{m}$$

$$u_2=\delta_{21}G_1+\delta_{22}G_2=0.0002522\times413.43+0.0005293\times1120.78=0.6975\text{m}$$

从而

$$T_1=2\pi\times0.8\times\sqrt{\frac{413.43\times0.3617^2+1120.78\times0.6975^2}{9.81\times(413.43\times0.3617+1120.78\times0.6975)}}=1.2875\text{s}$$

(2) 一般重力荷载引起的水平地震作用和内力

1) 底部总地震剪力

一区，Ⅱ类场地，可查得场地的特征周期为 $T_g=0.35\text{s}$。$T/T_g=1.2875/0.35=3.6786$。烈度为8度，可查得水平地震影响系数的最大值为 $\alpha_{\max}=0.16$。从而可得

$$\alpha_1=\left(\frac{T_g}{T_1}\right)^{0.9}\alpha_{\max}=\left(\frac{0.35}{1.2875}\right)^{0.9}\times0.16=0.04955$$

底部总地震剪力 F_{EK} 为

$$\begin{aligned}F_{EK}&=0.85\alpha_1\sum\overline{G}_i\\&=0.85\times0.04955\times(473.2+1222.13)=71.403\text{kN}\end{aligned}$$

2) 各质点处的地震作用

$$\sum\overline{G}_i H_i=473.2\times8.5+1222.13\times12.5=19298.83$$

$$F_1=\frac{\overline{G}_1 H_1}{\sum\overline{G}_i H_i}F_{EK}=\frac{4022.2}{19298.83}\times71.403=14.882\text{kN}$$

$$F_2=\frac{\overline{G}_2 H_2}{\sum\overline{G}_i H_i}F_{EK}=\frac{15276.63}{19298.83}\times71.403=56.521\text{kN}$$

3）横杆内力（以拉为正）

按图7-28所示的计算简图，低跨横杆的内力 X_1 为

$$X_1=-X_{11}F_1+X_{12}F_2=-0.8729\times14.882+0.1676\times56.521=-3.5176\text{kN}$$

高跨横杆的内力 X_2 为

$$X_2=-X_{21}F_1+X_{22}F_2=-0.2910\times14.882+0.3892\times56.521=17.6673\text{kN}$$

4）排架柱内力

根据题意，本例厂房符合空间工作的条件，故按底部剪力法计算的平面排架地震内力应乘以相应的调整系数。由表7-6可查得，除高低跨交接处上柱以外的钢筋混凝土柱，其截面地震内力调整系数为 $\eta'=0.9$。高低跨交接处上柱的内力调整系数 η 为（式7-18）

$$\eta=0.88\times\left(1+1.7\times\frac{2}{3}\times\frac{473.2}{1222.13}\right)=1.2662$$

从而可得各柱控制截面的内力如下：

柱①：

上柱底

剪力：$V_1'=(F_1+X_1)\eta'=(14.882-3.5176)\times0.9=10.228\text{kN}$

弯矩：$M_1'=10.228\times3=30.684\text{kN}\cdot\text{m}$

下柱底

剪力：$V_1=10.228\text{kN}$

弯矩：$M_1=10.228\times8.5=86.938\text{kN}\cdot\text{m}$

柱②：

上柱底

$V_2'=X_2\eta=17.6673\times1.2662=22.3703\text{kN}$

$M_2'=22.3703\times3.7=82.7701\text{kN}\cdot\text{m}$

下柱底

$V_2=(X_2-X_1)\eta'=(17.6673+3.5176)\times0.9=19.0664\text{kN}$

$M_2=(17.6673\times12.5+3.5176\times8.5)\times0.9=225.6668\text{kN}\cdot\text{m}$

柱③：

上柱底

$V_3'=0.5(F_2-X_2)\eta'=0.5\times(56.521-17.6673)\times0.9=17.4842\text{kN}$

$M_3'=17.4842\times3.7=64.6915\text{kN}\cdot\text{m}$

下柱底

$V_3=17.4842\text{kN}$

$M_3=17.4842\times12.5=218.5525\text{kN}\cdot\text{m}$

柱④：

同柱③。

柱弯矩示于图 7-29 中。

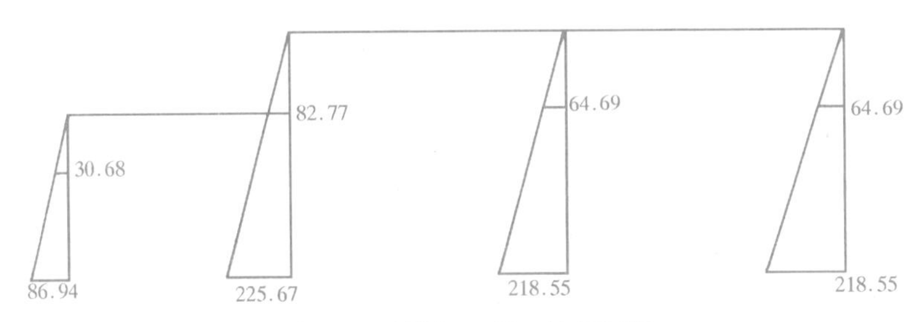

图 7-29　例题 7-1 图：柱弯矩图

(3) 吊车桥自重引起的水平地震作用与内力

1) 一台吊车对一根柱产生的最大重力荷载

低跨

$$G_{c1}=\frac{127.1}{4}\left(1+\frac{6-3.5}{6}\right)=45.015\text{kN}$$

高跨

$$G_{c2}=\frac{350}{4}\left(1+\frac{6-4.4}{6}\right)=110.833\text{kN}$$

2) 一台吊车对一根柱产生的水平地震作用

低跨

$$F_{c1}=\alpha_1 G_{c1}\frac{h_2}{H_2}=0.04955\times45.015\times\frac{8.5-3+0.8}{8.5}=1.6532\text{kN}$$

高跨

$$F_{c2}=\alpha_1 G_{c2}\frac{h_4}{H_4}=0.04955\times110.833\times\frac{12.5-3.7+1.0}{12.5}=4.3056\text{kN}$$

3) 吊车水平地震作用产生的地震内力

吊车水平地震作用是局部荷载，故可近似地假定屋盖为柱的不动铰支座，并且算出的上柱截面内力还应乘以相应的增大系数。

柱①的计算简图如图 7-30 所示。图中支座反力

$$R_1=C_5F_{c1}$$

下面计算 C_5。柱①的有关参数为

$$n=I_{上柱}/I_{下柱}=I_1/I_2=2.13/5.73=0.3717$$

$$\lambda=H_1/H_2=3/8.5=0.3529$$

水平地震作用力至柱顶的距离记为 y，则

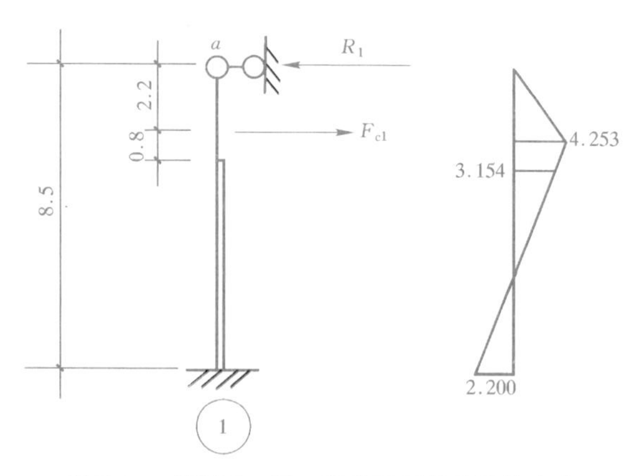

图 7-30　例题 7-1 图：吊车引起的柱①的内力

$$\frac{y}{H_1}=\frac{3-0.8}{3}=0.7333$$

由排架计算手册，可算出相应的 $C_5=0.5846$。从而可得

$$R_1=0.5846\times1.6532=0.9665\text{kN}$$

由表 7-8 可查得，对柱①，相应的效应增大系数为 $\eta_c=2.0$。乘以此增大系数后，柱①由吊车桥引起的各控制截面的弯矩为

集中水平力作用处弯矩为

$$M'_{1F}=-R_1y\eta_c=-0.9665\times2.2\times2=-4.2526$$

上柱底部的弯矩为

$$\begin{aligned}M'_{1c}&=\left[-R_1H_1+F_{c1}(H_1-y)\right]\eta_c\\&=\left[-0.9665\times3+1.6532\times(3-2.2)\right]\times2=-3.1539\text{kN}\cdot\text{m}\end{aligned}$$

柱底部的弯矩为

$$\begin{aligned}M_{1c}&=-R_1H_2+F_{c1}(H_2-y)\\&=-0.9665\times8.5+1.6532\times(8.5-2.2)=2.1999\end{aligned}$$

地震弯矩图示于图 7-30。

柱②的计算简图如图 7-31（a）所示，这是一个连续梁模型。取上杆截面的惯性矩为 I_3，下杆截面的惯性矩为 I_4，则可解得其弯矩如图 7-31（b）所示。由表 7-8 可查得，对柱②，相应的效应增大系数为 $\eta_c=2.5$。上柱截面乘以此增大系数后的弯矩图如图 7-31（b）所示。

柱③的计算方法与柱①相同。其计算简图也为下端固定上端铰支。此柱有两台吊车施加水平地震作用，上端铰支支座的反力为

$$R_3=2C_5F_{c2}$$

柱③的有关参数为

$$n=I_{上柱}/I_{下柱}=I_3/I_4=4.16/15.8=0.263$$

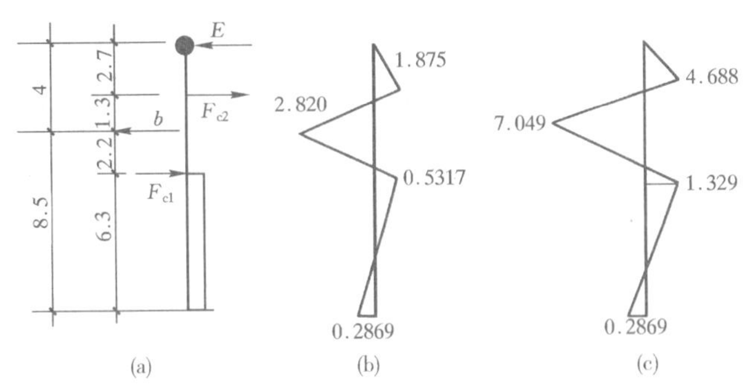

图 7-31 例题 7-1 图：吊车引起的柱②的内力

(a) 计算简图；(b) 弯矩；(c) 增大后的弯矩

$$\lambda=H_3/H_4=3.7/12.5=0.2960$$

水平地震作用力至柱顶的距离记为 y，则

$$\frac{y}{H_3}=\frac{3.7-1}{3.7}=0.7297$$

由排架计算手册，可算出相应的 $C_5=0.6419$。从而可得

$$R_3=2\times0.6419\times4.3056=5.5275\text{kN}$$

由表 7-8 可查得，对柱③，相应的效应增大系数为 $\eta_c=3.0$。乘以此增大系数后，柱③由吊车桥引起的各控制截面的弯矩为

集中水平力作用处弯矩为

$$M'_{3F}=-R_3y\eta_c=-5.5275\times2.7\times3=-44.7728$$

上柱底部的弯矩为

$$\begin{aligned}M'_{3c}&=[-R_3H_3+2F_{c2}(H_3-y)]\eta_c\\&=[-5.5275\times3.7+2\times4.3056\times(3.7-2.7)]\times3=-35.5217\text{kN}\cdot\text{m}\end{aligned}$$

柱底部的弯矩为

$$\begin{aligned}M_{3c}&=-R_3H_4+2F_{c2}(H_4-y)\\&=-5.5275\times12.5+2\times4.3056\times(12.5-2.7)=15.296\text{kN}\cdot\text{m}\end{aligned}$$

柱④只有一台吊车作用其上，柱顶不动铰反力系数同柱③，且柱④是边柱，故增大系数为 $\eta_c=2.0$。得柱顶不动铰反力为

$$R_4=C_5F_{c2}=0.6419\times4.3056=2.7638\text{kN}$$

集中水平力作用处弯矩为

$$M'_{4F}=-R_4y\eta_c=-2.7638\times2.7\times2=-14.9245\text{kN}\cdot\text{m}$$

上柱底部的弯矩为

$$\begin{aligned}M'_{4c}&=[-R_4H_3+F_{c2}(H_3-y)]\eta_c\\&=[-2.7638\times3.7+4.3056\times(3.7-2.7)]\times2=-11.8409\text{kN}\cdot\text{m}\end{aligned}$$

柱底部的弯矩为

$$M_{4c}=-R_4H_4+F_{c2}(H_4-y)$$
$$=-2.7638\times12.5+4.3056\times(12.5-2.7)=7.6474\text{kN}\cdot\text{m}$$

至此，在地震作用下的全部内力已求出。按规定的方式进行内力组合后即可进行截面设计。

7.4.2　用振型分解法进行横向计算

【例题 7-2】 条件同例题 7-1，试按振型分解法求横向地震内力。

【解】

(1) 周期与振型

由式（7-11）得

$$\frac{1}{\omega_{1、2}^2}=\frac{1}{2g}\left[(G_1\delta_{11}+G_2\delta_{22})\pm\sqrt{(G_1\delta_{11}-G_2\delta_{22})^2+4G_1G_2\delta_{12}\delta_{21}}\right]$$

$$=\frac{1}{2\times9.81}\left[(413.43\times0.0001913+1120.78\times0.0005293)\pm\sqrt{(413.43\times0.0001913-1120.78\times0.0005293)^2+4\times413.43\times1120.78\times0.0002522^2}\right]$$

$$=0.034267\pm0.03151102$$

所以

$$\frac{1}{\omega_1^2}=0.034267+0.03151102=0.065778\rightarrow\omega_1=3.8991/\text{s}$$

$$\frac{1}{\omega_2^2}=0.034267-0.03151102=0.002756\rightarrow\omega_2=19.0485/\text{s}$$

考虑周期折减系数 $\phi_\gamma=0.8$ 之后，第一、二自振周期分别为

$$T_1=\phi_\gamma\frac{2\pi}{\omega_1}=0.8\times\frac{2\pi}{3.8991}=1.2892\text{s}$$

$$T_2=\phi_\gamma\frac{2\pi}{\omega_2}=0.8\times\frac{2\pi}{19.0485}=0.2639\text{s}$$

由式（7-13），得各振型幅值为

$$X_{11}=1$$

$$X_{12}=\frac{g-G_1\delta_{11}\omega_1^2}{G_2\delta_{12}\omega_1^2}$$
$$=\frac{9.81-413.43\times0.0001913\times3.8991^2}{1120.78\times0.0002522\times3.8991^2}=2.0030$$

$$X_{21}=1$$

$$X_{22}=\frac{g-G_1\delta_{11}\omega_2^2}{G_2\delta_{12}\omega_2^2}$$

$$=\frac{9.81-413.43\times0.0001913\times19.0485^2}{1120.78\times0.0002522\times19.0485^2}=-0.1842$$

(2) 各振型的水平地震作用和内力

1) 第一振型

特征周期与前面相同，仍为 $T_g=0.35\text{s}$。对应第一振型的地震影响系数为

$$\alpha_1=\left(\frac{T_g}{T_1}\right)^{0.9}\alpha_{\max}=\left(\frac{0.35}{1.2892}\right)^{0.9}\times0.16=0.049487$$

第一振型参与系数

$$\gamma_1=\frac{\sum G_iX_{1i}}{\sum G_iX_{1i}^2}=\frac{413.43\times1+1120.78\times2.003}{413.43\times1+1120.78\times2.003^2}=0.5414$$

第一振型质点 1 的水平地震作用

$$F_{11}=\alpha_1\gamma_1X_{11}\overline{G}_1$$

$$=0.049487\times0.5414\times1\times473.2=12.6781\text{kN}$$

质点 2 的水平地震作用

$$F_{12}=\alpha_1\gamma_1X_{12}\overline{G}_2$$

$$=0.049487\times0.5414\times2.003\times1222.13=65.5855\text{kN}$$

如图 7-32 所示，在上述第一振型水平地震作用下，低跨横杆的内力为（以拉为正）（下式中的 X_{11}、X_{12} 是指例题 7-1 中低、高跨横杆在低、高跨处分别作用单位水平力时的内力。在下文中，符号虽有重复，但从上下文的意义可以区分开来）

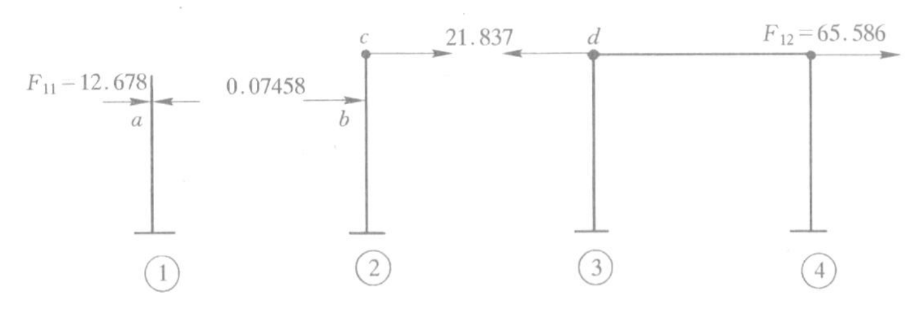

图 7-32　例题 7-2 图：第一振型的地震作用和内力

$$X_1=-X_{11}F_{11}+X_{12}F_{12}$$

$$=-0.8729\times12.6781+0.1676\times65.5855=-0.07458\text{kN}$$

高跨横杆的内力为

$$X_2=-X_{21}F_{11}+X_{22}F_{12}$$

$$=-0.2910\times12.6781+0.3892\times65.5855=21.8365\text{kN}$$

各柱的内力如下：

柱①：

顶部的剪力为

$$V_1'=12.6781-0.07458=12.6035\text{kN}$$

底部的弯矩为

$$M_1=12.6035\times8.5=107.1298\text{kN}\cdot\text{m}$$

柱②：

顶部的剪力为

$$V_{2b}'=21.8365\text{kN}$$

上柱底部的弯矩为

$$M_{2b}'=21.8365\times3.7=80.7951\text{kN}\cdot\text{m}$$

下柱的剪力为

$$V_2=21.8365+0.07458=21.9111\text{kN}$$

下柱底部的弯矩为

$$M_2=21.8365\times12.5+0.07458\times8.5=273.5902\text{kN}\cdot\text{m}$$

柱③：

柱顶的剪力为

$$V_3'=0.5\times(65.5855-21.8365)=21.8745\text{kN}$$

柱底的弯矩为

$$M_3=21.8745\times12.5=273.4313\text{kN}\cdot\text{m}$$

柱④：

$$V_4'=V_3'$$

$$M_4=M_3$$

2）第二振型

此时，$0.1<T_2/T_g=0.2639/0.35=0.7540<1$，所以 $\alpha_2=\alpha_{max}=0.16$

第二振型参与系数

$$\gamma_2=\frac{\sum G_iX_{2i}}{\sum G_iX_{2i}^2}=\frac{413.43\times1-1120.78\times0.1842}{413.43\times1+1120.78\times0.1842^2}=0.4585$$

第二振型质点1的水平地震作用

$$F_{21}=\alpha_2\gamma_2X_{21}\overline{G}_1$$

$$=0.16\times0.4585\times1\times473.2=34.7140\text{kN}$$

质点2的水平地震作用

$$F_{22}=\alpha_2\gamma_2X_{22}\overline{G}_2$$

$$=0.16\times0.4585\times(-0.1842)\times1222.13=-16.5145\text{kN}$$

如图 7-33 所示，在上述第二振型水平地震作用下，低跨横杆的内力为（以拉为正）

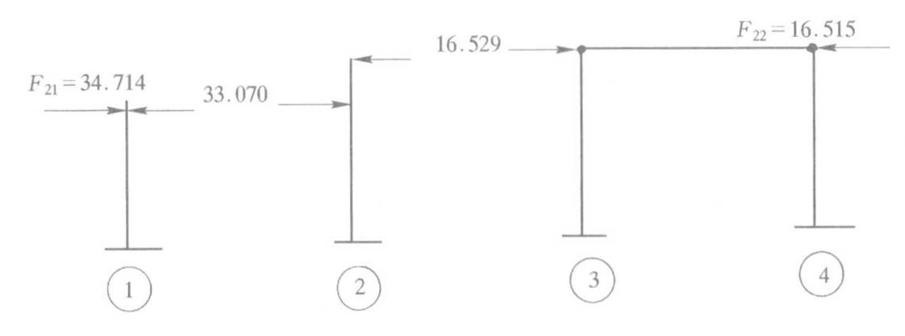

图 7-33　例题 7-2 图：第二振型的地震作用和内力

$$X_1=-X_{11}F_{21}+X_{12}F_{22}$$
$$=-0.8729\times34.7140+0.1676\times(-16.5145)=-33.0697\text{kN}$$

高跨横杆的内力为

$$X_2=-X_{21}F_{21}+X_{22}F_{22}$$
$$=-0.2910\times34.7140+0.3892\times(-16.5145)=-16.5292\text{kN}$$

各柱的内力如下：

柱①：

顶部的剪力为

$$V_1'=34.7140-33.0697=1.6443\text{kN}$$

底部的弯矩为

$$M_1=1.6443\times8.5=13.9766\text{kN}\cdot\text{m}$$

柱②：

顶部的剪力为

$$V_{2b}'=-16.5292\text{kN}$$

上柱底部的弯矩为

$$M_{2b}'=-16.5292\times3.7=-61.158\text{kN}\cdot\text{m}$$

下柱的剪力为

$$V_2=-16.5292+33.0697=16.5405\text{kN}$$

下柱底部的弯矩为

$$M_2=-16.5292\times12.5+33.0697\times8.5=74.4775\text{kN}\cdot\text{m}$$

柱③：

柱顶的剪力为

$$V_3'=0.5\times(-16.5145+16.5292)=0.007350\text{kN}$$

柱底的弯矩为

$$M_3=0.00735\times12.5=0.09188\text{kN}\cdot\text{m}$$

柱④：

$$V_4'=V_3'$$

$$M_4=M_3$$

(3) 各振型地震内力组合，并乘以空间工作调整系数0.9

$$V_1'=\sqrt{12.6035^2+1.6443^2}\times0.9=11.4393\text{kN}$$

$$V_{2b}'=\sqrt{21.8365^2+(-16.5292)^2}\times0.9=24.6483\text{kN}$$

$$V_2=\sqrt{21.9111^2+16.5405^2}\times0.9=24.7080\text{kN}$$

$$V_3'=\sqrt{21.8745^2+0.007350^2}\times0.9=19.6871\text{kN}$$

$$V_4'=V_3'$$

$$M_1=\sqrt{107.1298^2+13.9766^2}\times0.9=97.2339\text{kN}\cdot\text{m}$$

$$M_{2b}'=\sqrt{80.795^2+(-61.158)^2}\times0.9=91.1986\text{kN}\cdot\text{m}$$

$$M_2=\sqrt{273.59^2+74.478^2}\times0.9=255.1916\text{kN}\cdot\text{m}$$

$$M_3=\sqrt{273.43^2+0.09188^2}\times0.9=246.0870\text{kN}\cdot\text{m}$$

$$M_4=M_3$$

根据以上，可以作出柱的弯矩图，如图7-34所示；显然，此图中不包括吊车桥架引起的弯矩。

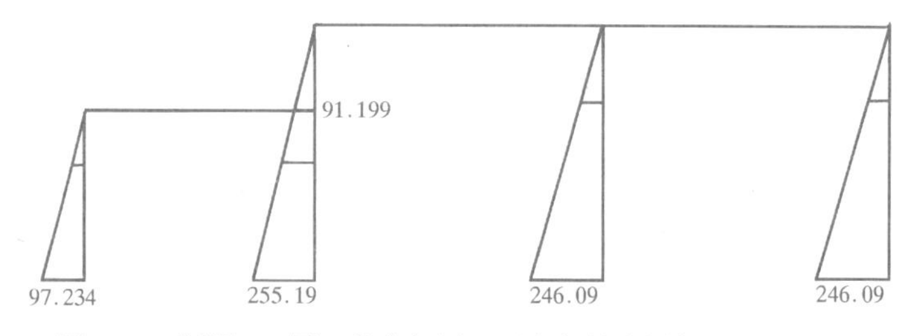

图7-34 例题7-2图：柱弯矩图（不包括吊车桥架引起的弯矩）

(4) 支承低跨屋盖牛腿处地震水平拉力

$$X_1=\sqrt{0.07458^2+33.0697^2}=33.070\text{kN}$$

(5) 吊车桥自重引起的水平地震作用与内力

此项地震作用与内力可取与例题7-1相同的结果。

(6) 振型分解法与底部剪力法计算结果的比较

此项比较示于表 7-19。表中用于比较的内力不包括吊车桥架引起的内力。可见，对于柱的弯矩和剪力，两种方法的计算结果虽然相差不大，但底部剪力法的结果普遍偏小，这主要是因为在底部剪力法的计算中，取二自由度体系的等效重力荷载为 $0.85\sum G_i$ 的缘故。若取等效重力荷载为 $0.95\sum G_i$，则底部剪力法的结果就很接近振型分解法的结果了。从表中还可看出，对于支承低跨屋盖的牛腿处的地震水平拉力，二者差别非常大；可以说，只有用振型分解法才能较准确地计算此拉力。

振型分解法与底部剪力法计算结果的比较　　表 7-19

部位与内力		振型分解法	底部剪力法
柱①底	V_1(kN)	11.439	10.228
	M_1(kN·m)	97.234	86.938
柱②上柱底	V_{2b}(kN)	24.648	22.370
	M_{2b}(kN·m)	91.199	82.770
柱②底	V_2(kN)	24.708	19.066
	M_2(kN·m)	255.192	225.667
柱③底（柱④同）	V_3(kN)	19.687	17.484
	M_3(kN·m)	246.087	218.553
支承低跨牛腿拉力	X_1(kN)	33.070	3.5176

7.4.3 纵向抗震计算

【例题 7-3】两跨等高钢筋混凝土无檩屋盖厂房，纵墙和山墙为外贴砖墙，厂房主要尺寸如图 7-35 所示。屋盖自重为 2.6kN/m²，雪荷载为 0.30kN/m²，积灰荷载为 0.30kN/m²，每根柱重 57kN，每根吊车梁重 40kN。每跨两台吊车，每台吊车自重为 182.3kN，每柱间一片纵墙重 130kN，每跨一片山墙重 990kN。混凝土强度等级为 C25。厂房位于一区，Ⅱ类场地，设计烈度为 8 度。试计算各柱列的纵向水平地震作用，并验算柱间支撑截面。

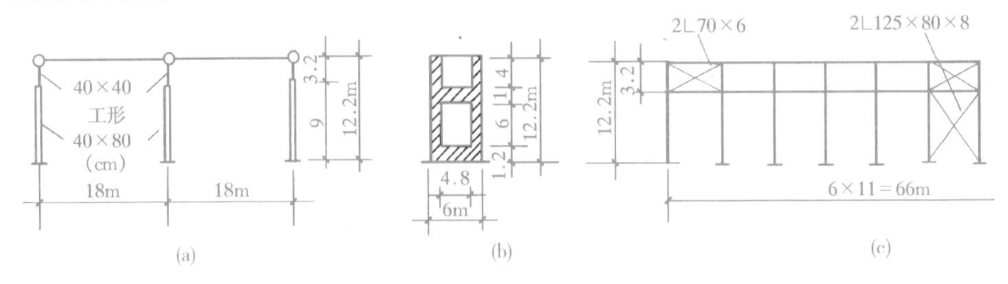

图 7-35　例题 7-3 图：厂房尺寸

(a) 排架；(b) 纵墙；(c) 柱间支撑与纵向柱列

【解】

1. 各柱列的重力荷载代表值

为简化计算，所有质量（包括吊车梁和吊车桥架）均经等效处理后集中于各柱列的柱顶标高处。

(1) 计算结构的动力特性时

边柱列

$G_1=1.0\ (G_{屋盖}+0.5G_{雪}+0.5G_{积灰})+0.25\ (G_{柱}+G_{横墙})+0.35G_{纵墙}+0.5\ (G_{吊车梁}+G_{吊车桥})$

$=1.0\times(2.6+0.5\times0.3+0.5\times0.3)\times66\times18/2+0.25\times(57\times12+990\times2\times1/2)+0.35\times130\times11+0.5\times(40\times11+182.3\times2\times1/2)$

$=2952.75\text{kN}$

中柱列

$$G_2=1722.6\times2+0.25\times(57\times12+990\times2)+311.15\times2=4733.5\text{kN}$$

(2) 计算结构的地震效应时

边柱列

$\overline{G}_1=1.0\ (G_{屋盖}+0.5G_{雪}+0.5G_{积灰})+0.5\ (G_{柱}+G_{横墙})+0.7G_{纵墙}+0.75\ (G_{吊车梁}+G_{吊车桥})$

$=1.0\times(2.6+0.5\times0.3+0.5\times0.3)\times66\times18/2+0.5\times(57\times12+990\times2\times1/2)+0.7\times130\times11+0.75\times(40\times11+182.3\times2\times1/2)$

$=4027.33\text{kN}$

中柱列

$$\overline{G}_2=1722.6\times2+0.5\times(57\times12+990\times2)+466.73\times2=5710.66\text{kN}$$

2. 各柱列的侧移刚度和屋盖的剪切刚度

(1) 边柱列侧移刚度

1) 柱

下柱的工字形截面的换算面积取与上柱相同，即 $b\times h=400\text{mm}\times400\text{mm}$。根据式(7-26)，可得

$$\sum K_c=12u\frac{3EI_c}{H^3}=12\times1.5\times\frac{3\times2.8\times10^4\times400^4}{12\times12200^3}=1776.36\text{kN/m}$$

2) 柱间支撑

下柱柱间支撑一道，斜杆长度为 $l_1=\sqrt{9^2+5.6^2}=10.6\text{m}$，其截面积 $A_1=15.99\times10^{-4}\times2=31.98\times10^{-4}\text{m}^2=3198\text{mm}^2$，回转半径 $i_1=40.1\text{mm}$，长细比 $\lambda_1=0.5\times10600/40.1=132.17$，轴心受压稳定系数 $\varphi_1=0.39$。

上柱柱间支撑三道，斜杆长度为 $l_2=\sqrt{3.2^2+5.6^2}=6.45\text{m}$，其截面积 $A_2=8.16\times10^{-4}\times2\times3=48.96\times10^{-4}\text{m}^2=4896\text{mm}^2$，回转半径 $i_2=34.1\text{mm}$，长细比 $\lambda_2=0.5\times6450/34.1=94.57$，轴心受压稳定系数 $\varphi_2=0.60$。

由式（7-34），可得柱间支撑在柱顶处的侧移柔度为

$$\delta_b=\frac{1}{EL^2}\left[\frac{l_1^3}{(1+\varphi_1)\ A_1}+\frac{l_2^3}{(1+\varphi_2)\ A_2}\right]$$

$$=\frac{1}{2.1\times10^8\times5.6^2}\left[\frac{10.6^3}{(1+0.39)\ \times31.98\times10^{-4}}+\frac{6.45^3}{(1+0.60)\ \times48.96\times10^{-4}}\right]$$

$$=4.5886\times10^{-5}\text{m/kN}$$

所以，柱间支撑在柱顶处的侧移刚度为

$$\sum K_b=1/\delta_b=21793\text{kN/m}$$

3）纵墙

由图 7-35 可知，所有墙的厚度为 $t=0.24\text{m}$。窗下墙有两段，$H_1=1.2\text{m}$，$H_3=1\text{m}$，$B_1=B_3=66\text{m}$，所以 $\rho_1=H_1/B_1=1.2/66=0.01818$，$\rho_3=H_3/B_3=1/66=0.01515$。窗间墙沿高度有两段，$H_2=6\text{m}$，$H_4=4\text{m}$，$B_2=B_4=1.2\text{m}$，共 11 片，$\rho_2=H_2/B_2=6/1.2=5.0$，$\rho_4=H_4/B_4=4/1.2=3.333$。

对窗下墙只考虑剪切变形，对窗间墙同时考虑剪切变形和弯曲变形，由式（7-27）和式（7-28），得第一段墙的刚度为

$$K_1=\frac{Et}{3\rho_1}$$

第三段墙的刚度为

$$K_3=\frac{Et}{3\rho_3}$$

第二段墙的刚度为

$$K_2=\frac{11Et}{\rho_2^3+3\rho_2}$$

第四段墙的刚度为

$$K_4=\frac{11Et}{\rho_4^3+3\rho_4}$$

所以，纵墙的总刚度为

$$\sum K_w=\frac{1}{\sum_{i=1}^{4}\frac{1}{K_i}}=\frac{1}{\frac{3\rho_1}{Et}+\frac{3\rho_3}{Et}+\frac{\rho_2^3+3\rho_2}{11Et}+\frac{\rho_4^3+3\rho_4}{11Et}}$$

$$=\frac{11Et}{33(\rho_1+\rho_3)+3(\rho_2+\rho_4)+\rho_2^3+\rho_4^3}$$

$$=\frac{11\times 2.3\times 10^6\times 0.24}{33\times(0.01818+0.01515)+3\times(5+3.333)+5^3+3.333^3}$$

$$=32276.4\text{kN/m}$$

4）边柱列总侧移刚度 $\overline{K}_1$

由式（7-25），可得砖墙刚度降低系数 $\psi_k=0.4$，从而有

$$\overline{K}_1=\sum K_c+\sum K_b+\psi_k\sum K_w$$

$$=1776.36+21793+0.4\times 32276.4=36479.92\text{kN/m}$$

（2）中柱列侧移刚度 $\overline{K}_2$

$$\overline{K}_2=\sum K_c+\sum K_b=1776.36+21793=23569.36\text{kN/m}$$

（3）屋盖剪切刚度

由式（7-38）可得单跨内屋盖的纵向水平剪切刚度 k 为

$$k=k_0\frac{L}{l}=2\times 10^4\times\frac{66}{18}=73333.33\text{kN}$$

3. 空间结构的动力特性

（1）结构的对称化处理

利用此结构的对称性，取半边结构进行计算，即得二质点体系，如图 7-17 所示。在半边结构中，中间质点的重力荷载代表值和中柱列的侧移刚度各取其原值的一半。

对半边结构，中柱列的重力荷载代表值为

$$G_2=\frac{1}{2}\times 4733.5=2366.75\text{kN}$$

中柱列的侧移刚度为

$$\overline{K}_2=\frac{1}{2}\times 23569.36=11784.68\text{kN/m}$$

（2）结构的刚度与柔度矩阵

结构的刚度矩阵为

$$[K]=\begin{bmatrix}K_{11} & K_{12}\\ K_{21} & K_{22}\end{bmatrix}=\begin{bmatrix}\overline{K}_1+k & -k\\ -k & \overline{K}_2+k\end{bmatrix}$$

$$=\begin{bmatrix}36480+73333 & -73333\\ -73333 & 11785+73333\end{bmatrix}$$

$$=\begin{bmatrix}109813 & -73333\\ -73333 & 85118\end{bmatrix}$$

$$|K|=K_{11}K_{22}-K_{12}^2=[10.9813\times8.5118-(-7.3333)^2]\times10^8$$
$$=39.693\times10^8$$

结构的柔度矩阵为

$$[\delta]=\begin{bmatrix}\delta_{11}&\delta_{12}\\\delta_{21}&\delta_{22}\end{bmatrix}=[K]^{-1}=\frac{1}{|K|}\begin{bmatrix}K_{22}&-K_{21}\\-K_{12}&K_{11}\end{bmatrix}$$
$$=\frac{1}{39.693\times10^4}\begin{bmatrix}8.5118&7.3333\\7.3333&10.9813\end{bmatrix}=\begin{bmatrix}0.2144&0.1848\\0.1848&0.2767\end{bmatrix}\times10^{-4}\text{m/kN}$$

(3) 结构的自振周期、振型和振型参与系数

1) 自振周期

$$\frac{1}{\omega_{1、2}^2}=\frac{1}{2g}\left[(G_1\delta_{11}+G_2\delta_{22})\pm\sqrt{(G_1\delta_{11}-G_2\delta_{22})^2+4G_1G_2\delta_{12}\delta_{21}}\right]$$
$$=\frac{1}{2\times9.81}[(2952.8\times0.2144+2366.8\times0.2767)\times10^{-4}$$
$$\pm\sqrt{(2952.8\times0.2144-2366.8\times0.2767)^2\times10^{-8}+4\times2952.8\times2366.8\times0.1848^2\times10^{-8}}]$$
$$=0.0065646\pm0.004981257$$

所以

$$\frac{1}{\omega_1^2}=0.0065646+0.004981257=0.011546\rightarrow\omega_1=9.3065/\text{s}$$
$$\frac{1}{\omega_2^2}=0.0065646-0.004981257=0.001583\rightarrow\omega_2=25.1339/\text{s}$$

第一、二自振周期分别为

$$T_1=\frac{2\pi}{\omega_1}=\frac{2\pi}{9.3065}=0.6751\text{s}$$
$$T_2=\frac{2\pi}{\omega_2}=\frac{2\pi}{25.134}=0.2500\text{s}$$

2) 振型

由式(7-13)得各振型幅值为

$$X_{11}=1$$
$$X_{12}=\frac{g-G_1\delta_{11}\omega_1^2}{G_2\delta_{12}\omega_1^2}$$
$$=\frac{9.81-2952.8\times0.2144\times10^{-4}\times9.3065^2}{2366.8\times0.1848\times10^{-4}\times9.3065^2}=1.1422$$
$$X_{21}=1$$

$$X_{22}=\frac{g-G_1\delta_{11}\omega_2^2}{G_2\delta_{12}\omega_2^2}$$

$$=\frac{9.81-2952.8\times0.2144\times10^{-4}\times25.134^2}{2366.8\times0.1848\times10^{-4}\times25.134^2}=-1.0924$$

3）振型参与系数

第一振型参与系数

$$\gamma_1=\frac{\sum G_iX_{1i}}{\sum G_iX_{1i}^2}=\frac{2952.8\times1+2366.8\times1.1422}{2952.8\times1+2366.8\times1.1422^2}=0.9364$$

第二振型参与系数

$$\gamma_2=\frac{\sum G_iX_{2i}}{\sum G_iX_{2i}^2}=\frac{2952.8\times1+2366.8\times(-1.0924)}{2952.8\times1+2366.8\times(-1.0924)^2}=0.06358$$

4. 空间结构各柱列柱顶处的纵向位移

1）地震影响系数

Ⅱ类场地，一区，可查得特征周期为0.35s；烈度8度，得$\alpha_{\max}=0.16$。从而

$$\alpha_1=\left(\frac{T_g}{T_1}\right)^{0.9}\alpha_{\max}=\left(\frac{0.35}{0.6751}\right)^{0.9}\times0.16=0.088583$$

$$\alpha_2=\alpha_{\max}=0.16$$

2）地震作用

对于所取的半边结构，计算地震效应时，重力荷载代表值为

$$\overline{G}_1=4027.33\text{kN}$$

$$\overline{G}_2=0.5\times5710.66=2855.33\text{kN}$$

第一振型质点1的水平地震作用

$$F_{11}=\alpha_1\gamma_1X_{11}\overline{G}_1$$

$$=0.08858\times0.9364\times1\times4027.3=334.05\text{kN}$$

质点2的水平地震作用

$$F_{12}=\alpha_1\gamma_1X_{12}\overline{G}_2$$

$$=0.08858\times0.9364\times1.1422\times2855.3=270.51\text{kN}$$

第二振型质点1的水平地震作用

$$F_{21}=\alpha_2\gamma_2X_{21}\overline{G}_1$$

$$=0.16\times0.06358\times1\times4027.3=40.97\text{kN}$$

质点2的水平地震作用

$$F_{22}=\alpha_2\gamma_2X_{22}\overline{G}_2$$

$$=0.16\times0.06358\times(-1.0924)\times2855.3=-31.73\text{kN}$$

3）柱列柱顶处位移

记Δ_{ij}为第i振型第j质点的位移，则有

$$\begin{bmatrix}\Delta_{11} & \Delta_{21}\\ \Delta_{12} & \Delta_{22}\end{bmatrix}=\begin{bmatrix}\delta_{11} & \delta_{12}\\ \delta_{21} & \delta_{22}\end{bmatrix}\begin{bmatrix}F_{11} & F_{12}\\ F_{21} & F_{22}\end{bmatrix}$$

$$=\begin{bmatrix}0.2144 & 0.1848\\ 0.1848 & 0.2767\end{bmatrix}\begin{bmatrix}334.05 & 40.97\\ 270.51 & -31.73\end{bmatrix}\times 10^{-4}$$

$$=\begin{bmatrix}121.61 & 2.9203\\ 136.58 & -1.2084\end{bmatrix}\times 10^{-4}\mathrm{m}$$

各质点处总的地震作用下的位移为

$$\Delta_1=\sqrt{\Delta_{11}^2+\Delta_{21}^2}=\sqrt{121.61^2+2.9203^2}\times 10^{-4}=121.65\times 10^{-4}\mathrm{m}$$

$$\Delta_2=\sqrt{\Delta_{12}^2+\Delta_{22}^2}=\sqrt{136.58^2+(-1.2084)^2}\times 10^{-4}=136.59\times 10^{-4}\mathrm{m}$$

可见，位移主要来自第一振型的贡献。

5. 各柱列地震作用

此时回到整个结构（非半边结构）。根据弹性结构力与位移的关系，可得作用于各柱列（分离体）柱顶处的地震作用为

$$\{\overline{F}\}=[\overline{K}]\{\Delta\}$$

即

$$\begin{Bmatrix}\overline{F}_1\\ \overline{F}_2\end{Bmatrix}=\begin{bmatrix}\overline{K}_1 & 0\\ 0 & \overline{K}_2\end{bmatrix}\begin{Bmatrix}\Delta_1\\ \Delta_2\end{Bmatrix}=\begin{bmatrix}36480 & 0\\ 0 & 23569\end{bmatrix}\begin{Bmatrix}121.65\\ 136.59\end{Bmatrix}\times 10^{-4}=\begin{Bmatrix}443.78\\ 321.93\end{Bmatrix}\mathrm{kN}$$

6. 柱间支撑地震作用和截面验算

柱间支撑的地震作用为

边柱列

$$F_{\mathrm{b1}}=\frac{\sum K_{\mathrm{b}}}{K_1}\overline{F}_1=\frac{21793}{36480}\times 443.78=265.11\mathrm{kN}$$

$$F_{\mathrm{b2}}=\frac{\sum K_{\mathrm{b}}}{K_2}\overline{F}_2=\frac{21793}{23569}\times 321.93=297.67\mathrm{kN}$$

每柱列上柱柱间支撑有三道，斜拉杆的总面积为$A_2=4896\mathrm{mm}^2$，$\varphi_2=0.60$；下柱柱间支撑一道，斜杆面积为$A_1=3198\mathrm{mm}^2$，$\varphi_1=0.39$。可见后者弱于前者，故只验算下柱柱间支撑。

由$\lambda_1=132.17$，可得受压杆卸载系数为

$$\psi_{\mathrm{c}}=0.6+(0.5-0.6)\times(132.17-100)/(200-100)=0.5678$$

斜杆轴向拉力设计值为

$$N=\frac{l_1}{(1+\varphi_1\psi_c)\ L}V_b=\frac{10.6}{(1+0.39\times0.5678)\ \times5.6}\times297.67\times1.3=599.69\text{kN}$$

截面抗震承载力验算

$$\frac{A_1 f}{\gamma_{RE}}=\frac{3198\times215}{0.85}=808906=808.91\text{kN}>N=599.69\text{kN}$$，满足要求。

【例题 7-4】 条件和要求同［例题 7-3］，但用修正刚度法计算。

【解】

（1）基本自振周期与地震影响系数

采用例题 7-3 的有关结果，可得等效总重力荷载 G 为

$$G=2G_1+G_2=2\times2952.75+4733.5=10639.00\text{kN}$$

总刚度 $\overline{K}$

$$\overline{K}=2\overline{K}_1+\overline{K}_2=2\times36480+23569=96529\text{kN/m}$$

由表 7-10，可查得纵向周期修正系数 $\psi_T=1.45$。故基本自振周期为

$$T_1=2\psi_T\sqrt{\frac{G}{K}}=2\times1.45\times\sqrt{\frac{10639}{96529}}=0.9628\text{s}$$

按规范公式（式 7-53）计算，有

$$T_1=0.23+0.00025\psi_1 l\sqrt{H^3}$$
$$=0.23+0.00025\times1.0\times18\times\sqrt{12.2^3}=0.42176\text{s}$$

上面两个结果差别较大。在设计时可取规范的结果，这样较偏于安全。此处取两个结果的平均值，即取

$$T_1=\ (0.9628+0.4218)\ /2=0.6923\text{s}$$

地震影响系数为

$$\alpha_1=\left(\frac{T_g}{T_1}\right)^{0.9}\alpha_{max}=\left(\frac{0.35}{0.6923}\right)^{0.9}\times0.16=0.086600$$

（2）总地震作用

等效总重力荷载

$$G_{eq}=2\overline{G}_1+\overline{G}_2=2\times4027.33+5710.66=13765.32\text{kN}$$

总地震作用

$$F_{EK}=\alpha_1 G_{eq}=0.0866\times13765.32=1192.08\text{kN}$$

（3）各柱列的调整侧移刚度

各柱列的总侧移刚度 K_i 与［例题 7-3］相同，即 $K_i=\overline{K}_i$。柱列的调整侧移刚度按式（7-57）计算。

边柱列：由表 7-11 和表 7-12 可查得，围护墙影响系数 $\psi_3=0.85$，$\psi_4=1.0$，所以边柱列的调整侧移刚度为

$$K_{a1}=\psi_3\psi_4K_1=0.85\times1.0\times36480=31008\text{kN/m}$$

中柱列：$\psi_3=1.3$，$\psi_4=1.1$，所以

$$K_{a2}=\psi_3\psi_4K_2=1.3\times1.1\times23569=33703.7\text{kN/m}$$

（4）各柱列的地震作用

总调整刚度

$$\sum K_{ai}=2\times31008+33704=95720\text{kN/m}$$

边柱列的地震作用

$$F_1=\frac{K_{a1}}{\sum K_{ai}}F_{EK}=\frac{31008}{95720}\times1192.08=386.17\text{kN}$$

中柱列的地震作用

$$F_2=\frac{K_{a2}}{\sum K_{ai}}F_{EK}=\frac{33704}{95720}\times1192.08=419.74\text{kN}$$

（5）柱间支撑截面验算

仍取中柱列的下柱柱间支撑进行验算。柱间支撑分配到的水平地震力为

$$F_b=\frac{\sum K_b}{K_2}F_2=\frac{21793}{23569}\times419.74=388.11\text{kN}$$

斜杆轴向拉力设计值为

$$N=\frac{l_1}{(1+\varphi_1\psi_c)\ L}V_b=\frac{10.6}{(1+0.39\times0.5678)\ \times5.6}\times388.11\times1.3=781.89\text{kN}$$

截面抗震承载力验算

$$\frac{A_1f}{\gamma_{RE}}=\frac{3198\times215}{0.85}=808906\text{N}=808.91\text{kN}>N=781.89\text{kN}$$，满足要求。

注：此例中的基本周期若按式（7-51）算，则得出的地震影响系数为

$$\alpha_1=\left(\frac{T_g}{T_1}\right)^{0.9}\alpha_{max}=\left(\frac{0.35}{0.9628}\right)^{0.9}\times0.16=0.064357$$

若按式（7-53）算，则

$$\alpha_1=\left(\frac{T_g}{T_1}\right)^{0.9}\alpha_{max}=\left(\frac{0.35}{0.4218}\right)^{0.9}\times0.16=0.135265$$

后者的地震作用是前者的 2.1 倍。而由式（7-53）得出的地震作用也是［例题 7-3］中按空间分析所得相应结果的 1.56 倍。因此，按规范公式（7-53）设计是很安全的；同时，若采用精细而可靠的模型进行分析，会得出更准确的结果和更经济的设计。

习题

1. 单层厂房主要有哪些地震破坏现象?
2. 单层厂房质量集中的原则是什么?
3. “无吊车单层厂房有多少不同的屋盖标高，就有多少个集中质量”，这种说法对吗?
4. 在什么情况下考虑吊车桥架的质量? 为什么?
5. 什么情况下可不进行厂房横向和纵向的截面抗震验算?
6. 单层厂房横向抗震计算一般采用什么计算模型?
7. 单层厂房横向抗震计算应考虑哪些因素进行内力调整?
8. 单层厂房纵向抗震计算有哪些方法? 试简述各种方法的步骤与要点。
9. 柱列法的适用条件是什么?
10. 柱列的刚度如何计算? 其中用到哪些假定?
11. 简述厂房柱间支撑的抗震设置要求。
12. 为什么要控制柱间支撑交叉斜杆的最大长细比?
13. 屋架（屋面梁）与柱顶的连接有哪些形式? 各有何特点?
14. 墙与柱如何连接? 其中考虑了哪些因素?
15. 两跨不等高单层钢筋混凝土厂房如图 7-36 所示。低跨跨度为 15m，高跨跨度为 24m。柱的混凝土强度等级为 C25。屋盖结构采用预应力混凝土槽板、檩条和屋架，高、低跨屋

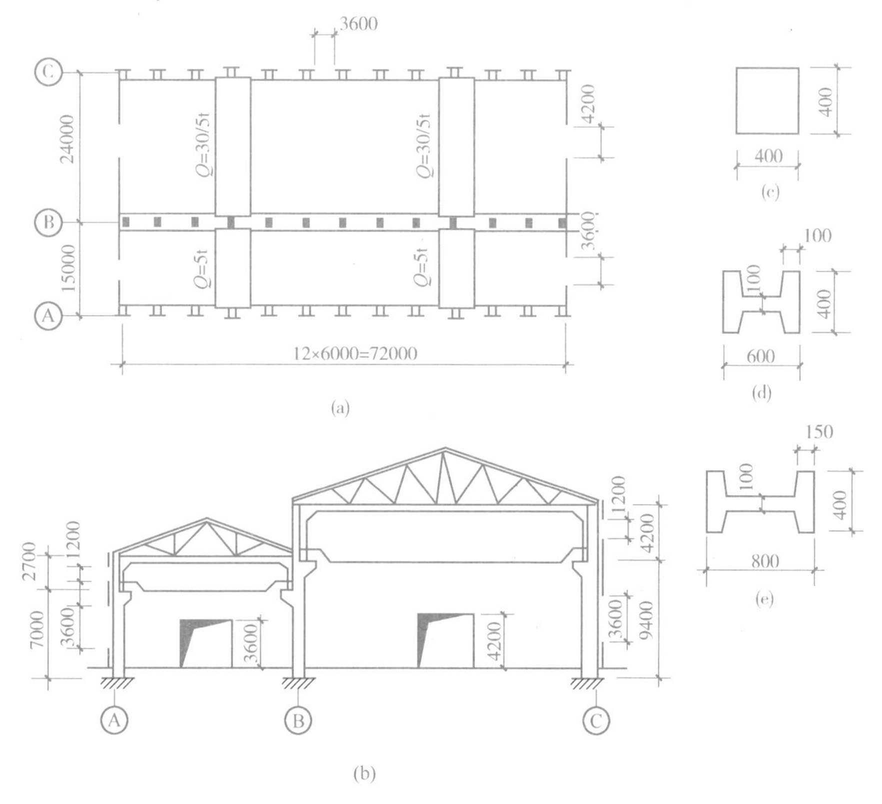

图 7-36　习题 15 图

(a) 厂房平面图；(b) 厂房剖面图；(c) 上柱截面；(d) A 柱下柱截面；(e) B、C 柱下柱截面

盖的结构重量分别为 1. 60kN/m^2 和 1. 45kN/m^2。围护结构采用 240mm 厚的砖墙（下设基础梁）。基本雪压为 0. 30kN/m^2。Ⅱ类场地，设计地震分组为第一组，设计烈度为 8 度。高、低跨一根吊车梁重分别为 68. 0kN 和 31. 6kN。高、低跨吊车桥架重分别为 440. 0kN 和 157. 0kN。试对横向地震作用计算该厂房柱的设计内力。

16. 两跨不等高单层钢筋混凝土厂房与题 15 相同。该厂房的柱间支撑布置如图 7-37 所示。试对纵向地震作用计算该厂房柱的设计内力，并验算柱间支撑的承载力。

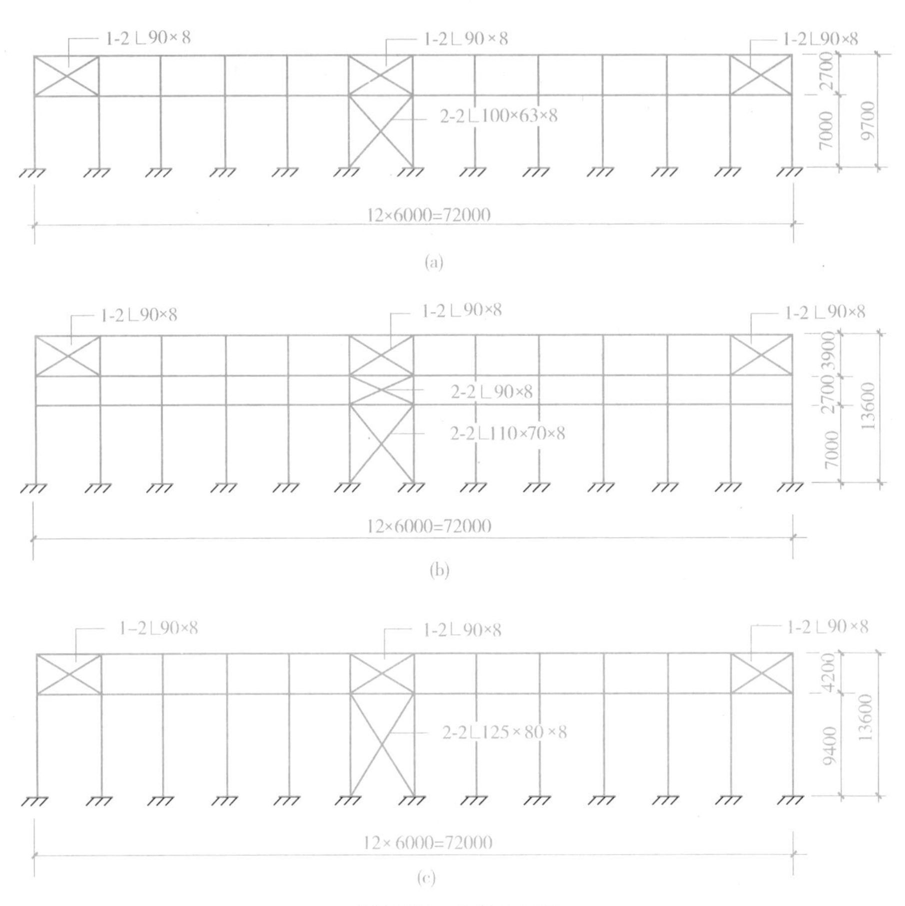

图 7-37　习题 16 图

（a）A 柱列；（b）B 柱列；（c）C 柱列

第 8 章
隔震与减震

8.1 结构抗震设计思想的演化与发展

由震源产生的地震力，通过一定途径传递到建筑物所在场地，引起结构的地震反应。一般来说，建筑物的地震位移反应沿高度从下向上逐级加大，而地震内力则自上而下逐级增加。当建筑结构某些部分的地震力超过该部分所能承受的力时，结构就将产生破坏。

在抗震设计的早期，人们曾企图将结构物设计为“刚性结构体系”。这种体系的结构地震反应接近地面地震运动，一般不发生结构强度破坏。但这样做的结果必然导致材料的浪费，诚如著名的地震工程专家 Rosenblueth 所说的那样：“为了满足我们的要求，人类所有财富可能都是不够的，大量的一般结构将成为碉堡。”作为刚性结构体系的对立体系，人们还设想了“柔性结构体系”，即通过大大减小结构物的刚性来避免结构与地面运动发生类共振，从而减轻地震力。但是，这种结构体系在地震动作用下结构位移过大，在较小的地震时即可能影响结构的正常使用，同时，将各类工程结构都设计为柔性结构体系，也存在实践上的困难。长期的抗震工程实践证明：将一般结构物设计为“延性结构”是合宜的。通过适当控制结构物的刚度与强度，使结构构件在强烈地震时进入非弹性状态后仍具有较大的延性，从而可以通过塑性变形消耗地震能量，使结构物至少保证“坏而不倒”，这就是对“延性结构体系”的基本要求。在现代抗震设计中，实现延性结构体系设计是工程师所追求的抗震基本目标。

然而，延性结构体系的结构，仍然是处于被动地抵御地震作用的地位。对于多数建筑物，当遭遇相当于当地基本烈度的地震袭击时，结构即可能进入非弹性破坏状态，从而导致建筑物装修与内部设备的破坏，造成巨大的经济损失。对于某些生命线工程（如电力、通信部门的核心建筑），结构及内部设备的破坏可以导致生命线网络的瘫痪，所造成的损失更是难以估量。所以，随着现代社会的发展，各种昂贵设备在建筑物内部配置的增加，延性结构体系的应用也有了一定的局限性。面对新的社会要求，各国地震工程学家一直在寻求新的结构抗震设计途径。以隔震、减震技术为特色的结构控制设计理论与实践，便是这种努力的结果。

隔震，是通过某种隔离装置将地震动与结构隔开，以达到减小结构振动的目的。隔震方法主要有基底隔震和悬挂隔震等类型。

减震，是通过采用一定的耗能装置或附加子结构吸收或消耗地震传递给主体结构的能量，从而减轻结构的振动。减震方法主要有消能减震、吸振减震、冲击减震等类型。

8.2 隔震原理与方法

8.2.1 隔震原理

这里主要介绍基底隔震方法。基底隔震的基本思想是在结构物地面以上部分的底部设置隔震层，使之与固结于地基中的基础顶面分离开，从而限制地震动向结构物的传递。大量试验研究工作表明：合理的结构隔震设计一般可使结构的水平地震加速度反应降低 60%左右，从而可以有效地减轻结构的地震破坏，提高结构物的地震安全性。

隔震的技术原理可以用图 8-1 进一步阐明。图中所示为一般的地震反应谱。首先，隔震层具有很小的侧移刚度，从而大大延长了结构物的周期，结构加速度反应得到大幅降低。其次，隔震层通常具有较大的阻尼，从而使结构所受地震作用较非隔震结构有进一步的衰减（图 8-1a）。与此同时，结构位移反应在一定程度上有所增加（图 8-1b）。

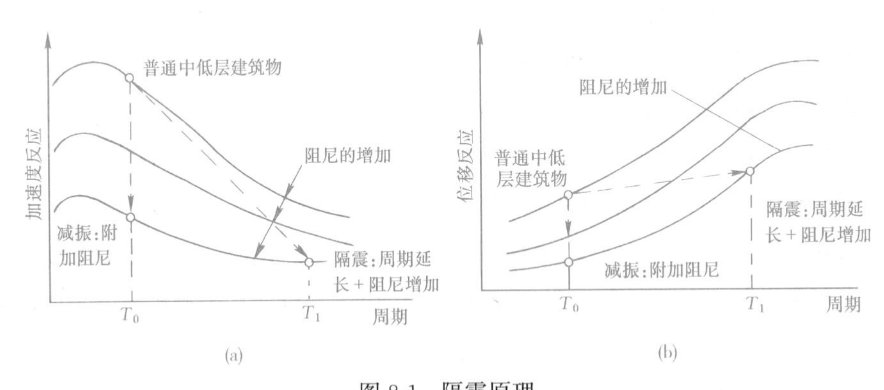

图 8-1　隔震原理

（a）加速度反应谱；（b）位移反应谱

鉴于上述技术原理，在进行基底隔震结构设计时应注意：

（1）在满足必要的竖向承载力的前提下，隔震装置的水平刚度应尽可能小，以使结构周期尽可能远离地震动的卓越周期范围；

（2）保证隔震结构在强风作用下不致有太大的位移。为此，通常要求在隔震结构系统底部安装风稳定装置或用阻尼器与隔震装置联合构成基底隔震系统。

8.2.2　隔震分析模型

隔震建筑系统的动力分析模型可根据具体情况选用单质点模型、多质点模型甚至空间分析模型。当上部结构侧移刚度远大于隔震层的水平刚度时，可以近似认为上部结构是一个刚体，从而将隔震结构简化为单质点模型进行分析，其动力平衡方程形式为

$$m\ddot{x}+c\dot{x}+kx=-m\ddot{x}_g \tag{8-1}$$

式中　m——结构的总质量；

c、k——隔震层的阻尼系数和水平刚度；

$\ddot{x}$、$\dot{x}$、x——上部简化刚体相对于地面的加速度、速度与位移；

$\ddot{x}_g$——地面加速度过程。

当要求分析上部结构的细部地震反应时，可以采用多质点模型或空间分析模型。这些模型可视为在常规结构分析模型底部加入隔震层简化模型的结果。例如，对于多质点模型，隔震层可用一个水平刚度为 K_h，阻尼系数为 c 的结构层进行简化（图 8-2）。

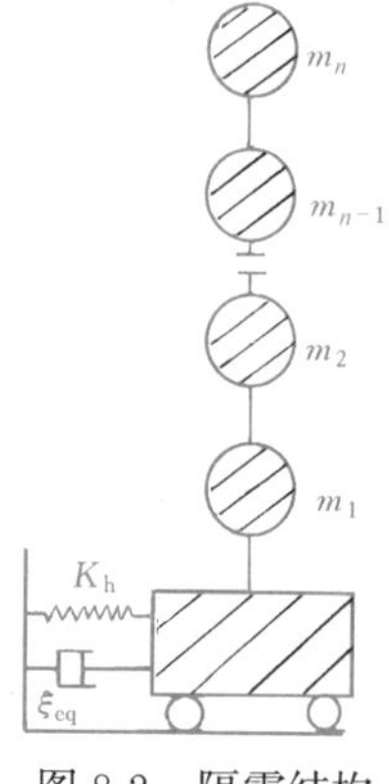

图 8-2　隔震结构计算简图

其中，水平动刚度计算式为

$$K_h=\sum_{i=1}^{N}K_i \tag{8-2}$$

式中　N——隔震支座数量；

K_i——第 i 个隔震支座的水平动刚度。

等效黏滞阻尼比计算式为

$$\xi_{eq}=\frac{\sum_{i=1}^{N}K_i\xi_i}{K_h} \tag{8-3}$$

式中　ξ_i——第 i 个隔震支座的等效黏滞阻尼比。

这样，就可以采用本书第 3 章所述的时程分析方法进行隔震结构系统的地震反应分析。显然，也可以采用反应谱方法进行隔震结构的地震反应分析，但这时采用的反应谱应是经过阻尼比调整后的反应谱曲线。

采用隔震装置的隔震结构，可以有效地降低隔震层以上结构的水平地震作用。我国建筑抗震设计规范采用水平向减震系数的概念来反映这一特点，且规定：隔震结构水平地震作用沿高度采用矩形分布，水平向地震影响系数最大值采用非隔震结构水平地震影响系数最大值与水平向减震系数的乘积。即

$$\alpha_{max_1}=\beta\alpha_{max} \tag{8-4}$$

式中　α_{max_1}——隔震后的水平地震影响系数最大值；

$\alpha_{\max}$——非隔震的水平地震影响系数最大值，按本书第3章方法计算；

β——水平向减震系数；对于多层建筑，取按弹性计算的隔震与非隔震各层层间剪力的最大比值。

采用隔震措施的结构，应满足我国抗震设计规范所规定的相关要求，且隔震层以上结构的总水平地震作用不得低于非隔震结构在6度设防时的总水平地震作用，并应进行抗震验算。

8.2.3 常用隔震装置

1. 橡胶隔震支座

橡胶支座是最常见的隔震装置。常见的橡胶支座分为钢板叠层橡胶支座、铅芯橡胶支座、石墨橡胶支座等类型。

钢板叠层橡胶支座由橡胶片和薄钢板叠合而成（图8-3）。由于薄钢板对橡胶片的横向变形有限制作用，因而使支座竖向刚度较纯橡胶支座大大增加。支座的橡胶层总厚度越小，所能承受的竖向荷载越大。为了提高叠层橡胶支座的阻尼，发明了铅芯橡胶支座（图8-4），这种隔震支座是在叠层橡胶支座中间钻孔灌入铅芯而成。铅芯可以提高支座大变形时的吸能能力。一般说来，普通叠层橡胶支座的阻尼较小，常需配合阻尼器一起使用，而铅芯橡胶支座由于集隔震器与阻尼器于一身，因而可以独立使用。在天然橡胶中加入石墨，也可以大幅度提高橡胶支座的阻尼，但石墨橡胶支座在实际中应用还不多。

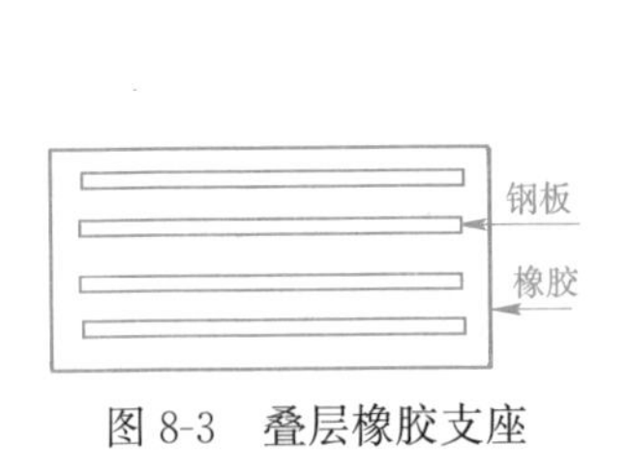

图8-3 叠层橡胶支座

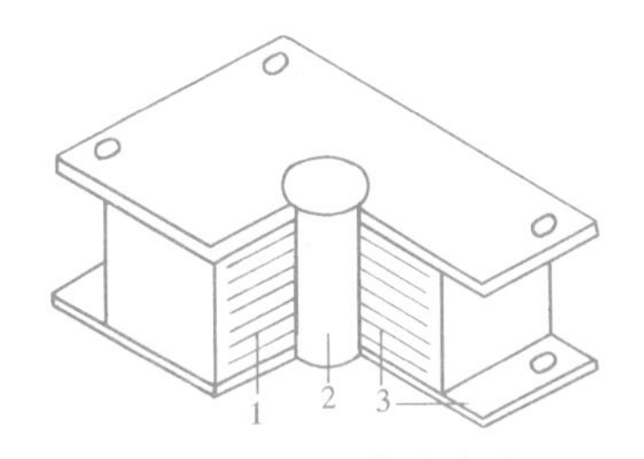

图8-4 铅芯橡胶支座

1—橡胶；2—铅芯；3—钢片

通常使用的橡胶支座，水平刚度是竖向刚度的1%左右，且具有显著的非线性变形特征（图8-5）。当小变形时，其刚度很大，这对建筑结构的抗风性能有利。当大变形时，橡胶的剪切刚度可下降至初始刚度的1/5～1/4，这就会进一步降低结构频率，减小结构反应。当橡胶剪应变超过50%以后，刚度又逐渐有所回升，这又起到安全阀的作用，对防止建筑的过量位移有好处。

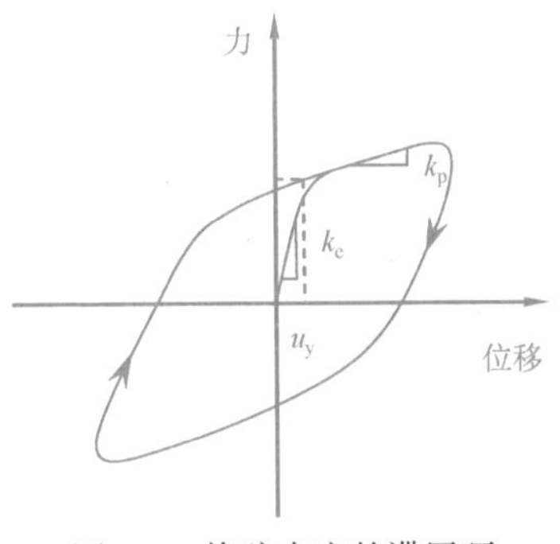

图8-5 橡胶支座的滞回环

橡胶支座隔震装置设计的关键是合理确定隔震支座承受的应力。我国建筑抗震设计规范规定：隔震层各橡胶隔震支座，考虑永久荷载和可变荷载组合的竖向平均压应力设计值不应超过表8-1的规定。在罕遇地震作用下，不宜出现拉应力。

橡胶隔震支座平均压应力限值 表8-1

建筑类别	甲类建筑	乙类建筑	丙类建筑
平均压应力(MPa)	10	12	15

注：1. 对需验算倾覆的结构，平均压应力设计值应包括水平地震作用效应；
2. 对需进行竖向地震作用计算的结构，平均压应力设计值应包括竖向地震作用效应。

隔震支座对应于罕遇地震水平剪力的水平位移，应符合下列要求：

$$u_i \leqslant [u_i] \tag{8-5}$$

$$u_i = \eta_i u_c \tag{8-6}$$

式中 u_i——罕遇地震作用下，第 i 个隔震支座考虑扭转的水平位移；

$[u_i]$——第 i 个隔震支座的水平位移限值；对橡胶隔震支座，不应超过该支座有效直径的0.55倍和支座各橡胶层总厚度3.0倍二者的较小值；

u_c——罕遇地震下隔震层质心处或不考虑扭转的水平位移；

η_i——第 i 个隔震支座的扭转影响系数，应取考虑扭转和不考虑扭转时 i 支座计算位移的比值；当隔震层以上结构的质心与隔震层刚度中心在两个主轴方向均无偏心时，边支座的扭转影响系数不应小于1.15。

2. 平面滑动隔震支座

图8-6为一种平面滚珠滑动隔震支座，该支座是在一个直径为50cm的高光洁度的圆钢盘内，安放400个直径为0.97cm的钢珠。钢珠用钢箍圈住，不致散落，上面再覆盖钢盘。该装置已用于墨西哥城内一座五层钢筋混凝土框架结构的学校建筑中，安放在房屋底层柱脚和地下室柱顶之间。为保证不在风载下产生过大的水平位移，在地下室采用了交叉钢拉杆风稳定装置。

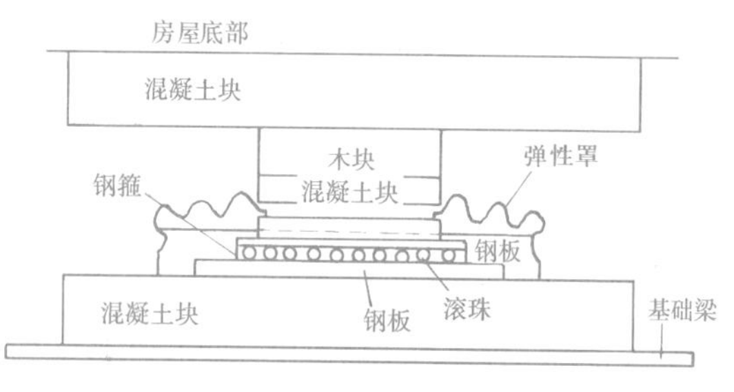

图8-6 滚珠隔震装置

3. 金属摩擦摆隔震支座

平面滑动隔震支座虽然构造简单，但不能自动复位，一般需另外加设复位装置，且滑移量不易控制，可能因滑移过大导致穿越建筑隔震层的非结构构件破坏。为解决平面滑动隔震支座不能自复位的问题，可将平面滑动面改为圆弧形滑动面，使其具有自复位功能。

金属摩擦摆隔震支座主要由上下支座板和一个弧形滑动块组成，根据滑动摩擦面的结构形式，主要分为单主滑动摩擦面型和双主滑动摩擦面型（图 8-7），支座的自由振动周期可由支座圆弧形滑动面构成的摆长控制，恢复力由支座弧形与水平面的夹角控制，阻尼力由支座板与滑动块间的摩擦力控制。由于金属摩擦摆隔震支座竖向承载力大，振动周期、恢复力、阻尼力等可独立控制，可很方便地进行隔震结构优化设计。

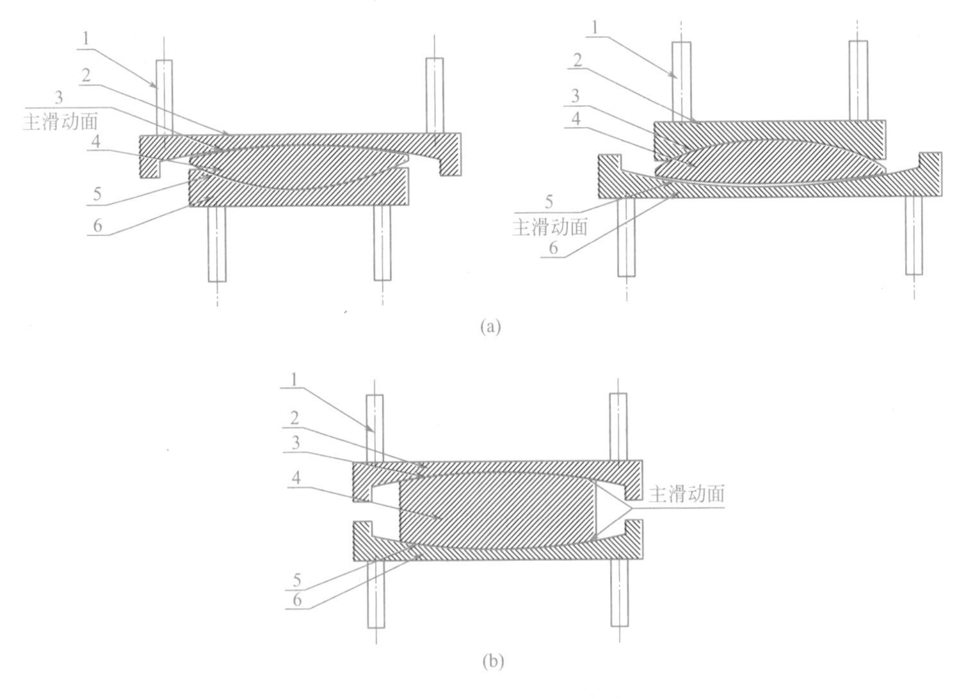

图 8-7　金属摩擦摆隔震支座

(a) 单主滑动摩擦面型（左为 $\mathrm{I_a}$ 型，右为 $\mathrm{I_b}$ 型）；(b) 双主滑动摩擦面型（Ⅱ型）

1—上下锚固装置；2—上座板；3—上滑动摩擦面；4—球冠体；5—下滑动摩擦面；6—下座板

4. 摇摆式隔震支座

图 8-8 是一种摇摆式隔震支座。在杯形基础内设一个上下两端有竖孔的双圆筒摇摆体。竖孔内穿预应力钢丝束并锚固在基础和上部盖板上，起到压紧摇摆体和提供复位力的作用。在摇摆体和基础壁之间填以沥青或散粒物，可为振动提供阻尼。经试验证实：当地面加速度幅值达 $330\mathrm{cm/s^2}$ 时，被隔震房屋的加速度反应被降低到无隔震反应的 1/3 左右。我国山西省的悬空寺，历史上经历多次大地震仍完整无损。分析认为是其特有的支撑木柱起到了摇摆支座隔震的作用。

图 8-9 是伊朗人设计的不倒翁式隔震房屋。该房屋底面半径显著大于顶面半径，能起提供复位力的作用。

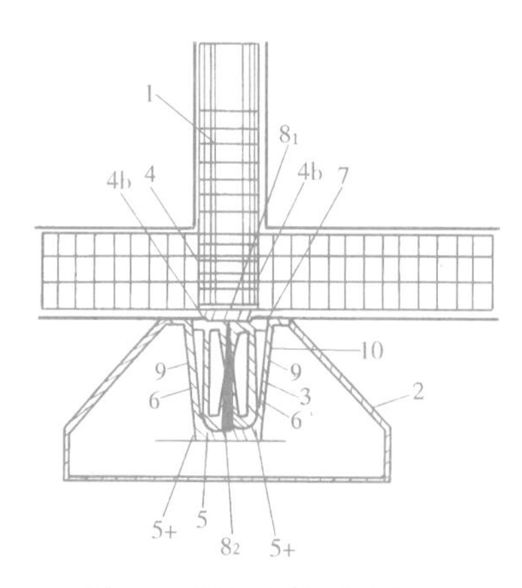

图 8-8　摇摆式柱隔震支座

1—柱子；2—杯形基础；3—隔震支座；
4—上部承台；5—下部承台；6—摇摆倾动体；
7—预应力钢丝束；8—锚具；
9—基础壁体；10—粒状填充料

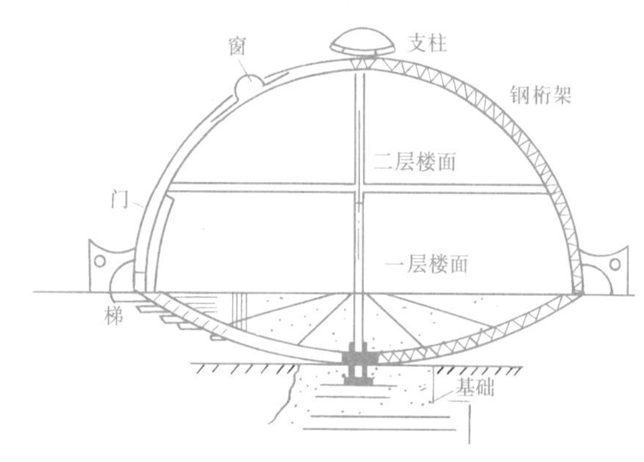

图 8-9　不倒翁式隔震房屋

8.2.4　隔震布置要求

隔震层的布置应符合下列规定：

(1) 隔震层宜设置在结构的底部或中下部，其隔震支座应设置在受力较大的部位，隔震支座的规格、数量和分布应根据竖向承载力、侧向刚度和阻尼的要求由计算确定。

(2) 隔震支座底面宜布置在相同标高位置上；当隔震层的隔震装置处于不同标高时，应采取有效措施保证隔震装置共同工作，且罕遇地震作用下，相邻隔震层的层间位移角不应大于 1/1000。

(3) 隔震支座的平面布置宜与上部结构和下部结构中竖向受力构件的平面位置相对应，不能相对应时，应采取可靠的结构转换措施。

(4) 隔震层刚度中心与质量中心宜重合，设防烈度地震作用下的偏心率不宜大于 3%。

(5) 同一支承处采用多个隔震支座时，隔震支座之间的净距应能满足安装和更换所需的空间尺寸。

8.3　减震原理与方法

隔震系统通过降低结构系统的固有频率、提高系统的阻尼来降低结构的加速度反应，从而大幅度降低结构的地震内力，但这种设计方式也存在一些局限性，主要表现为隔震系统不宜用于软弱场地土和高层建筑结构。为此，人们进一步研究、开发了各类减震装置，用于控制结构地震反应。下面，主要介绍消能减震与吸振减震的基本原理和方法。

8.3.1 消能减震原理

消能减震是利用消能构件消耗地震传递给结构的能量的减震手段。

地震时，结构在任意时刻的能量方程为

$$E_t = E_s + E_f \tag{8-7}$$

式中 E_t——地震过程中输入给结构的能量；

E_s——结构主体自身的耗能；

E_f——附加消能构件的耗能。

从能量的观点看，地震输入给结构的能量 E_t 是一定的，因此，消能装置耗散的能量越多，则结构本身需要消耗的能量就越小，这意味着结构地震反应的降低。另一方面，从动力学的观点看，消能装置的作用，相当于增大了结构的阻尼，而结构阻尼的增大，必将使结构地震反应减小。

在风和小震作用下，消能装置应具有较大的刚度，以保证结构的使用性能。在强烈地震作用时，消能装置应率先进入非弹性状态，并大量消耗地震能量。有试验表明，消能装置可做到消耗地震总输入能量的 90%以上。

消能减震结构的地震反应分析，原则上可以利用本书第 3 章所述的非线性时程反应分析方法。在进行这一分析时，通常需要消能元件的试验数据，以确立结构动力方程中的阻尼矩阵。一般，消能元件附加给结构的有效阻尼比可按下式估算：

$$\zeta_a = \sum_j W_{cj} / (4\pi W_s) \tag{8-8}$$

式中 ζ_a——消能减震结构的附加有效阻尼比；

W_{cj}——第 j 个消能部件在结构预期位移下往复一周所消耗的能量；

W_s——设置消能部件的结构在预期位移下的总应变能。

我国现行《建筑抗震设计规范》GB 50011 规定：消能元件附加给结构的有效阻尼比超过 25%时，宜按 25%计算。这一规定，主要是考虑在阻尼比超过 25%时采用常规地震反应分析方法会引起较大误差。

8.3.2 消能减震装置

1. 类型

按照消能机制，消能减震装置可分为速度相关型阻尼器和位移相关型阻尼器。

速度相关型阻尼器通常采用黏性流体作为阻尼材料，当有刚性物体在黏性流体中运动时，流体会对运动刚体产生阻尼力，刚体运动速度越快，阻尼力越大。而位移相关型阻尼器通常采用金属作为阻尼材料，利用金属的屈服塑性变形和金属间的相对滑动摩擦产生阻尼力。图 8-10（a）、（b）分别为速度相关型阻尼器和位移相关型阻尼器的力-位移滞回曲线。

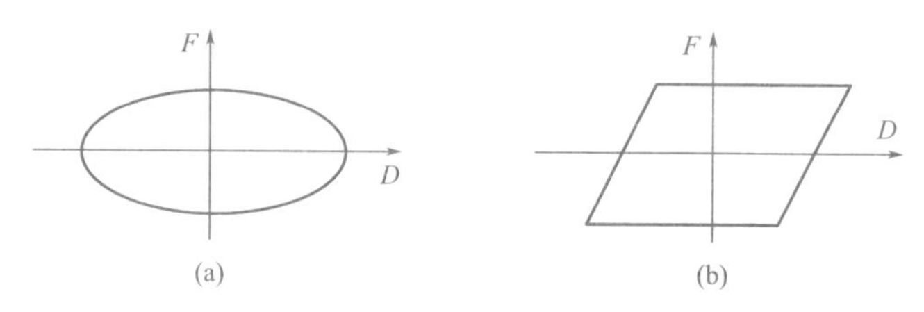

图 8-10　阻尼器力-位移滞回曲线

（a）速度相关型阻尼器；（b）位移相关型阻尼器

钢材是一种具有较大刚度（弹性模量）和塑性变形能力（延性）且成本低的金属材料，常用于制作位移相关型阻尼器。这种位移相关型金属阻尼器未屈服时，也可像普通结构构件一样具有承载功能，可当作承载构件。如果同时也利用这种金属阻尼器的承载功能，则可形成一类特殊的阻尼器——承载-消能双功能构件。

速度相关型阻尼器在速度为零时阻尼力为 0，即不具有承载力，因此不能用作承载-消能双功能构件。

2. 速度型消能阻尼器

（1）黏滞阻尼器

黏滞阻尼器一般由缸体、活塞、黏滞材料等部分组成，利用活塞在黏滞材料中的运动产生阻尼力，如图 8-11 所示。

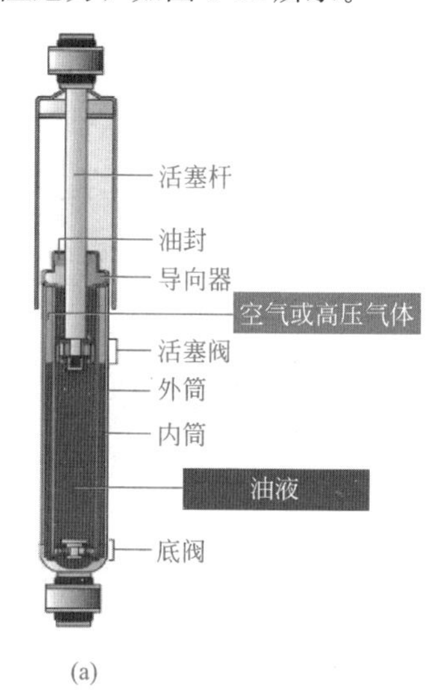

(a)

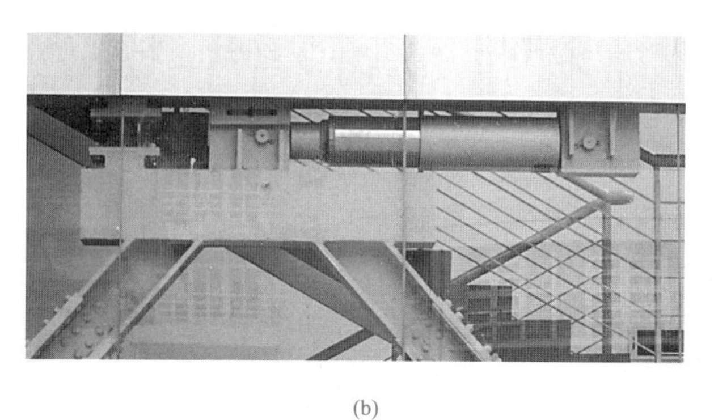

(b)

图 8-11　黏滞阻尼器

（a）阻尼器构造；（b）安装在建筑中的阻尼器

管式油缸式黏滞阻尼器消能效率高，但在建筑中应用时一般需在楼层额外设置阻尼器支承构件（图 8-11b）。为便于在建筑中应用，可将黏滞阻尼器做成黏滞阻尼墙（图 8-12）。

（2）黏弹性阻尼器

黏弹性阻尼器是一种由黏弹性材料做成的阻尼器。黏弹性材料是一种具有弹性刚度的固体黏性阻尼材料，因此其阻尼力与速度和位移均相关，图 8-13 是一种黏弹性阻尼器。

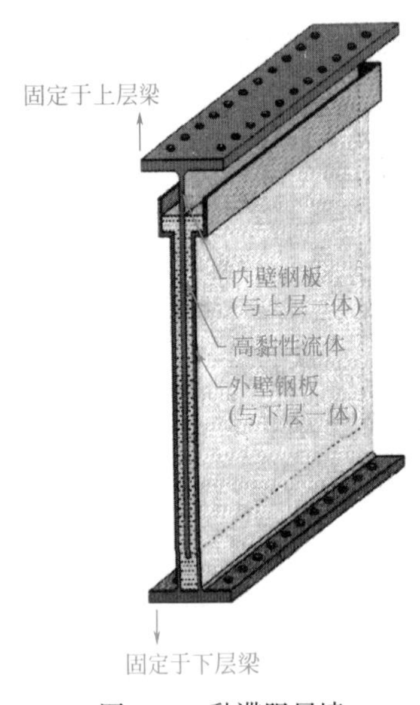

图 8-12　黏滞阻尼墙

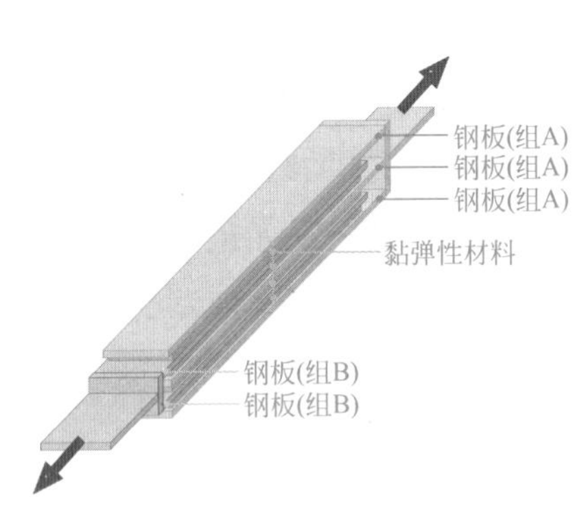

图 8-13　黏弹性阻尼器

3. 位移型消能阻尼器

（1）金属阻尼器

低碳钢具有优良的塑性变形性能，可以在超过屈服应变几十倍的塑性应变下往复变形数百次而不断裂。根据需要，可以将金属阻尼器做成各种形式，按照金属塑性变形的形式，可以分为弯曲型金属阻尼器（图 8-14）和剪切型金属阻尼器（图 8-15）。

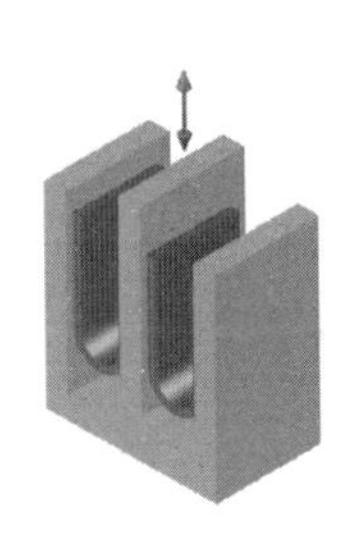
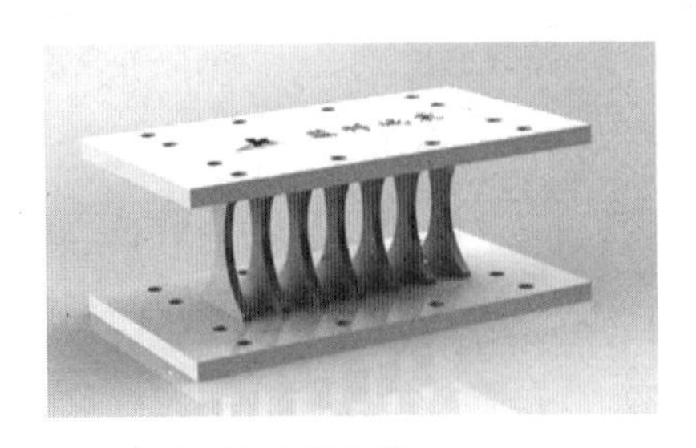

图 8-14　弯曲型金属阻尼器

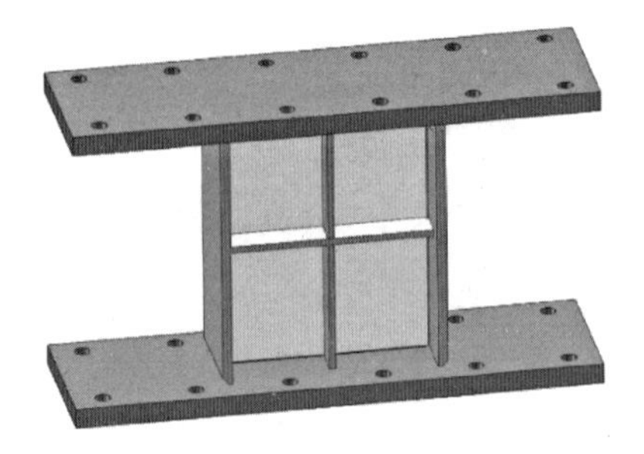

图 8-15　剪切型金属阻尼器

（2）摩擦阻尼器

将几块钢板用高强度螺栓和弹簧连在一起，可做成摩擦阻尼器（图 8-16）。通过调节高强度螺栓的预应力，可以调整钢板间摩擦力的大小，弹簧的预压力可以保证在高强度螺栓松弛时钢板间压力的恒定。通过对钢板表面进行处理或加垫特殊摩擦材料，可以保障阻尼器的动摩擦性能在反复摩擦时不衰减。

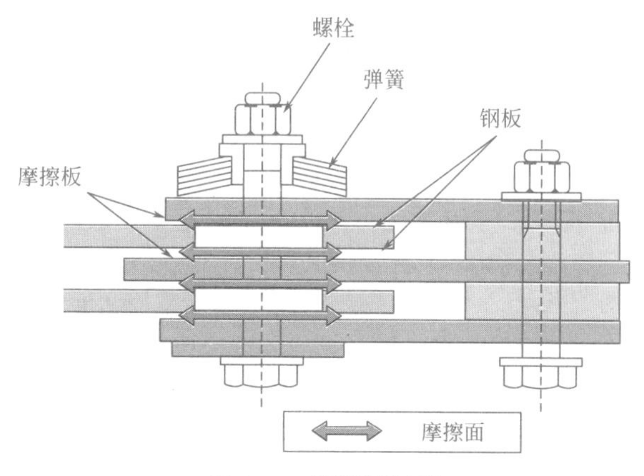

图 8-16　摩擦阻尼器

4. 承载-消能双功能构件

（1）偏心支撑消能钢梁段

偏心支撑钢框架最早由美国 Popov 教授提出（图 8-17）。其工作原理是在风荷载或小震作用下，偏心钢梁段不屈服承载（图 8-18），偏心支撑能提供很大的抗侧刚度。在大震下，偏心钢梁段屈服消能，减小地震作用对结构的影响。

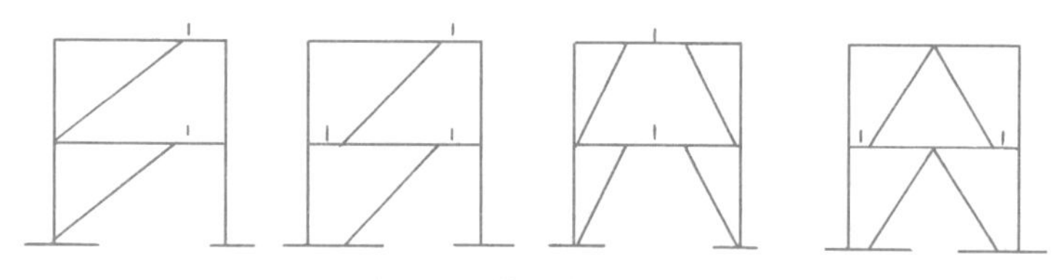

图 8-17　偏心支撑钢框架

图 8-18　偏心支撑消能钢梁段

（2）联肢墙消能钢连梁

联肢剪力墙结构具有较好的抗震性能，但传统联肢剪力墙的混凝土连梁消能能力不足够好，且地震破坏后难以修复。为此，可采用钢连梁（图 8-19）取代混凝土连梁，构成钢连梁联肢剪力墙（图 8-20）。在风荷载或小震作用下，钢连梁不屈服承载，联肢剪力墙能提供很大的抗侧刚度。在大震下，钢连梁屈服消能，减小地震作用对结构的影响，且钢连梁地震后较易修复或更换。

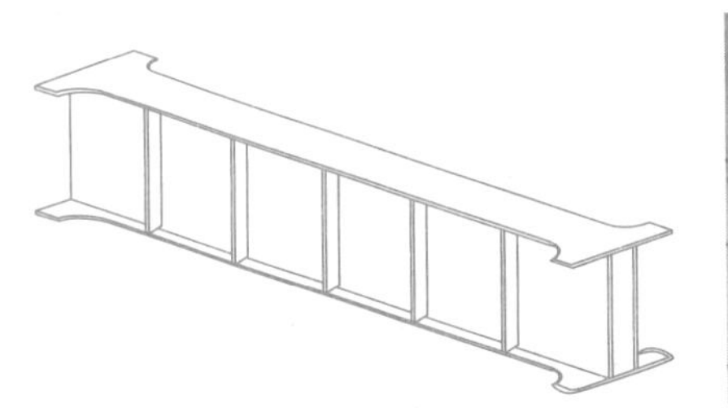

图 8-19　消能钢连梁

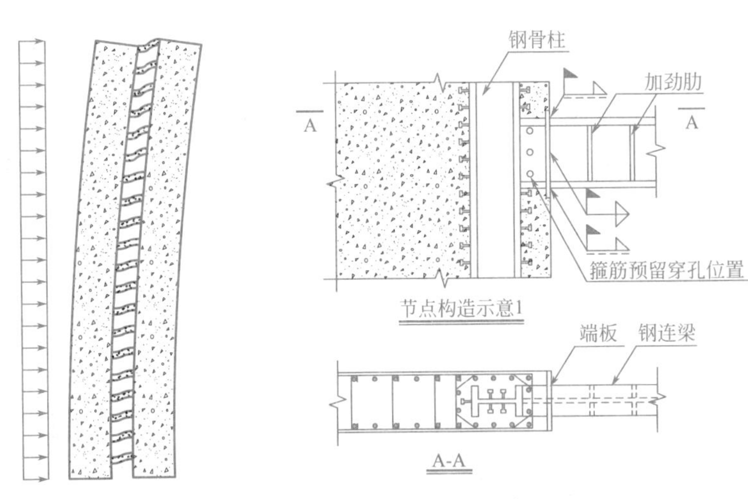

图 8-20　钢连梁联肢剪力墙

（3）屈曲约束钢支撑

为克服传统钢支撑受压时会发生屈曲的问题，日本的一些研究者最早研制了一种受压时不发生屈曲的支撑，称为屈曲约束支撑。这种支撑是在核心支撑的外面套一个约束构件，核心支撑与约束构件间能自由滑动（图 8-21）。核心支撑与主体结构相连，而约束构件只约束核心支撑发生弯曲变形，防止核心支撑在压力作用下发生整体屈曲和局部屈曲。因此，屈曲约束支撑在拉力和压力作用下均可以达到充分的屈服，具有很好的延性，滞回环稳定饱满（图 8-22）。屈曲约束支撑未屈服时，可像普通支撑一样承载，提供很大刚度，而当屈曲约束支撑屈服时，则成为一个金属阻尼器，具有很大消能能力。

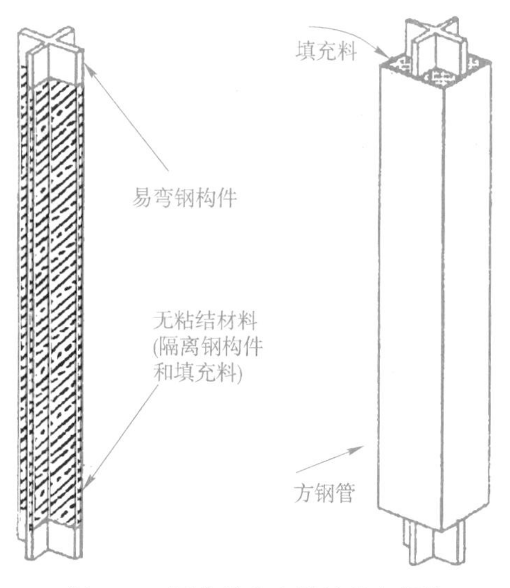

图 8-21 屈曲约束支撑的基本部件

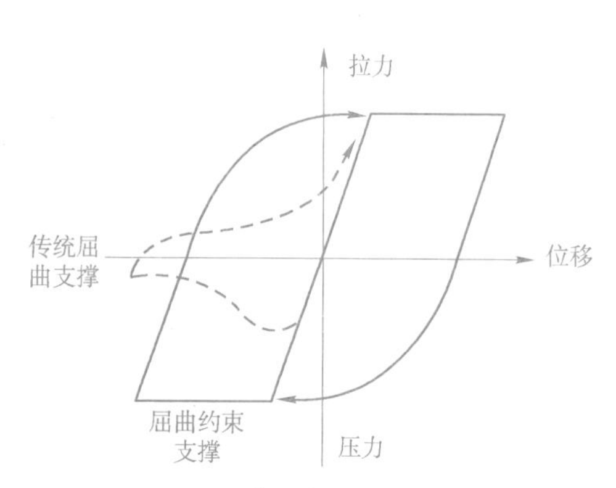

图 8-22 屈曲约束支撑的滞回曲线

(4) 屈曲约束钢板墙

与屈曲约束支撑的工作机制类似，采用约束板防止钢板墙受剪屈曲，可制成屈曲约束钢板墙（图 8-23)，这种墙也能屈服不屈曲，具有很好的滞回性能（图 8-24)。

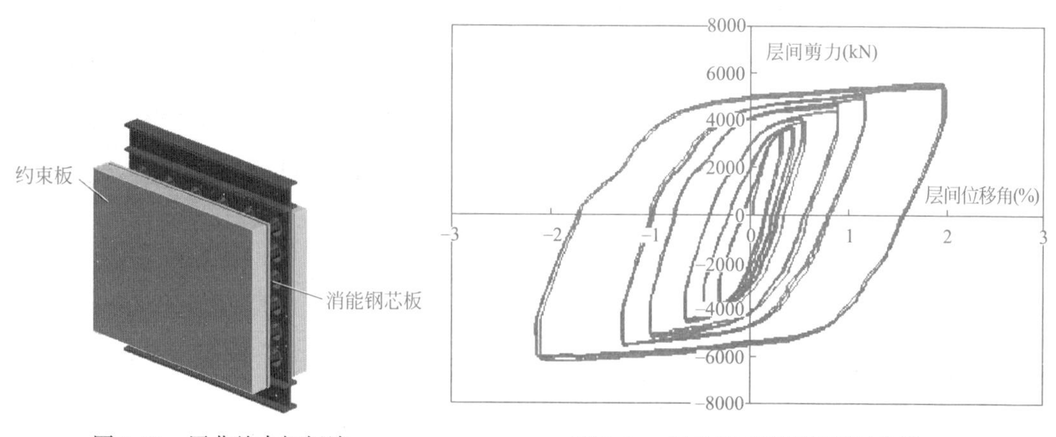

图 8-23 屈曲约束钢板墙

图 8-24 屈曲约束钢板墙滞回曲线

(5) 无屈曲波形钢板墙

屈曲约束钢板墙的约束板需要有足够的面外弯曲刚度，才能防止钢板墙受剪屈曲。因此，屈曲约束钢板墙重量大，应用时安装不太方便。为克服这一问题，提出了无屈曲波形钢板墙（图 8-25)，通过钢板波折，可使钢板的抗剪屈曲承载力大幅提高，也能达到屈服不屈曲的目的。试验证明，无屈曲波形钢板墙也具有很好的滞回性能（图 8-26），同时大大减轻了承载-消能双功能钢板墙的重量。

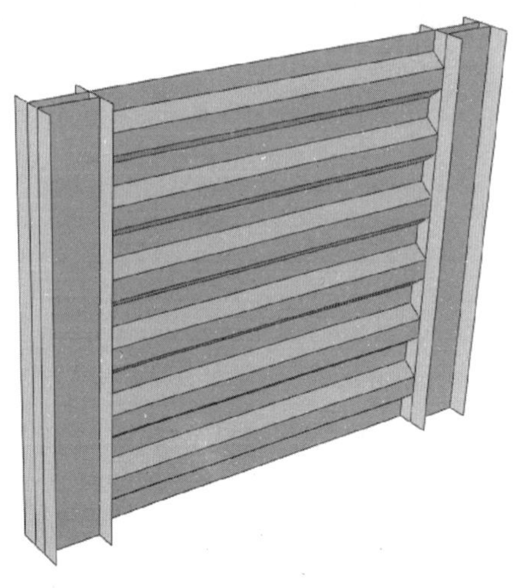

图 8-25　无屈曲波形钢板墙

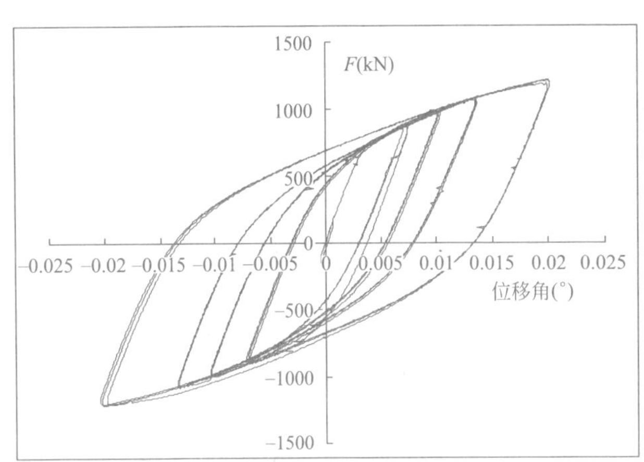

图 8-26　无屈曲波形钢板墙滞回性能试验

8.3.3　吸振减震原理

吸振减震是通过附加子结构使主体结构的能量向子结构转移的减震方式。这类系统的减震原理可由图 8-27 所示力学模型的地震反应特征加以说明。

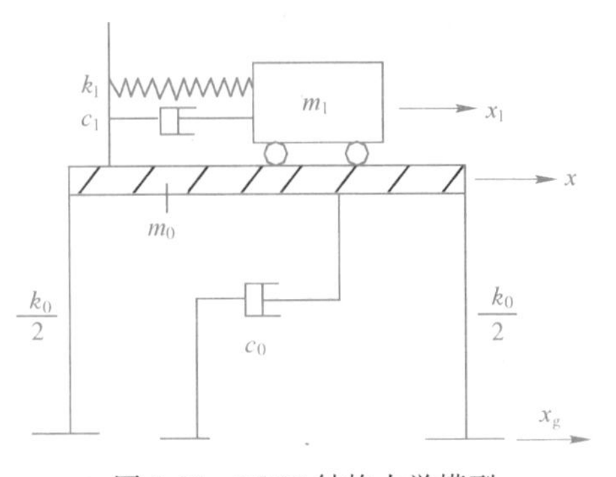

图 8-27　TMD 结构力学模型

设图 8-27 中主体结构质量为 m_0，阻尼系数为 c_0，刚度为 k_0，附加子结构质量、阻尼系数、刚度分别为 m_1、c_1、k_1，则可列出如下运动平衡方程：

$$m_0\ddot{x}+c_0\dot{x}+k_0x-c_1\dot{v}-k_1v=-m_0\ddot{x}_g \tag{8-9}$$

$$m_1(\ddot{x}+\ddot{v})+c_1\dot{v}+k_1v=-m_1\ddot{x}_g \tag{8-10}$$

其中，$v=x_1-x$。

当考虑简谐地面运动输入并考虑无阻尼体系的反应特征时，经过一些数学推导，可以发现：当子结构的频率等于地面运动输入频率时，将会给出主结构振幅为零的结果。即，系统振动能量集中于子结构而主体结构得到了保护。

实际的地震动含有多种频率分量，结构系统也必然是有阻尼系统，但在子结构频率接近或等于主结构频率时，主结构的地震反应总是可以得到一定程度的减控。图 8-28 给出了一个基于随机振动原理的分析结果，图中 R 是主结构的振动控制频率参数，当 $R<1$ 时，表示具有减震效果。大量理论分析结果表明：主结构的阻尼比越小，吸振装置的减震作用越大；质量比增加，减震作用增大。

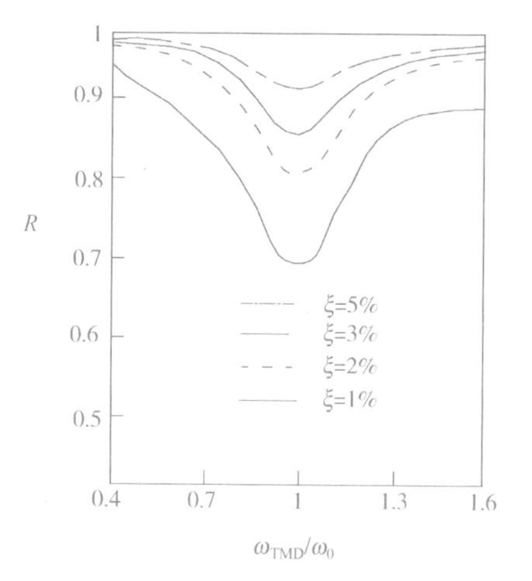

图 8-28　TMD 控制效率

8.3.4　吸振减震装置

1. 调频质量阻尼器（TMD）

调频质量阻尼器是包括质量系统和弹簧、阻尼系统的小型振动系统，通过弹簧连接于主体结构，可安装在高耸结构或高层建筑的顶部，如图 8-29 所示。TMD 已用于多个实际工程的减震设计。例如，1976 年建成于美国波士顿的 60 层 John Hancock 大楼，在 58 层上安装了两个重 300t 的 TMD 装置。每个装置由长、宽各为 5.1m、高 0.9m 的灌铅钢板箱组成，箱子可在 90m 长的钢板上滑动。TMD 的弹性恢复力由弹簧提供，阻尼由黏滞阻尼缸提供。

近年来的研究表明，TMD 比较适合于阻尼比较小的钢结构或桥梁结构的风振控制，对于阻尼比较大的混凝土高层建筑结构的振动控制尤其是地震反应控制，效果往往不大明显。

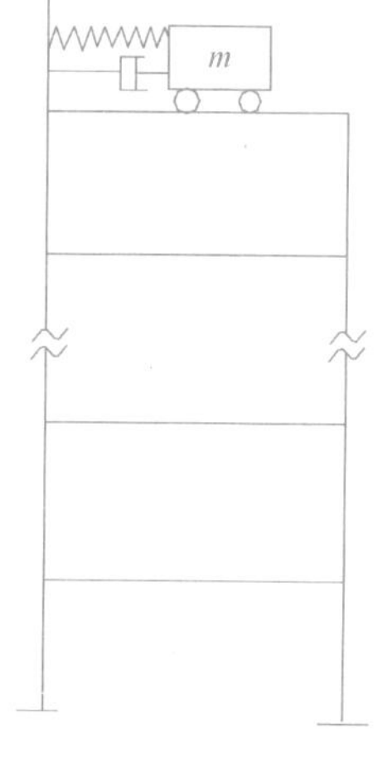

图 8-29　支撑式 TMD

2. 调谐液体阻尼器（TLD）

将装水的容器置于结构物上，结构振动时，水的振荡也能形成一个调频质量阻尼器，现在通常称这类装置为 TLD（图 8-30）。

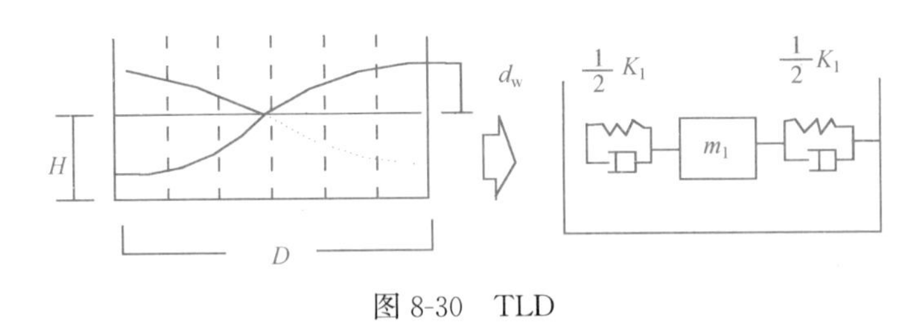

图 8-30　TLD

设计 TLD 时，应尽量使水的振荡周期接近结构的固有周期。水的振荡频率公式为

$$f=\sqrt{\frac{g}{2\pi L}\tan\left(\frac{2\pi h}{L}\right)} \tag{8-11}$$

式中　L——水面波的波长；

h——水深；

g——重力加速度。

TLD 也已应用于多个实际工程中，比较著名的有安装于日本横滨市的马林塔（105m 高）和长崎航空港管制塔上的 TLD 装置，经观测证实，确有减震效果。

8.4 结构主动控制减震

8.4.1 基本概念

主动控制减震是借鉴现代控制论思想而提出的一类振动控制方法，其设想是利用外部能源，在结构受地震激励而运动的过程中，实时地施加控制力、改变结构动力特性，以减小结构地震反应。

主动控制体系一般由三部分组成：

(1) 传感器：用于测量结构所受外部激励及结构响应，并将测得的信息传送给控制系统中的处理器；

(2) 处理器：一般为计算机，用于依据给定的控制算法，计算结构所需的控制力，并将控制信息传递给控制系统中的作动器；

(3) 作动器：一般为加力装置，用于根据控制信息，向结构提供所需的控制力。

基本的控制系统可分为三种类型（图 8-31）：

(1) 开环控制：根据外部激励信息调整控制力；

(2) 闭环控制：根据结构反应信息调整控制力；

(3) 开闭环控制：根据外部激励和结构反应的综合信息调整控制力。

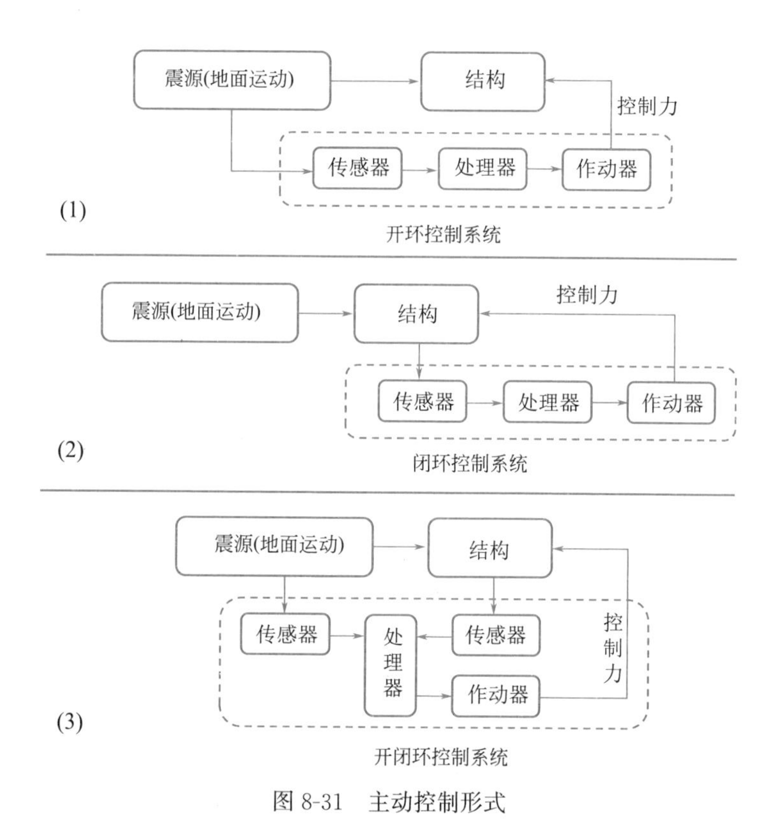

图 8-31 主动控制形式

近年来研制的主动控制装置一般采用闭环控制原理进行设计。

8.4.2 控制原理

图 8-32 是主动控制结构（单自由度体系）的分析模型。

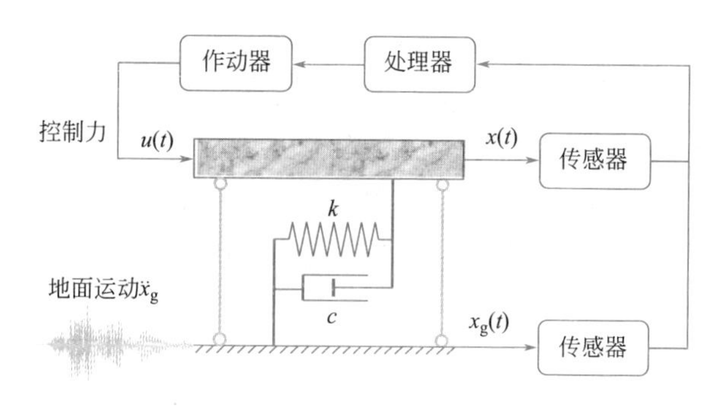

图 8-32 主动控制结构模型

在地震动 $\ddot{x}_g$ 作用下，结构产生相对位移 $x(t)$，根据地震动和结构反应信息，作动器对结构施加主动控制力 $u(t)$，因此，结构的运动方程为

$$m\ddot{x}+c\dot{x}+kx=-m\ddot{x}_g+u(t) \tag{8-12}$$

式中 $u(t)$ 是结构反应 x、$\dot{x}$、$\ddot{x}$ 和地震动 $\ddot{x}_g$ 的函数，可表示为

$$u(t)=-m_1\ddot{x}-c_1\dot{x}-k_1x+m_0\ddot{x}_g \tag{8-13}$$

其中 m_1、c_1、k_1、m_0 为控制力参数，可以不随时间改变。

将式（8-13）代入式（8-12）可得

$$(m+m_1)\ddot{x}+(c+c_1)\dot{x}+(k+k_1)x=-(m-m_0)\ddot{x}_g \tag{8-14}$$

由上式可知，对结构实施主动控制，相当于改变了结构动力特性，增大了结构刚度与阻尼、减小了地震作用，从而达到减震的目的。

在式（8-13）表达的主动控制力中，若 $m_1=c_1=k_1=0$，则为开环控制；若 $m_0=0$，则为闭环控制；若 m_1、c_1、k_1 及 m_0 皆不为零，则为开闭环控制。在闭环控制中，若 $m_1=c_1=0$，则称为主动可调刚度控制；如果 $m_1=k_1=0$，则称为主动可调阻尼控制；类似地，若 $c_1=k_1=0$，则是主动可调质量控制。

最佳的控制力参数，可采用一般控制理论方法确定。常用的方法有：模态空间控制法、最优控制法、瞬时最优控制法等。

8.4.3 结构主动控制装置

自 20 世纪 80 年代以来，世界范围内已建成一定数量的采用主动控制技术的大型建筑，本节简要介绍当前研究和应用较多的几种结构主动控制装置。

1. 主动调频质量阻尼器（ATMD）

这是在 TMD 基础上增加主动控制装置而构成的减震装置。该装置由作动器（伺服装置）驱动弹簧-阻尼-质量系统（图 8-33），是目前较多应用于高层建筑和高耸结构的抗风/抗震控制装置。

图 8-33　ATMD 装置（韩国 TESolution 公司开发，用于仁川第二国际机场飞行控制塔）

2. 混合调频质量阻尼器（HTMD）

混合调频质量阻尼器（HMD，Hybrid Mass Damper），是主动调频质量阻尼器（AMD，Active Mass Damper）和被动调频质量阻尼器（TMD，Tuned Mass Damper）的结合。比较有代表性的 HTMD 构型和应用场景如图 8-34 和图 8-35 所示。

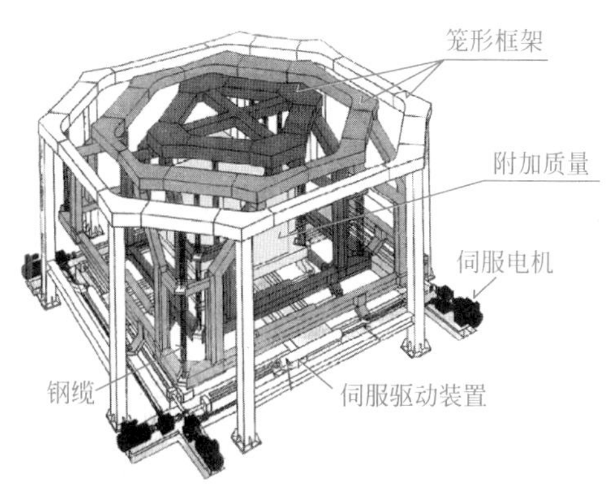

图 8-34 横滨界标塔及其 HTMD 装置构型

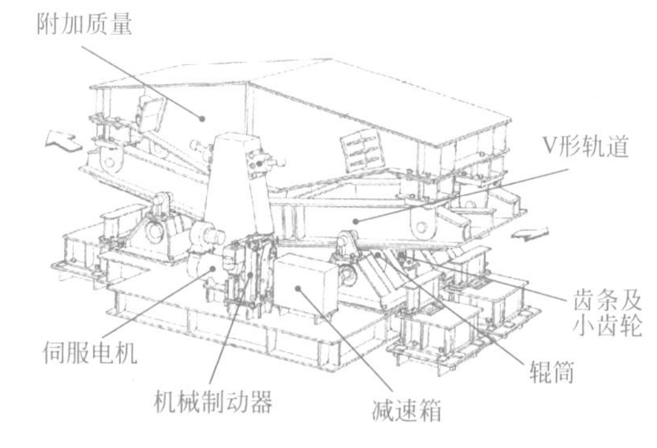

图 8-35 东京公园塔及其 HTMD 装置构型

3. 主动拉索装置（ATS）和主动斜撑装置（ABS）

ATS 与 ABS 非常相似，系将主动伺服作动器与拉索或斜撑串联，在地震时由伺服系统实时施加控制力，从而动态调整拉索张力或支撑轴力，以减控结构地震反应。这类装置的优点在于：(1) 可直接置于建筑结构内部，基本不影响建筑使用空间；(2) 对阻尼和刚度等物理参数不敏感；(3) 除用于新建结构主动控制外，还可用于抗震加固。图 8-36 示出了一个足尺 ABS 的试验测试场景。由图可见：ABS 装置形态与普通支撑几无差异。

图 8-36 ABS 装置（由高雄第一科技大学 Lyan-Ywan Lu 开发）

4. 磁流变阻尼器（MRD）

磁流变阻尼器（MRD，Magneto-Rheological

Damper）是一种半主动控制装置。MRD 装置的关键构成要素是其内部的磁流变液，该类液体在外部磁场作用下可产生瞬态相变，由自由流动的线性黏滞流体变为可控屈服强度的半固体。通过主动控制磁场变化，磁流变液为 MRD 装置内的活塞运动提供实时变化的控制力，从而达到调节结构地震反应的目的。图 8-37 为典型 MRD 装置构型。

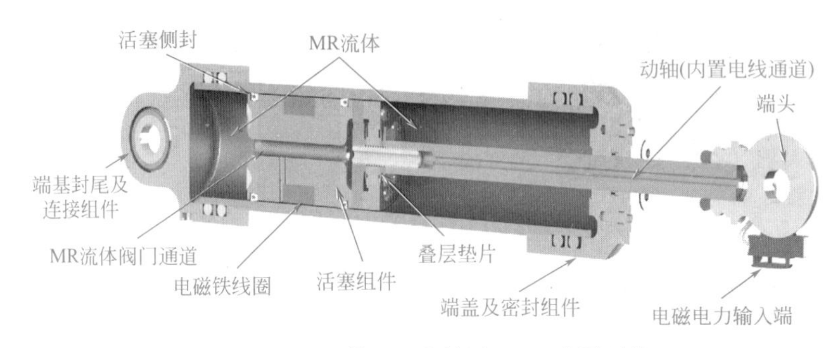

图 8-37　MRD 装置（由美国 AAD 公司开发）

5. 变孔流体阻尼器（VOD）

变孔流体阻尼器（VOD，Variable Orifice Damper）的基本构型与传统黏滞流体阻尼器（VFD）大致相同，不同之处在于前者增设了主动控制装置以调节阻尼器内活塞孔的大小或孔阀的开闭状态，从而使该装置内液体穿孔流动时的阻尼实时变化。尽管该调节过程是典型的主动控制过程，但由于这一过程仅作用于结构的附加阻尼装置（即 VOD）内，其主动调节能量不直接施加于结构，故采用变孔流体阻尼器的结构属于半主动控制结构。图 8-38 给出了典型 VOD 装置的构型。

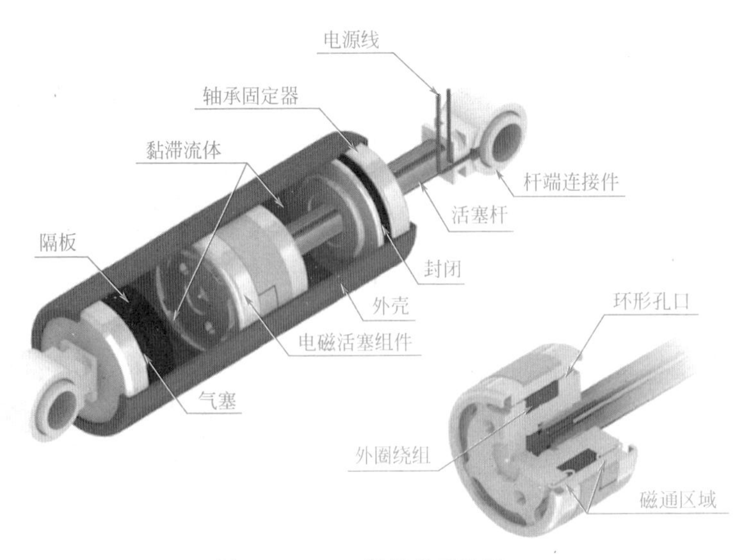

图 8-38　VOD 装置典型构型

习题

1. 试从结构抗震思想的演变探讨结构抗震的发展方向。
2. 为什么硬土地基采用隔震措施较软土地基效果好?
3. 结构消能减震的原理是什么? 有哪些消能减震装置类型?
4. TMD 会增大主体结构的地震反应吗?
5. 主动控制减震有哪些缺点? 怎样克服这些缺点?

附录 A

中国地震烈度表 GB/T 17742—2020

地震烈度	人的感觉	房屋震害			其他震害现象	合成地震动的最大值	
		类型	震害程度	平均震害指数		加速度（m/s^2）	速度（m/s）
Ⅰ	无感	—	—	—	—	0.018（<0.0257）	0.00121（<0.00177）
Ⅱ	室内个别静止中的人有感觉，个别较高楼层中的人有感觉	—	—	—	—	0.0369（0.0258～0.0528）	0.00259（0.00178～0.00381）
Ⅲ	室内少数静止中的人有感觉，少数较高楼层中的人有明显感觉	—	门、窗轻微作响	—	悬挂物微动	0.0757（0.0529～0.108）	0.00558（0.00382～0.00819）
Ⅳ	室内多数人、室外少数人有感觉，少数人睡梦中惊醒	—	门、窗作响	—	悬挂物明显摆动，器皿作响	0.155（0.109～0.222）	0.0120（0.0082～0.0176）
Ⅴ	室内绝大多数、室外多数人有感觉，多数人睡梦中惊醒，少数人惊逃户外	—	门窗、屋顶、屋架颤动作响，灰土掉落，个别房屋墙体抹灰出现细微裂缝，个别老旧A1类或A2类房屋墙体出现轻微裂缝或原有裂缝扩展，个别屋顶烟囱掉砖，个别檐瓦掉落	—	悬挂物大幅度晃动，少数架上小物品、个别顶部沉重或放置不稳定器物摇动或翻倒，水晃动并从盛满的容器中溢出	0.319（0.223～0.456）	0.0259（0.0177～0.0380）

续表

<table>
<tr><th rowspan="2">地震烈度</th><th rowspan="2">人的感觉</th><th colspan="3">房屋震害</th><th rowspan="2">其他震害现象</th><th colspan="2">合成地震动的最大值</th></tr>
<tr><th>类型</th><th>震害程度</th><th>平均震害指数</th><th>加速度（m/s^2）</th><th>速度（m/s）</th></tr>
<tr><td rowspan="5">Ⅵ</td><td rowspan="5">多数人站立不稳，多数人惊逃户外</td><td>A1</td><td>少数轻微破坏和中等破坏，多数基本完好</td><td>0.02～0.17</td><td rowspan="5">少数轻家具和物品移动，少数顶部沉重的器物翻倒；个别梁桥挡块破坏，个别拱桥主拱圈出现裂缝及桥台开裂；个别主变压器跳闸；个别老旧支线管道有破坏，局部水压下降；河岸和松软土地出现裂缝，饱和砂层出现喷砂冒水；个别独立砖烟囱轻度裂缝</td><td rowspan="5">0.653（0.457～0.936）</td><td rowspan="5">0.0557（0.0381～0.0817）</td></tr>
<tr><td>A2</td><td>少数轻微破坏和中等破坏，大多数基本完好</td><td>0.01～0.13</td></tr>
<tr><td>B</td><td>少数轻微破坏和中等破坏，大多数基本完好</td><td>≤0.11</td></tr>
<tr><td>C</td><td>少数或个别轻微破坏，绝大多数基本完好</td><td>≤0.06</td></tr>
<tr><td>D</td><td>少数或个别轻微破坏，绝大多数基本完好</td><td>≤0.04</td></tr>
<tr><td rowspan="5">Ⅶ</td><td rowspan="5">大多数人惊逃户外，骑自行车的人有感觉，行驶中的汽车驾乘人员有感觉</td><td>A1</td><td>少数严重破坏和毁坏，多数中等破坏和轻微破坏</td><td>0.15～0.44</td><td rowspan="5">物品从架子上掉落，多数顶部沉重的器物翻倒，少数家具倾倒；少数梁桥挡块破坏，个别拱桥主拱圈出现明显裂缝和变形以及少数桥台开裂；个别变压器的套管破坏，个别瓷柱型高压电气设备破坏；少数支线管道破坏，局部停水；河岸出现塌方，饱和砂层常见喷水冒砂，松软土地上地裂缝较多；大多数独立砖烟囱中等破坏</td><td rowspan="5">1.35（0.937～1.94）</td><td rowspan="5">0.120（0.0818～0.176）</td></tr>
<tr><td>A2</td><td>少数中等破坏，多数轻微破坏和基本完好</td><td>0.11～0.31</td></tr>
<tr><td>B</td><td>少数中等破坏，多数轻微破坏和基本完好</td><td>0.09～0.27</td></tr>
<tr><td>C</td><td>少数轻微破坏和中等破坏，多数基本完好</td><td>0.05～0.18</td></tr>
<tr><td>D</td><td>少数轻微破坏和中等破坏，大多数基本完好</td><td>0.04～0.16</td></tr>
<tr><td rowspan="5">Ⅷ</td><td rowspan="5">多数人摇晃颠簸，行走困难</td><td>A1</td><td>少数毁坏，多数中等破坏和严重破坏</td><td>0.42～0.62</td><td rowspan="5">除重家具外，室内物品大多数倾倒或移位；少数梁桥梁体移位、开裂及多数挡块破坏，少数拱桥主拱圈开裂严重；少数变压器的套管破坏，个别或少数瓷柱型高压电气设备破坏；多数支线管道及少数干线管道破坏，部分区域停水；干硬土地上出现裂缝，饱和砂层绝大多数喷砂冒水；大多数独立砖烟囱严重破坏</td><td rowspan="5">2.79（1.95～4.01）</td><td rowspan="5">0.258（0.177～0.378）</td></tr>
<tr><td>A2</td><td>少数严重破坏，多数中等破坏和轻微破坏</td><td>0.29～0.46</td></tr>
<tr><td>B</td><td>少数严重破坏和毁坏，多数中等和轻微破坏</td><td>0.25～0.50</td></tr>
<tr><td>C</td><td>少数中等破坏和严重破坏，多数轻微破坏和基本完好</td><td>0.16～0.35</td></tr>
<tr><td>D</td><td>少数中等破坏，多数轻微破坏和基本完好</td><td>0.14～0.27</td></tr>
</table>

续表

地震烈度	人的感觉	房屋震害			其他震害现象	合成地震动的最大值	
		类型	震害程度	平均震害指数		加速度（m/s^2）	速度（m/s）
Ⅸ	行动的人摔倒	A1	大多数毁坏和严重破坏	0.60～0.90	室内物品大多数倾倒或移位；个别梁桥桥墩局部压溃或落梁，个别拱桥垮塌或濒于垮塌；多数变压器套管破坏、少数变压器移位，少数瓷柱型高压电气设备破坏；各类供水管道破坏、渗漏广泛发生，大范围停水；干硬土地上多处出现裂缝，可见基岩裂缝、错动，滑坡、塌方常见；独立砖烟囱多数倒塌	5.77（4.02～8.30）	0.555（0.379～0.814）
		A2	少数毁坏，多数严重破坏和中等破坏	0.44～0.62			
		B	少数毁坏，多数严重破坏和中等破坏	0.48～0.69			
		C	多数严重破坏和中等破坏，少数轻微破坏	0.33～0.54			
		D	少数严重破坏，多数中等破坏和轻微破坏	0.25～0.48			
Ⅹ	骑自行车的人会摔倒，处不稳状态的人会摔离原地，有抛起感	A1	绝大多数毁坏	0.88～1.00	个别梁桥桥墩压溃或折断，少数落梁，少数拱桥垮塌或濒于垮塌；绝大多数变压器移位、脱轨，套管断裂漏油，多数瓷柱型高压电气设备破坏；供水管网毁坏，全区域停水；山崩和地震断裂出现；大多数独立砖烟囱从根部破坏或倒毁	11.9（8.31～17.2）	1.19（0.815～1.75）
		A2	大多数毁坏	0.60～0.88			
		B	大多数毁坏	0.67～0.91			
		C	大多数严重破坏和毁坏	0.52～0.84			
		D	大多数严重破坏和毁坏	0.46～0.84			
Ⅺ	—	A1	绝大多数毁坏	1.00	地震断裂延续很大；大量山崩滑坡	24.7（17.3～35.5）	2.57（1.76～3.77）
		A2		0.86～1.00			
		B		0.90～1.00			
		C		0.84～1.00			
		D		0.84～1.00			
Ⅻ	—	各类	几乎全部毁坏	1.00	地面剧烈变化，山河改观	＞35.5	＞3.77

注：1. 表中的数量词，“个别”为10%以下；“少数”为10%～45%；“多数”为40%～70%；“大多数”为60%～90%；“绝大多数”为80%以上；

2. 表中的房屋类型，A1类为未经抗震设防的土木、砖木、石木等房屋；A2类为穿斗木构架房屋；B类为未经抗震设防的砖混结构房屋；C类为按照Ⅶ度（7度）抗震设防的砖混结构房屋；D类为按照Ⅶ度（7度）抗震设防的钢筋混凝土框架结构房屋。

附录 B

我国主要城市和地区的抗震设防烈度与设计地震分组

一、抗震设防烈度：9 度，设计基本加速度：0.4*g*

第一组：

第二组：康定，西昌

第三组：昆明（东川区、寻甸回族彝族自治县），普洱（澜沧拉祜族自治县），拉萨（当雄县），嘉义，台中，乌恰县，塔什库尔干塔吉克自治县

二、抗震设防烈度：8 度，设计基本加速度：0.3*g*

第一组：

第二组：唐山（路南区、丰南区），临汾（洪洞县），包头（土默特右旗），宿迁（宿城区、宿豫区），海口，渭南（华县），天水（秦州区、麦积区），陇南（西和县、礼县）

第三组：昆明（宜良县、嵩明县），玉溪（江川县、澄江县、通海县、华宁县、峨山彝族自治县），保山（龙陵县），丽江（古城区、玉龙纳西族自治县、永胜县），普洱（孟连傣族拉祜族佤族自治县、西盟佤族自治县），临沧（双江拉祜族佤族布朗族傣族自治县、耿马傣族佤族自治县、沧源佤族自治县），白银（平川区），武威（古浪县），喀什地区（喀什市、疏附县、英吉沙县），台北，基隆，新竹

三、抗震设防烈度：8 度，设计基本加速度：0.2*g*

第一组：赤峰（元宝山区、宁城县），巴彦淖尔（磴口县、乌拉特前旗、乌拉特后旗），大连（瓦房店市、普兰店市），丹东（东港市），吉林（舒兰市），松原（宁江区、前郭尔罗斯蒙古族自治县），哈尔滨（方正县），雅安（宝兴县）

第二组：北京（东城区、西城区、朝阳区、丰台区、石景山区、海淀区、门头沟区、房山区、通州区、顺义区、昌平区、大兴区、怀柔区、平谷区、密云区、延庆区），天津（和平区、河东区、河西区、南开区、河北区、红桥区、东丽区、津南区、北辰区、武清区、宝坻区、滨海新区、宁河区），唐山（路北区、古冶区、开平区、丰润区、滦县），邯郸（峰峰矿区、临漳县、磁县），张家口（下花园区、怀来县、涿鹿县），廊坊（安次区、广阳区、香河县、大厂回族自治县、三河市），太原（小店区、迎泽区、杏花岭区、尖草坪区、万柏林区、晋源区、清徐县、阳曲县），大同（城区、矿区、南郊区、大同县），朔州（山阴县、应

县、怀仁县），晋中（榆次区、太谷县、祁县、平遥县、灵石县、介休市），忻州（忻府区、定襄县、五台县、代县、原平市），临汾（尧都区、襄汾县、古县、浮山县、汾西县、霍州市），吕梁（文水县、交城县、孝义市、汾阳市），呼和浩特（新城区、回民区、玉泉区、赛罕区、土默特左旗），包头（东河区、石拐区、九原区、昆都仑区、青山区），鄂尔多斯（达拉特旗），巴彦淖尔（杭锦后旗），鞍山（海城市），营口（老边区、盖州市、大石桥市），徐州（睢宁县、新沂市、邳州市），宿迁（泗洪县），潍坊（潍城区、坊子区、奎文区、安丘市），日照（莒县），临沂（兰山区、罗庄区、河东区、郯城县、沂水县、莒南县、临沭县），聊城（阳谷县、莘县），菏泽（鄄城县、东明县），安阳（文峰区、殷都区、龙安区、北关区、安阳县[2]、汤阴县），鹤壁（山城区、淇滨区、淇县），新乡（红旗区、卫滨区、凤泉区、牧野区、新乡县、获嘉县、原阳县、延津县、卫辉市、辉县市），濮阳（范县），汕头（龙湖区、金平区、濠江区、潮阳区、澄海区、南澳县），湛江（徐闻县），潮州（湘桥区、潮安区），成都（都江堰市），绵阳（平武县），西安，宝鸡（渭滨区、金台区、陈仓区、扶风县、眉县），咸阳（秦都区、杨陵区、渭城区、泾阳县、武功县、兴平市），渭南（临渭区、潼关县、大荔县、华阴市），天水（甘谷县），张掖（肃南裕固族自治县、高台县），酒泉（肃北蒙古族自治县），陇南（武都区、成县、文县、宕昌县、康县、徽县），银川（兴庆区、西夏区、金凤区、永宁县、贺兰县），乌鲁木齐

第三组：运城（永济市），雅安（石棉县），昆明（五华区、盘龙区、官渡区、西山区、呈贡区、晋宁县、石林彝族自治县、安宁市），曲靖（马龙县、会泽县），玉溪（红塔区、易门县），保山（隆阳区、施甸县），昭通（巧家县、永善县），丽江（宁蒗彝族自治县），普洱（思茅区、宁洱哈尼族彝族自县），临沧（临翔区、凤庆县、云县、永德县、镇康县），腾冲，拉萨（城关区、林周县、尼木县、堆龙德庆县），宝鸡（凤翔县、岐山县、陇县、千阳县），兰州（城关区、七里河区、西固区、安宁区、永登县），白银（靖远县、会宁县、景泰县），天水（清水县、秦安县、武山县、张家川回族自治县），武威（凉州区、天祝藏族自治县），张掖（临泽县），平凉（华亭县、庄浪县、静宁县），定西（通渭县、陇西县、漳县），陇南（两当县），银川（灵武市），吴忠（利通区、红寺堡区、同心县、青铜峡市），固原（原州区、西吉县、隆德县、泾源县），中卫，喀什地区（疏勒县、岳普湖县、伽师县、巴楚县），高雄

四、抗震设防烈度：7度，设计基本加速度：0.15g

第一组：石家庄（辛集市）、邯郸（永年县），邢台（桥东区、桥西区、邢台县[1]、内丘县、柏乡县、隆尧县、任县、南和县、宁晋县、巨鹿县、新河县、沙河市），沧州（肃宁县、献县、任丘市、河间市），廊坊（大城县），衡水（饶阳县、深州市），赤峰（红山区、喀喇沁旗），大连（金州区），丹东（元宝区、振兴区、振安区），白城（大安市），哈尔滨（依兰县、通河县、延寿县），扬州（邗江区、仪征市），镇江（京口区、润州区），六安（霍山

县），十堰（竹山县、竹溪县），常德（武陵区、鼎城区），阳江（江城区），南宁（隆安县），钦州（灵山县），百色（田东县、平果县、乐业县），临高

第二组：天津（西青区、静海区、蓟县），唐山（滦南县、迁安市），秦皇岛（卢龙县），邯郸（邯山区、丛台区、复兴区、邯郸县、成安县、大名县、魏县、武安市），保定（涞水县、定兴县、涿州市、高碑店市），张家口（桥东区、桥西区、宣化区、宣化县[2]、蔚县、阳原县、怀安县、万全县），沧州（青县），廊坊（固安县、永清县、文安县），太原（古交市），大同（新荣区、阳高县、天镇县、广灵县、灵丘县、左云县），朔州（朔城区、平鲁区、右玉县），运城（盐湖区、新绛县、夏县、平陆县、芮城县、河津市），忻州（繁峙县），临汾（曲沃县、翼城县、蒲县、侯马市），呼和浩特（托克托县、和林格尔县、武川县），包头（固阳县），巴彦淖尔（临河区、五原县），乌兰察布（凉城县、察哈尔右翼前旗、丰镇市），营口（站前区、西市区、鲅鱼圈区），扬州（广陵区、江都区），蚌埠（五河县），宿州（泗县），厦门（海沧区），漳州（芗城区、龙文区、诏安县、长泰县、东山县、南靖县、龙海市），淄博（临淄区），枣庄（台儿庄区），烟台（长岛县、蓬莱市），潍坊（寒亭区、临朐县、昌乐县、青州市、寿光市、昌邑市），临沂（沂南县、兰陵县、费县），德州（平原县、禹城市），聊城（东昌府区、茌平县、高唐县），菏泽（牡丹区、郓城县、定陶县），郑州（中原区、二七区、管城回族区、金水区、惠济区），开封（兰考县），安阳（滑县、内黄县），鹤壁（鹤山区、浚县），新乡（封丘县、长垣县），焦作（修武县、武陟县），濮阳（华龙区、清丰县、南乐县、台前县、濮阳县），三门峡（湖滨区、陕州区、灵宝市），汕头（潮南区），潮州（饶平县），揭阳（榕城区、揭东区），澄迈，成都（彭州市），德阳（什邡市、绵竹市），绵阳（北川羌族自治县（新）、江油市），广元（朝天区、青川县），乐山（沙湾区、沐川县、峨边彝族自治县、马边彝族自治县），雅安（天全县、芦山县），昭通（绥江县），咸阳（三原县、礼泉县），渭南（合阳县、蒲城县、韩城市），汉中（略阳县），商洛（洛南县），张掖（民乐县、山丹县），酒泉（金塔县、阿克塞哈萨克族自治县），哈密地区（伊吾县），香港

第三组：唐山（曹妃甸区（唐海）、乐亭县、玉田县），大同（浑源县），运城（临猗县、万荣县、闻喜县、稷山县、绛县），忻州（宁武县 ），连云港（东海县），盐城（大丰区），宿迁（沭阳县），厦门（思明区、湖里区、集美区、翔安区），泉州（鲤城区、丰泽区、洛江区、石狮市、晋江市），漳州（漳浦县），枣庄（山亭区），烟台（龙口市），潍坊（诸城市），日照（五莲县），攀枝花，乐山（金口河区），雅安（荥经县、汉源县），昆明（富民县、禄劝彝族苗族自治县），曲靖（麒麟区、陆良县、沾益县），玉溪（新平彝族傣族自治县、元江哈尼族彝族傣自治县），保山（昌宁县），昭通（大关县、彝良县、鲁甸县），丽江（华坪县），普洱（景东彝族自治县、景谷傣族彝族自治县），拉萨（曲水县、达孜县、墨竹工卡县），宝鸡（凤县），咸阳（乾县），渭南（澄城县、富平县），兰州（红古区、皋兰县、榆中

县），白银（白银区），张掖（甘州区），平凉（崆峒区、崇信县），酒泉（肃州区、玉门市），定西（安定区、渭源县、临洮县、岷县），固原（彭阳县），喀什地区（泽普县、叶城县）

五、抗震设防烈度：7度，设计基本加速度：0.10g

第一组：石家庄（赵县），衡水（安平县），赤峰（松山区、阿鲁科尔沁旗、敖汉旗），通辽（科尔沁区、开鲁县），呼伦贝尔（扎赉诺尔区、陈巴尔虎右旗、扎兰屯市），沈阳（和平区、沈河区、大东区、皇姑区、铁西区、苏家屯区、浑南区（原东陵区）、沈北新区、于洪区、辽中县），鞍山（台安县），抚顺（新抚区、东洲区、望花区、顺城区、抚顺县[1]），本溪（平山区、溪湖区、明山区），辽阳（白塔区、文圣区、太子河区、灯塔市），铁岭（银州区、清河区、铁岭县[2]、昌图县、开原市），朝阳（双塔区、龙城区、朝阳县[3]、建平县、北票市），长春（南关区、宽城区、朝阳区、二道区、绿园区、双阳区、九台区），吉林（昌邑区、龙潭区、船营区、丰满区、永吉县），四平（伊通满族自治县），松原（乾安县），白城（洮北区），哈尔滨（道里区、南岗区、道外区、松北区、香坊区、呼兰区、尚志市、五常市），齐齐哈尔（昂昂溪区、富拉尔基区、泰来县），大庆（肇源县），佳木斯（向阳区、前进区、东风区、郊区、汤原县），绥化（北林区、庆安县），南京（玄武区、秦淮区、建邺区、鼓楼区、浦口区、栖霞区、雨花台区、江宁区、溧水区），无锡（崇安区、南长区、北塘区、锡山区、滨湖区、惠山区、宜兴市），常州，苏州（虎丘区、吴中区、相城区、姑苏区、吴江区、常熟市、昆山市、太仓市），镇江（丹徒区、丹阳市、扬中市、句容市），杭州（上城区、下城区、江干区、拱墅区、西湖区、余杭区），宁波（海曙区、江东区、江北区、北仑区、镇海区、鄞州区），嘉兴（南湖区、秀洲区、嘉善县、海宁市、平湖市、桐乡市），合肥，蚌埠（龙子湖区、蚌山区、禹会区、淮上区、怀远县），淮南，铜陵，安庆（迎江区、大观区、宜秀区、枞阳县、桐城市），滁州（定远县、凤阳县），阜阳（颍州区、颍东区、颍泉区），六安（金安区、裕安区、寿县、舒城县），池州（贵池区），宣城（郎溪县），赣州（安远县、会昌县、寻乌县、瑞金市），烟台（牟平区），威海（环翠区、文登区、荣成市），许昌（魏都区、许昌县、鄢陵县、禹州市、长葛市），漯河（舞阳县），南阳（宛城区、卧龙区、西峡县、镇平县、内乡县、唐河县），信阳（罗山县、潢川县、息县），周口（扶沟县、太康县），驻马店（西平县），武汉（新洲区），十堰（郧阳区、房县），黄冈（团风县、罗田县、英山县、麻城市），岳阳（岳阳楼区、岳阳县），常德（安乡县、汉寿县、澧县、临澧县、桃源县、津市市），广州（荔湾区、越秀区、海珠区、天河区、白云区、黄埔区、番禺区、南沙区），深圳，珠海（斗门区），佛山，江门（蓬江区、江海区、新会区、鹤山市），湛江（赤坎区、霞山区、坡头区、麻章区、遂溪县、廉江市、雷州市、吴川市），茂名（茂南区、电白区、化州市），肇庆（端州区、鼎湖区、高要区），梅州（梅江区、梅县区、丰顺县），汕尾（城区、海丰县、陆丰市），河源（源城区、东源县），阳江（阳东区、阳西县），东莞，南宁（兴宁区、青秀区、江南区、西乡塘区、良庆区、邕宁区、横县），北海（合浦县），钦州（钦南区、钦北区、浦北县），玉林（玉州区、福绵区、陆川县、博白县、兴业县、北流市），百色（右江区、田阳县、田林县），崇左（扶绥县），重庆（黔江区、荣昌区），自贡（自流井区、贡井区、大安区、沿滩区），内江（隆昌市），安康（汉滨区、平利县），商洛（商南县）

第二组：石家庄（长安区、桥西区、新华区、井陉矿区、裕华区、栾城区、藁城区、鹿泉区、井陉县、正定县、高邑县、深泽县、无极县、平山县、元氏县、晋州市），秦皇岛（抚宁区、北戴河区、昌黎县），邯郸（涉县、肥乡县、鸡泽县、广平县、曲周县），邢台（临城县、广宗县、平乡县、南宫市），保定（竞秀区、莲池区、徐水区、高阳县、容城县、安新县、易县、蠡县、博野县、雄县），张家口（张北县、尚义县、崇礼县），沧州（新华区、运河区、沧县[3]、东光县、南皮县、吴桥县、泊头市），廊坊（霸州市），衡水（桃城区、武强县、冀州市），阳泉（城区、矿区、郊区、平定县），长治（城区、郊区、长治县、黎城县、壶关县、潞城市），晋中（昔阳县），运城（垣曲县），呼和浩特（清水河县），巴彦淖尔（乌拉特中旗），乌兰察布（集宁区、卓资县、兴和县），大连（中山区、西岗区、沙河口区、甘井子区、旅顺口区），鞍山（铁东区、铁西区、立山区、千山区、岫岩满族自治县），本溪（南芬区），辽阳（弓长岭区、宏伟区、辽阳县），盘锦，朝阳（凌源市），上海，南京（六合区），徐州（沛县），南通（崇川区、港闸区、海安县、如东县、如皋市），淮安（盱眙县），盐城（亭湖区、射阳县、东台市），扬州（高邮市），泰州（海陵区、高港区、姜堰区、兴化市），蚌埠（固镇县），滁州（天长市、明光市），宿州（灵璧县），亳州（谯城区、涡阳县），漳州（平和县、华安县），济南（平阴县），青岛（市南区、市北区、崂山区、李沧区、城阳区），淄博（淄川区、博山区），枣庄（滕州市），烟台（芝罘区、福山区、莱山区），济宁（兖州区、汶上县、泗水县、曲阜市、邹城市），泰安（泰山区、岱岳区、宁阳县），莱芜（莱城区），德州（德城区、陵城区、夏津县），聊城（东阿县），菏泽（曹县、单县、成武县），郑州（上街区、中牟县、巩义市、荥阳市、新密市、新郑市、登封市），开封（龙亭区、顺河回族区、鼓楼区、禹王台区、祥符区、通许县、尉氏县），洛阳（老城区、西工区、瀍河回族区、涧西区、吉利区、洛龙区、孟津县、新安县、宜阳县、偃师市），安阳（林州市），焦作（解放区、中站区、马村区、山阳区、博爱县、温县、沁阳市、孟州市），商丘（梁园区、睢阳区、民权县、虞城县），岳阳（湘阴县、汨罗市），珠海（香洲区、金湾区），梅州（大埔县），揭阳（惠来县、普宁市），儋州，自贡（富顺县），德阳（旌阳区、中江县、罗江县），绵阳（涪城区、游仙区、安县），广元（利州区、昭化区、剑阁县），乐山（市中区、峨眉山市），宜宾（翠屏区、宜宾县、屏山县），雅安（雨城区），六盘水（钟山区），昭通（水富县），汉中（汉台区、南郑县、勉县、宁强县），澳门

第三组：石家庄（灵寿县），唐山（迁西县、遵化市），秦皇岛（青龙满族自治县、海港区），邯郸（邱县、馆陶县），保定（清苑区、涞源县、安国市），张家口（赤城县），承德

（鹰手营子矿区、兴隆县），沧州（黄骅市），太原（娄烦县），阳泉（盂县），长治（平顺县、武乡县、沁县、沁源县），晋城（沁水县、陵川县），晋中（榆社县、和顺县、寿阳县），忻州（静乐县、神池县、五寨县），临汾（安泽县、吉县、乡宁县、隰县），吕梁（离石区、岚县、中阳县、交口县），鄂尔多斯（东胜区、准格尔旗），乌兰察布（察哈尔右翼中旗），徐州（鼓楼区、云龙区、贾汪区、泉山区、铜山区），连云港（连云区、海州区、赣榆区、灌云县），淮安（清河区、淮阴区、清浦区），盐城（盐都区），宿迁（泗阳县），宿州（萧县），福州（鼓楼区、台江区、仓山区、马尾区、晋安区、平潭县、福清市、长乐市），厦门（同安区），莆田，泉州（泉港区、惠安县、安溪县、永春县、南安市），漳州（云霄县），济南（长清区），青岛（黄岛区、平度市、胶州市、即墨市），淄博（张店区、周村区、桓台县、高青县、沂源县），枣庄（市中区、薛城区、峄城区），东营（东营区、河口区、垦利县、广饶县），烟台（莱州市、招远市、栖霞市），潍坊（高密市），济宁（微山县、梁山县），泰安（新泰市、肥城市），日照（东港区、岚山区），莱芜（钢城区），临沂（平邑县、蒙阴县），德州（临邑县、齐河县），聊城（冠县、临清市），滨州（滨城区、博兴县、邹平县），菏泽（巨野县），成都（锦江区、青羊区、金牛区、武侯区、成华区、龙泉驿区、青白江区、新都区、温江区、金堂县、双流县、郫县、大邑县、蒲江县、新津县、邛崃市、崇州市），德阳（广汉市），乐山（五通桥区、犍为县、夹江县），眉山（东坡区、彭山区、洪雅县、丹棱县、青神县），宜宾（高县），雅安（名山区），毕节（威宁彝族回族苗族自治县），曲靖（师宗县、富源县、罗平县、宣威市），昭通（昭阳区、盐津县），普洱（墨江哈尼族自治县、镇沅彝族哈尼族拉祜族自治县、江城哈尼族彝族自治县），宝鸡（麟游县、太白县），咸阳（永寿县、淳化县），渭南（白水县），汉中（留坝县），商洛（商州区、柞水县），武威（民勤县），平凉（泾川县、灵台县），酒泉（瓜州县、敦煌市），庆阳（西峰区、环县、镇原县），西宁，海东

六、抗震设防烈度：6度，设计基本加速度：0.05g

第一组：承德（围场满族蒙古族自治县），赤峰（巴林左旗、巴林右旗、林西县、克什克腾旗、翁牛特旗），通辽（科尔沁左翼中旗、科尔沁左翼后旗、库伦旗、奈曼旗、扎鲁特旗、霍林郭勒市），鄂尔多斯（乌审旗），呼伦贝尔（海拉尔区、阿荣旗、莫力达瓦达斡尔族自治旗、鄂伦春自治旗、鄂温克族自治旗、陈巴尔虎旗、新巴尔虎左旗、满洲里市、牙克石市、额尔古纳市、根河市），兴安盟，锡林郭勒盟（二连浩特市、锡林浩特市、阿巴嘎旗、苏尼特左旗、苏尼特右旗、东乌珠穆沁旗、西乌珠穆沁旗、镶黄旗、正镶白旗、多伦县），沈阳（康平县、法库县、新民市），大连（庄河市），抚顺（新宾满族自治县、清原满族自治县），本溪（本溪满族自治县、桓仁满族自治县），丹东（宽甸满族自治县），锦州（黑山县、义县、北镇市），阜新，铁岭（西丰县、调兵山市），长春（农安县、榆树市、德惠市），吉林（蛟河市、桦甸市、磐石市），四平（铁西区、铁东区、梨树县、公主岭市、双辽市），辽源，

通化，白山，松原（长岭县、扶余市），白城（镇赉县、通榆县、洮南市），哈尔滨（平房区、阿城区、宾县、巴彦县、木兰县、双城区），齐齐哈尔（龙沙区、建华区、铁峰区、碾子山区、梅里斯达斡尔族区、龙江县、依安县、甘南县、富裕县、克山县、克东县、拜泉县、讷河市），鸡西，双鸭山，大庆（萨尔图区、龙凤区、让胡路区、红岗区、大同区、肇州县、林甸县、杜尔伯特蒙古族自治县），伊春，佳木斯（桦南县、桦川县、抚远县、同江市、富锦市），牡丹江，黑河，绥化（望奎县、兰西县、青冈县、明水县、绥棱县、安达市、肇东市、海伦市），南京（高淳区），泰州（泰兴市），杭州（滨江区、萧山区、富阳区、桐庐县、淳安县、建德市、临安市），宁波（象山县、宁海县、余姚市、慈溪市、奉化市），温州（鹿城区、龙湾区、瓯海区、永嘉县、文成县、泰顺县、乐清市），嘉兴（海盐县），湖州，绍兴，金华，衢州，台州（椒江区、黄岩区、路桥区、三门县、天台县、仙居县、温岭市、临海市），丽水（莲都区、青田县、缙云县、遂昌县、松阳县、云和县、景宁畲族自治县、龙泉市），芜湖，马鞍山，安庆（怀宁县、潜山县、太湖县、宿松县、望江县、岳西县），黄山，阜阳（临泉县、太和县、阜南县、颍上县、界首市），六安（霍邱县、金寨县），亳州（利辛县），池州（东至县、石台县、青阳县），宣城（宣州区、广德县、泾县、绩溪县、旌德县、宁国市），三明，南平（延平区、建阳区、顺昌县、浦城县、光泽县、松溪县、邵武市、武夷山市、建瓯市），龙岩（长汀县、上杭县、武平县、连城县），宁德（古田县、屏南县、寿宁县），南昌，景德镇，萍乡，九江，新余，鹰潭，赣州（章贡区、南康区、赣县、信丰县、大余县、上犹县、崇义县、龙南县、定南县、全南县、宁都县、于都县、兴国县、石城县），吉安，宜春，抚州，上饶，洛阳（栾川县、汝阳县），平顶山（新华区、卫东区、石龙区、湛河区[1]、宝丰县、叶县、鲁山县、舞钢市），漯河（召陵区、源汇区、郾城区、临颍县），南阳（南召县、方城县、淅川县、社旗县、新野县、桐柏县、邓州市），信阳（浉河区、平桥区、光山县、新县、商城县、固始县、淮滨县），周口（川汇区、西华县、商水县、沈丘县、郸城县、淮阳县、鹿邑县、项城市），驻马店（驿城区、上蔡县、平舆县、正阳县、确山县、泌阳县、汝南县、遂平县、新蔡县），武汉（江岸区、江汉区、硚口区、汉阳区、武昌区、青山区、洪山区、东西湖区、汉南区、蔡甸区、江夏区、黄陂区），黄石，十堰（茅箭区、张湾区、郧西县、丹江口市），宜昌，襄阳，鄂州，荆门，孝感，荆州，黄冈（黄州区、红安县、浠水县、蕲春县、黄梅县、武穴市），咸宁，随州，长沙，株洲，湘潭，衡阳，邵阳，岳阳（云溪区、君山区、华容县、平江县、临湘市），常德（石门县），张家界，益阳，郴州，永州，怀化，娄底，广州（花都区、增城区、从化区），韶关，江门（台山市、开平市、恩平市），茂名（高州市、信宜市），肇庆（广宁县、怀集县、封开县、德庆县、四会市），惠州，梅州（五华县、平远县、蕉岭县、兴宁市），汕尾（陆河县），河源（紫金县、龙川县、连平县、和平县），阳江（阳春市），清远，中山，揭阳（揭西县），云浮，南宁（武鸣区、马山县、上林县、宾阳县），柳州，桂林，梧州，北海（海城区、银海区、铁山港区），防城港，贵港，玉林（容县），百色（德保县、那坡县、凌云县），贺州，河池，来宾，崇左（江州区、宁明县、龙州县、大新县、天等县、凭祥市），靖西，重庆（万州区、涪陵区、渝中区、大渡口区、江北区、沙坪坝区、九龙坡区、南岸区、北碚区、綦江区、大足区、渝北区、巴南区、长寿区、江津区、合川区、永川区、南川区、铜梁区、璧山区、潼南区、梁平县、城口县、丰都县、垫江县、武隆县、忠县、开县、云阳县、奉节县、巫山县、巫溪县、石柱土家族自治县、秀山土家族苗族自治县、酉阳土家族苗族自治县、彭水苗族土家族自治县），泸州（江阳区、纳溪区、龙马潭区、合江县、叙永县、古蔺县），遂宁，内江（市中区、东兴区、资中县），南充（顺庆区、高坪区、嘉陵区、南部县、营山县、蓬安县、仪陇县、西充县），宜宾（兴文县），广安，达州，巴中（巴州区、恩阳区、通江县、平昌县），资阳（雁江区、安岳县、乐至县），贵阳，六盘水（六枝特区），遵义，安顺，铜仁，毕节（金沙县、黔西县、织金县），延安（宝塔区、子长县、安塞县、志丹县、甘泉县），汉中（镇巴县），榆林（榆阳区、神木县、横山县、靖边县、绥德县、米脂县、佳县、清涧县、子洲县），安康（镇坪县）

第二组：张家口（康保县），衡水（景县），乌兰察布（化德县、商都县、察哈尔右翼后旗），锡林郭勒盟（正蓝旗），大连（长海县），丹东（凤城市），锦州（古塔区、凌河区、太和区、凌海市），朝阳（喀喇沁左翼蒙古族自治县），葫芦岛（连山区、龙港区、南票区），无锡（江阴市），徐州（丰县），苏州（张家港市），南通（通州区、启东市、海门市），泰州（靖江市），温州（洞头区、平阳县、苍南县、瑞安市），台州（玉环县），丽水（庆元县），滁州（琅琊区、南谯区、来安县、全椒县），宿州（砀山县），亳州（蒙城县），福州（闽侯县、罗源县、闽清县），南平（政和县），龙岩（新罗区、永定区、漳平市），宁德（蕉城区、霞浦县、周宁县、柘荣县、福安市、福鼎市），济宁（鱼台县），威海（乳山市），开封（杞县），洛阳（嵩县、伊川县），平顶山（郏县、汝州市），许昌（襄城县），三门峡（义马市），商丘（宁陵县、柘城县、夏邑县），百色（西林县、隆林各族自治县），泸州（泸县），绵阳（三台县、盐亭县、梓潼县），广元（旺苍县、苍溪县），内江（威远县），南充（阆中市），眉山（仁寿县），宜宾（南溪区、江安县、长宁县），巴中（南江县），资阳（简阳市），六盘水（水城县），毕节（七星关区、大方县、纳雍县），昭通（镇雄县、威信县），延安（延长县、延川县），安康（紫阳县、岚皋县、旬阳县、白河县）

第三组：石家庄（行唐县、赞皇县、新乐市），秦皇岛（山海关区），邢台（威县、清河县、临西县），保定（满城区、阜平县、唐县、望都县、曲阳县、顺平县、定州市），张家口（沽源县），承德（双桥区、双滦区、承德县、平泉县、滦平县、隆化县、丰宁满族自治县、宽城满族自治县），沧州（海兴县、盐山县、孟村回族自治县），衡水（枣强县、武邑县、故城县、阜城县），长治（襄垣县、屯留县、长子县），晋城（城区、阳城县、泽州县、高平市），晋中（左权县），忻州（岢岚县、河曲县、保德县、偏关县），临汾（大宁县、永和县），吕梁（兴县、临县、柳林县、石楼县、方山县），包头（白云鄂博矿区、达尔罕茂明安联合旗），鄂尔多斯（鄂托克前旗、鄂托克旗、杭锦旗、伊金霍洛旗），乌兰察布（四子王旗），锡林郭勒盟（太仆寺旗），葫芦岛（绥中县、建昌县、兴城市），连云港（灌南县），淮安（淮安区、涟水县、洪泽县、金湖县），盐城（响水县、滨海县、阜宁县、建湖县），扬州（宝应县），淮北，宿州（埇桥区），福州（连江县、永泰县），泉州（德化县），济南（历下区、市中区、槐荫区、天桥区、历城区、济阳县、商河县、章丘市），青岛（莱西市），东营（利津县），烟台（莱阳市、海阳市），济宁（任城区、金乡县、嘉祥县），泰安（东平县），德州（宁津县、庆云县、武城县、乐陵市），滨州（沾化区、惠民县、阳信县、无棣县），洛阳（洛宁县），三门峡（渑池县、卢氏县），商丘（睢县、永城市），自贡（荣县），乐山（井研县），宜宾（珙县、筠连县），六盘水（盘县），毕节（赫章县），咸阳（彬县、长武县、旬邑县），延安（吴起县、富县、洛川县、宜川县、黄龙县、黄陵县），汉中（城固县、洋县、西乡县、佛坪县），榆林（府谷县、定边县、吴堡县），安康（汉阴县、石泉县、宁陕县），商洛（丹凤县、山阳县、镇安县），庆阳（庆城县、华池县、合水县、正宁县、宁县），吴忠（盐池县）

参 考 文 献

[1] Emilio Rosenbueth. Design of Earthquake Resistant Structures[M]. Pentech Press Ltd，1980.
[2] 北京建筑工程学院，南京工学院. 建筑结构抗震设计[M]. 北京：地震出版社，1981.
[3] 同济大学《多层及高层房屋结构设计》编写组. 多层及高层房屋结构设计(下册)[M]. 上海：上海科学技术出版社，1982.
[4] 翁义军等. 房屋结构抗震设计[M]. 北京：地震出版社，1990.
[5] 丰定国，王清敏，钱国芳. 抗震结构设计[M]. 北京：地震出版社，1990.
[6] 郭继武. 建筑抗震设计[M]. 北京：高等教育出版社，1990.
[7] 李培林. 建筑抗震与结构选型构造[M]. 北京：中国建筑工业出版社，1990.
[8] 中国建筑科学研究院.《混凝土结构设计规范》GBJ 10—89 条文说明[M]. 沈阳：辽宁科学技术出版社，1990.
[9] 赵琳，陈风杨. 工程建筑抗震[M]. 南京：东南大学出版社，1991.
[10] 中华人民共和国行业标准. 高层建筑混凝土结构技术规程 JGJ 3—2010[S]. 北京：中国建筑工业出版社，2012.
[11] 方鄂华. 多层及高层建筑结构设计[M]. 北京：地震出版社，1992.
[12] 许琪楼，李杰，李国强. 建筑结构抗震设计[M]. 郑州：河南科学技术出版社，1992.
[13] 李杰. 地震灾害预测与防灾规划[M]. 郑州：河南科学技术出版社，1992.
[14] 李杰，李国强. 地震工程学导论[M]. 北京：地震出版社，1992.
[15] 朱伯龙，张琨联. 建筑结构抗震设计原理[M]. 上海：同济大学出版社，1994.
[16] 高振世，朱继澄，唐九如，何达. 建筑结构抗震设计[M]. 北京：中国建筑工业出版社，1995.
[17] 吕西林，周德源，李思明. 房屋结构抗震设计理论与实例[M]. 上海：同济大学出版社，1995.
[18] 赵西安. 钢筋混凝土高层建筑结构设计[M]. 2 版. 北京：中国建筑工业出版社，1995.
[19] 张相庭. 高层建筑抗风抗震设计计算[M]. 上海：同济大学出版社，1997.
[20] 建设部执业资格注册中心编. 一级注册结构工程师专业考试复习教程[M]. 北京：中国建筑工业出版社，1998.
[21] T. 鲍雷，M. J. N. 普里斯特利. 钢筋混凝土和砌体结构的抗震设计[M]. 戴瑞同，陈世鸣，林宗凡等译. 北京：中国建筑工业出版社，1999.
[22] 周克荣，顾祥林，苏小卒. 混凝土结构设计[M]. 上海：同济大学出版社，2001.
[23] 中华人民共和国国家标准. 建筑抗震设计规范 GB 50011—2010(2016 年版)[S]. 北京：中国建筑工业出版社，2016.
[24] 中华人民共和国国家标准. 混凝土结构设计规范 GB 50010—2010(2015 年版)[S]. 北京：中国建筑工业出版社，2015.
[25] http：//www. eeri. org.
[26] 中华人民共和国行业标准. 高层民用建筑钢结构技术规程 JGJ 99—2015[S]. 北京：中国建筑工业出版社，2015.
[27] 中华人民共和国国家标准 . 建筑摩擦摆隔震支座 GB/T 37358—2019[S]. 北京：中国建筑工业出版社，2020.
[28] 龚健，邓雪松，周云 . 摩擦摆隔震支座理论分析与数值模拟研究[J]. 防灾减灾工程学报，2011，31(1)：56-62.

[29] 中华人民共和国国家标准．建筑隔震设计规范 GB/T 51408—2021[S]. 北京：中国建筑工业出版社，2021.

[30] 中华人民共和国国家标准．中国地震动参数区划图 GB 18306—2015[S]. 北京：中国建筑工业出版社，2015.

[31] 建筑消能阻尼器：JG/T 209—2012[S]. 北京：中华人民共和国住房和城乡建设部，2012.

[32] 承载-消能减震技术规程：T/CECS 900-2021[S]. 北京：中国计划出版社，2021.

[33] G. Q. Li，H. J. Jin，M. D. Pang，et al. Development of Structural Metal Energy-Dissipation Techniques for Seismic Disaster Mitigation of Buildings in China[J]. Key Engineering Materials，2018，763：18-31.

[34] M. C. Constantinou，M. D. Symans. Experimental and analytical investigation of seismic response of structures with supplemental fluid viscous dampers[R]，NCEER Report No. NCEER92-0032，National Center for Earthquake Engineering Research，Buffalo，NewYork，1992.

[35] 欧进萍，丁建华．油缸间隙式粘滞阻尼器理论与性能试验[J]. 地震工程与工程振动，1999，19(4)：82-89.

[36] M. Miyazaki，F. Arima，Y. Kidata，et al，Earthquake response control design of buildings using viscous damping walls[C]//Proceedings of first East Asia Pacific conference，Bangkok，1986：1882-1891.

[37] 闫峰，吕西林．附加或不附加黏滞阻尼墙的 RC 框架试验与分析[J]. 地震工程与工程振动，2005，25(4)：67-75.

[38] 吴波. 黏弹性阻尼器的性能研究[J]. 地震工程与工程震动，1998，18(2)：108-116.

[39] 周颖，龚顺明. 新型黏弹性阻尼器性能试验研究[J]. 结构工程师，2014，30(1)：137-142.

[40] 赵刚，潘鹏. 黏弹性阻尼器大变形性能试验研究[J]. 建筑结构学报，2012，33(10)：126-133.

[41] J. M. Kelly，R. I. Skinner，A. J. Heine. Mechanisms of Energy Absorption in Special Devices for Use in Earthquake Resistant Structures[J]，Bulletin of New Zealand Society for Earthquake Engineering，1972，5(3)：63-88.

[42] K. C. Tsai，H. W. Chen，C. P. Hong，et al. Design of Steel Triangular Plate Energy Absorbers for Seismic-Resistant Construction[J]. Earthquake Spectra，1993，9(3)：505-528.

[43] M. Nakashima，S. Iwai，M. Iwata，et al. Energy dissipation behaviour of shear panels made of low yield steel [J]. Earthquake Engineering & Structural Dynamics，1994，23：1299-1313.

[44] Z. Chen，H. Ge，T. Usami. Hysteretic performance of shear panel dampers[J]. Advances in Steel Structures，2005，2：1223-1228.

[45] 高杰，薛彦涛，王磊等．JY-SS-Ⅰ型金属软钢阻尼器试验研究[J]. 土木工程与管理学报，2011，28(3)：336-338，343.

[46] 吴斌，张纪刚，欧进萍. 考虑几何非线性的 Pall 型摩擦阻尼器滞回特性分析[J]. 工程力学，2003，20(1)：21-26，47.

[47] Popov E P ，MD Engelhardt. Seismic eccentrically braced frames[J]. Journal of Constructional Steel Research，1988，10(3)：321-354.

[48] G. Q. Li，M. D. Pang，F. F. Sun，et al. Study on two-level-yielding steel coupling beams for seismic-resistance of shear wall systems[J]. Journal of Constructional Steel Research，2018，144：327-343.

[49] F. F. Sun，G. Q. Li，X. K. Guo，et al. Development of new-type buckling-restrained braces and their application in aseismic steel frameworks[J]. Advances in Structural Engineering，2011，14(4)：717-730.

[50] Lin C H，Tsai K C，Lin Y C，et al. The substructural pseudo-dynamic tests of a full-scale two-story steel plate shear wall [C]//Proceedings of 4th International Conference on Earthquake Engineering，Taipei，Taiwan，2006.

[51] S. S. Jin，J. P. Ou，R. Liew. Stability of buckling-restrained steel plate shear walls with inclined-slots：Theoretical analysis and design recommendations[J]. Journal of Constructional Steel Research. 2016，117(2)：13-23.

[52] 金华建，李国强，孙飞飞等．屈曲约束钢板剪力墙约束板研究(Ⅰ)——理论模型与刚度需求[J]. 土木工程学报，2016，49(6)：38-45.

[53] 李国强，金华建，孙飞飞等．屈曲约束钢板剪力墙约束板研究(Ⅱ)——承载力需求及试验验证[J]. 土木工程学报，2016，49(7)：49-56，67.

[54] H. J. Jin，F. F. Sun，G. Q. Li，et al. Simplified inelastic global buckling theory of non-buckling corrugated steel shear walls for seismic energy dissipation[J]. Thin-Walled Structures，2020，159：107209.

[55] 金华建，孙飞飞，李国强．无屈曲波纹钢板墙抗震性能与设计理论[J]. 建筑结构学报，2020，41(5)：53-64.

[56] 中华人民共和国国家标准．中国地震烈度表 GB/T 17742—2020[S]. 北京：地震出版社，2020.

[57] L. Y. Lu. Discrete-time modal control for seismic structures with active bracing system[J]. Journal of Intelligent Material Systems and Structures, 2001, 12(6): 369-381. https://doi.org/10.1106/104538902022601.

[58] AMAD, Inc. https://www.amadinc.com/post/anatomy-of-an-mr-damper.

[59] TESolution Co. Ltd. http://www.tesolution.com/technomart.html.

[60] X. B. Nguyen, T. Komatsuzaki, Y. Iwata, et al. Robust adaptive controller for semi-active control of uncertain structures using a magnetorheological elastomer-based isolator[J]. Journal of Sound and Vibration, 2018, 434: 192-212.

[61] X. Guan, J. Zhang, H. Li, et al. Semi-active control for benchmark building using innovative TMD with MRE isolators[J]. International Journal of Structural Stability and Dynamics. 2020, 20(06): 2040009.

[62] Y. F. Liu, T. K. Lin, K. C. Chang. Analytical and experimental studies on building mass damper system with semi-active control device[J]. Structural Control and Health Monitoring. 2018, 25(6): e2154.

高等学校土木工程专业指导委员会规划推荐教材（经典精品系列教材）

征订号	书名	定价	作者	备注
V40063	土木工程施工（第四版）(赠送课件)	98.00	重庆大学　同济大学　哈尔滨工业大学	教育部普通高等教育精品教材
V36140	岩土工程测试与监测技术(第二版)	48.00	宰金珉 王旭东 等	
V40077	建筑结构抗震设计(第五版)(赠送课件)	58.00	李国强 等	
V38988	土木工程制图(第六版)(赠送课件)	68.00	卢传贤 等	
V38989	土木工程制图习题集(第六版)	28.00	卢传贤 等	
V41283	岩石力学(第五版)(赠送课件)	48.00	许明 张永兴	
V32626	钢结构基本原理(第三版)(赠送课件)	49.00	沈祖炎 等	国家教材奖一等奖
V35922	房屋钢结构设计(第二版)(赠送课件)	98.00	沈祖炎　陈以一 等	教育部普通高等教育精品教材
V24535	路基工程(第二版)	38.00	刘建坤　曾巧玲 等	
V36809	建筑工程事故分析与处理(第四版)(赠送课件)	75.00	王元清 江见鲸 等	教育部普通高等教育精品教材
V35377	特种基础工程(第二版)(赠送课件)	38.00	谢新宇　俞建霖	
V37947	工程结构荷载与可靠度设计原理(第五版)(赠送课件)	48.00	李国强 等	
V37408	地下建筑结构(第三版)(赠送课件)	68.00	朱合华 等	教育部普通高等教育精品教材
V28269	房屋建筑学(第五版)(含光盘)	59.00	同济大学 西安建筑科技大学 东南大学 重庆大学	教育部普通高等教育精品教材
V40020	流体力学(第四版)		刘鹤年	
V30846	桥梁施工(第二版)(赠送课件)	37.00	卢文良 季文玉 许克宾	
V40955	工程结构抗震设计(第四版)(赠送课件)	48.00	李爱群 等	
V35925	建筑结构试验(第五版)(赠送课件)	49.00	易伟建　张望喜	
V36141	地基处理(第二版)(赠送课件)	39.00	龚晓南 陶燕丽	国家教材二等奖
V29713	轨道工程(第二版)(赠送课件)	53.00	陈秀方 娄平	
V36796	爆破工程(第二版)(赠送课件)	48.00	东兆星 等	
V36913	岩土工程勘察(第二版)	54.00	王奎华	
V20764	钢-混凝土组合结构	33.00	聂建国 等	
V36410	土力学(第五版)(赠送课件)	58.00	东南大学　浙江大学　湖南大学　苏州大学	
V33980	基础工程(第四版)(赠送课件)	58.00	华南理工大学 等	

注：本套教材均被评为《“十二五”普通高等教育本科国家级规划教材》和《住房和城乡建设部“十四五”规划教材》。

高等学校土木工程专业指导委员会规划推荐教材（经典精品系列教材）

征订号	书名	定价	作者	备注
V34853	混凝土结构(上册)——混凝土结构设计原理(第七版)(赠送课件)	58.00	东南大学　天津大学　同济大学	教育部普通高等教育精品教材
V34854	混凝土结构(中册)——混凝土结构与砌体结构设计(第七版)(赠送课件)	68.00	东南大学　同济大学　天津大学	教育部普通高等教育精品教材
V34855	混凝土结构(下册)——混凝土桥梁设计(第七版)(赠送课件)	68.00	东南大学　同济大学　天津大学	教育部普通高等教育精品教材
V25453	混凝土结构(上册)(第二版)(含光盘)	58.00	叶列平	
V23080	混凝土结构(下册)	48.00	叶列平	
V11404	混凝土结构及砌体结构(上)	42.00	滕智明 等	
V11439	混凝土结构及砌体结构(下)	39.00	罗福午 等	
V41162	钢结构(上册)——钢结构基础(第五版)(赠送课件)	68.00	陈绍蕃　郝际平　顾强	
V41163	钢结构(下册)——房屋建筑钢结构设计(第五版)(赠送课件)	52.00	陈绍蕃　郝际平	
V22020	混凝土结构基本原理(第二版)	48.00	张誉 等	
V25093	混凝土及砌体结构(上册)(第二版)	45.00	哈尔滨工业大学　大连理工大学 等	
V26027	混凝土及砌体结构(下册)(第二版)	29.00	哈尔滨工业大学　大连理工大学 等	
V20495	土木工程材料(第二版)	38.00	湖南大学　天津大学　同济大学　东南大学	
V36126	土木工程概论(第二版)	36.00	沈祖炎	
V19590	土木工程概论(第二版)(赠送课件)	42.00	丁大钧 等	教育部普通高等教育精品教材
V30759	工程地质学(第三版)(赠送课件)	45.00	石振明　黄雨	
V20916	水文学	25.00	雒文生	
V36806	高层建筑结构设计(第三版)(赠送课件)	68.00	钱稼茹　赵作周　纪晓东　叶列平	
V32969	桥梁工程(第三版)(赠送课件)	49.00	房贞政　陈宝春　上官萍	
V40268	砌体结构(第五版)(赠送课件)	48.00	东南大学　同济大学　郑州大学	教育部普通高等教育精品教材
V34812	土木工程信息化(赠送课件)	48.00	李晓军	

注：本套教材均被评为《“十二五”普通高等教育本科国家级规划教材》和《住房和城乡建设部“十四五”规划教材》。